"南北极环境综合考察与评估"专项

# 北极海域海洋生物和生态考察

国家海洋局极地专项办公室 编

海洋出版社

2016 · 北京

**图书在版编目（CIP）数据**

北极海域海洋生物和生态考察/国家海洋局极地专项办公室编．—北京：海洋出版社，2016.5

ISBN 978－7－5027－9434－7

Ⅰ.①北…　Ⅱ.①国…　Ⅲ.①北极－海域－海洋生物－科学考察－中国②北极－海域－海洋生态学－科学考察－中国　Ⅳ.①P714

中国版本图书馆 CIP 数据核字（2016）第 097034 号

BEIJI HAIYU HAIYANG SHENGWU HE SHENGTAI KAOCHA

责任编辑：杨传霞
责任印制：赵麟苏
海洋出版社　出版发行

http://www.oceanpress.com.cn
北京市海淀区大慧寺路 8 号　邮编：100081
北京朝阳印刷厂有限责任公司印刷　新华书店北京发行所经销
2016 年 5 月第 1 版　2016 年 5 月第 1 次印刷
开本：889mm×1194mm　1/16　印张：19.5
字数：530 千字　定价：138.00 元
发行部：62132549　邮购部：68038093　总编室：62114335

# 极地专项领导小组成员名单

组　长：陈连增　国家海洋局

副组长：李敬辉　财政部经济建设司

　　　　曲探宙　国家海洋局极地考察办公室

成　员：姚劲松　财政部经济建设司（2011—2012）

　　　　陈昶学　财政部经济建设司（2013—）

　　　　赵光磊　国家海洋局财务装备司

　　　　杨惠根　中国极地研究中心

　　　　吴　军　国家海洋局极地考察办公室

# 极地专项领导小组办公室成员名单

专项办主任：曲探宙　国家海洋局极地考察办公室

常务副主任：吴　军　国家海洋局极地考察办公室

副　主　任：刘顺林　中国极地研究中心（2011—2012）

　　　　　　李院生　中国极地研究中心（2012—）

　　　　　　王力然　国家海洋局财务装备司

成　　　员：王　勇　国家海洋局极地考察办公室

　　　　　　赵　萍　国家海洋局极地考察办公室

　　　　　　金　波　国家海洋局极地考察办公室

　　　　　　李红蕾　国家海洋局极地考察办公室

　　　　　　刘科峰　中国极地研究中心

　　　　　　徐　宁　中国极地研究中心

　　　　　　陈永祥　中国极地研究中心

# 极地专项成果集成责任专家组成员名单

**组　长：** 潘增弟　国家海洋局东海分局

**成　员：** 张海生　国家海洋局第二海洋研究所

余兴光　国家海洋局第三海洋研究所

乔方利　国家海洋局第一海洋研究所

石学法　国家海洋局第一海洋研究所

魏泽勋　国家海洋局第一海洋研究所

高金耀　国家海洋局第二海洋研究所

胡红桥　中国极地研究中心

何剑锋　中国极地研究中心

徐世杰　国家海洋局极地考察办公室

孙立广　中国科学技术大学

赵　越　中国地质科学院地质力学研究所

庞小平　武汉大学

# “北极海域海洋生物和生态考察”专题

**承担单位：** 国家海洋局第三海洋研究所

**参与单位：** 中国极地研究中心

中国科学院海洋研究所

国家海洋局第一海洋研究所

国家海洋局第二海洋研究所

# 《北极海域海洋生物和生态考察》
# 撰写人员名单


**专著主编：** 林龙山　宋普庆

**专著副主编：** 林荣澄　张光涛　林　凌　郝　锵　林学政
林和山　王建佳

**撰写人员**（按姓名字母排序）：

曹叔楠　陈永俊　高　源　黄丁勇　何剑锋　郝　锵
贾书磊　刘晨临　刘　坤　乐凤凤　林和山　林俊辉
林龙山　林荣澄　林学政　宋普庆　李　渊　王建军
王建佳　王良明　王　雨　徐志强　张　芳　张光涛
张　立　张　然　钟指挥

# 序　言

“南北极环境综合考察与评估”专项（以下简称极地专项）是2010年9月14日经国务院批准，由财政部支持，国家海洋局负责组织实施，相关部委所属的36家单位参与，是我国自开展极地科学考察以来最大的一个专项，是我国极地事业又一个新的里程碑。

在2011年至2015年间，极地专项从国家战略需求出发，整合国内优势科研力量，充分利用“一船五站”（“雪龙”号、长城站、中山站、黄河站、昆仑站、泰山站）极地考察平台，有计划、分步骤地完成了南极周边重点海域、北极重点海域、南极大陆和北极站基周边地区的环境综合考察与评估，无论是在考察航次、考察任务和内容、考察人数、考察时间、考察航程、覆盖范围，还是在获取资料和样品等方面，均创造了我国近30年来南、北极考察的新纪录，促进了我国极地科技和事业的跨越式发展。

为落实财政部对极地专项的要求，极地专项办制定了包括极地专项“项目管理办法”和“项目经费管理办法”在内的4项管理办法和14项极地考察相关标准和规程，从制度上加强了组织领导和经费管理，用规范保证了专项实施进度和质量，以考核促进了成果产出。

本套极地专项成果集成丛书，涵盖了极地专项中的3个项目共17个专题的成果集成内容，涉及了南、北极海洋学的基础调查与评估，涉及了南极大陆和北极站基的生态环境考察与评估，涉及了从南极冰川学、大气科学、空间环境科学、天文学以及地质与地球物理学等考察与评估，到南极环境遥感等内容。专家认为，成果集成内容翔实，数据可信，评估可靠。

“十三五”期间，极地专项持续滚动实施，必将为贯彻落实习近平主席关于“认识南极、保护南极、利用南极”的重要指示精神，实现李克强总理提出的“推动极地科考向深度和广度进军”的宏伟目标，完成全国海洋工作会议提出的极地工作业务化以及提高极地科学研究水平的任务，做出新的、更大的贡献。

希望全体极地人共同努力，推动我国极地事业从极地大国迈向极地强国之列！

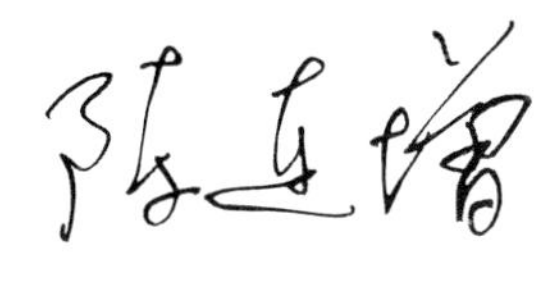

# 前 言

北极是对全球变化响应和反馈最为敏感的地区之一，全球气候变化在北极地区会由于受到冰雪融化降低了表面反射率等现象的正反馈作用而得到放大。北极海域因其独特的地理位置和环境条件，包括宽广的大陆架、剧烈的季节性天气变化、低温、永久性和季节性海冰覆盖等，而形成了特有的海洋生物群落结构。了解海洋生物多样性是回答众多海洋科学问题的基础，因此目前国际上有多个针对极地海洋生物多样性的研究计划已经或正在开展，包括北极海洋多样性普查（Arctic Ocean Diversity Census）、北极生物多样性评估计划（Arctic Biodiversity Assessment，ABA）、北极植物和动物保护计划（Conservation of Arctic Flora and Fauna，CAFF）、生物分布观测计划（Distributed Biological Observatory，DBO）等。目前为止，共在北极海域发现了近 8 000 种生物，其中，底栖原生动物和无脊椎动物约 4 500 种，大型藻类 160 多种和鱼类 243 种。此外，海冰内部也存在一个复杂的生物群落，包括游离病毒、细菌、自养藻（硅藻和自养鞭毛藻）、原生动物（异养鞭毛虫、纤毛虫等）和后生动物（轮虫、桡足类及桡足幼体、端足类等）。所有海冰生物中仅海冰硅藻的分类研究较多，已报道近 300 种，其他海冰生物分类研究还非常有限。

北极环境的快速变化势必影响依赖其生存的海洋生物群落。气候变暖是影响北极生态系统最重要的压力源，全球变暖引起的气候、水文地理和生态系统学的变化能在北极海域得到很好的表达，因此，北极可以担任全球变化的预言者，而北极海洋生物是最主要表现者。研究表明，全球变暖、海冰快速融化、海水酸化以及人类活动的影响正在改变着极地海洋环境，北极环境的变化势必会影响依赖其生存的海洋生物群落，造成的一系列生态后果可能会蔓延至海洋生物的各个营养级。同时有大量研究指出，海洋酸化会显著改变生产力水平和结构，特别是在高纬度海域，水温低、$CO_2$溶解度高、海洋酸化更为明显，海水中 $CO_2$的增加将在一定时期内促进浮游植物生长，提升海洋初级生产力。据推测，随着海冰的持续性缩减，北极海冰、水层和海底生物群落的总碳通量和能量流通模式将可能由原来的“冰藻－底栖生物”为主变成“浮游植物－浮游动物”为主，受其影响，生物群落的结构也将发生根本的改变。北极气候与生态系统的快速变化导致极地自然环境保护面临日益严峻的挑战。

面对当前国际极地形势和国家重大战略需求，“南北极环境综合考察与评估”

专项获得国家批准。正是以该专项为依托，我国相继组织实施了第五次和第六次北极科学考察，北极海洋生物和生态考察作为一项重要组成部分得以开展，获得了一批有价值的科学考察数据和研究成果。

本书总结了极地专项实施以来北极海洋生物和生态考察的成果，并结合历次考察的数据，对北极海洋生物多样性特征和变动趋势进行了初步分析。由于时间仓促和水平有限，本书可能对实施工作总结不够，得到的一些科学认识不够深刻，敬请专家给予批评指正。

本书由国家海洋局第三海洋研究所、中国极地研究中心、中国科学院海洋研究所、国家海洋局第一海洋研究所、国家海洋局第二海洋研究所诸位专题组人员共同撰写完成。在此，对为本专题顺利执行提供具体指导的极地专项办公室领导和极地专项成果集成责任专家组成员，承担海上调查任务的“雪龙”号调查船全体船员，以及对本书的出版提供帮助和支持的所有单位、领导和同仁表示衷心的感谢。

著者

2016 年 1 月

# 目 次

# 第1章 总 论

北极是地球系统中的重要组成部分，是全球气候变化最显著、响应最敏感的区域。研究表明，近150年来北极地区气温的升高幅度是全球平均值的2~3倍，气温的持续升高最直接的影响是北极地区海冰覆盖面积的不断缩减。北极海冰的厚度和分布直接反馈于北极海洋生物群落的变化，随着北极海冰覆盖面积的减少，北冰洋生态系统随之发生显著变化。2012年极地专项实施以来，我国组织了第五次和第六次北极科学考察，在白令海、楚科奇海、加拿大海盆、挪威海等海域开展了包括叶绿素和初级生产力、微生物、微微型和微型浮游生物、大中型浮游生物、底栖生物、大型藻类、海冰生物等多项内容的综合性现场考察和实验研究。通过这些调查的实施，可为研究北极海洋生态系统的结构、功能及其时空变化规律，阐明物理、化学、生物过程对北极海洋生态系统的影响及其响应和反馈机制具有重要意义，也为认识和评估北极海洋生物资源潜力，制定相应的管理措施提供科学依据。

通过专项实施期间的两次现场考察，获得了丰富的样品和现场数据，汇编完成了“北极海域海洋生物和生态考察数据集”，涵盖了叶绿素和初级生产力、微生物、海冰生物、微微型浮游生物、大中型浮游生物、底栖生物和大型藻类等各营养层次海洋生物的第一手数据资料，同时还完成了《北极常见海洋生物图谱和物种名录》的编撰，这些资料可为我国对北极海洋生物研究的持续和深入开展打下良好的基础。通过对现场考察数据的深入分析，本专题共完成研究论文17篇（含2篇待刊，1篇在审），获得授权发明专利1个，申请发明专利1个。这些研究成果进一步加深了对北极海洋生物多样性及海洋生态系统对环境快速变化的响应现象及机制的认识。同时，通过与中国台湾科学家合作开展了北极生态调查和研究，促进了两岸科研合作的研究范围和深度。

本书对中国第五次、第六次两次北极科学考察的过程和结果进行了总结，并结合历次北极科学考察成果，对北极海洋生物多样性特征及其变动趋势进行了初步分析，主要结论如下。

白令海和挪威海均以Pico级叶绿素占优，叶绿素偏低，这可能与这些海域受大洋水控制、营养盐较低有关。在挪威海，叶绿素和初级生产力受中尺度涡的影响非常明显。在楚科奇海台区，我们发现浮游植物的垂向分布存在一个较快的动态过程，没有稳定的SCM层，高叶绿素值几乎在各个水层都可能出现。这可能是因为浮游植物旺发后，Net级份占优，导致浮游植物不断沉降，因此在各个水层中都有可能观测到叶绿素的高值。历次北极科考的资料中，均有站位存在底层浮游植物极高值，这一现象也印证了浮游植物沉降的存在。这可能是北冰洋“食物脉冲”的一种表现形式：真光层深而混合层浅，营养盐能够快速补充，刺激浮游植物旺发，上层浮游植物所产生的有机物迅速向底层输出，进而导致底栖生物的高生物量，对底层生态系统可能具有重要意义。

在该海域微微型浮游生物的分布明显受到水团和水流的影响，阿拉斯加沿岸流的西扩可能会增加北冰洋细菌丰度，同时将聚球藻输送到更高纬度。在楚科奇海共发现变形菌门

(Proteobacteria)、拟杆菌门(Bacteroidetes)、蓝细菌门(Cyanobacteria)、放线菌门(Actinobacteria)等15个门的43个目的细菌类群，其中变形门菌为优势菌群。同时，随着海冰退缩，表层水温上升，微微型真核浮游植物丰度高值区将向北推进。白令海及楚科奇海中的微型及微微型浮游植物中均是硅藻占优势，而优势度随着纬度的增加而降低；微型浮游植物中的定鞭金藻及微微型浮游植物中的青绿藻也均具有相当优势。楚科奇海主要微微型真核浮游生物优势种包括微胞藻属(*Micromonas*)、金藻属(*Poterioochromonas*)、角毛藻属(*Chaetoceros*)和环沟藻属(*Gyrodinium*)，还有隐球菌属(*Cryptococcus*)和海洋丝足虫属(*Cryothecomonas*)。随着北冰洋环境的进一步变暖及营养盐限制的进一步增强，微胞藻属的优势地位将更加明显。

在冰表融池、冰芯和冰下水柱中，异养类群占绝对优势，在北冰洋海洋生态系统中，其在食物链中可能具有重要作用。

楚科奇海浮游动物群落的年际变化趋势存在地理差异，而这种差异与浮游动物群落结构有关。北部深水区以桡足类为主的群落，在海冰快速消退的年份丰度明显更高。在南部和中部的陆架群落，浮游动物总丰度年际变化范围更大，而且与海冰覆盖范围关系不明显。在这两个群落里，桡足类丰度呈增加的趋势，但是藤壶幼体丰度变化范围较大。楚科奇海浮游动物群落最大的特点是存在极高丰度的底栖动物浮游幼体。本研究首次发现，这些阶段性浮游动物与终生浮游类群之间存在负相关性，即以藤壶幼体为代表的底栖动物浮游幼体丰度较高时，以桡足类为代表的终生浮游生活类群丰度较低。这一发现应该在预测陆架生态系统对海冰消退的响应时得到重视。马卡诺夫海盆和楚科奇深海平原浮游动物在上层分布密集而在深层比较稀少。两个调查海区浮游动物种类组成相似，在垂直分布上差异主要在于500～1 000 m水层，马卡诺夫海盆站位丰度在22.7～92.6 ind./$m^3$之间，而楚科奇深海平原只有1.6 ind./$m^3$。深海区浮游动物垂直分布的地理差异与颗粒有机物沉积通量的空间异质性相一致。我们推测类似地理差异产生的原因在于楚科奇深海平原数量较多的极北哲水蚤(*calanus hyperboreus*)，它们在春季融冰前就上升到表层摄食冰藻，显著降低了有机物的垂直通量。

总结我国历次北极考察，大型底栖生物共记录种类约440种，小型底栖生物18个类群，鱼类67种。北极底栖生物因空间异质性而呈现出多种多样的、斑块状分布的群落结构类型。对白令海的陆架区、陆坡区和海盆区的生物量分析显示，大型底栖生物在白令海陆坡至陆架边缘处具有较高栖息密度和生物量，构成了“白令海绿带”；楚科奇海陆架区普遍具有较高的生物量，尤其是楚科奇海南部和东北部(Barrow Canyon附近)，而沿着陆架区—陆坡区—海盆区生物量急剧减少。Grebmeier等学者认为富营养的太平洋温水以及激烈的水层－海底的耦合是影响北极底栖生物群落和生物量的关键因子。小型底栖生物呈现了明显的陆架和海盆分区现象，并且白令海陆架区、楚科奇海陆架区皆为高丰度的海区，小型底栖动物的资源量很高，白令海海盆及北冰洋的深水区和高维海区则极为贫瘠。白令海与楚科奇海水域的鱼类种类组成既有北太平洋鱼类区系和北冰洋鱼类区系的区系特征，又与北大西洋海区的鱼类区系相关联，构成了这一海区独特的鱼类种类组成特点。总体上来看，粗壮拟庸鲽和东方裸棘杜父鱼是调查海域分布范围最广且数量较大的主要种类。此外，从两个航次优势种类的比较还可以看出，鱼类的种类组成与水深有很大关系，且楚科奇陆架浅水区的鱼类种类组成与白令海相似。此外，在对此次鱼类生物全球地理分布资料进行整合的过程中，发现某些鱼类的出现站点有超越之前文献资料中记录的分布区域的现象。

此外，在考察期间，分别从第五次和第六次北极科考海洋沉积物样品中分离到了6株潜在的细菌新种。对第五次和第六次北极科学考察采集到的大型海藻样品进行了形态学描述和DNA条形码分析。研究填补了我国目前在北极地区有关大型底栖海藻研究记录的空白。

# 第2章 北极海洋生物和生态考察意义和目标

## 2.1 考察背景和意义

北极地区是对全球气候变化响应和反馈最敏感的地区之一，过去30多年对北极地区连续观测研究证明，北极地区气候正在发生快速变化。全球气候变暖对北极海域的最直接影响是海冰覆盖面积在不断减少。北极地区的这一快速变化举世瞩目，吸引了全人类的目光。在海冰快速变化背景下，北冰洋海洋生态系统发生了结构性的变化，部分渔业资源崩溃，海洋渔业资源分配模式发生悄然改变。北极海洋生物资源的开发利用已引起广泛关注。与此同时，北极气候与生态系统的快速变化导致极地自然环境保护面临日益严峻的挑战。

全球变暖导致的极地快速变化特别是海冰的加速融化使得北极资源的价值和开发前景日益突出，极大地刺激了环北极各国对其资源的争夺和开发利用，北极的战略地位迅速提高，已成为当今国际政治、经济、科技和军事竞争的重要舞台。与此同时，国际社会也相继召开了重要的会议并启动了新的北极科学研究计划，以示对极地科研和管理事务的重视。当前，一些重大的国际研究计划如世界气候研究计划（WCRP）、国际地圈 - 生物圈研究计划（IGBP）、大洋钻探计划（DSDP/ODP/IODP）等都将“两极”作为关键地区，制定了相应的南、北极研究计划。2009年3月在挪威举行的北极高峰周会上，北极科学界和各国际组织进一步表示了对北极快速变化的关注，一致将这一快速变化作为北极研究的核心科学问题。同年5月，113个国家的120名代表参加了在美国召开的“北极环境变化及海洋法国际会议”，研讨重点关注北极海上航线、北极外大陆架划界、北极油气资源、斯匹次卑尔根条约、北极海洋环境和生物多样性等议题，北极科学委员会组织的新的国际研究计划“北极快速变化（Arctic Rapid Transition，ART）”也已付诸实施。

面对当前国际极地形势和国家重大战略需求，“南北极环境综合考察与评估”专项（以下简称南北极专项）获得国家批准并进入正式实施阶段。正是以南北极专项为背景，中国第五次和第六次北极科学考察是我国首次以专项形式对北极地区进行全面的考察。在专项中，北极生物生态考察也是北极考察的重点任务之一。对北极海域生物生态多学科的综合科学考察，有助于了解北极周边海域生物和初级生产力的组成、分布及调控机制，对认识全球碳循环、评估北极资源潜力具有重要意义。研究北极海洋和海冰变化与全球变暖的关系不仅是当前国际前沿科学问题，也是我国制定适应全球气候变化问题对策的科学依据。

## 2.2 考察的简要历史回顾

相对于环北极八国和少数发达国家，我国开展北极亚北极考察特别是海洋生物与生态考察和研究的起步较晚，但是，从1999年首次北极考察至今，经过10多年的发展，我国已形成了以国家海洋局主管，有关部委和科研机构共同参加的极地考察、研究工作体系。截至2015年，我国已成功组织了6次北极综合科学考察。

我国历次北极综合考察中，多次把海洋生物与生态考察作为重要考察内容，其中，1999年首次北极科学考察确定“北冰洋邻近海域生态系统与生物资源对我国渔业发展的影响”作为科学目标之一，开展了考察区域海洋生物生态考察和白令海渔业资源综合调查；2003年第二次北极科学考察把“了解北极变化对全球变化的响应和反馈及其对我国气候环境的影响”作为主要科学目标，开展了“北极海洋生物地球化学过程与古环境调查研究”和“北半球高纬海域生物过程和物理过程相互作用”的研究；2008年第三次北极科学考察确定“开展北冰洋及邻近边缘海深海微生物资源极地基因资源的多样性研究，与地质年代结合，阐明生物多样性变化演变与海洋环境变化的关系”作为科学目标之一，开展了“北极生态系统结构和变异”和“北冰洋深海微生物及其基因资源的多样性”的研究；2010年第四次北极科学考察以“北极海洋生态系统对海冰快速变化的响应”作为两大科学考察目标之一，开展了生态系统多学科综合考察，研究与海冰变化密切相关的海洋生态系统结构和功能变化，初步阐明北极海洋生态系统调控机制，为进一步预测北极生态系统变化趋势提供科学依据；2012年极地专项实施以来，组织了第五次和第六次北极科学考察，北极海洋生物和生态考察作为其中一项重要内容之一组织并实施，开展了北极海洋生物学科综合考察，分析各类海洋生物群落结构组成与多样性现状、关键种与资源种的分布与生态适应性，了解考察海域生态系统功能现状及在全球变化背景下的潜在变化，获得海洋生物标本和分析数据，为生态资源变化和生态建模及应用评估提供基础数据。

## 2.3 考察海区概况

北极是对全球变化响应和反馈最为敏感的地区之一，并且具有极高的生态价值。最近几十年来北极海域发生了明显的异常变化，最主要的当属全球变暖背景下海冰总量及其分布范围的不断缩减。研究资料显示，北极平均气温的升高幅度是全球平均值的两倍，季节性最小的海冰覆盖面积收缩的幅度达45 000 $km^2/a$，到2060年的夏天，北极的海冰有可能全部消失。另外，石油天然气的开采、近岸污染物的排放、航运、海洋酸化、生物入侵、过度的渔业捕捞和旅游业的发展等严重影响着北极生态系统的健康。

气候变暖是影响北极生态系统最重要的压力源，普遍认为全球变暖引起的气候、水文地理学和生态学的变化能在北极海域得到很好的表达，因此，北极可以担任全球变化的预言者。气候变暖潜在的物理效应包括海冰厚度和覆盖面积的减少，表层光反射率的降低，水体温度的升高等；潜在的生物效应包括物种分布、生产周期和初级生产力的改变，威胁北极熊等依赖海冰生存的海洋生物，增加海洋生物暴露于紫外线辐射的风险等；潜在的社会效应包括传统狩猎文化的改变，全球海洋航运的扩展，促进北极海洋自然资源的开采和渔业捕捞等。

伴随着全球变暖，北极极区冰层快速融化，极地环境和全球变化面临新的重大变革和不确定性，极地科学将迎来新的发展机遇和繁荣；与此同时，随着陆地资源的日益枯竭，北极丰富的资源储藏引来环北极国家的竞相争夺；再者，北极与我国同属北半球，北极的异常变化将直接影响我国的气候和国民经济发展。因此，值此极地权益争夺方兴未艾和我国综合国力日益提升的重大历史机遇期，系统掌握北极环境的第一手资料，加强北极气候和环境变化研究，对于维护我国在北极地区的长远利益和潜在权益，提高我国在未来国际极地事务中的影响力和决策力，减少我国气象灾害损失和经济可持续发展均有重大意义。

### 2.3.1 白令海

白令海是太平洋沿岸最北的边缘海，介于66°31′N，51°22′E 之间，海区呈三角形。北以白令海峡与北冰洋相通，南隔阿留申群岛与太平洋相连，位于太平洋最北端的水域。它将亚洲大陆（西伯利亚东北部）与北美洲大陆（阿拉斯加）分隔开。白令海大致可分为浅水区（浅于200 m）和深水区（深于200 m）两部分，两者的面积几乎相等。

白令海峡最窄处仅35 km，平均水深为45 m，使太平洋与北冰洋之间深层冷水交换受到限制，因此白令海受北冰洋严寒的影响仅限于海峡南端附近海域，从而使白令海区主要受北太平洋海水交换的影响，是典型的太平洋北部边缘海。白令海通过白令海峡与北冰洋相连，是连接北冰洋和太平洋的纽带。因此，白令海的能量与物质交换，对北冰洋的环境变化有着直接影响，对白令海的考察研究是研究北极地区气候环境变化的重要依据。

### 2.3.2 楚科奇海

楚科奇海是北冰洋的一个边缘海，位于楚科奇半岛和阿拉斯加之间。其西面是弗兰格尔岛，东面是波弗特海，南面的白令海峡连接白令海。楚科奇海的面积约 $59.5\times10^4$ $km^2$，平均水深88 m，56%面积的水深浅于50 m，最大水深1 256 m，海水盐度24 ~ 33.5，一年中只有4个月可以航行。

### 2.3.3 北冰洋

北冰洋又称北极海，是世界最小最浅以及最冷的大洋。大致以北极圈为中心，位于地球的最北端，被亚欧大陆和北美大陆环抱着，有狭窄的白令海峡与太平洋相通；通过格陵兰海和许多海峡与大西洋相连，是世界大洋中最小的一个，面积仅为 $1\ 475\times10^4$ $km^2$，不到太平洋的10%。它的深度为1 097 m，最深为5 527 m。

## 2.4 考察目标

北极海域生物生态考察旨在通过对重点海域海洋叶绿素、生产力、微型浮游生物、大中型浮游植物、大中型浮游动物、大小型底栖生物、微生物和大型海藻等海洋生物生态考察，获得海洋生物标本和分析数据，分析各类海洋生物群落结构组成与多样性现状、关键种与资源种的分布及生态适应性；通过与专项中水文、化学、海冰、地质等考察数据相结合，可以分析考察海域生态系统功能现状及在全球变化背景下的潜在变化，为生态资源变化和生态建模及应用评估提供第一手资料，为专项综合评估北极地区环境和资源潜力的总体目标提供基础数据。

# 第3章 北极海洋生物和生态考察主要任务

## 3.1 考察区域、断面、站位及路线

### 3.1.1 中国第五次北极科学考察

中国第五次北极科学考察的海洋生物与生态考察专项共涉及鄂霍次克海、白令海、北冰洋（含楚科奇海，下同）及挪威海四个海域107个考察站位，其中鄂霍次克海1站；白令海40站，包括BL、BS、BM和BN四条断面；北冰洋45站，包括R（SR）、M、CO、CC四条断面以及浮冰密集区的短期冰站6个；挪威海21站，包括BB和AT两个断面以及冰岛附近海域4站（图3-1至图3-4）。各要素的考察站位分别为：叶绿素a 96站，初级生产力21站，微型和微微型浮游生物97站，海冰生物6站，微生物多样性和资源62站，浮游生物67站（其中垂直拖网58站，多联网9站），小型底栖动物27站，大型底栖生物75站（其中采泥46站，拖网39站），大型藻类27站，底栖鱼类29站（各专业现场考察站位分布见附件一）。考察期间，“雪龙”船穿越北冰洋抵达冰岛，开展为期5天的访问和交流。

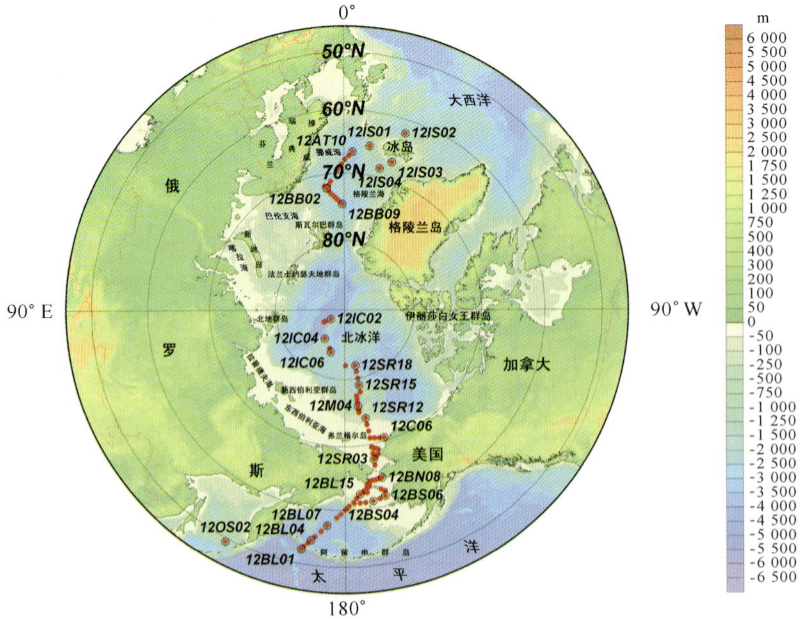


图3-1 中国第五次北极科学考察海洋生物与生态考察总站位

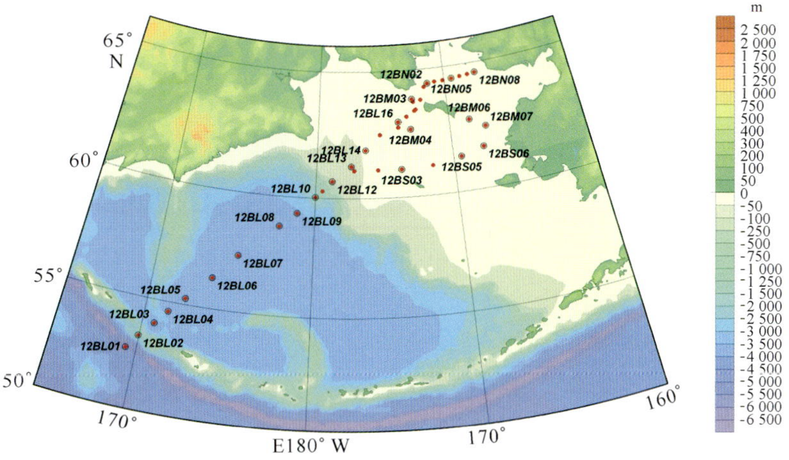


图 3－2　中国第五次北极科学考察海洋生物与生态考察白令海站位

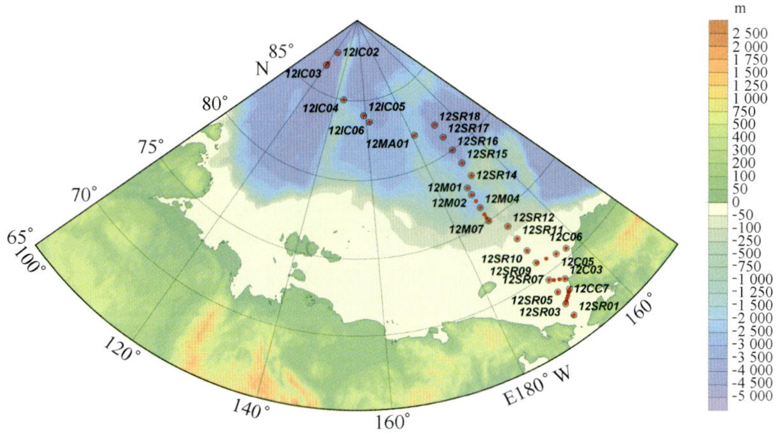


图 3－3　中国第五次北极科学考察海洋生物与生态考察北冰洋站位

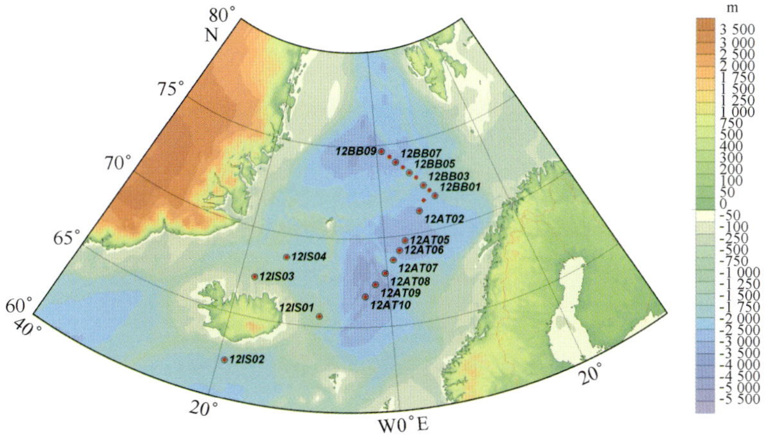


图 3－4　中国第五次北极科学考察海洋生物与生态考察挪威海站位

## 3.1.2 中国第六次北极科学考察

中国第六次北极科学考察的海洋生物与生态考察专项共涉及鄂霍次克海、白令海和北冰洋（含楚科奇海，下同）三个海域95个考察站位，其中鄂霍次克海1站；白令海37站，包括B、BS和NB三条断面；北冰洋57站，包括R、C、C0、CC和S0五条断面以及浮冰密集区的短期冰站6个，长期冰站1个（图3－5至图3－7）。各专业的考察站位分别为：叶绿素a 61站，初级生产力15站，微型和微微型浮游生物86站，海冰生物7站，微生物多样性和资源104站（其中表层海水60站，采泥44站），浮游生物67站（其中垂直拖网63站，多联网4站），地表微生物39站，小型底栖动物30站，大型底栖生物75站（其中采泥42站，拖网33站），大型藻类33站，底栖鱼类33站（各要素现场考察站位分布见附件一）。

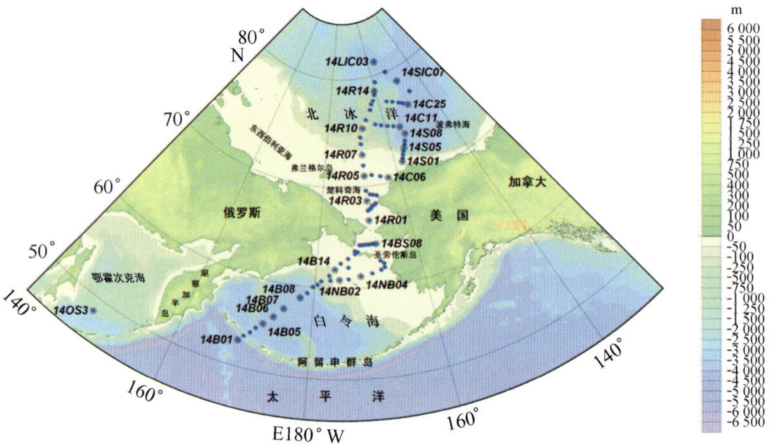


图3－5　中国第六次北极科学考察海洋生物与生态考察总站位

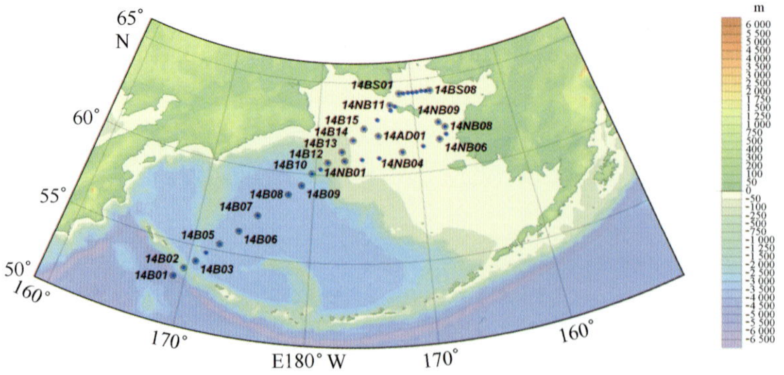


图3－6　中国第六次北极科学考察海洋生物与生态考察白令海站位

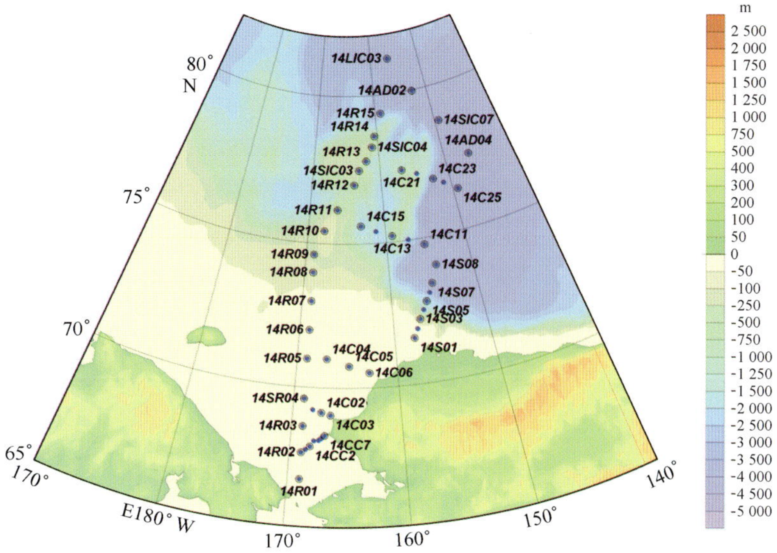


图 3－7　中国第六次北极科学考察海洋生物与生态考察北冰洋站位

## 3.2　考察内容

### 3.2.1　基础环境参数

通过考察，了解北极海域浮游植物叶绿素浓度和初级生产力的分布、粒级特征；浮游植物生物量和生产力与物理、化学过程之间的耦合关系，以及不同粒级浮游植物群落对生物量和初级生产力的贡献。

### 3.2.2　微生物多样性

北极海水和海洋沉积物微生物多样性分析，微生物种质资源的收集、标准化保存和资源评估。

### 3.2.3　微微型和微型浮游生物群落

研究北极考察区域海洋微微型浮游植物和浮游细菌群落结构和丰度；微小型生物群落丰度、生物量和结构；微小型藻类色素组成和垂直分布特征；微小型生物的群落结构组成和分布特征。

### 3.2.4　浮游生物群落

考察北极浮游生物的种类和数量组成、分布、区域特点；浮游生物群落结构与叶绿素、营养盐之间的关系，浮游生物群落在不同水团、流系中的种类变化。

### 3.2.5　海冰生物群落

海冰生物样品采集，分析其生物量、种类组成和空间分布及与环境因子关系。

### 3.2.6　底栖生物群落

分析考察海域底栖生物种类组成和数量分布特征；研究底栖生物与海洋物理、化学等环境因子的相关关系；分析底栖生物群落结构组成与多样性现状。

### 3.2.7　大型藻类

北极大型藻类的调查、标本制作与分子标记。

### 3.2.8　资源种类调查

通过微生物样品分析，了解潜在资源种类数量和分布情况，并对有保存价值的菌种资源及藻种资源进行分纯保存；丰富各类生物资源库。

## 3.3　考察设备

### 3.3.1　叶绿素荧光计

型号 Turner Trilogy，可对叶绿素萃取荧光和活体荧光进行测量，测量精度 0.02 g/L（图 3-8）。

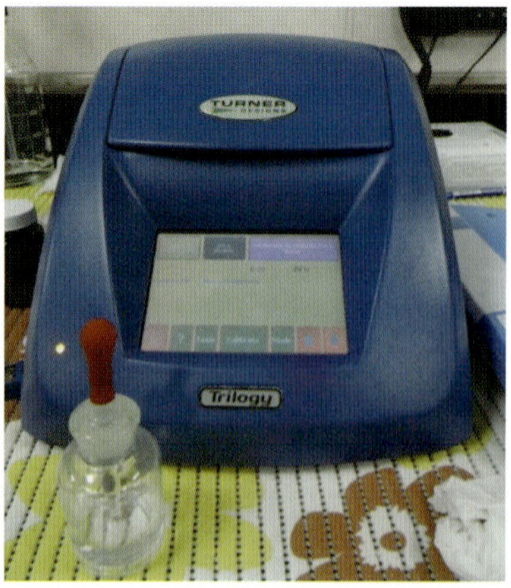


图 3-8　叶绿素荧光仪 TD 7200

### 3.3.2　高通量测序仪

GS FLX 测序平台，美国 Roche 454 公司生产，用于微生物样品的 DNA 测序。

## 3.3.3 高效液相色谱分析仪

美国 Waterse2695 工作站，配置 Ecilpse XDB C8 柱及 Waters 2998 多级管阵列检测器。

## 3.3.4 浮游植物分级联滤系统

通过自行研制的联滤装置，配合 20 mm 孔径尼龙筛绢、2 mm 核孔滤膜 以及 0.7 mm GF/F 玻璃纤维滤膜，可同时对 6 ~ 18 个浮游植物水样进行分级过滤，以获取不同粒级（分为 Net、Nano 和 Pico 3 级）的浮游植物叶绿素和初级生产力样品（图 3 -9）。

图 3 -9　浮游植物分级联滤系统

## 3.3.5 Tri - Carb 2900TR 液体闪烁计数仪

检测放射性同位素 CPM 和 DPM，进而通过计算得出初级生产力（图 3 -10）。

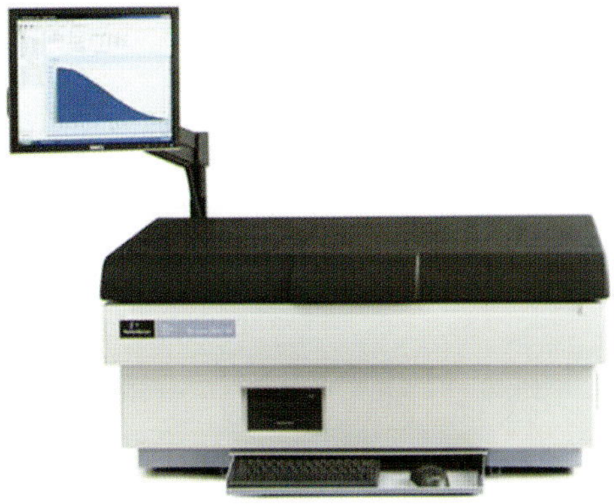

图 3 -10　Tri - Carb 2900TR 液体闪烁计数仪

## 3.3.6 现场初级生产力培养器

用于初级生产力水样的模拟现场培养，通过设置不同光衰减层，可以模拟光照 100% 、

75%、50%、32%、25%、10%、3%和1%的水层。通过现场培养、过滤和实验室液闪计数分析，可以得到各水层浮游植物的固碳量，积分平均计算得到单位面积海域的初级生产力（图3-11）。

图3-11　初级生产力培养器

## 3.3.7　流式细胞仪

型号BD FACSCalibur，拥有488 nm和633 nm两根激光管，可对FSC，SSC，FL1，FL2，FL3以及FL4荧光信号进行检测，流速分low，med以及hi 3级，最大检测细胞数可达10 000个/s，利用独特的液流系统使得检测目标一个一个通过检测器，激光管照射检测目标激发检测目标荧光，并通过分析检测目标荧光信号种类和强弱来达到区分检测目标的目的，可对海水中微微型浮游植物、微型浮游生物以及浮游细菌进行检测和丰度测量（图3-12）。

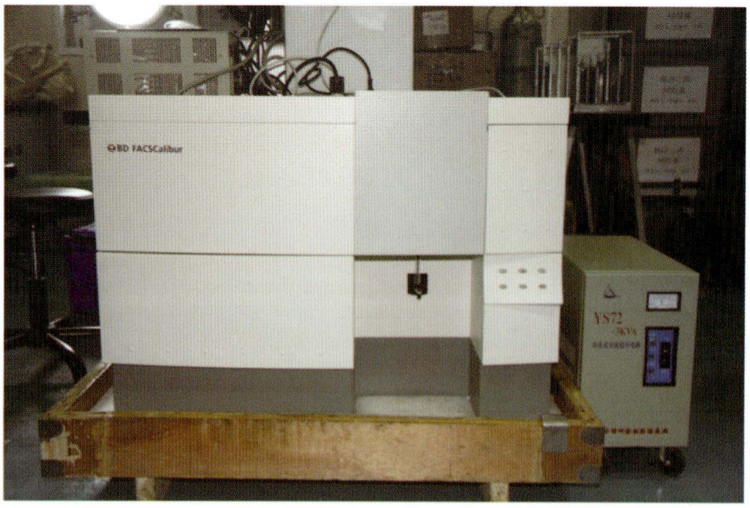


图3-12　流式细胞仪BD FACSCalibur

## 3.3.8　营养盐自动分析仪

型号：Skalar San ++。

荷兰 Skalar 公司生产，可对氨盐、硝酸盐、亚硝酸盐、磷酸盐和硅酸盐进行浓度自动测量，配备自动进样器，提高仪器自动性，可同时对 3 种营养盐进行检测，检测精度达 0.01 μmol，利用自动分光光度法对样品中营养盐进行检测，达到大规模高精度分析海域营养盐水平的目的。

### 3.3.9　切向流超滤系统

Pall 公司生产，通过切向超滤对水体微小颗粒进行富集，用于大体积海水病毒样品富集（图 3 – 13）。

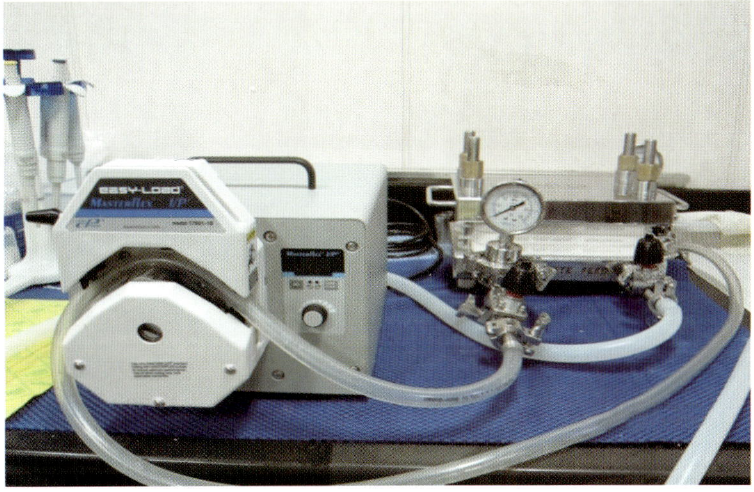


图 3 – 13　切向流超滤系统

### 3.3.10　浮游植物网

网目 70 μm。用于浮游植物垂直拖网采样，调查站位水深小于 200 m 时，使用浮游植物网从离海底 2 m 到表层垂直拖网。水深大于 200 m 时，从 200 m 到表层垂直拖网，网口悬挂流量计，测定过滤水体体积（图 3 – 14）。样品用甲醛固定，最终浓度 4%。

### 3.3.11　大型浮游动物网和北太平洋分层网

网目分别为 500 μm 和 330 μm。用于大、中型浮游动物垂直拖网采样，调查站位水深小于 200 m 时，使用浮游动物网从离海底 4 m 到表层垂直拖网。水深大于 200 m 时，从 200 m 到表层垂直拖网，网口悬挂流量计，测定过滤水体体积（图 3 – 15）。样品用甲醛固定，最终浓度 4%。

### 3.3.12　浮游动物多联网

又称浮游生物分层采样系统（MulitiNet 网），网目 150 μm，在水深超过 1 000 m 站位进行 1 000 m 到表层的全水层浮游动物垂直拖网，完成 1 000 ~ 500 m、500 ~ 200 m、200 ~

100 m、100 ~ 50 m 和 50 ~ 0 m 的 5 个连续的不同水层的浮游动物采样（图 3 – 15）。

图 3 – 14　浮游植物网和浮游动物网

图 3 – 15　浮游动物多联网

## 3.3.13　底栖生物采集工具

大型底栖生物定量主要使用了 0.25 $m^2$ 大型箱式采泥器（少数站位用 0.1 $m^2$ 采泥器），并用船载的万米绞车进行取样。泥样用漩涡分选器淘洗，生物样品用 0.5 mm 筛网截留，所有生物样品包括残渣全部收集起来，装瓶后用稀释的 7% 福尔马林溶液固定，带回国内实验室分析鉴定。底栖拖网采用三角拖网，仍用船载的万米绞车作业。作业时，拖网绳长为当地水深的 2 ~ 3 倍，船速控制在 3 kn 以内。起网后，挑选部分样品在现场拍照，记录其形状体色等特征，而后尽可能收集所有的生物类别，样品装袋后，放入盛有固定液的标本桶，带回实验室分析。图 3 – 16 为底栖生物作业常用设备。

## 3.3.14　低速离心机

型号 Anke TDL – 5，可一次性离心 1 L 液体，用于泥沙量较大时小型底栖动物的生物样品的分离（图 3 – 17）。

## 3.3.15　解剖镜

型号 Leica S6D，连续放大倍数为 63 ~ 400 倍，用于小型底栖动物的观察、筛选和计数，同时可以进行大个体小型底栖动物的图像拍摄（图 3 – 18）。

大型箱式采泥器　　漩涡分选器

三角拖网　　现场底拖作业

图 3－16　底栖生物专业常用设备

图 3－17　低速离心机

## 3.3.16　3D 解剖镜

型号 Leica F205M，连续放大倍数为 10～320 倍，带有 3D 模块软件，可对样品进行多个焦平面照片的叠加以获得更为清晰的 3D 照片（图 3－19）。

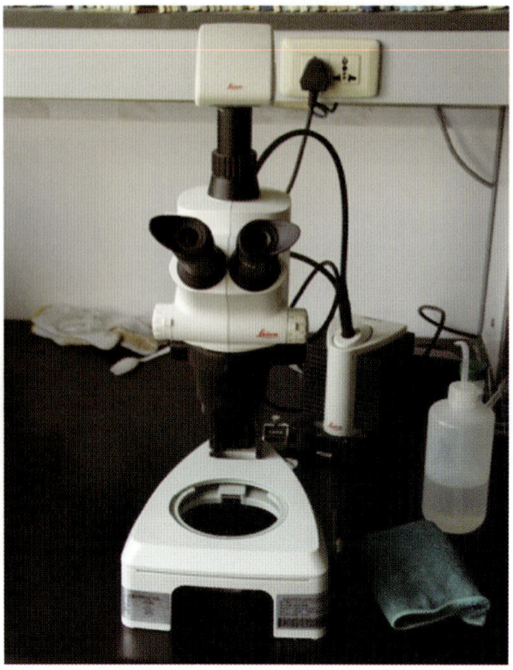

图 3 - 18　解剖镜

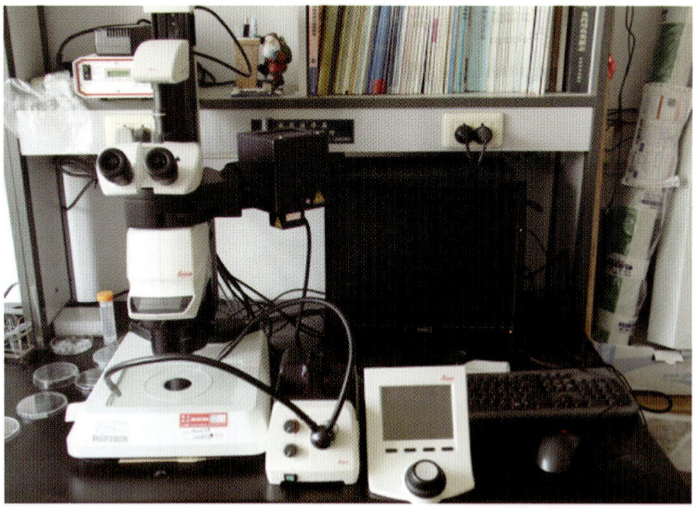

图 3 - 19　3D 解剖镜

### 3.3.17　生物显微镜

型号 Leica DM5000，放大倍数 50 ~ 1 000 倍，带微分干涉和荧光显微功能，可对样品的细微特征进行观察和摄像（图 3 - 20）。

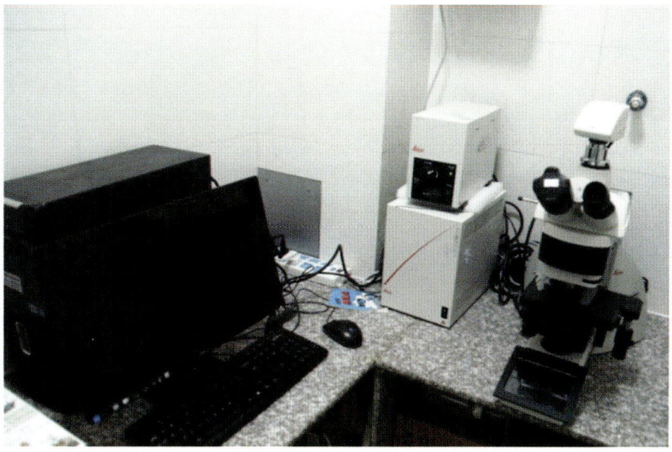

图3－20　生物显微镜

## 3.4　考察人员及分工

本专题考察由5家单位参加，各参与单位的任务分工如下。

国家海洋局第三海洋研究所作为本专题牵头单位，负责协调各单位任务分工和协作等，承担鱼类浮游生物、大型底栖生物、小型底栖动物及微生物的调查和分析工作。

中国极地研究中心承担浮游细菌、微微型光合浮游生物、微型浮游植物和海冰生物的调查和分析工作。

中国科学院海洋研究所承担小型浮游植物和大中型浮游动物样品采集及群落结构研究工作。

国家海洋局第一海洋研究所承担海洋沉积物微生物多样性、大型藻类分析工作。

国家海洋局第二海洋研究所承担叶绿素a、初级生产力的实验和分析工作。

各单位具体工作分配和主要参与人员见表3－1。

## 3.5　考察完成的工作量

北极专项实施期间于2012年和2014年进行了第五次和第六次北极两个航次的现场考察，现场采样作业基本按照计划圆满完成（附件三），2013年由于原计划的与俄罗斯合作开展的北极考察未能成行，因此该年度主要任务转为内业分析、报告和论文撰写等任务。各年度完成的主要工作量如下。

2012年度：本年度开展了中国第五次北极考察，本次考察共完成了96个叶绿素测站和21个初级生产力测站，31次底拖网，30次水平拖网，46次大型底栖生物箱式采样，9次小型底栖生物采样；58次浮游动物垂直拖网和9次分层拖网；97个海洋微小型生物站位和6个海冰微小型生物站位；各子课题具体站位分布如下。

表 3-1 承担北极海洋生物和生态考察单位与主要参与人员工作分配表

| 单位 | 承担任务 | 姓名 | 职称 | 分工 | 参与现场考察航次 |
|---|---|---|---|---|---|
| 国家海洋局第三海洋研究所 | 牵头单位/大小型底栖生物考察与评价 | 林龙山 | 研究员 | 项目负责人 | 4 |
| | | 林荣澄 | 研究员 | 项目负责人 | 4 |
| | | 王建军 | 副研究员 | 大型底栖生物负责人 | 4 |
| | | 林和山 | 助理研究员 | 报告编写、现场考察 | 5 |
| | | 林俊辉 | 助理研究员 | 报告编写、现场考察 | 6 |
| | | 何雪宝 | 助理研究员 | 样品分析 | / |
| | | 黄雅琴 | 助理研究员 | 样品分析 | / |
| | | 牟剑锋 | 研究实习员 | 样品分析 | / |
| | | 刘　坤 | 研究生 | 样品分析 | / |
| | | 宋普庆 | 助理研究员 | 底栖鱼类样品分析、报告编写、现场考察 | 5 |
| | | 钟指挥 | 工程师 | 现场考察、样品分析 | 6 |
| | | 张　然 | 研究实习员 | 样品分析 | / |
| | | 黄丁勇 | 助理研究员 | 小型底栖样品分析、报告编写 | 6 |
| | | 王建佳 | 研究实习员 | 样品分析、现场考察 | 5 |
| 中国极地研究中心 | 北极微型与微微型浮游生物考察和评价 | 何剑峰 | 研究员 | 课题负责人 | 4、5 |
| | | 张　芳 | 副研究员 | 现场考察人员、报告编写人员 | 4 |
| | | 林　凌 | 博士后 | 现场考察人员、样品分析人员、报告编写人员 | 4、5、6 |
| | | 曹叔楠 | 博士后 | 现场考察人员、样品分析人员、报告编写人员 | 6 |
| | | 高　源 | 博士研究生 | 现场考察人员、样品分析人员、报告编写人员 | 5 |
| | | 杨　鹏 | 项目助理 | 样品分析人员、报告编写人员 | / |
| | | 张　灿 | 硕士研究生 | 现场考察人员、样品分析人员 | 6 |
| 中国科学院海洋研究所 | 北极小型浮游植物和大中型浮游生物考察和评价 | 张光涛 | 研究员 | 课题负责人 | / |
| | | 徐志强 | 研究生 | 样品分析 | 5、6 |
| | | 刘　群 | 高工 | 现场考察 | 5 |
| | | 王少青 | 高工 | 现场考察 | 6 |
| 国家海洋局第一海洋研究所 | 北极海洋沉积物微生物与大型藻类考察和评价 | 林学政 | 研究员 | 底表微生物 | 5 |
| | | 刘晨临 | 研究员 | 大型藻类 | 6 |
| | | 王　桢 | 硕士生 | 样品分析 | / |
| | | 车　帅 | 硕士生 | 样品分析 | / |
| | | 李　阳 | 硕士生 | 样品分析 | / |
| | | 蔡明明 | 硕士生 | 样品分析 | / |
| 国家海洋局第二海洋研究所 | 北极初级生产力考察和评价 | 郝　锵 | 副研究员 | 课题负责人 | 5、6 |
| | | 乐凤凤 | 助理研究员 | 样品分析、报告编写 | / |

（1）底栖生物项目：采用箱式取样、多管取样、三角拖网和大型浮游生物网等方式采样。采样范围包括太平洋扇区的白令海和楚科奇海及大西洋扇区的挪威海和格陵兰海。其中，箱式采样白令海 20 站，楚科奇海 22 站，大西洋扇区挪威海 3 站，共 45 站；多管取样白令海 1 站，楚科奇海 5 站，挪威海和格陵兰海 3 站，共 9 站；鱼类浮游生物白令海 12 站，楚科奇

海 11 站，挪威海和格陵兰海 7 站，共 30 站。

（2）微型生物项目：经度覆盖范围从 162. 76°W 到 19. 26°W，纬度覆盖范围从 52. 7°N 到 86. 61°N 的白令海盆、白令海陆架、楚科奇海、楚科奇海台、门捷列夫海脊、北冰洋中心区和挪威海、格陵兰海的广大北极海域，共计 97 个站位。

（3）大中型浮游动物项目：在北冰洋太平洋扇区白令海和楚科奇海测区完成浮游生物垂直拖网 39 站，完成 MultiNet 多联网采样 4 站；北冰洋大西洋扇区挪威海和格陵兰海测区完成浮游生物垂直拖网 14 站，完成 MultiNet 多联网采样 2 站；北冰洋北纬 80°以北中心区完成浮游生物垂直拖网 5 站，完成 MultiNet 多联网采样 3 站。

（4）沉积物微生物和大型藻类项目：采样站位同底栖生物。

（5）叶绿素和初级生产力项目：测站经度覆盖范围从 162. 76°W 到 19. 26°W，纬度覆盖范围从 52. 7°N 到 86. 61°N 的白令海盆、白令海陆架、楚科奇海、楚科奇海台、门捷列夫海脊、北冰洋中心区和挪威海、格陵兰海的广大北极海域，共计 95 个站位。

2013 年度：2013 年度北极海域海洋生物和生态考察由于计划的与俄罗斯合作开展的北极考察航次未能成行，因此本年度的任务主要是依托第五次北极科学考察航次取得的样品，开展叶绿素、生产力、微型浮游生物、大中型浮游植物、大中型浮游动物、大小型底栖生物、微生物和大型海藻等样品的室内鉴定、数据统计分析的工作，分析各类海洋生物群落结构组成与多样性现状，撰写了第五次北极科学考察期间获取的底栖生物多样性和空间分布研究报告、微型和微微型浮游生物多样性和空间分布研究报告、北极大中型浮游生物研究报告、北极大型藻类海洋沉积物微生物多样性分析报告、第五次北极考察叶绿素和初级生产力研究报告共 5 份。

2014 年度：2014 年度北极海域海洋生物和生态考察执行第六次北极航次考察，在白令海、楚科奇海和北冰洋中心区加拿大海盆测区设置海洋站位以及长短期冰站，进行了 77 站位浮游植物生物量调查、15 站位初级生产力样品采集、81 站位微型和微微型浮游生物（其中重点站位 43 站）样品采集、63 站位浮游动物和浮游植物样品采集、42 站位底栖生物箱式样品采集、32 站位底栖生物拖网样品采集、30 站位鱼类浮游生物水平拖网样品采集、32 站位大型藻类样品采集、41 站位海洋沉积物微生物样品采集，以及 6 个短期冰站、1 个长期冰站海冰生物样品采集。采集各种类型样品近万份，并对一些样品和数据进行了初步分析，取得了丰硕的成果。

## 3.6 考察航次（路线）及考察重大事件介绍

第五次北极科学考察中，“雪龙”船首次穿越西北航道到达北极大西洋扇区，并开展了 2 个断面 19 个站位的叶绿素和初级生产力以及微微型和微型浮游生物的采样，并在 10 个站位开展了初级生产力培养实验，首次获得北极大西洋扇区海洋生物和生态样品、数据，之后从北极高纬航线向东穿越北冰洋返回太平洋扇区开展第二阶段的考察。本次考察首次实现了北太平洋水域、北冰洋太平洋扇区、北冰洋中心区、北冰洋大西洋扇区和北大西洋水域的准同步观测，考察区域范围之广为我国历次北极考察之最，对于系统掌握北冰洋更大范围的海洋环境变化、科学地开展北冰洋生态环境评估具有重要意义。

第六次北极考察期间，叶绿素与初级生产力方面首次在北冰洋实现浮游植物初级生产力甲板培养结合 P－I 曲线测站，并辅以营养盐加富实验和铁加富实验，对浮游植物生态状态对初级生产力的影响进行详细讨论，同时系统分析北冰洋浮冰覆盖下海水浮游植物生长状态营养元素缺失，从多方面系统解释北冰洋浮游植物的生长和对北冰洋初级生产的贡献。海冰生物方面采集到了一个正在暴发藻华的融池，其叶绿素 a 含量高达 15 $mg/m^3$，是冰下海水和冰芯生物量的 100 倍，同时对冰芯叶绿素 a 含量的测定显示冰芯上层（0～40 cm）浮游植物生物量较高，用观测事实显示了冰表融池暴发浮游植物藻华的可能性。对该融池水的理化性质还有待进一步详细分析，探讨该融池是否具有暴发藻华的普遍性。能够暴发藻华的融池是对北冰洋能量循环和碳循环理论的重要修正，对研究北冰洋生态系统对气候变化的响应有重要意义。本航次中采集到了 4 株红藻，结构比较完整，有利于其种类的鉴定，目前在国内还未见有关北极大型海藻的研究报道。

# 第 4 章 北极海洋生物和生态考察获取的主要数据与样品

## 4.1 数据（样品）获取的方式

### 4.1.1 叶绿素和初级生产力

叶绿素测定采用萃取荧光法：采样后，立即经孔径 200 目的筛绢进行预过滤，以去除大部分的浮游动物。取 250 mL 的水样分别经孔宽 20 μm 的筛绢、孔径 2 μm 的核孔滤膜和孔径 0.2 μm 的核孔滤膜过滤或 Whatman GF/F 玻璃纤维滤膜。将过滤后的滤膜放入 15 mL 的具塞试管中，加入 10 mL 90% 丙酮，盖紧试管塞，振荡后立即放入冰箱内，萃取 12 ~ 24 h。取出样品放在室温、黑暗处约 0.5 h，使样品温度与室温一致，用叶绿素荧光计（型号 Turner Trilogy）进行检测，获得叶绿素数据。

初级生产力测定采用 $^{14}C$ 示踪法：用透明度盘测定海水的透明度，确定采样的光学深度。采样后，尽快在弱光下，将水样经孔宽 200 μm 的筛绢预过滤，分装至培养瓶。每层样品应包括两个白瓶和一个黑瓶，取相同体积的 $^{14}C$ 工作溶液加至每个培养瓶。将已知有 $^{14}C$ 的培养瓶放入各相应的培养箱内，或罩上各相应的培养罩，再放入透明的培养箱内。培养箱应置于阳光不受遮蔽处，并用流动的表层海水保持培养期间的温度恒定。经过 6 ~ 24 h 的培养，将样品轻轻摇匀，通过孔宽 20 μm 筛绢、孔径 2 μm 的核孔滤膜和 Whatman GF/F 膜进行过滤。向装有带浮游植物滤膜的闪烁瓶加 10 mL 闪烁液，在振荡器上缓慢振荡至少 20 min，用液体闪烁计数仪测定，获得初级生产力数据。

### 4.1.2 微微型和微型浮游生物

对冰芯样品和水样采用流式细胞术（FCM）结合 DAPI 染色技术分析微小型生物丰度和群落结构组成，利用分子生物学手段分析其生物多样性，利用 HPLC 分析色素组成。依据流式细胞术对浮游细菌及微微型浮游植物的数据进行分析及制作分布图。

### 4.1.3 大中型浮游动物

外业取样：采用浮游动物小型浮游生物网（70 μm）、分层网（北太平洋网 330 μm 筛绢）从 200 m（水深小于 200 m 从底上 2 m）至表层进行大、中型浮游动物垂直拖网；后甲板使用 Multinet（150 μm）网分别对 0 ~ 50 m，50 ~ 100 m，100 ~ 200 m，200 ~ 500 m，500 ~ 1 000 m 的水层进行分层拖网。

样品的保存：大中型浮游动物样品用缓冲甲醛溶液（5% 终浓度）固定，用于浮游动物样品种类鉴定和计数。样品鉴定和数据质量控制完成后，转入玻璃磨口瓶，蜡封，缓冲甲醛溶液固定（5%终浓度）永久保存。

实验室分析：大型浮游动物进行全样计数，其余个体根据样品量进行 1/2 至 1/32 的分样后在解剖镜下计数，计算各物种丰度，单位为个/$m^3$。对已得小型浮游动物丰度数据，对其经 log 转化后基于 Bray - Curtis 相似性指数和组平均的方法进行 q - 型聚类来划分小型浮游动物的群落结构。采用香农 - 威纳指数 $H'$描述站位小型浮游动物群落的多样性水平。数据分析和图表绘制使用 Ocean Data View 4、PRIMER 6.0 等分析处理软件。

### 4.1.4 底栖生物

底栖生物定量采样与海洋地质专业相结合，使用大型箱式采泥器抓取泥样。底栖拖网使用网口宽度为 2.2 m 的三角拖网进行作业。箱式采样器所获底栖生物样品经清洗污泥后，小心放入样品瓶中，加入 7% 福尔马林固定液暂时保存。认真填写采样记录，并在样品瓶上书写唯一识别标签。底栖拖网采集的样品根据种类和用途分别采用冷冻和福尔马林固定液保存，所有样品送回实验室分析。

小型底栖生物和沉积物表层样品处理：将活塞式取样器分离出来的样品自表层向下分别按 0 ~2 cm、2 ~5 cm 和 5 ~10 cm 进行分层。分层样品分别装瓶并用 5% 甲醛溶液固定保存，同时放入内标签并标好外标签，填好采样记录表。各类底栖生物样品的处理和分析及资料整理按照《海洋调查规范》（GB/T 12763.6 - 2007）操作。鱼类浮游生物用 5% 甲醛溶液固定保存，带回实验室解剖镜下鉴定。

小型底栖生物实验室处理：①将泥样倒入 5 层套筛（从上至下套筛孔径分别为 500 μm，250 μm，125 μm，65 μm 和 32 μm）的最上层，用轻缓的自来水水流仔细冲洗。②将冲洗后余留在套筛上的样品分别移入用于染色的小套筛，再将小套筛浸入盛有虎红溶液的染色缸中，待样品与虎红溶液混合均匀后，静置染色 30 min。小套筛的孔径必须小于或等于样品对应的淘洗套筛的孔径。③染色 30 min 后，用轻缓的自来水冲洗已染色的标本，至冲洗水的颜色变浅。在高倍体式解剖镜下将标本挑出，分别按类群计数、装瓶，保存于 70% 的乙醇溶液中并放入相应的标签。

### 4.1.5 微生物和大型藻类

用于北极海洋沉积物微生物分析的样品主要来自箱式采样器，少量为重力采样器和多管采样器。大型藻类采用拖网采样。

采集到的藻类样品，用海水冲洗干净，带入船载实验室，对样品进行初步的形态鉴定、拍摄形态照片。取部分样品制作蜡叶标本；将海藻样品保存在 - 20℃低温，带回实验室进行提取基因组 DNA。采用 CTAB 法提取基因组 DNA。然后扩增大型海藻的 18S rRNA 基因、COI 或 ITS 等 DNA 条形码序列，进行分子鉴定。

## 4.2 获取的主要数据或样品

第五次和第六次北极科学考察各专业样品和数据获取情况见表 4 - 1。

表 4－1 第五次和第六次北极科学考察样品量和数据量

| 航次 | 专业 | 要素 | 样品（数据）量 |
| --- | --- | --- | --- |
| 第五次北极考察 | 叶绿素和初级生产力 | 叶绿素 | 96 站，总叶绿素样品 622 个，分级叶绿素样品 1 638 个 |
| | | 初级生产力 | 21 站，总初级生产力样品 324 个，分级初级生产力样品 862 个 |
| | 微微型和微型浮游生物 | 水样 | 97 站，样品 2 885 份 |
| | | 冰芯 | 6 站，冰芯 45 根 |
| | 大中型浮游生物 | 垂直拖网 | 58 站，样品 116 个 |
| | | 多联网 | 9 站，分层样品 45 个 |
| | 底栖生物 | 底拖网 | 31 站 |
| | | 箱式采样 | 46 站 |
| | 微生物和大型藻类 | 微生物和大型藻类 | 样品采集站位同底栖生物 |
| 第六次北极考察 | 叶绿素和初级生产力 | 叶绿素 | 61 站，总叶绿素样品 351 个，分级叶绿素样品 722 个 |
| | | 初级生产力 | 15 站；样品 716 个 |
| | 微微型和微型浮游生物 | 水样 | 86 站 |
| | | 冰芯 | 7 站 |
| | 大中型浮游生物 | 垂直拖网 | 63 站，样品 127 个 |
| | | 多联网 | 4 站，样品 20 个 |
| | 底栖生物 | 底拖网 | 33 站 |
| | | 箱式采样 | 42 站 |
| | 微生物和大型藻类 | 微生物和大型藻类 | 样品采集站位同底栖生物 |

# 4.3 质量控制与监督管理

## 4.3.1 标准方法

现场考察各专业样品和数据采集、保存、运输、分析和标本制作均按照《GB/T 12763.1－2007 海洋调查规范第 1 部分：总则》、《GB17378.3－2007 海洋监测规范第 3 部分：样品采集、贮存与运输》、《GB/T 12763.6－2007 海洋调查规范第 6 部分：海洋生物调查》、《GB/T 12763.9－2007 海洋调查规范第 9 部分：海洋生态调查指南》、《HY/T 084－2005 海湾生态监测技术规程》、《绿潮灾害沿岸调查技术规程》（试用，2009）、《极地海洋水文气象、化学和生物调查技术规程》第 10 部分海洋生物调查和中华人民共和国海洋行业标准《极地生态环境监测规范（草案稿）》中的有关规定进行，保证产生合格数据。

## 4.3.2 考察人员培训

在航次进行前组织考察队员进行《极地生态环境监测规范（草案稿）》学习，并组织仪器使用、实验操作以及航次物质准备培训，确保现场考察人员能够严格按照规范进行各项操作，并在航次进行中定时对各项流程进行自查，并作相关记录。

### 4.3.3 仪器设备

在航次开始之前对各专业需要检定、校准的仪器按规定送检。如航次主要使用的仪器流式细胞仪 FACSCalibur 起航前经 BD 公司工程师校准，并出具仪器状态报告，航次过程中也经常使用 BD 公司提供的微球进行激光信号检测且无异常现象出现，数据可靠。流式细胞仪测定微微型浮游生物的方法和操作参照国标《GB/T 30737－2014 海洋微微型光合浮游生物的测定——流式细胞测定法》执行。用于光合浮游生物群落结构分析的 HPLC 在样品分析前由本仪器代理公司负责仪器标定、色谱柱检验。样品分析过程由两人共同操作，检查标样及样品分析。

### 4.3.4 数据记录

海上采样和分析由有资质的人员记录。具体结果填入调查信息的各相关记录表格，并将各调查要素的原始资料进行整理与整编。样品采集和分离后，认真分拣，做好标识、样品固定。需要现场鉴定的样品立即做好记录并由操作人签字确认。分样后确认样品已经妥善固定保存。实验室测定的样品，做好样品存储、输送过程中的标识，记录样品状态，并作唯一性标识，填写采样记录。确保样品记录准确有序，样品采集和处理过程应由操作人员签字确认。

## 4.4 北极考察数据总体评价情况

样品和数据的采集、保存、运输、分析等过程严格按照规范进行，参与人员经过相关培训，所用仪器设备符合相关要求，样品和数据采集、交接原始记录清晰，所获数据符合质量控制要求。初级生产力采样期间，船舶排放等非自然因素影响轻微，不影响数据可靠性。其中，初级生产力按光衰减层取水样培养，但受限于船时和操作安全等因素，个别采样层次会与邻近标准层合并采取，以节约水样和船时，两者深度误差在 5 m 以内，这虽然对实验结果影响甚微，但仍建议今后作业条件许可时，该参数水样按光衰减层采取。

# 第5章 北极海洋生物和生态考察要素分析与评估

## 5.1 各考察要素的分析和认识

### 5.1.1 基础环境参数

北极周边海域是全球纬度最高的大洋，也是反映全球气候变化的重要敏感区。近年来，随着全球气候变化加剧，北极冰盖发生快速变化，北极生态环境和碳循环及其对全球气候变化的响应与反馈也日趋重要。在认识海洋生态系统变化机制方面，浮游植物叶绿素和初级生产力是必不可少的基础参数。叶绿素和初级生产力代表着主要初级生产者的生物量和光合作用固碳能力，是海洋生态系统食物网结构与功能的基础环节，它们不仅表示海洋有机物的最初来源，同时也表征着海洋浮游植物将大气中 $CO_2$ 向海洋中转化的能力。了解北极周边海域浮游植物生物量和初级生产力的分布和调控机制，对认识全球碳循环、评估北极资源潜力具有重要意义。

#### 5.1.1.1 叶绿素

1）白令海

（1）2012 年第五次北极科学考察期间

2012 年 7 月 10—17 日，于北冰洋太平洋扇区白令海测区，完成 3 个断面的叶绿素观测。如图 5-1 所示，BL 断面西起白令海海盆，东至白令海峡南口的陆架区，横跨白令海海盆，共计 16 个测站；BN 断面位于圣劳伦斯岛以北，横跨白令海峡，共计 8 个测站；BS 断面位于圣劳伦斯岛以南，垂直于等深线方向向岸侧延伸，共计 5 个测站。

① BL 断面 Chl a 浓度及其分布

如图 5-2 所示，在 BL 断面，海表总叶绿素浓度在 0.01 ~ 1.90 mg/m$^3$之间变化，平均为 0.46 ± 1.08 mg/m$^3$；最高值出现在海盆边缘的 BL09 站，最低值出现在海盆中部的 BL04 站。各站位叶绿素垂直分布并不均匀，一般都存在较为明显的次表层叶绿素最大值（Subsurface Chlorophyll Maximum，SCM），且 SCM 多分布在 50 m 水深以内；这一现象在靠近陆架的一侧尤为明显，甚至在次表层出现 5 mg/m$^3$以上的高值。水柱积分平均叶绿素浓度在 0.14 ~ 2.27 mg/m$^3$之间变化，平均为 0.59 ± 0.56 mg/m$^3$。

在 BL 断面，浮游植物各粒级对总生物量的贡献为 Pico > Nano > Net。其中 Net 级份对水柱积分平均叶绿素的贡献率为 1.3% ~79.6%，平均为 13.3%；Net 级份的贡献率波动幅度较大，最高值出现在水深最浅的 BL16 站，最低值出现在海盆边缘的 BL09 站。由图 5-2 可以看到，Net 级份的叶绿素浓度在海盆区通常较低，一般低于 0.3 mg/m$^3$，在部分站位的深水层甚至低于检出限，对总叶绿素的贡献一般在 10% 以内；随着水深变浅，到陆架和陆坡区 Net 级叶绿素浓度明显升高，对总浮游植物生物量的贡献也随之增高。Nano 级份对水柱积分平均叶绿素的贡献率为 3.6% ~42.9%，平均为 23.2%；贡献率最低值出现在陆架的 BL14 站，最高值出现在海盆的 BL06 站。由图 5－3 可以看到，Nano 级份的叶绿素浓度在整个断面有类似的分布特征，高值区一般都位于 50 m 以上的水层，而 50 m 以下 Nano 叶绿素浓度迅速下降，这说明 Nano 级份的浮游植物主要在 50 m 以上的浅水层占优势。Pico 级份对水柱积分平均叶绿素的贡献率为 8.4% ~90.1%，平均为 58.4%；贡献率最低值出现在陆架的 BL16 站，最高值出现在海盆边缘的 BL09 站。在海盆边缘的次表层，存在 Pico 级叶绿素的旺发现象，这使得 Pico 级份在这些站位中占到了绝对优势。总的来说，在陆架外的深水区，Pico 对总浮游植物生物量的贡献率均在 50% 以上，而随着水深变浅，这一比例迅速下降。

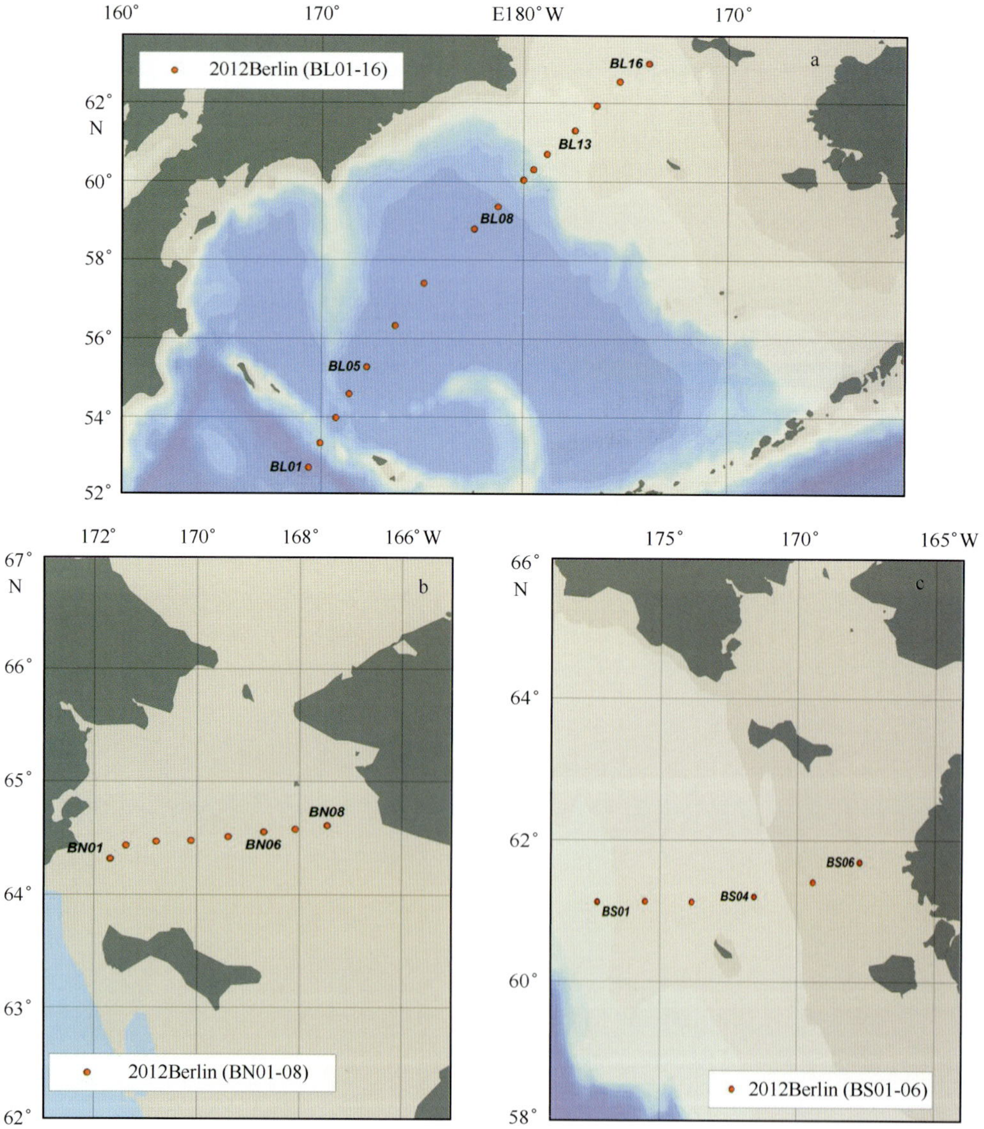


图 5－1　白令海采样站位（a. BL 断面；b. BN 断面；c. BS 断面）

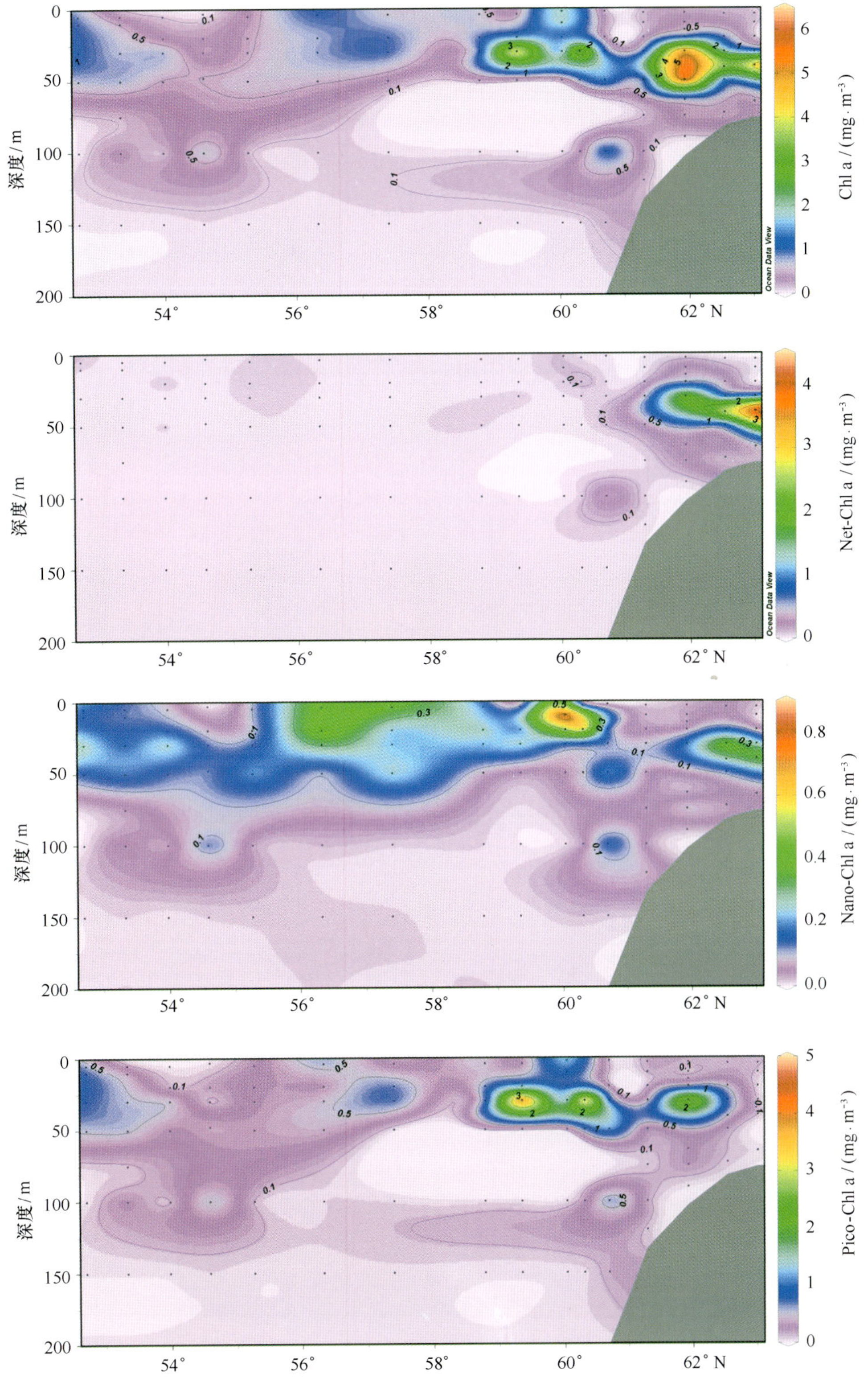


图5－2 BL断面叶绿素浓度分布

（由上自下分别为总叶绿素、Net级叶绿素、Nano级叶绿素和Pico级叶绿素）

② BN 断面 Chl a 浓度及其分布

在 BN 断面，海表总叶绿素浓度在0.30～2.17 mg/m$^3$之间变化（图5－3），平均为0.75±0.74 mg/m$^3$；最高值出现在东部近岸侧的 BN08 站，最低值出现在海峡中部的 BN05 站。各

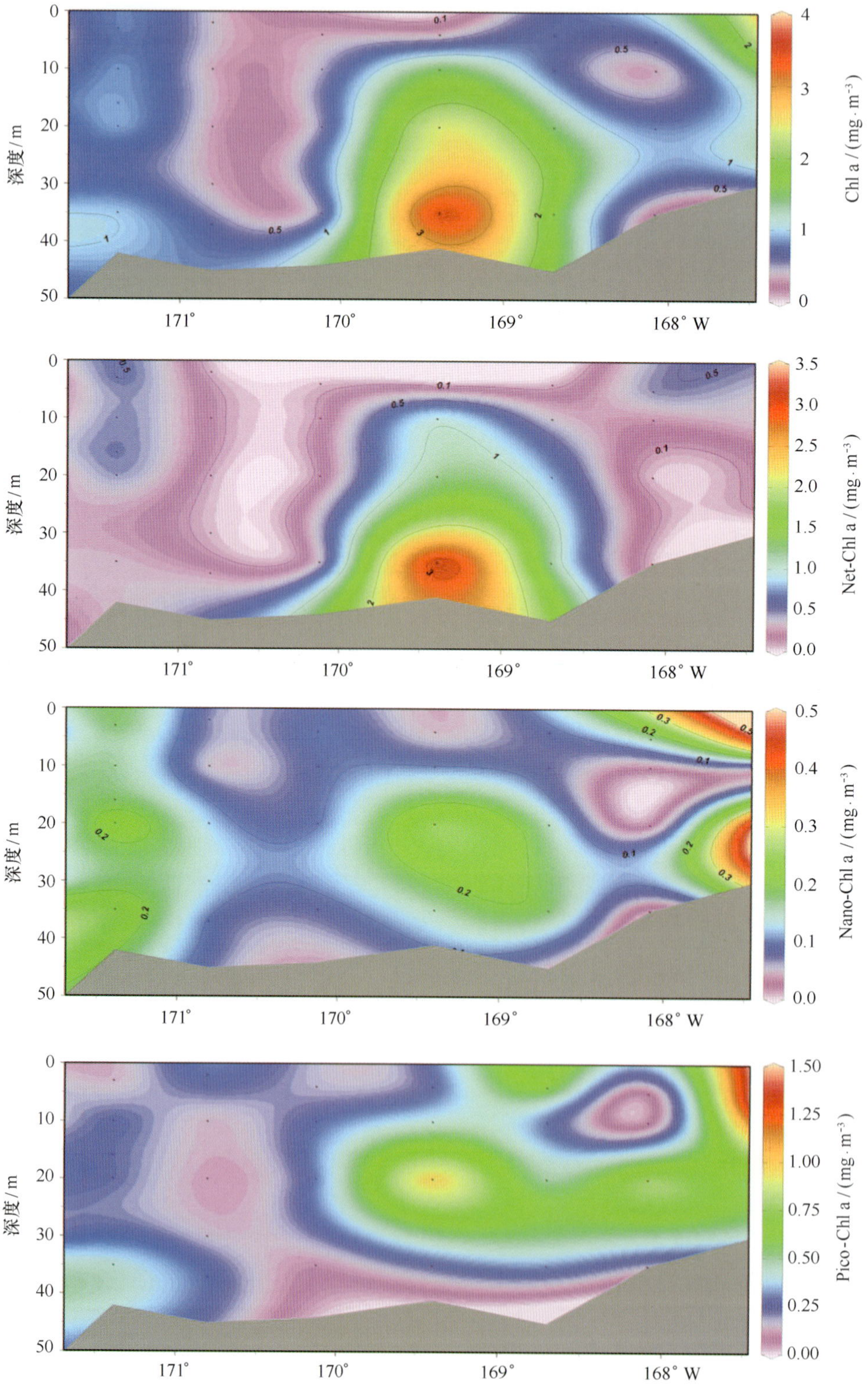


图5－3　BN 断面叶绿素浓度分布

（由上自下分别为总叶绿素、Net 级叶绿素、Nano 级叶绿素和 Pico 级叶绿素）

站位叶绿素垂直分布并不均匀，次表层叶绿素往往高于表层，且 SCM 多分布在 30 m 水深或近底层。水柱积分平均叶绿素浓度在 0.23 ~ 1.11 mg/m$^3$之间变化，平均为 0.63 ±0.37 mg/m$^3$；最高值出现在 BN08 站，最低值出现在中部的 BN04 站，这与表层的分布趋势类似。

BN 断面浮游植物各粒级对总生物量的贡献为 Pico > Net > Nano。其中 Net 级份对水柱积分平均叶绿素的贡献率为 15.3% ~62.8%，平均为 39.0%；最高值出现在海峡中部的 BN05 站，最低值出现在东部的 BN08 站，这恰与表层叶绿素的分布相反。由图 5 -3 可以看到，Net 级份浮游植物在海峡中部的近底层出现旺发，在 BN05 站虽然表层叶绿素最低，但在近底层附近却出现了 3.68 mg/m$^3$的高值；而在 BN 断面的两侧，Net 级叶绿素浓度明显降低，对总浮游植物生物量的贡献也随之降低。Nano 级份对水柱积分平均叶绿素的贡献率为 7.7% ~25.7%，平均为 39.0%；贡献率最低值出现在 BN05 站，最高值出现在 BN08 站，与 Net 贡献率分布呈明显的反相关。由图 5 -3 还可以看到，Nano 级份的叶绿素浓度存在明显的 SCM 现象，在次表层中贡献率相对其他水层为高。Pico 级份对水柱积分平均叶绿素的贡献率为 25.3% ~59.1%，平均为 43%；贡献率最低值同样在 BN05 站，最高值出现在 BN08 站，在 BN08 站的表层，存在 Pico 级叶绿素的旺发现象。在 BN 断面，浮游植物的分布主要由 Net 和 Pico 级份所主导，且两者的贡献率呈相反的趋势。

③ BS 断面 Chl a 浓度及其分布

BS 断面海表总叶绿素浓度在 0.31 ~0.84 mg/m$^{-3}$之间变化，平均为 0.55 ±0.38 mg/m$^3$；最高值出现在近岸侧的 BS06 站，最低值出现在中部的 BS03 站。如图 5 -4 所示，各站位叶绿素垂直分布并不均匀，在远岸侧存在次表层叶绿素最大值（SCM），随着水深降低，叶绿素最大值逐渐向近底层转移。水柱积分平均叶绿素浓度在 0.31 ~0.54 mg/m$^3$之间变化，平均为 0.55 ±0.38 mg/m$^3$；最高值同样出现在海盆边缘的 BS06 站，最低值出现在 BS03 站，无论是平均值还是分布特征均与表层一致。

在 BS 断面，浮游植物各粒级对总生物量的贡献为 Pico > Nano > Net。其中 Net 级份对水柱积分平均叶绿素的贡献率为 1.4% ~30.5%，平均为 11.5%；Net 级份的贡献率最高值出现在水深最浅的 BS05 站，最低值出现在海盆边缘的 BS01 站。由图 5 -4 可以看到，Net 级份的叶绿素浓度在海盆区通常较低，一般低于 0.1 mg/m$^3$，在部分站位的深水层甚至低于检出限；随着水深变浅，到陆架和陆坡区 Net 级叶绿素浓度明显升高，对总浮游植物生物量的贡献也随之增高。Nano 级份对水柱积分平均叶绿素的贡献率为 18.4% ~51.3%，平均为 30.6%；贡献率最低值出现 BS04 站，最高值出现在 BS02 站。由图 5 -4 还可以看到，Nano 级份浮游植物在远岸侧存在明显的 SCM，但在表层 Nano 叶绿素浓度较低。Pico 级份对水柱积分平均叶绿素的贡献率为 40.4% ~70.7%，平均为 57.9%；贡献率最低值出现在浅水的 BS05 站，最高值出现在 BS04 站。此外，Pico 级叶绿素主要存在于光线较好的表层和次表层，且在远岸侧的次表层中存在旺发现象（图 5 -4）。总的来说，BS 断面 Net 的贡献率随水深变浅而增加，Pico 和 Nano 的贡献率随水深没有明显变化规律。

（2）2014 年第六次北极科学考察期间

2014 年 7 月 18—27 日，在北冰洋太平洋扇区白令海测区完成 3 个断面共 29 个站位的叶绿素观测。如图 5 -5 所示，B 断面西起白令海海盆，东至白令海峡南口的陆架区，横跨白令海海盆，共计 15 个测站；NB 断面位于白令海北部，共计 7 个测站；BS 断面位于圣劳伦斯岛以北，呈东西向，共计 7 个测站。

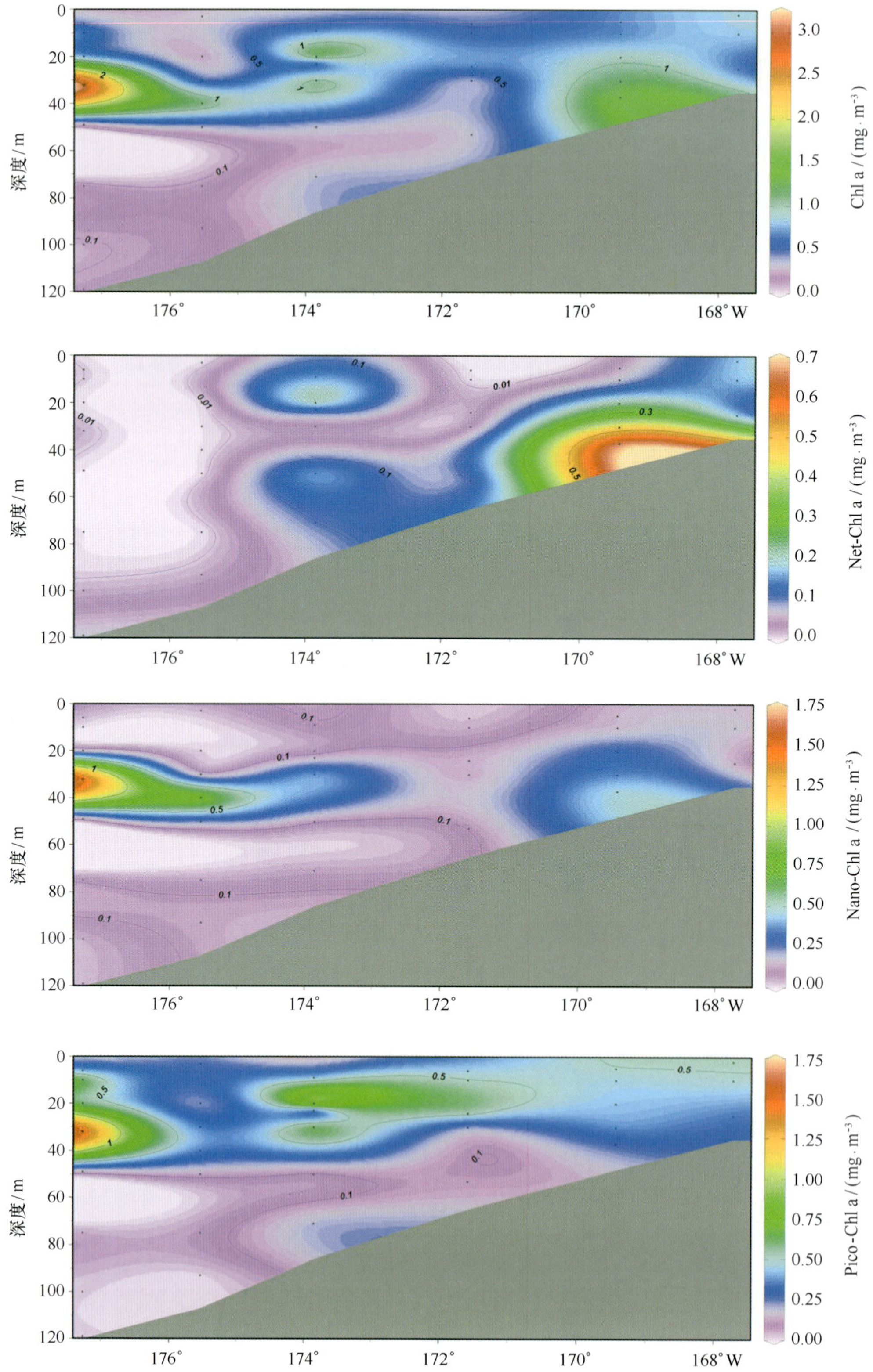


图 5－4　BS 断面叶绿素浓度分布

（由上自下分别为总叶绿素、Net 级叶绿素、Nano 级叶绿素和 Pico 级叶绿素）

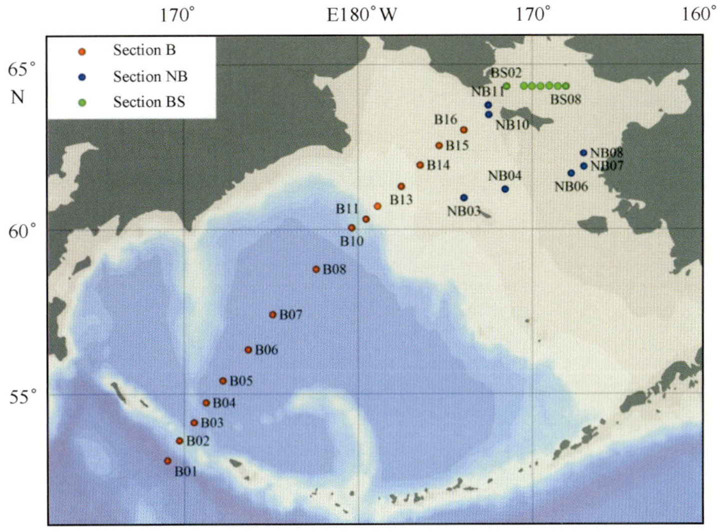


图 5－5　2014 年第五次北极科学考察期间白令海采样站位

从 B 断面叶绿素分布图来看（图 5－6），白令海陆架和海盆区存在明显的分化，在 180°E 以西的海盆区，叶绿素的高值往往出现在近表层，其中以 Pico 级浮游植物的分布尤为明显，这可能是白令海海盆属于 HNLC 海区，常规营养盐如氮、磷等不构成限制，而非常规营养盐可能是主要限制因素；这些物质的来源主要来自于大气沉降，因此，浮游植物生物量的高值往往出现在近表层；随着深度变深和光照的减弱，浮游植物叶绿素浓度迅速降低，在 200 m 左右已经接近仪器的检出限。在 180°E 以东的陆架海域，浮游植物存在明显次表层叶绿素浓度最大值（SCM），这可能是因为陆架区浮游植物由非常规营养盐限制转向常规营养盐限制，后者在近表层趋于耗尽主要依赖于底层水的补充，因此浮游植物叶绿素的高值出现在光照和营养盐达到最佳权衡的次表层。从各粒级对总叶绿素的贡献来看，在海盆区以小颗粒 Pico 级份的贡献为主，而在陆架区，则以较大颗粒的 Net 级份贡献为主。

2）楚科齐海

（1）2012 年第五次北极科学考察

2012 年 7 月 18 日至 9 月 8 日在楚科奇海及其邻近海域进行了叶绿素 a 浓度和初级生产力现场调查，站位布设范围在 162°—173°W，66.7°—82°N 海域内。7 月 18—20 日（去程）完成 4 个断面（R 断面设 5 站，CC 断面设 7 站，C 区设 6 站）共 18 个站位的观测，9 月 4—8 日（返程）完成 2 个断面（SR 断面设 13 站，M 断面设 7 站）共 20 个站位的观测，其中 SR01—SR09 为 R01—R05 共 5 个站位的返程复测站位。CC 断面和 C 区观测断面自近岸向浅滩延伸，R 断面和 SR 断面为沿 169°W 经线呈南北走向的观测断面，M 断面为自门捷列夫深海平原向陆架一侧的南北向断面（图 5－7）。

由于去程（7 月 18—20 日）和返程（9 月 4—8 日）调查时间间隔较大，调查海域环境条件变化巨大，因此将所获观测结果按去程和返程分开进行描述。

去程时，所有站位水深较浅，平均水深只有 47 m，各站位水层平均叶绿素 a 浓度的平面分布见图 5－8。从图 5－8 可见，在 R 断面北部冰间湖、邻近白令海峡的楚科齐海南部和阿拉斯加巴罗近岸出现叶绿素 a 浓度高值区，显著高于中部的叶绿素 a 浓度（$<1.00\ mg/m^3$）。

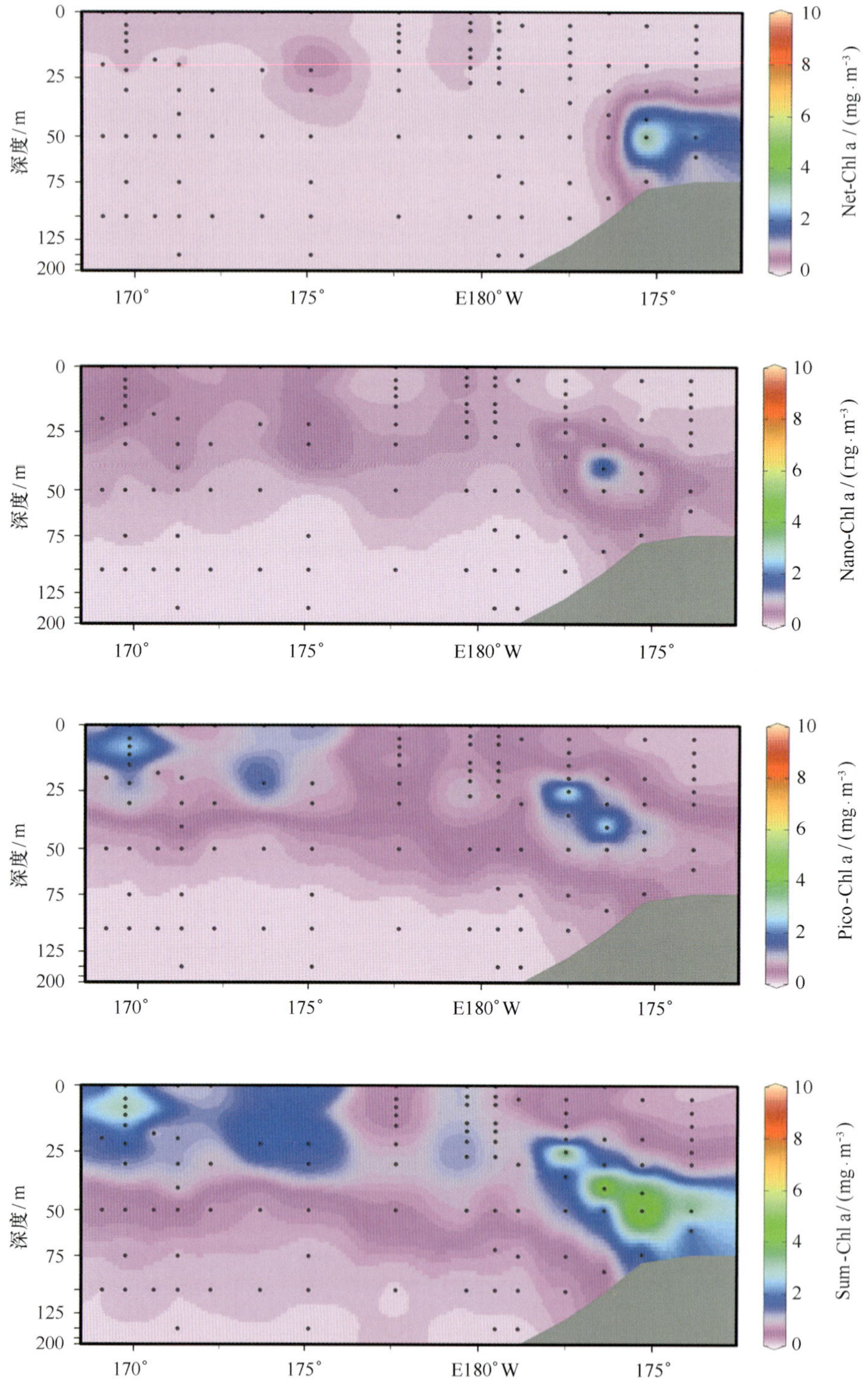


图 5－6　白令海 B 断面各粒级叶绿素 a 浓度（mg/m$^3$）分布

（a. Net 级份；b. Nano 级份；c. Pico 级份；d. 总叶绿素 a）

R 断面最北端 R05 站叶绿素 a 浓度高达 15.66 mg/m$^3$，发生浮游植物水华。图 5－9 展示了 R01 站至 R05 站，按测站顺序绘制的叶绿素 a 浓度垂直剖面图。由图可见，叶绿素 a 浓度区域化分布特征明显。在邻近白令海峡的楚科齐海南部海域（R01、R02 和 CC1 站），次表层 10 m 以下至底层的浓度明显高于表层，叶绿素 a 浓度最大值出现在底层和近底层。在调查海

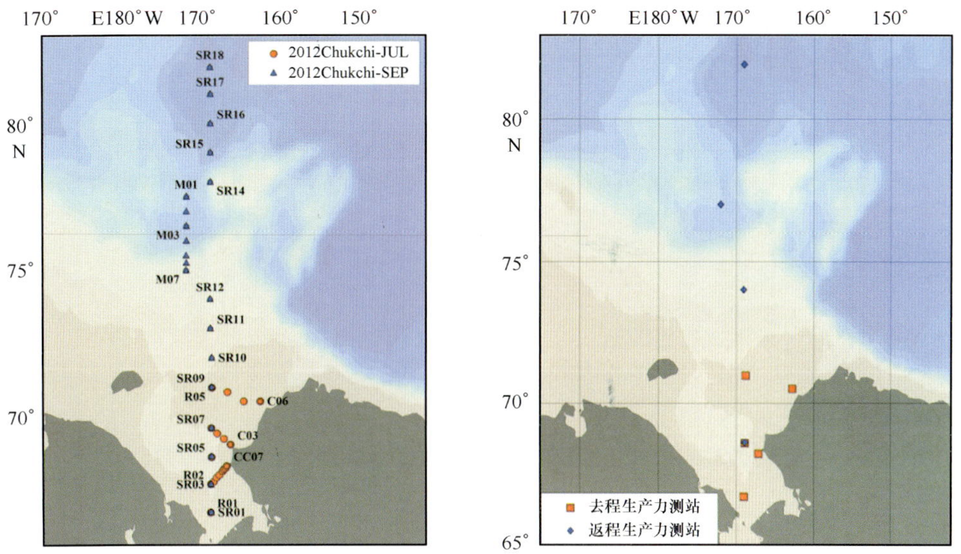


图 5-7 楚科奇海叶绿素和初级生产力采样站位

域中部，叶绿素 a 浓度最大层则分布在次表层 10～20 m 附近。在调查海域北部阿拉斯加巴罗近岸，表层及次表层叶绿素 a 浓度极低，底层和近底层出现叶绿素 a 浓度高值。而在最北部冰层密集区的 R05 站，观测到浮游植物水华发生，表层叶绿素 a 浓度高达 24.00 mg/m$^3$，在 20 m 以浅水体中分布较均匀，20 m 以深浓度迅速降低。从表 5-1 所示各层次叶绿素 a 浓度平均值看，叶绿素 a 浓度随深度增加而升高，10 m 层以下至底层的浓度明显高于表层，底层（50 m）出现最大值 2.65 ± 4.09 mg/m$^3$。

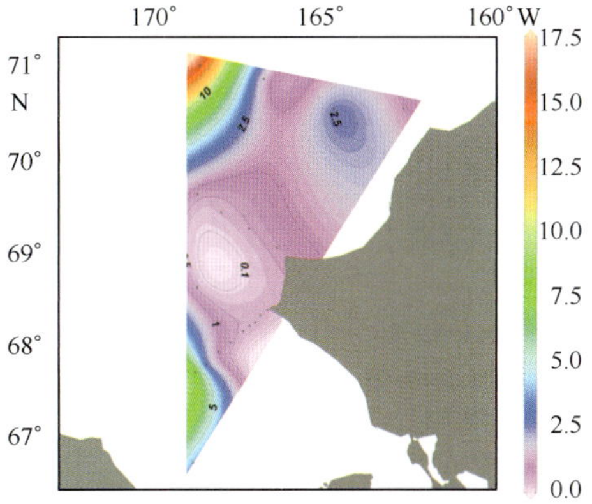


图 5-8 2012 年 7 月楚科齐海水层平均叶绿素 a 浓度（mg/m$^3$）平面分布

返程时，SR 和 M 断面的叶绿素 a 浓度垂直分布见图 5-10。由图可见，随着调查船自北部深海平原向南航行，叶绿素 a 浓度逐渐升高，陆架区浓度明显高于陆架以外的深海海域，水层平均叶绿素 a 浓度最大值出现在 SR03 站，为 1.52 mg/m$^3$。深海区叶绿素 a 浓度的次表层最大值现象非常明显，40 m 和 50 m 层叶绿素 a 浓度达到最大，分别为 0.73 ± 0.46 mg/m$^3$ 和 0.73 ± 0.52 mg/m$^3$（表 5-1）。陆架区叶绿素 a 浓度的垂直分布稍显复杂，SR03 站和 SR05 站的叶绿素 a 浓度最大值均出现在底层，而邻近的 SR07 站和 SR09 站则相反，表层叶绿素 a 浓度高于表层以下水体中的叶绿素 a 浓度。

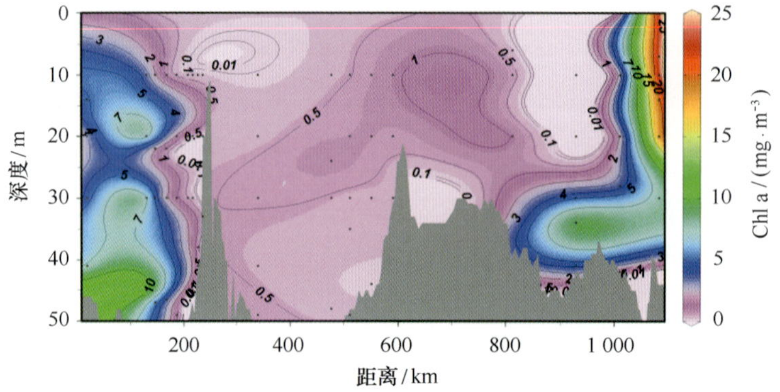


图 5-9 2012 年 7 月楚科齐海观测站位叶绿素 a 浓度垂直分布

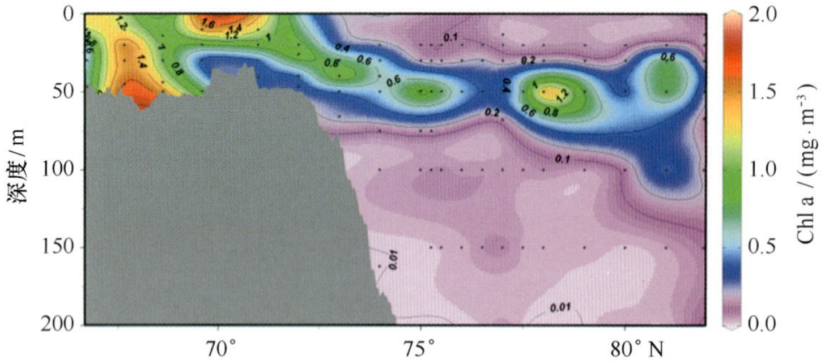


图 5-10 2012 年 9 月楚科齐海及邻近海域叶绿素 a 浓度垂直分布

**表 5-1 楚科奇海及其邻近海域叶绿素 a 浓度垂直分布** 单位：mg/m$^3$

| 层次 | 去程 | | 返程 | |
|---|---|---|---|---|
| | 分布范围 | 平均值 | 分布范围 | 平均值 |
| 表层 | 0.10~24.00 | 1.71±5.57 | 0.03~1.73 | 0.41±0.54 |
| 10 m | 0.10~23.80 | 2.22±5.61 | 0.02~1.63 | 0.87±0.62 |
| 20 m | 0.22~18.95 | 2.23±4.78 | 0.02~1.78 | 0.36±0.46 |
| 30 m | 0.38~12.38 | 2.34±3.23 | 0.06~1.59 | 0.42±0.43 |
| 40 m | 0.14~6.83 | 2.22±2.46 | 0.23~1.24 | 0.73±0.46 |
| 50 m | 0.32~12.91 | 2.65±4.09 | 0.20~1.93 | 0.73±0.52 |
| 75 m | — | — | 0.06~0.27 | 0.14±0.07 |
| 100 m | — | — | 0.01~0.50 | 0.09±0.13 |
| 150 m | — | — | 0.00~0.11 | 0.04±0.03 |
| 200 m | — | — | 0.00~0.12 | 0.03±0.04 |
| 水层平均 | 0.32~15.66 | 2.27±3.96 | 0.07~1.52 | 0.41±0.40 |

浮游植物粒度分级调查结果表明，在生物量较低的深海区，叶绿素 a 浓度的粒级结构以微微型浮游生物（Pico 级份）占优势（其贡献率为 46.1%），小型（Net 级份）和微型（Nano 级份）对总叶绿素 a 浓度的贡献差异较小，分别为 25.6% 和 27.3%。而在生物量较高

的水深小于200 m的陆架区，Net级份浮游植物所占比重最高，Pico级份次之，Nano级份最低，分别为59.8%、27.9%和12.3%。

不同海域水层中叶绿素a粒级结构的垂直分布见图5-11。在陆架区50 m以浅水体中叶绿素a浓度均较高，各级份对总叶绿素a浓度的贡献情况变化不大，均为Net > Pico > Nano级份，在叶绿素a浓度较高的10 m和50 m层，Net级份所占比重分别达到62.1%和66.8%。在深海区，Pico级份完全取代Net级份的优势地位，成为总叶绿素a浓度的主要贡献者。Pico级份叶绿素a在50 m层叶绿素a浓度最大层达到最大值0.26 $mg/m^3$，但由于Net和Nano级份生物量同时增大，其所占比重相对其他层有所降低（39.9%）。

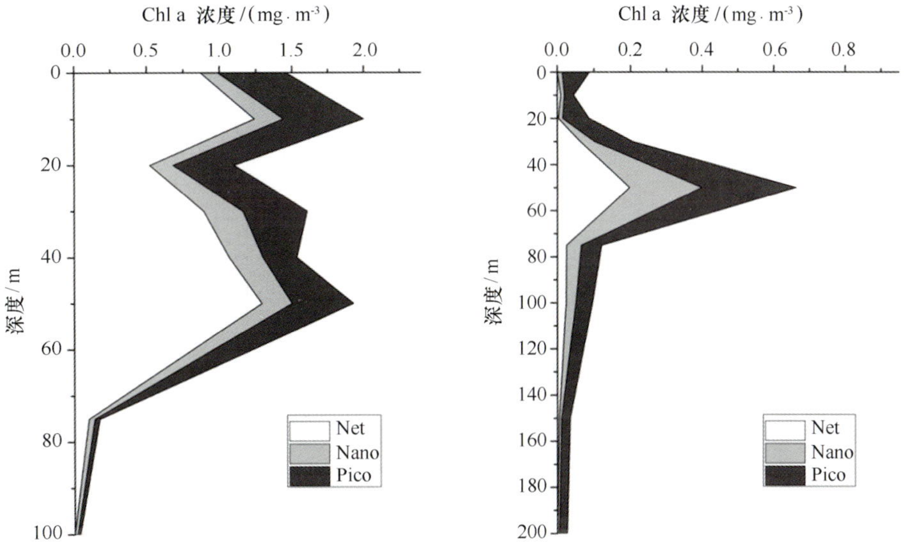


图5-11　2012年夏季不同海域粒度分级叶绿素a浓度平均值垂直分布
（a. 陆架区；b. 深海区）

（2）2014年第六次北极科学考察

2014年7月27日至8月15日在楚科奇海及其邻近海域，完成4个断面共32个站位的叶绿素观测。如图5-12所示，R断面（R01—R09）沿169°W经线呈南北走向，为传统观测断面，R09—R15则为75°N以北从陆架向深海平原的延伸断面；CC断面和C区观测断面自近岸向浅滩延伸；S断面为自海台向加拿大海盆的延伸断面。

R断面的观测显示（图5-13），以75°N为界，将楚科奇海分为两个不同的生态区。在75°N以南的楚科奇海台，叶绿素浓度相对较高，以Net级份的贡献为主，个别站位如R2、R7都出现叶绿素浓度大于10 $mg/m^3$的情况，显示这一海域存在较为丰富的生物生产。而在75°N以北的海盆区域，叶绿素浓度迅速降低，Pico级份对总生物量的贡献最大。这种生物-地理分布上的巨大反差显示海台区和海盆区可以视作两个不同的生态系统。此外，有趣的是，在海台区，叶绿素最高值所在的水层并不一致，高叶绿素值几乎在各个水层都可能出现，这一现象似乎显示楚科奇海台区浮游植物的分布存在一个较快的动态过程，我们猜测这是因为浮游植物旺发后、Net级份占优导致浮游植物不断沉降，因此在各个水层中都有可能观测到叶绿素的高值、没有稳定的SCM层。这可能是北冰洋“食物脉冲”的一种表现形式，上层浮游植物所产生的初级生产力迅速向底层输出，进而导致底栖生物的高生物量。而在75°N以北

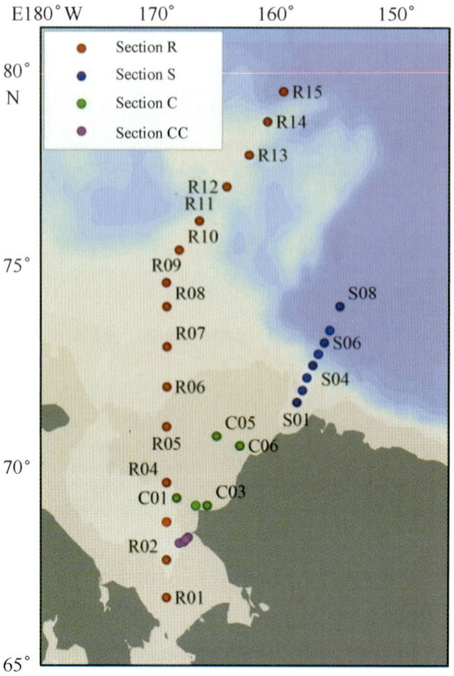


图 5 - 12　2014 年楚科奇海叶绿素采样站位

的海盆区，营养盐的限制和海冰覆盖所导致的光限制，使得浮游植物生物量迅速降低，较海台区其叶绿素浓度低了近一个数量级。海盆区叶绿素的垂向分布较为稳定，其 SCM 主要出现在 50 m 左右，这意味着混合层控制的营养盐分布主导着叶绿素分布，此外，本航次在 75°N 以北海冰覆盖较为严重，海冰覆盖所导致的光限制也不能忽视，但光与营养盐哪个为浮游植物生长的首要限制因子仍需进一步分析。

3）挪威海

2012 年 8 月 4—12 日，于北冰洋挪威海测区，完成 2 个断面的叶绿素观测。如图 5 - 14 所示，BB 断面北起挪威海盆北部，斜跨挪威海南部海盆，共计 9 个测站；AT 断面北接 BB 断面南端，向西南方向指向冰岛，斜跨挪威海南部海盆，共设 10 个测站。其中在 BB01，BB04，BB07，BB09，AT01，AT05，AT07，AT08，AT09 和 AT10 站做初级生产力培养实验。

① BB 断面叶绿素分布

在 BB 断面，海表总叶绿素浓度在 0.20 ~ 1.76 mg/$m^3$之间变化，平均为 0.91 ± 0.41 mg/$m^3$；最高值出现在中部的 BB05 站，最低值出现在南段的 BB01 站。如图 5 - 15 所示，各站位叶绿素垂直分布存在次表层叶绿素最大值（SCM），水深 50 m 以下叶绿素急剧下降。水柱积分平均叶绿素浓度在 0.20 ~ 0.32 mg/$m^3$之间变化，平均为 0.27 ± 0.04 mg/$m^3$；最高值出现在 BB09 站，最低值出现在中部 BB04 站，可以看到，虽然表层叶绿素的波动幅度较大，但水柱积分平均值却较为稳定。

在 BB 断面，浮游植物各粒级对总生物量的贡献为 Pico > Nano > Net。其中 Net 级份对水柱积分平均叶绿素的贡献率为 7.1% ~ 32.2%，平均为 18.8%；Net 级份的贡献率最高值出现在中部 BB05 站，最低值出现在南部 BB09 站。由图 5 - 15 可以看到，Net 级份的叶绿素浓度高低值区呈交错分布，高值在 0.5 mg/$m^3$以上，而在部分站位的却低于检出限，总体与总叶

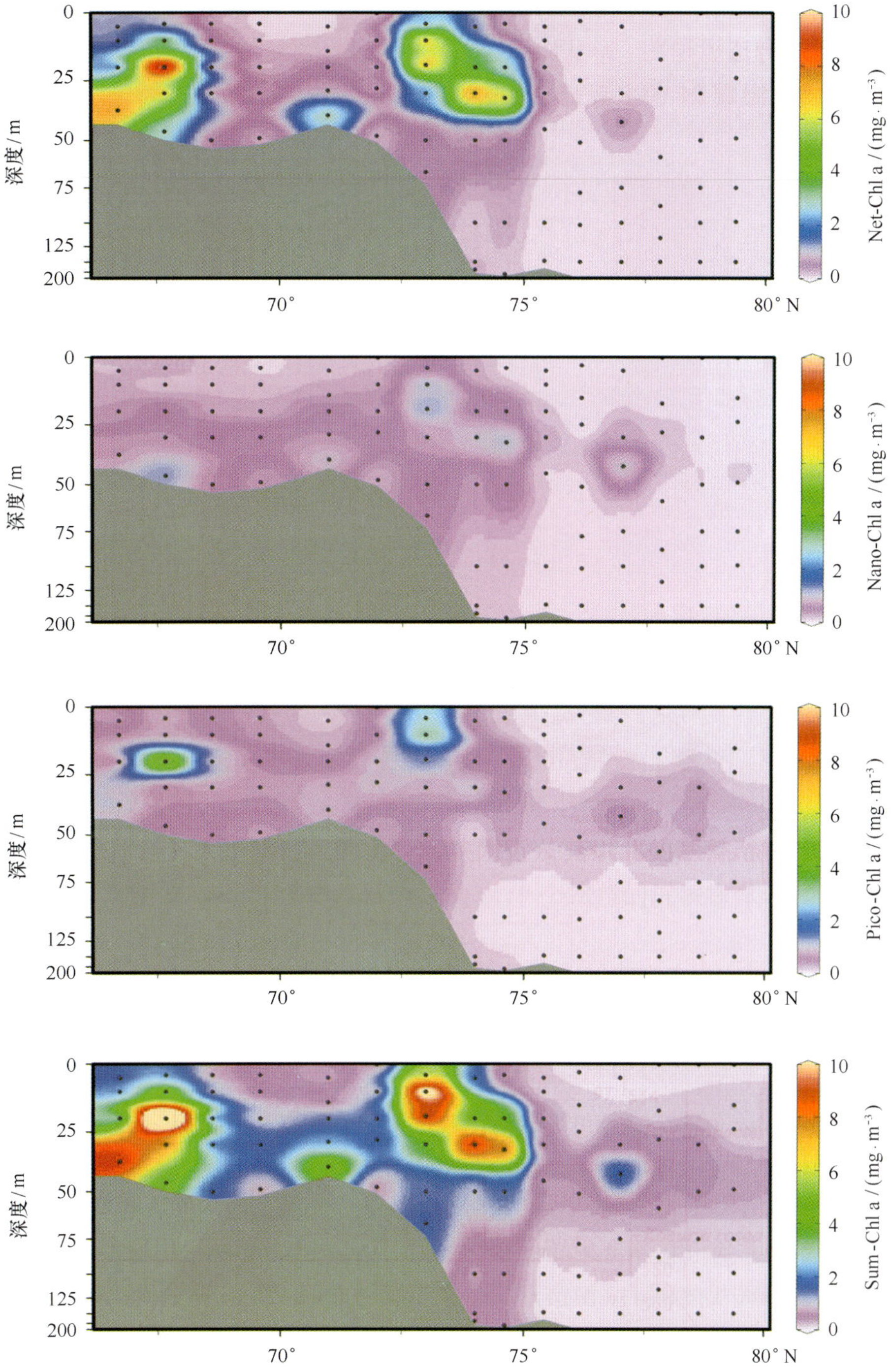


图 5-13 楚科奇海 R 断面各粒级叶绿素 a 浓度（mg/m³）分布

（a. Net 级份；b. Nano 级份；c. Pico 级份；d. 总叶绿素 a）

绿素的分布呈正相关。Nano 级份对水柱积分平均叶绿素的贡献率为 21.5% ~33.23%，平均为 25.5%；贡献率最低值出现 BB06 站，最高值出现在 BB08 站。可以看到，Nano 级份浮游植物在各个站位都存在明显的 SCM，一般在 30 m 水层附近，部分站位表层 Nano 叶绿素也出现高值。Pico 级份对水柱积分平均叶绿素的贡献率为 43.4% ~68.4%，平均为 55.3%；贡献

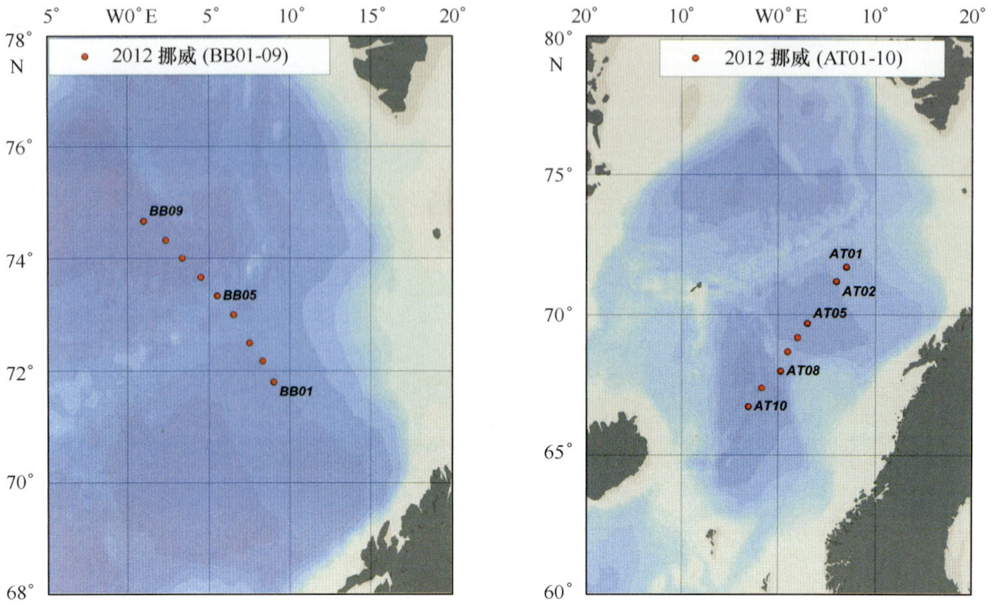


图 5－14　挪威海调查断面

率最低值出现在浅水的 BB03 站，最高值出现在 BB09 站。由图 5－15 可以看到，Pico 级叶绿素主要存在于光线较好的表层和次表层，且最高值往往出现在表层，在 50m 水深以下其生物量急剧下降。总的来说，BB 断面 Net 的贡献率随水深变浅而增加，Pico 贡献率分布特征与 Net 相反，Nano 的贡献率在各个站位波动范围较小，没有明显的变化规律。

② AT 断面叶绿素分布

AT 断面海表总叶绿素浓度在 0.37 ~ 1.64 $mg/m^3$ 之间变化，平均为 0.88 ± 0.51 $mg/m^3$；最高值出现在中部的 AT09 站，最低值出现在南段的 AT07 站。如图 5－16 所示，各站位叶绿素垂直分布存在次表层叶绿素最大值（SCM），水深 50 m 以下叶绿素急剧下降，这与 BB 断面叶绿素的垂向分布类似。水柱积分平均叶绿素浓度在 0.13 ~ 0.34 $mg/m^3$ 之间变化，平均为 0.25 ± 0.06 $mg/m^3$；最高值出现在 AT09 站，最低值出现在 AT07 站，与表层的分布一致。可以看到，虽然表层叶绿素的波动幅度较大，但水柱积分平均值却较为稳定。

在 AT 断面，浮游植物各粒级对总生物量的贡献同样为 Pico > Nano > Net。其中 Net 级份对水柱积分平均叶绿素的贡献率为 2.3% ~43.5%，波动幅度较大，平均为 20.2%；Net 级份的贡献率最高值出现在 AT08 站，最低值出现在海盆中心的 AT02 站。Nano 级份对水柱积分平均叶绿素的贡献率为 19.5% ~3.9.9%，平均为 30.0%；贡献率最低值出现 AT09 站，最高值出现在 AT02 站，在 30 m 附近水层存在明显的 SCM。Pico 级份对水柱积分平均叶绿素的贡献率为 36.1% ~72.0%，平均为 52.8%；贡献率最低值出现在南端 AT08 站，最高值出现在北端的 AT01 站，与 Net 贡献率的分布相反。由图 5－16 可以看到，Pico 级叶绿素主要存在于光线较好的表层，在 50 m 以下急剧下降。总的来说，AT 断面 Net 的贡献率随水深变浅而增加，Pico 贡献率分布特征与 Net 相反，Nano 的贡献率在各个站位波动范围较小，没有明显的变化规律。

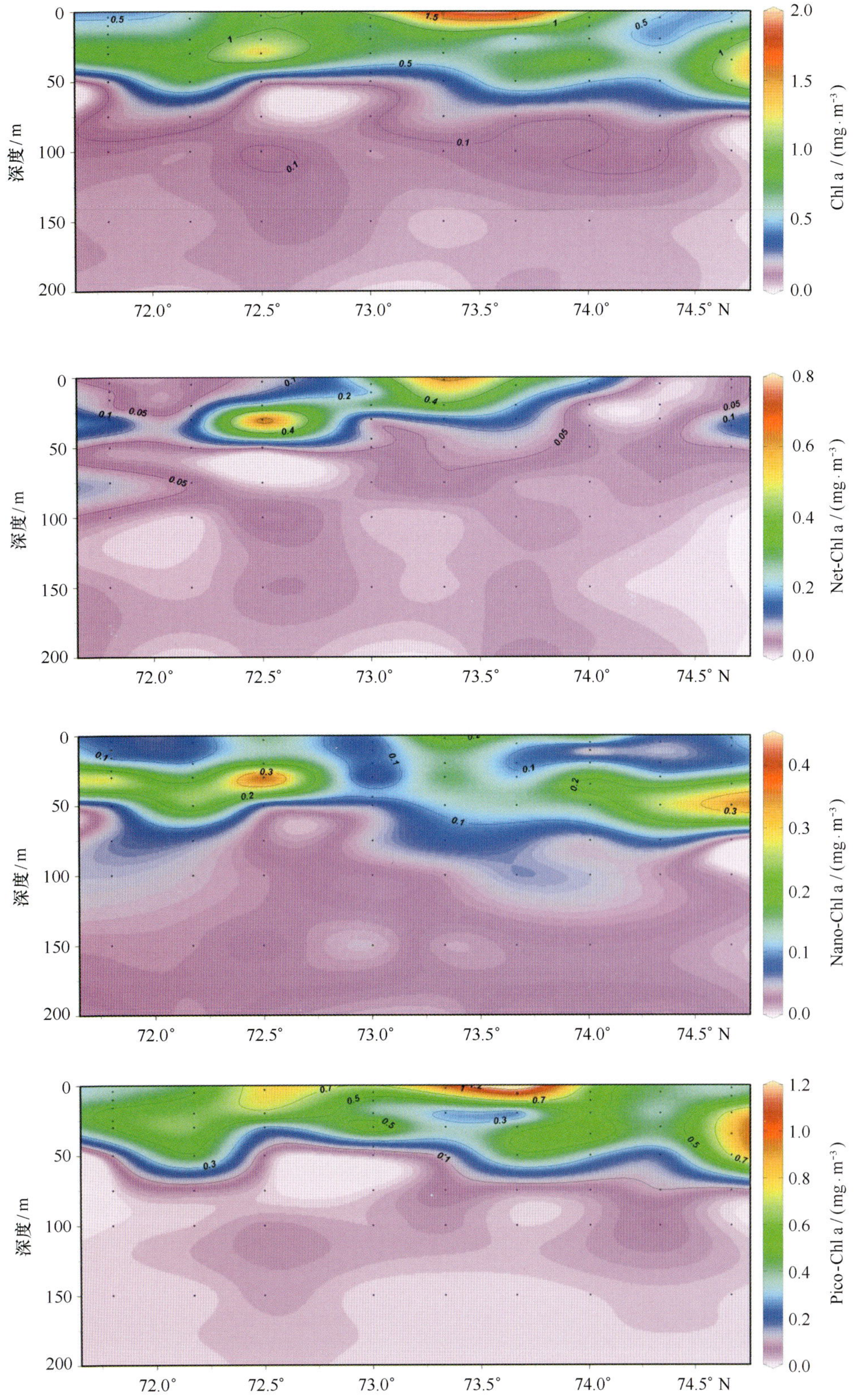


图 5－15　BB 断面叶绿素浓度分布

（由上自下分别为总叶绿素、Net 级叶绿素、Nano 级叶绿素和 Pico 级叶绿素）

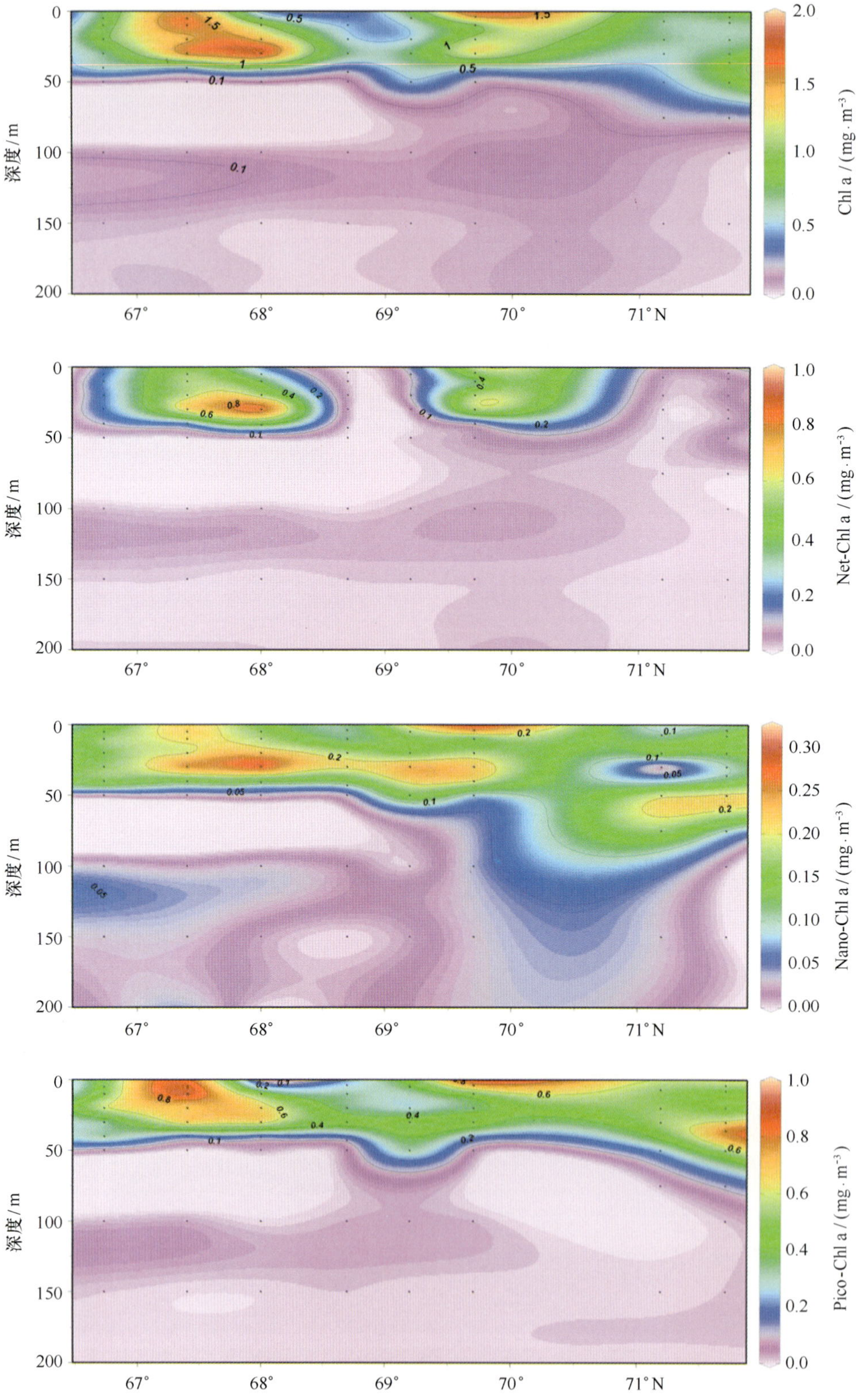


图 5－16　AT 断面叶绿素浓度分布

（由上自下分别为总叶绿素、Net 级叶绿素、Nano 级叶绿素和 Pico 级叶绿素）

### 5.1.1.2 初级生产力的水平、粒度结构及其分布特征

1）白令海

（1）2012 年第五次北极科学考察

在白令海海域，分别在 2012 年 7 月 16 和 7 月 17 日在 BL14 和 BN02 站做初级生产力的培养实验，通过 $^{14}C$ 法测得 BL14 站和 BN02 站初级生产力分别为 211.3 mg C/（$m^2$ · h）和 36.4 mg C/（$m^2$ · h）。

BL14 站的真光层深度可达 51 m，从 BL14 站的初级生产力剖面分布上可以看到（图 5－17），各水层潜在初级生产力的分布基本上为次表层最高，真光层底部最低，而同化数的分布基本上是表层较高，且随水深增加而下降，这说明次表层的潜在初级生产力高值主要是因为高生物量所致。BL14 站的光合作用同化数平均为 1.21 mg C/（mg Chl · h），这一水平并不高，因此该站位较高的初级生产力来自于较深的真光层深度和较高的叶绿素浓度。

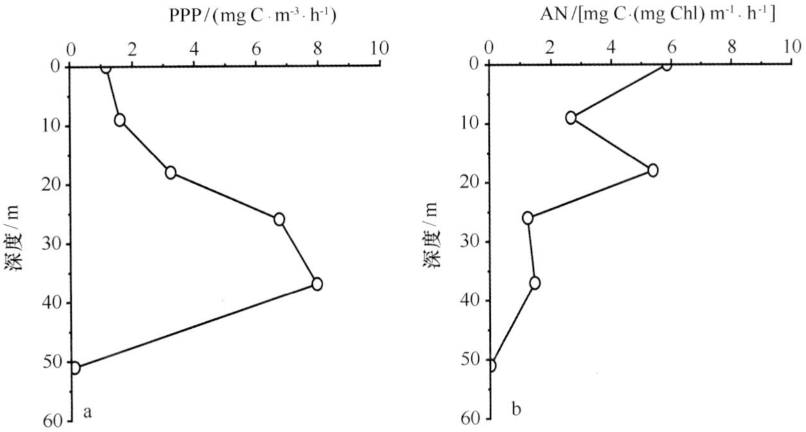


图 5－17 BL14 站各水层潜在初级生产力（a）和同化数（b）垂向分布

BN02 站位于陆架海域，真光层深度仅有 13.5 m（图 5－18）。其初级生产力剖面分布显示 PPP 和 AN 变化一致，均呈现从表层向下降低的趋势，这主要是因为该站位叶绿素垂向分布较为均匀，因此 PPP 的变化主要由 AN 所决定的。BN02 站的光合作用同化数水柱级份平均为 3.02 mg C/（mg Chl · h），比 BL14 站高，但由于较低的叶绿素浓度和真光层深度，使得该站位初级生产力偏低。

（2）2014 年第六次北极科学考察

初级生产力的观测显示（图 5－19），白令海海区初级生产力分布范围为 10.6～215.7 mg C/（$m^2$ · h），平均为 114.5 mg C/（$m^2$ · h）。在叶绿素 a 浓度最高的 B13 站初级生产力出现调查海域的最高值，陆架区以及海岛站位的初级生产力均较高，这主要是受混合条件好、营养盐易于补充的影响；水深 1 000 m 以上的海盆区，是典型的 HNLC 海区，受 Fe 限制的影响，初级生产力在 50 mg C/（$m^2$ · h）以下。

光合作用速率 $P^B$ 的垂直分布（图 5－20）显示，在 AN 较低的海盆区，水柱最大光合作用速率 $P^B_{opt}$ 存在于表层；而在 AN 偏高的陆架，$P^B_{opt}$ 多位于次表层。从现场观测结果看，$P^B_{opt}$ > 5 mg C/（mg Chl · h）的站位中（如 B10，B13），$P^B_{opt}$ 所在水层均以 Net 级浮游植物为主，这

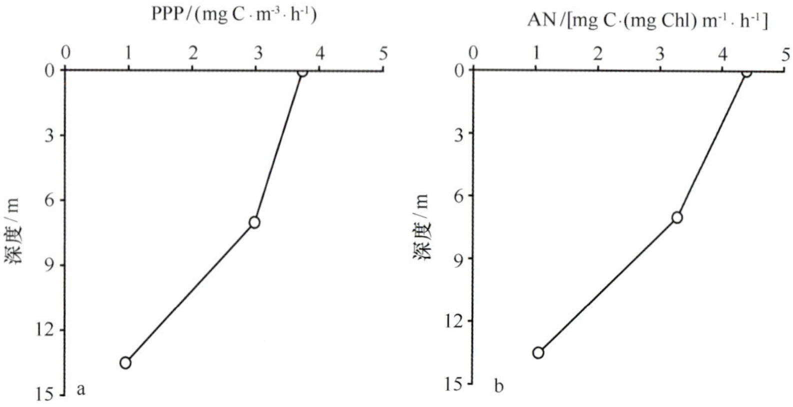


图 5-18 BN02 站各水层潜在初级生产力（a）和同化数（b）垂向分布

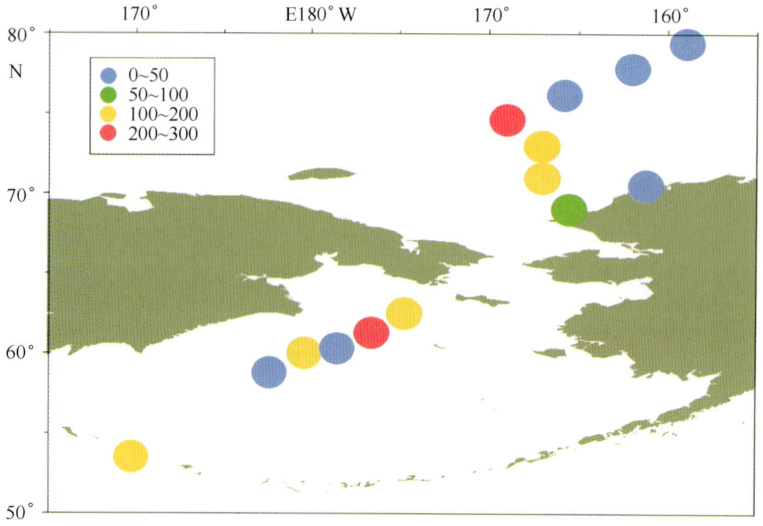


图 5-19 白令海和楚科奇海水柱积分初级生产力分布［mg C/（m² · h）］

显示 $P^B_{opt}$ 应与浮游植物群落结构存在联系，营养盐驱动下的群落改变是光合作用速率变化的重要原因之一。

2）楚科齐海

（1）2012 年第五次北极科学考察

浮游植物现存量高的陆架区同样初级生产力也较高。调查结果显示，观测海区初级生产力分布范围为 12.31 ~943.28 mg C/（m² · h），平均为 178.06 ±299.48 mg C/（m² · h）。在叶绿素 a 浓度最高的 R05 站初级生产力出现调查海域的最高值 943.28 mg C/（m² · h），陆架区 5 个站位的初级生产力均较高，返程时 4 个站位的初级生产力则较低，SR18 站低至 12.31 mg C/（m² · h）（图 5-21a）。

在潜在初级生产力的垂直分布上（图 5-21b、图 5-21c），除返程 SR05 站以表层潜在初级生产力最大外，其他各站的最大值基本出现在光衰减至 3% ~50% 的次表层水。陆架区真光层深度普遍较深，为 40 ~50 m，而实测平均水深为 56 m，可知光照可直达近底层或底层，深海区 SR18 和 M02 站真光层深度则深达 90 m 和 100 m。R05 站例外，该站真光层深度

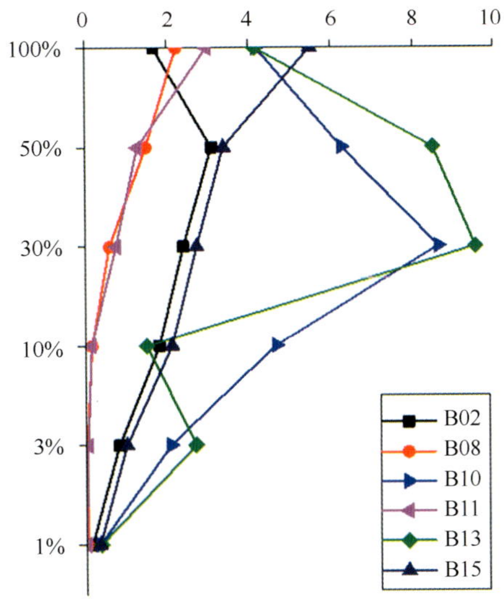


图 5-20 白令海各站位光合作用速率 $P^B$ 垂向分布

仅15 m，是由于小型浮游植物的迅速旺发造成了水体透明度的降低。除了真光层底部，该站各个光衰减层次的潜在初级生产力均高出其他站位平均水平 10 倍以上。

从粒度分级初级生产力测定结果（表 5-2）来看，在陆架区以 Net 级份对总初级生产力的贡献为最大（60.6%），Pico（32.2%）和 Nano 级份（7.2%）次之，深海区则以 Pico 级份所占比重为大，依次为 Pico（56.9%）>Net（23.8%）>Nano 级份（19.3%）。初级生产力粒级结构分布特征与叶绿素 a 粒级结构基本一致。

**表 5-2 楚科奇海及其邻近海域初级生产力 [mg C/ ($m^2$·h)] 粒级结构和同化数 [mg C/ (mg Chl·h)]**

| 级份 | 陆架区（<200 m） | | 深海区（>200 m） | | 海区平均 | |
|---|---|---|---|---|---|---|
| | 初级生产力 | 同化数 | 初级生产力 | 同化数 | 初级生产力 | 同化数 |
| Net | 136.45±279.10 (60.6%) | 1.71±0.84 | 3.04±0.24 (23.8%) | 3.76±0.46 | 106.81±248.77 (60.0%) | 2.17±1.17 |
| Nano | 16.23±13.57 (7.2%) | 2.27±2.19 | 2.46±0.08 (19.3%) | 1.18±0.19 | 13.17±13.23 (7.4%) | 2.03±1.96 |
| Pico | 72.60±56.72 (32.2%) | 2.98±2.56 | 7.26±0.78 (56.9%) | 1.03±0.32 | 58.08±56.95 (32.6%) | 2.55±2.38 |
| 总计 | 225.29±328.44 | 2.44±1.82 | 12.75±0.62 | 1.31±0.23 | 178.06±299.48 | 2.19±1.65 |

在垂直分布上，Net 与 Pico 级份在各光衰减层上对总初级生产力的贡献基本上呈互为消长的关系，随着深度的增加，Net 级份的贡献先减少后增大，Pico 级份则在光衰减至 30% 和 10% 层次贡献最大，Nano 级份所占比重随深度变化不大。

观测站位的光合作用同化数平均为 2.19±1.65 mg C/ (mg Chl·h)，各级份中以 Pico 级份同化数为最高，但与 Net、Nano 级份差别不大（表 5-2）。在不同区域各级份同化数之间有较大差别，深海区以 Net 级份同化数最高，但在陆架区，则以 Pico 级份同化数相对较高。

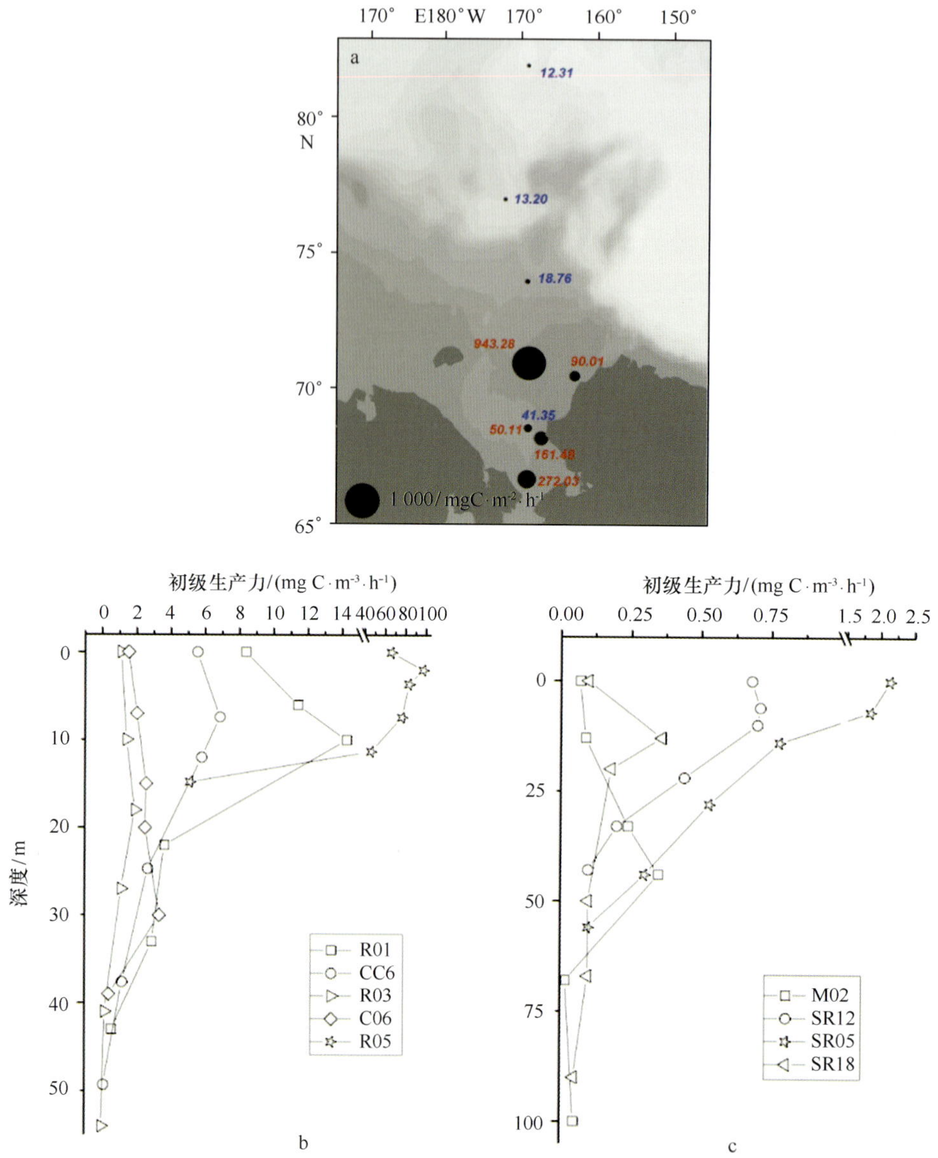


图 5－21　2012 年夏季楚科齐海及其邻近海域初级生产力的平面分布（a）和垂直分布（b. 去程；c. 返程）

陆架区的平均同化数高于深海区。

（2）2014 年第六次北极科学考察

初级生产力的观测显示（图 5－19），楚科奇海和加拿大海盆的初级生产力分布与白令海类似，也是陆架高、海盆低。楚科奇海初级生产力分布范围在 12.6～240.1 mg C/（$m^2$·h），平均为 86.0 mg C/（$m^2$·h）。最高值出现在陆架边缘，最低值位于加拿大海盆中部。这一分布特征和常量营养盐的变化密切相关，在加拿大海盆存在明显氮限制，其叶绿素和初级生产力均处于较低水平。

第六次北极科学考察水柱内的同化数（真光层积分光合作用速率）分布与初级生产力类似（图 5－22），均为陆架和岛礁附近偏高，海盆区偏低；同化数平均为 1.95 mg C/（mg Chl·h），最高值 4.46 mg C/（mg Chl·h）出现在白令海海陆架的 B13 站，最低值

0.71 mg C/(mg Chl·h)出现在加拿大海盆中部的 R11 站，此外，最北端的海冰边缘（R15 站）也存在同化数的相对高值。同化数是控制初级生产力水平的重要因素，其分布通常和营养盐水平及温度关系密切。

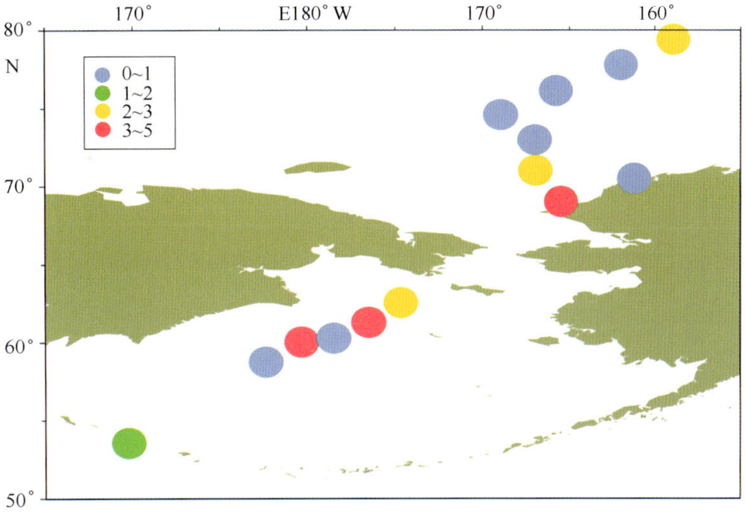


图 5－22　白令海和楚科奇海同化数分布［mg C/(mg Chl·h)］

光合作用速率 $P^B$ 的垂直分布（图 5－23）显示，在 AN 较低的海盆区，水柱最大光合作用速率 $P^B_{opt}$ 存在于表层；而在 AN 偏高的陆架，$P^B_{opt}$ 多位于次表层。一般而言，$P^B_{opt}$ 存在于表层往往意味着该海域存在光限制，现场光照低于浮游植物饱和光强，因而 $P^B$ 随光线在海洋中的衰减而下降；$P^B$ 位于次表层则意味着海表光强高于浮游植物饱和光强。在观测区域中，以上两种情况交替出现，但是光照条件相对较为稳定，这说明光合作用速率的波动并非由光照所决定，更可能是因为浮游植物群落本身的变化。

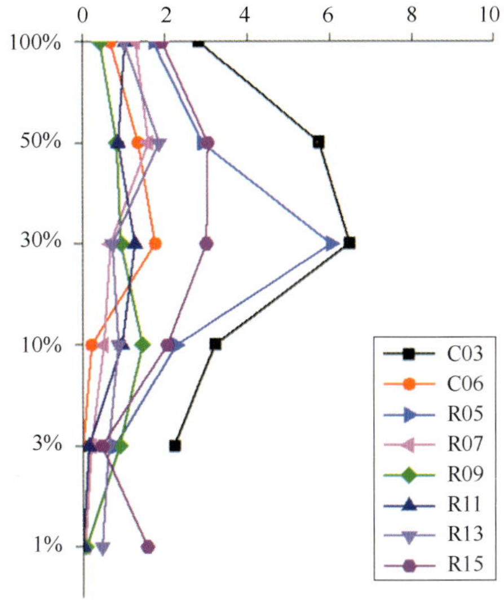


图 5－23　楚科奇海各站位光合作用速率 $P^B$ 垂向分布

3）挪威海

调查海域初级生产力在23.2～178.3 mg C/（$m^2$·h）之间，平均值为90.7±50.6 mg C/（$m^2$·h）。初级生产力似乎存在某种纬度差异，由图5-24中可以看出，其分布基本呈现北低南高的特征，考虑到水柱内叶绿素浓度较为稳定，且真光层深度仅在33～46 m之间变化，因此这种差异主要由同化数变化所导致。调查期间同化数AN在1.0～5.0 mg C/（mg Chl·h）之间变化，北部的BB断面AN平均值为1.6 mg C/（mg Chl·h），而南部的AT断面AN均值则高达3.2 mg C/（mg Chl·h），这种变化可能是由纬度间温度或者光照所引发的，但营养盐的补充也可能会有影响，因此这种同化数的纬度差异还需要进一步的分析。

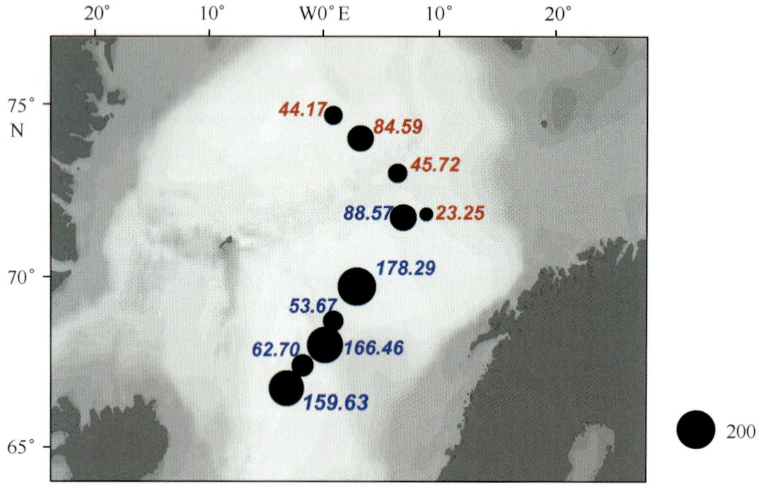


图5-24 挪威海初级生产力［（mg C/（$m^2$·h）］平面分布图

在各个粒级中，Net对初级生产力的贡献为4.5%～48.0%，平均20.9%；Nano的贡献范围是9.6%～28.9%，平均为21.1%；Pico的贡献范围在26.3%～83.7%，平均为58.3%，总体上表现出Pico>Nano>Net的趋势，这和不同粒级对生物量的贡献相一致。在各粒级中，Net、Nano和Pico级浮游植物的同化数平均值分别为3.38 mgC/（mg Chl·h）、2.89 mg C/（mg Chl·h）、2.74 mg C/（mg Chl·h），生物量占比最低的Net级份反而最高。总的来讲，挪威海无论是生物量还是生产力均以Pico为主，Pico对生物量和生产力的贡献都超过50%以上；但也需要指出的是，Net级份对生产力贡献占比明显高于对生物量的贡献，这说明大颗粒的生物虽然生物量低，但较高的同化数仍然使得其对生产力有相对高的贡献。

垂向方面，从BB断面各站位初级生产力的垂直分布来看（如图5-25），高值大都出现在光照衰减至100%和50%的近表层，随着水深增加和光强衰减，PPP迅速降低，这表明水柱内PPP主要受到光的限制。同化数AN的分布特征与PPP非常一致，这说明PPP在垂向上基本由AN所控制。AT断面各站位初级生产力的垂直分布与BB断面非常类似，除AT01站外，其他所有站位PPP高值都出现在表层，随着光强衰减，PPP迅速降低，到真光层底部基本降低至0。这说明PPP在垂向上基本由AN所控制，两者趋势非常一致。总的来讲，挪威海初级生产力分布的最大特点是有明显的光限制，绝大多数站位的同化数高值都出现在表层，这点和白令海以及楚科奇海迥然有异，由于光照不足，海表光强很可能未达到浮游植物的饱和光强，这使得挪威海同化数水平偏低，平均为2.6 mg C/（mg Chl·h），这一数值要低于楚科奇海陆架区的同化数水平，但高于返程时楚科奇的高纬度海域的同化数，这意味着，在北极海域，同一纬度间的同化数进行比较可能更有意义。

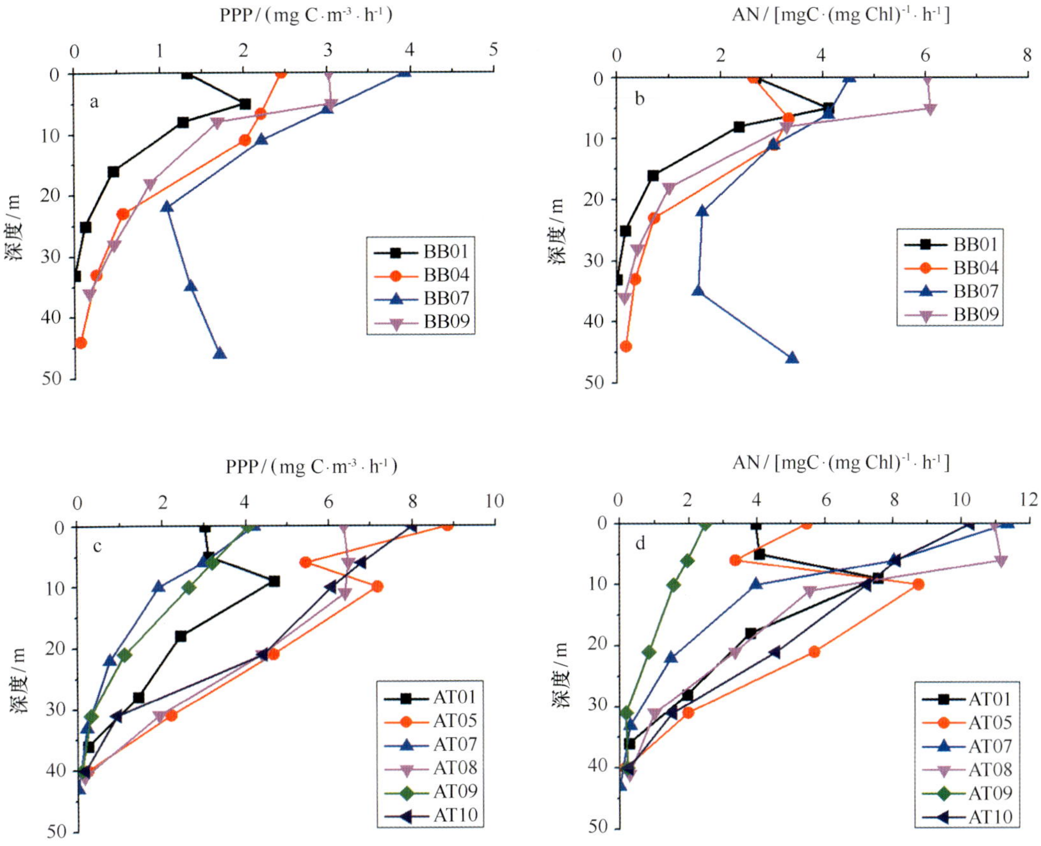


图5-25 挪威海各水层潜在初级生产力和同化数剖面分布

（a. BB断面各站位潜在初级生产力；b. BB断面各站位同化数；c. AT断面各站位潜在初级生产力；d. AT断面各站位同化数）

4）冰下初级生产力

长期以来，海冰下方的初级生产过程是被忽略的，由于大量海冰对光线的遮挡，一般认为冰下光强不足以支撑光合生产。为验证海冰下方是否有光合作用存在，我们在长期冰站ICE-05（81.1°N，157.1°W）进行了冰下初级生产力的现场培养实验。在海冰上钻孔后放入生产力吊瓶培养装置，来观测冰下光照和水温条件下光合作用速率的垂向分布。如图5-26所示，浮游植物在海冰下方仍有一定的光合作用速率，在接近冰层底部水体中光合作用速率最高，约为0.46 mg C/（mg Chl·h），$P^B$随水深降低，大概在25 m近似于0。整个水柱内$P^B$平均为0.21 mg C/（mg Chl·h），比无冰的开阔海区低了一个数量级。我们的实验显示冰下水体的浮游植物生物量和初级生产力均较低，分别为0.06 mg/m³和0.3 mg C/（m²·h）。虽然冰下初级生产力非常微弱，但并不为零。

与初级生产力观测同步的P-E曲线实验，检验了冰下浮游植物对光强的响应特征。从图5-27可见，冰下浮游植物的饱和光强在100 mmol quanta/（m²·s）以上，当光强超过200 mmol quanta/（m²·s）时，存在明显的光抑制。光饱和时最大光合作用速率在2 mg C/

(mg Chl · h) 左右，与寡营养的开阔海区浮游植物最大光合作用速率相当。值得注意的是光限制时 $P^B$ 的上升斜率约为 0.02，这说明浮游植物光量子产量较低（Falkowski and Raven，2007），其生长率处于一个较低水准。

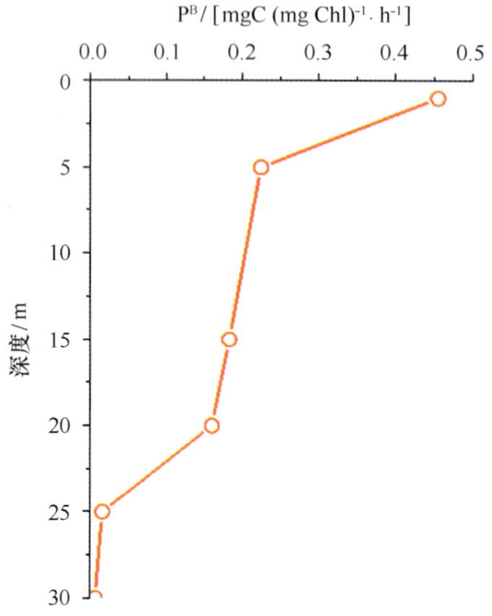


图 5-26　海冰下方浮游植物光合作用速率的垂向分布

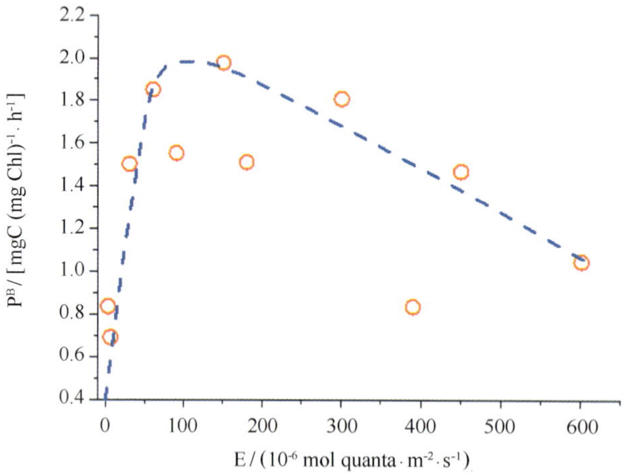


图 5-27　冰下水体中浮游植物 P-E 曲线

### 5.1.1.3　叶绿素和初级生产力与物理、化学要素的关系

从已获得的结果来看，白令海和挪威海均以 Pico 级份叶绿素占优，叶绿素偏低，这可能与这些海域受大洋水控制、营养盐较低有关。白令海陆架和海盆区存在明显的分化：以 180°E 为界，在 180°E 以西的海盆区，叶绿素的高值出现在近表层，且以小颗粒 Pico 级份的贡献为主；在 180°E 以东的陆架海域，浮游植物存在明显次表层叶绿素浓度最大值（SCM）现象，以较大颗粒的 Net 级份贡献为主。各级份贡献比的变化，反映出白令海浮游植物的受环境限制情况，随着水深变浅，这种限制渐渐减弱。

在楚科奇海，较大颗粒的小型（Net 级份）浮游植物对生物量和生产力贡献最大，在部分站位甚至高于其他级份一个数量级，这可能是该海域生物资源较为丰富的重要基础；但应当注意到，相比微型（Nano）或微微型（Pico）浮游植物，小型浮游植物对环境条件要求更高，其高值往往仅出现在特定水层，如真光层下部，很可能随环境改变而变化，这说明楚科奇海的初级生产具有一定的脆弱性。

楚科奇海由于其水深较浅，真光层深度可直达底层或近底层，因此叶绿素高值多出现在近底层。各粒级对叶绿素的贡献为 Net ＞Pico＞Nano，水柱内大颗粒的浮游植物明显增加，这说明下层水体的营养盐浓度较高，且有足够的光照。

楚科齐海同样存在生态区划分明显的现象：以75°N 为界，南部的海台区叶绿素浓度相对较高，以 Net 级份的贡献为主，高叶绿素值几乎在各个水层都可能出现，这一现象似乎显示楚科奇海台区浮游植物的分布存在一个较快的动态过程；北部的海盆区，受营养盐的限制和海冰覆盖所导致的光限制，叶绿素浓度迅速降低，Pico 级份对总生物量的贡献最大。光与营养盐，二者之间孰为浮游植物生长的首要限制因子仍需进一步分析。

在挪威海，浮游植物受中尺度涡的影响显著。在中尺度气旋涡内，海水辐散上升，中心形成上升流，会引发营养盐向上补充，进而引起浮游植物增殖，而气旋涡海水辐聚下沉，水柱下方营养盐不易补充，因而导致寡营养下浮游植物生物量降低，从调查结果来看，叶绿素分布也符合这一趋势，但初级生产力却并非完全一致，这可能和浮游植物固碳还受到光照和水温的影响有关，挪威海研究区域横跨近10个纬度，必然导致温度和光照的大幅变化，使得初级生产力的演化机制趋于复杂。

#### 5.1.1.4 调查期间叶绿素和初级生产力的现状评估

鉴于楚科齐海在北极科考中的重要性和独特性，本节选取该海域为典型生境分析其叶绿素和初级生产力的现状。从第五次、第六次北极科学考察的实测数据来看，在楚科齐海台区，叶绿素最高值所在的水层并不一致，高叶绿素值几乎在各个水层都可能出现，这一现象似乎显示楚科奇海台区浮游植物的分布存在一个较快的动态过程，这可能是因为浮游植物旺发后、Net 级份占优导致浮游植物不断沉降，因此在各个水层中都有可能观测到叶绿素的高值，也没有稳定的 SCM 层。这种现象可能是北冰洋“食物脉冲”的一种表现形式，上层浮游植物所产生的有机物迅速向底层输出，进而导致底栖生物的高生物量。而在70°N 以北的近海盆区，营养盐的限制和海冰覆盖所导致的光限制，使得浮游植物生物量迅速降低，较海台区其叶绿素浓度低了近一个数量级。海盆区叶绿素的垂向分布较为稳定，其 SCM 主要出现在50 m 左右，这意味着混合层控制的营养盐分布主导着叶绿素分布。

在沿岸等区域，高叶绿素区显著增加，意味着该海域浮游植物群落将向大型化发展，大粒径的 Net 级份浮游植物将在群落中占到优势，大颗粒易于沉降的特性将使得初级生产力向下输出变强，这刺激到局部海域（如阿拉斯加近岸）的底栖群落的生长。而在楚科奇海中部和靠近白令海峡的区域，由于高叶绿素区的消失，这一海域更多被叶绿素浓度低于1 mg/m$^3$ 的水体所占据，这意味着浮游植物群落中小粒径 Pico 级份可能占优，浮游植物群落更易于在水体中悬浮，初级生产力向下输出减少，更多地停留在水柱中，将被水柱中浮游种群所消耗，但对底栖生物的食物供给将有所减少。值得注意的是，低叶绿素区面积明显增大，因此，就整个楚科奇海而言，可能会出现较大范围的浮游植物群落的小型化，并进一步影响该海域的生物泵效应和食物产出。

#### 5.1.1.5 小结

基于第五次和第六次北极考察所获得的叶绿素和初级生产力数据，了解了研究海域浮游植物生物量和生产力的分布特征，并初步分析评估了叶绿素和初级生产力的现状及其与物理、化学要素的关系。

2012 年开展的第五次北极科学考察，首次实现了北太平洋水域、北冰洋太平洋扇区、北冰洋中心区、北冰洋大西洋扇区和北大西洋水域的准同步考察。从已获得的结果来看，白令海盆和挪威海均以 Pico 级份叶绿素占优，叶绿素偏低，这可能与这些海域受大洋水控制、营养盐较低有关。在挪威海，叶绿素和初级生产力受中尺度涡的影响非常明显。在 2014 年第六次北极科考中，发现可以 75°N 为界，将楚科奇海分为两个不同的生态区。75°N 以南的楚科奇海台，叶绿素和初级生产力均较高，Net 级份占比较大。而在 75°N 以北的海盆区域，叶绿素浓度迅速降低，Pico 级份对总生物量的贡献最大。此外，海台区高叶绿素值几乎在各个水层都可能出现，这一现象似乎显示楚科奇海台区浮游植物的分布存在一个较快的动态过程，可能是北冰洋“食物脉冲”的一种表现形式，上层浮游植物所产生的有机物迅速向底层输出，进而导致底栖生物的高生物量。而在 75°N 以北的海盆区，营养盐的限制和海冰覆盖所导致的光限制，使得浮游植物生物量迅速降低，叶绿素浓度较海台区低了近一个数量级。海盆区叶绿素的垂向分布较为稳定，其 SCM 主要出现在 50 m 左右，这意味着混合层控制的营养盐分布主导着叶绿素分布。

### 5.1.2 微生物多样性的分析与评价

微生物是北极地区独特生态系统的重要组成部分，在极区生态系统的物质和能量转化及生源要素的生物地球化学循环等过程中扮演着特殊且重要的角色。北极楚科奇海、加拿大海盆、格陵兰和白令海等海域的海水、海底沉积物和海冰等存在着丰富的微生物资源，这些独特的极区环境彼此相互隔离又相互联系，在温度、pH 值、盐度、压力等条件方面存在显著的差异，其综合影响结果是形成不同的微生物群落，体现了极地微生物菌种资源的多样性。由于生存环境的特殊性，如低温、高盐、强紫外辐射等，生存于极区环境中的微生物在其适应环境的进化过程形成了特殊的生理代谢及调控机制，这些微生物也是新型活性产物的重要来源。因此，开展北极微生物群落结构和多样性特征研究不仅对于全面了解北极生态系统的生命过程具有重要的科学意义，而且也可为北极特殊微生物资源的开发利用提供依据。

#### 5.1.2.1 可培养微生物数量分析

对不同海域（白令海及其邻近海域、北冰洋—太平洋扇区和北冰洋—大西洋扇区等）第五次和第六次北极科考采集的海洋沉积物中的可培养细菌的数量进行了分析。

1）白令海及其邻近海域

（1）第五次北极科考

采样区域为白令海和阿留申群岛周边海域在内的北太平洋北极边缘海，包括沿白令海西侧航线、阿姆奇卡特岛—努尼瓦克岛之间的断面 BL，沿白令海峡南部的断面 BS，在圣劳伦斯岛和普罗维杰尼亚之间的 3 个站点及圣劳伦斯岛以东、以南的 6 个站点构成的断面 BM，以及白令海峡以南的BN断面（图5-28）。在本区域内，共对21个站位的沉积物样品进行了可培养细菌的分离纯化与多样性分析，其可培养细菌数量从19×$10^4$ CFU/g（DW）至1 053×$10^4$ CFU/g（DW）不等；根据形态学特征和基于16S rRNA基因序列的系统发育分析，从该海域的沉积物中共分离获得了236株细菌，分属于4个门，30个属，56个种。

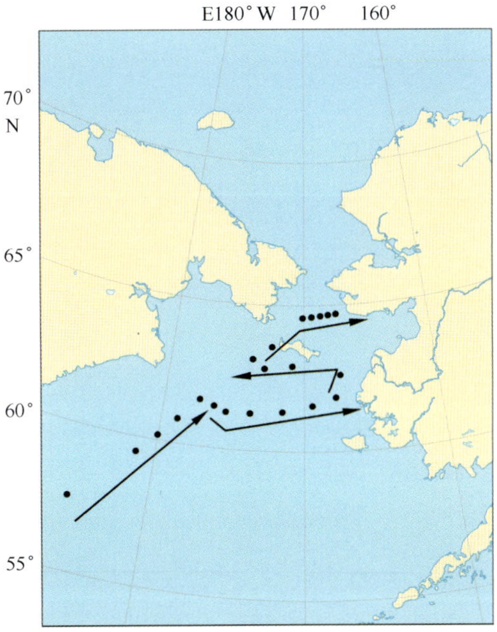


图5-28 白令海及其邻近海域考察断面与站位示意图（第五次北极科考）

（2）第六次北极科考

包括白令海和阿留申群岛周边海域在内的北太平洋北极边缘海内，沿我国以往历次白令海西侧航线、阿姆奇卡特岛—努尼瓦克岛之间连线设置1条南北横跨白令海西部及中部海域的B断面，沿白令海峡南部常规测线设置调查断面BS，在圣劳伦斯岛两次分别与俄罗斯和阿拉斯加之间设置NB断面（图5-29）。在本海域内，共对13个站位的沉积物样品进行了可培养细菌的分离纯化与多样性分析，其可培养细菌数量从161.4×$10^4$ CFU/g（DW）至1 579.4×$10^4$ CFU/g（DW）不等（表5-3）；根据形态学特征和基于16S rRNA基因序列的系统发育分析，从海域的海洋沉积物中共分离获得了159株细菌，分属于4个门，28个属，46个种。

**表5-3 北极海洋沉积物可培养细菌数量和保存情况（第六次北极科考）**

| 序号 | 站位 | 经纬度 | 采样时间（年-月-日） | 采用方式 | 深度/m | 细菌数量/[$10^4$CFU·$g^{-1}$（DW）] | 保存菌株数 |
|---|---|---|---|---|---|---|---|
| 1 | OS3 | 148°23.560′E，48°23.460′N | 2014-07-16 | 重力 | 1464 | 375 | 10 |
| 2 | B10 | 179°48′48″W，59°57′42″N | 2014-07-22 | 重力 | 2493 | 260.4 | 6 |
| 3 | B11 | 179°35′24″W，60°16′46″N | 2014-07-22 | 重力 | 1530 | 874.5 | 8 |
| 4 | B12 | 178°55′42″W，60°39′00″N | 2014-07-22 | 箱式 | 257.8 | 1278 | 9 |
| 5 | B13 | 177°30′01″W，61°17′29″N | 2014-07-23 | 箱式 | 130.5 | 1564.5 | 15 |
| 6 | NB01 | 177°16′06″W，60°47′57″N | 2014-07-23 | 多管 | 132.8 | 847.5 | 16 |

续表

| 序号 | 站位 | 经纬度 | 采样时间（年－月－日） | 采用方式 | 深度/m | 细菌数量/[$10^4$ CFU·$g^{-1}$（DW）] | 保存菌株数 |
|---|---|---|---|---|---|---|---|
| 7 | NB02 | 175°31′30″W，60°52′22″N | 2014－07－23 | 箱式 | 106.7 | 918 | 14 |
| 8 | NB04 | 171°33′19″W，61°12′02″N | 2014－07－24 | 箱式 | 57 | 1137 | 12 |
| 9 | NB08 | 166°59′09″W，62°14′47″N | 2014－07－24 | 箱式 | 32.8 | 1350 | 9 |
| 10 | NB09 | 167°36′00″W，62°35′48″N | 2014－07－24 | 箱式 | 25 | 161.4 | 12 |
| 11 | B14 | 171°21′01″W，61°56′03″N | 2014－07－25 | 箱式 | 101 | 1147.5 | 15 |
| 12 | B15 | 175°16′32″W，62°32′56″N | 2014－07－26 | 箱式 | 78.3 | 1579.5 | 16 |
| 13 | BS04 | 170°00′05″W，64°20′42″N | 2014－07－27 | 箱式 | 40.14 | 1158 | 17 |
| 14 | R02 | 169°01′18″W，67°40′52″N | 2014－07－28 | 箱式 | 50 | 604.5 | 15 |
| 15 | CC2 | 168°16′27″W，67°54′13″N | 2014－07－28 | 箱式 | 57.4 | 1317 | 14 |
| 16 | CC4 | 167°31′56″W，68°07′48″N | 2014－07－29 | 箱式 | 49.36 | 240 | 13 |
| 17 | CC6 | 167°09′00″W，68°14′15″N | 2014－07－29 | 箱式 | 42.79 | 2659.5 | 15 |
| 18 | R03 | 169°03′12″W，68°37′23″N | 2014－07－29 | 箱式 | 53.7 | 558 | 14 |
| 19 | C03 | 166°30′42″W，69°02′15″N | 2014－07－29 | 箱式 | 32.47 | 739.5 | 12 |
| 20 | C01 | 168°09′41″W，69°13′37″N | 2014－07－30 | 箱式 | 50 | 472.5 | 11 |
| 21 | C06 | 162°50′40″W，70°31′45″N | 2014－07－30 | 箱式 | 35.9 | 585 | 18 |
| 22 | C05 | 164°44′31″W，70°46′09″N | 2014－07－30 | 箱式 | 33.56 | 1056 | 16 |
| 23 | C04 | 166°59′37″W，71°00′48″N | 2014－07－31 | 箱式 | 45.34 | 976.5 | 14 |
| 24 | R06 | 168°57′28″W，72°00′36″N | 2014－07－31 | 箱式 | 51.40 | 753 | 14 |
| 25 | R07 | 168°57′51″W，73°00′02″N | 2014－07－31 | 箱式 | 72.70 | 486 | 12 |
| 26 | R08 | 168°57′49″W，74°00′33″N | 2014－08－1 | 箱式 | 180.66 | 310.5 | 6 |
| 27 | R09 | 168°59′09″W，74°36′42″N | 2014－08－1 | 多管 | 184.10 | 121.2 | 9 |
| 28 | S02 | 157°27′53″W，71°54′32″N | 2014－08－3 | 箱式 | 72.00 | 1318.5 | 9 |
| 29 | S01 | 157°56′18″W，71°36′38″N | 2014－08－3 | 箱式 | 63.54 | 568.5 | 13 |
| 30 | S03 | 157°04′45″W，72°14′15″N | 2014－08－3 | 箱式 | 169.30 | 2745 | 15 |
| 31 | C13 | 159°09′44″W，75°12′03″N | 2014－08－6 | 箱式 | 930.80 | 169.5 | 5 |
| 32 | C14 | 161°18′00″W，75°23′45″N | 2014－08－7 | 箱式 | 2084.23 | 97.5 | 7 |
| 33 | R10 | 167°53′18″W，75°26′27″N | 2014－08－8 | 箱式 | 168.31 | 4.7 | 10 |
| 34 | R11 | 166°20′13″W，76°08′26″N | 2014－08－8 | 箱式 | 339.17 | 126 | 4 |
| 35 | C25 | 149°30′05′W，76°22′53″N | 2014－08－10 | 重力柱 | 3776.3 | 162 | 4 |
| 36 | R12 | 163°56′00″W，76°59′20″N | 2014－08－13 | 箱式 | 438.42 | 1.65 | 3 |
| 37 | R14 | 160°26′50″W，78°38′16″N | 2014－08－15 | 箱式 | 740.38 | 17.7 | 8 |
| 38 | C12 | 157°11′55″W，75°01′01″N | 2014－08－16 | 重力柱 | 1578.1 | 5.6 | 12 |
| 39 | LIC03 | 157°39′45″W，81°04′40″N | 2014－08－20 | 箱式 | 3634.2 | 300 | 6 |
| 40 | SIC06 | 152°38′02″W，79°58′32″N | 2014－08－28 | 箱式 | 3763 | 46.5 | 5 |

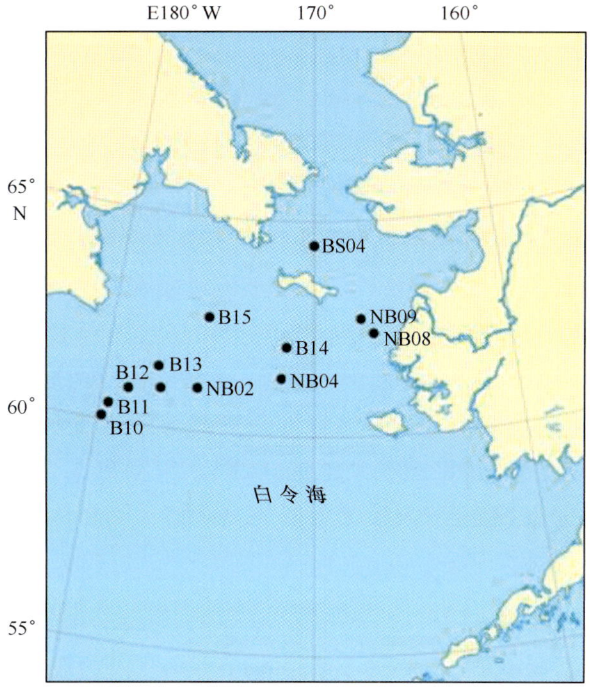


图5-29 白令海及其邻近海域考察断面及站位示意图（第六次北极科考）

2）北冰洋-太平洋扇区

（1）第五次北极科考

采样区域为北冰洋-太平洋扇区的白令海峡附近及其以北的楚科奇海，包括R、C、CC和SR共4个断面（图5-30）。在本区域内，共对19个站位的沉积物样品进行了可培养细菌

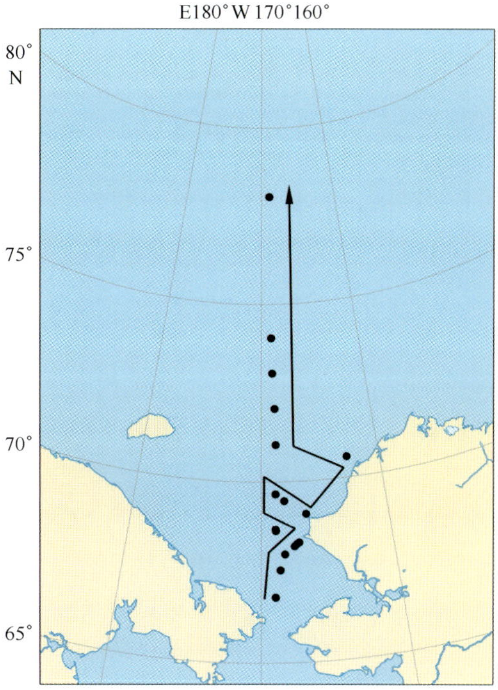


图5-30 北冰洋-太平洋扇区海域考察断面及站位示意图（第五次北极科考）

的分离纯化与多样性分析，其可培养细菌数量从 44 × $10^4$ CFU/g（DW）至 777 × $10^4$ CFU/g（DW）不等；根据形态学特征和基于 16S rRNA 基因序列的系统发育分析，从该海域的沉积物中共分离获得了 170 株细菌，分属于 4 个门，28 个属，49 个种。

（2）第六次北极科考

采样区域为白令海峡以北的楚科奇海，以横断北极主要流系为原则，设置 7 个常规作业断面。其中楚科奇海陆架区设置 3 个常规作业断面，分别是 R0 断面、CC 断面和 C0 断面。R0 断面是中国历次北极科学考察的重点断面，由于该海域冰情比较复杂，需要根据该海域的冰情决定如何完成整个断面的观测任务。楚科奇海台和加拿大海盆区设置 4 个作业断面，分别为 R1 断面、S0 断面、C1 断面和 C2 断面（图 5 - 31）。在本海域内，共对 27 个站位的沉积物样品进行了可培养细菌的分离纯化与多样性分析，其可培养细菌数量从 4.7 × $10^4$CFU/g（DW）至 2 659.5 × $10^4$CFU/g（DW）不等（表 5 - 3）；根据形态学特征和基于 16S rRNA 基因序列的系统发育分析，从该海域的沉积物中共分离获得了 288 株细菌，分属于 4 个门，36 个属，71 个种。

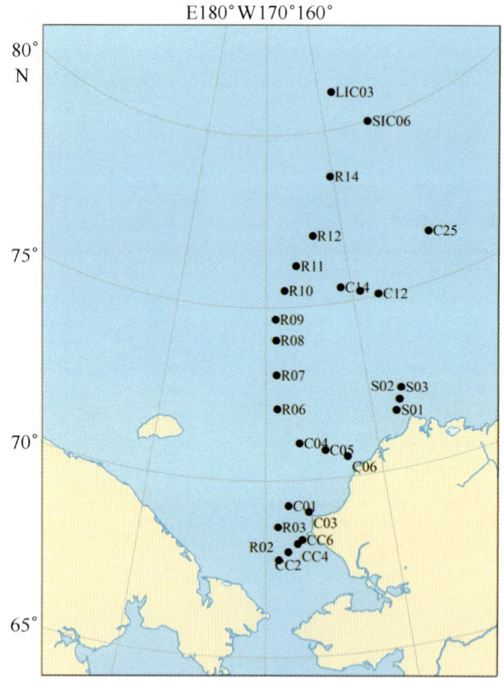


图 5 - 31　北冰洋—太平洋扇区海域考察断面及站位示意图（第六次北极科考）

3）北冰洋—大西洋扇区

第五次北极科考北极海域大西洋扇区主要包括 AT 和 BB 两个断面（图 5 - 32）。在本区域内，共对 8 个站位的沉积物样品进行了可培养细菌的分离纯化与多样性分析，其可培养细菌数量从 44 × $10^4$CFU/g（DW）至 777 × $10^4$CFU/g（DW）不等；根据形态学特征和基于 16S rRNA 基因序列的系统发育分析，从该海域的沉积物中共分离获得了 63 株细菌，分属于 2 个门，9 个属，62 个种。

4）其他

第五次北极科考，还对冰岛外海及冰站等站位的沉积物进行了可培养细菌的数量与多样性分析，共包括 11 个样品，可培养细菌数量从 17 × $10^4$ CFU/g（DW）至 207 × $10^4$ CFU/g

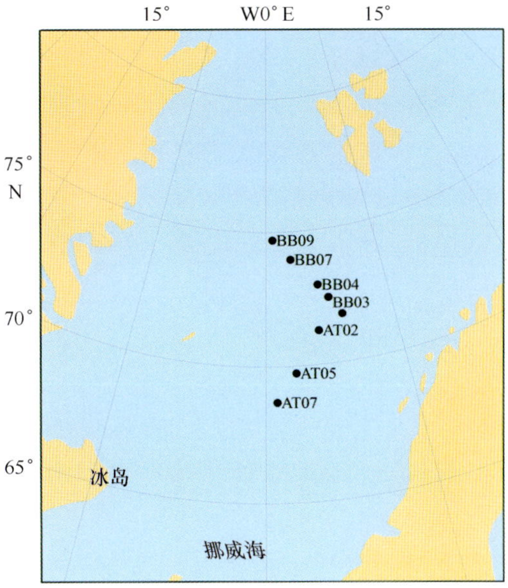


图5-32 北冰洋—大西洋扇区海域考察断面、站点位置示意图（第五次北极科考）

（DW）不等；根据形态学特征和基于16S rRNA基因序列的系统发育分析，共获得了101株细菌，分属于4个门，19个属，31个种。

### 5.1.2.2 可培养微生物多样性分析

1）第五次北极科考

（1）可培养细菌组成分析

经海水Zobell 2216E培养基平板4℃培养15 d，根据菌落形态学特征从59个站位的北极海洋沉积物样品中共分离得到570株细菌。分子鉴定与系统发育分析表明，分离到的可培养细菌分别属于4个门，5个纲；其中γ-变形菌纲（γ-Proteobacteria）有409株，为优势种群，占总分离株数的72%；其次为黄杆菌纲（Flavobacteria），共66株，占总分离株数的12%；属于α-变形菌纲（α-Proteobacteria）、放线菌纲（Actinobacteria_ c）和芽孢杆菌纲（Bacilli）的菌株数为45、23株和13株，分别占总分离株数的8%、4%和2%（图5-33）。值得指出的是，有14株菌株与已有模式菌株的16S rRNA基因序列相似性 <97%，为潜在的新种。

已确定分类地位的北极海洋沉积物可培养细菌的种属、菌株数量以及分离到该菌株的站位数等基本情况见表5-4。可以看出，从59个站位中的北极海洋沉积物样品中分离得到的570株细菌，分属于47个属，102个种；其中γ-变形菌纲（γ-Proteobacteria）在细菌属水平上的多样性最为丰富，包括17个不同的属，黄杆菌纲（Flavobacteria）次之，包括11个属，α-变形菌纲（α-Proteobacteria）含有7个属，放线菌纲（Actinobacteria_ c）和芽孢杆菌纲（Bacilli）各含6个属。在菌株数量上，以希瓦氏菌属（*Shewanella*）所含数量最多，共有153株，分属于8个种，占总分离菌株数的27%；且其分布也较广，共从42个站位的沉积物样品中分离到该属的菌株。其次为假交替单胞菌属（*Pseudoalteromonas*）的菌株，共有70株，分属于10个种，占总菌株数的12%；其分布也较广，从23个站位的沉积物样品中分离到该属菌株。亚硫酸盐杆菌属（*Sulfitobacter*）和科尔韦尔氏菌属（*Colwellia*）菌株的出现频

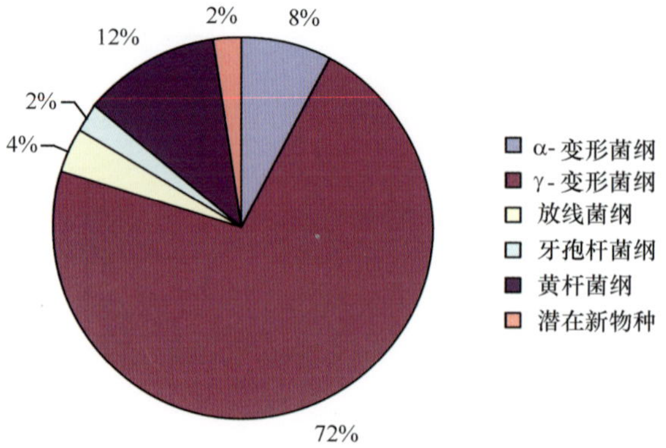


图 5-33　北极海洋沉积物可培养细菌的组成分析

率及多样性也比较高，分别包括 5 个种 36 株和 5 个种 25 株。另外，尽管有的属内菌株数量不多，如鞘氨醇单胞菌属（*Sphingomonas*）、副球菌属（*Paracoccus*）等仅含 1 株菌，但可反映出该海域沉积物中微生物的多样性。

**表 5-4　北极海洋沉积物可培养细菌的分离鉴定情况一览表**

| 纲 | 属 | 种/菌株数 | 分离到的站位数 |
|---|---|---|---|
| α-Proteobacteria | *Sphingomonas* | 1/1 | 1 |
| | *Sphingopyxis* | 1/2 | 2 |
| | *Sulfitobacter* | 5/36 | 9 |
| | *Albirhodobacter* | 1/1 | 1 |
| | *Paracoccus* | 1/1 | 1 |
| | *Loktanella* | 1/2 | 1 |
| | *Pacificibacter* | 1/2 | 1 |
| γ-Proteobacteria | *Acinetobacter* | 2/7 | 5 |
| | *Psychrobacter* | 5/17 | 10 |
| | *Colwellia* | 5/25 | 15 |
| | *Glaciecola* | 4/6 | 5 |
| | *Marinobacter* | 2/18 | 9 |
| | *Moritella* | 3/19 | 9 |
| | *Pseudoalteromonas* | 10/70 | 23 |
| | *Pseudomonas* | 6/15 | 10 |
| | *Psychromonas* | 4/19 | 18 |
| | *Shewanella* | 7/153 | 42 |
| | *Hafnia* | 1/1 | 1 |
| | *Amphritea* | 1/1 | 1 |
| | *Marinomonas* | 1/15 | 6 |
| | *Neptunomonas* | 1/3 | 1 |
| | *Halomonas* | 4/17 | 7 |
| | *Salinicola* | 1/1 | 1 |
| | *Photobacterium* | 2/22 | 14 |

续表

| 纲 | 属 | 种/菌株数 | 分离到的站位数 |
|---|---|---|---|
| Actinobacteriac | *Brachybacterium* | 1/2 | 1 |
| | *Janibacter* | 1/2 | 1 |
| | *Citricoccus* | 1/1 | 1 |
| | *Arthrobacter* | 1/1 | 1 |
| | *Kocuria* | 1/4 | 2 |
| | *Salinibacterium* | 1/13 | 4 |
| Bacilli | *Aerococcus* | 1/1 | 1 |
| | *Bacillus* | 2/5 | 3 |
| | *Halobacillus* | 1/1 | 1 |
| | *Oceanobacillus* | 1/1 | 1 |
| | *Sinobaca* | 1/1 | 1 |
| | *Planococcus* | 2/4 | 4 |
| Flavobacteria | *Arenibacter* | 1/1 | 1 |
| | *Bizionia* | 1/1 | 1 |
| | *Flavobacterium* | 3/16 | 5 |
| | *Joostella* | 2/4 | 2 |
| | *Lacinutrix* | 2/10 | 4 |
| | *Leeuwenhoekiella* | 1/4 | 2 |
| | *Maribacter* | 3/17 | 17 |
| | *Polaribacter* | 2/4 | 1 |
| | *Psychroserpens* | 1/2 | 2 |
| | *Sediminicola* | 1/4 | 3 |
| | *Winogradskyella* | 1/3 | 1 |

一般认为，16S rRNA 基因序列同源性小于 97%，可以认为属于不同的种；同源性小于 93% ~95%，可以认为属于不同的属。经测序与对比分析，本书发现有 14 个菌株序列与相似性最高的模式菌株的 16S rRNA 基因序列相似性小于 97%，并对这 14 株菌株进行系统发育分析（图 5－34）发现，可能有 6 株菌为潜在新种。其中有部分菌株，如菌株 731 与相似性最高的模式菌株 *Amphritea japonica* JAMM1866$^T$的 16S rRNA 基因序列相似性仅有 91.67%，可能为新属（表 5－5）。

**表 5－5　疑似新种 16S rRNA 序列相似性比较结果**

| 采样站点 | 经纬度 | 编号 | 相似性最高的菌株（注册号） | 相似性/% |
|---|---|---|---|---|
| BN05 | 64°30.733′N 169°23.879′W | 124 | *Olleya aquimaris* L－4$^T$（FJ886713） | 96.67 |
| BN08 | 64°36.464′N 167°27.569′W | 5 | *Thalassomonas haliotis* A5K－61$^T$（NR 041662） | 96.13 |
| | | 222 | *Winogradskyella ulvae* KMM 6390$^T$（HQ456127） | 96.84 |
| | | 224 | *Winogradskyella ulvae* KMM 6390$^T$（HQ456127） | 96.88 |

续表

| 采样站点 | 经纬度 | 编号 | 相似性最高的菌株（注册号） | 相似性/% |
| --- | --- | --- | --- | --- |
| BB02 | 72°8.827′N<br>8°21.629′E | 435 | *Colwellia asteriadis* KMD 002$^T$（EU599214） | 95.95 |
| | | 441 | *Colwellia asteriadis* KMD 002$^T$（EU599214） | 95.96 |
| SR05 | 68°36.906′N<br>168°54.599′W | 535 | *Winogradskyella ulvae* KMM 6390$^T$（HQ456127） | 96.87 |
| BM05 | 62°48.296′N<br>170°54.797′W | 649 | *Bizionia echini* KMM 6177$^T$（FJ716799） | 95.96 |
| | | 652 | *Bizionia echini* KMM 6177$^T$（FJ716799） | 95.71 |
| | | 659－2 | *Bizionia echini* KMM 6177$^T$（FJ716799） | 95.85 |
| | | 659 | *Bizionia echini* KMM 6177$^T$（FJ716799） | 95.75 |
| OS－2 | 49°22.654′ N<br>152°7.933′ E | 729 | *Amphritea japonica* JAMM 1866$^T$（NR 041616） | 91.94 |
| | | 730 | *Amphritea japonica* JAMM 1866$^T$（NR 041616） | 91.86 |
| | | 731 | *Amphritea japonica* JAMM 1866$^T$（NR 041616） | 91.67 |

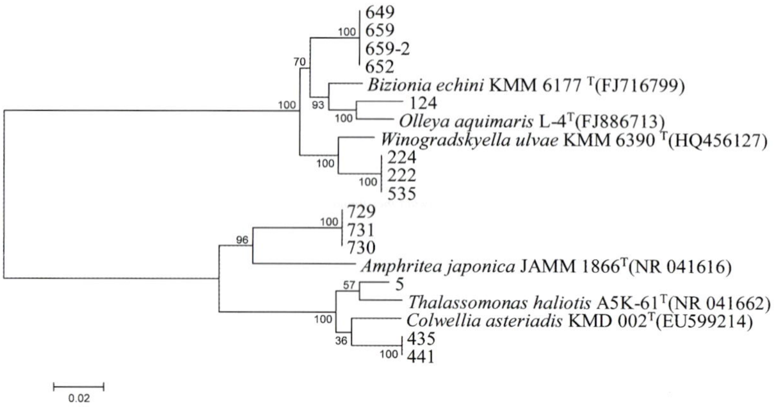


图 5－34　北极海洋沉积物中可培养细菌中疑似新种的系统发育树

（2）可培养细菌的系统发育分析

通过基于 16S rRNA 基因序列的系统发育分析发现，所有可培养菌聚类于 5 个大的类群，102 个种（图 5－35 和图 5－36），其中，γ－Proteobacteria 纲含有 58 个种，占据了细菌多样性的主要地位，达到了 57%（58/102）；其次是 Flavobacteria 纲细菌，达到了 18%（18/102）；11 个序列为 α－proteobacteria，占 11%；8 个序列为 Bacilli，占 8%；6 个序列为 Actinobacteria_ c，占 6%。许多可能的新种（16S rRNA 序列相似性＜97%）分散于进化树的多个不同分枝，反映了北极菌种资源的丰富性和新颖性。

在 γ－Proteobacteria 纲中发现多个疑似新种，如菌株 435 和 441 菌株与相似性最高的模式菌 *Colwellia asteriadis* KMD 002$^T$的 16S rRNA 相似性仅约有 95.95% 和 95.96%；菌株 729、730 和 731 与相似性最高的模式菌 *Amphritea japonica* JAMM 1866$^T$16S rRNA 相似性只有 91.94%，91.86% 和 91.67%；菌株 5 与相似性的模式菌 *Thalassomonas haliotis* A5K－61$^T$的 16S rRNA 相似性只有 96.13%。

Flavobacteria 纲中也含有疑似新种，菌株 222，224 和 535 与最近的模式菌 *Winogradskyella ulvae* KMM 6390$^T$相似性只有 96.84%，96.88%% 和 96.87%。菌株 649，652，659 和 659－2

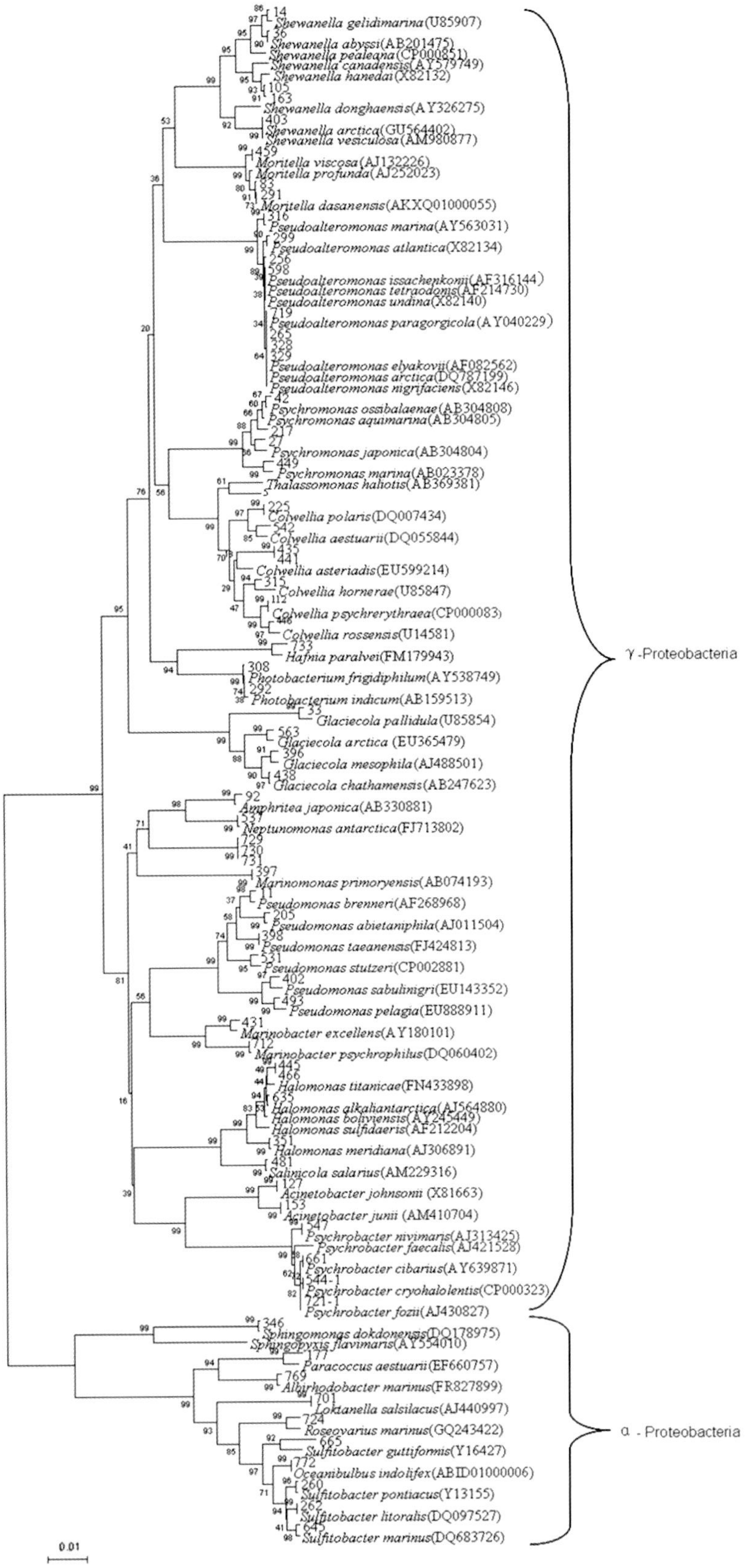


图5－35　北极海洋沉积物中可培养细菌中变形菌门的系统发育树

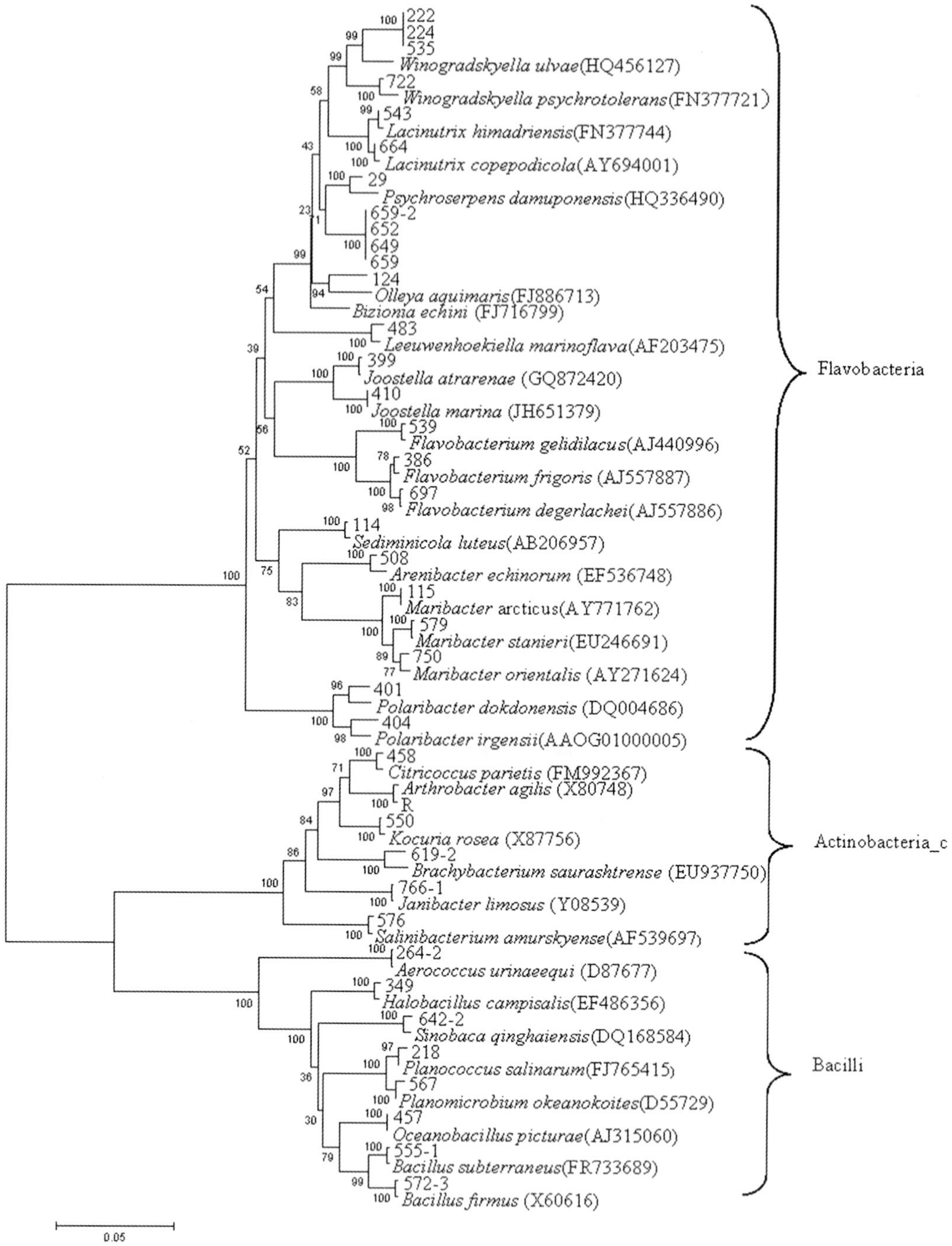


图 5－36　北极海洋沉积物中可培养细菌中黄杆菌纲、放线菌纲、芽孢杆菌纲的系统发育树

与最近的模式菌 *Bizionia echini* KMM $6177^{T}$ 相似性只有 95.96%，95.71%，95.75% 和 95.85%，菌株 124 与最近的模式菌 *Olleya aquimaris* L－$4^{T}$相似性只有 96.67%。

① AT05：3°11.970′E，69°43.751′N；2012 年 8 月 10 日；3 268.2 m

站位 AT05 的菌落照片与部分菌株（16 株）的系统发育分析结果如图 5－37 和图 5－38 所示。可以看出，该站位的微生物极为丰富，可达 1 412.73 × $10^{4}$CFU/g，菌落形态也多种多样。分子鉴定与系统发育分析也表明，该站位的微生物种类比较丰富，已鉴定的 16 株细菌属于 8 个属，12 个种。

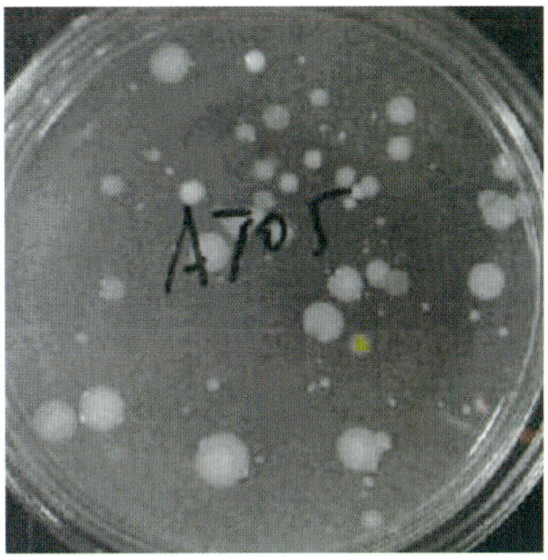


图 5－37　AT05 站位细菌菌落照片

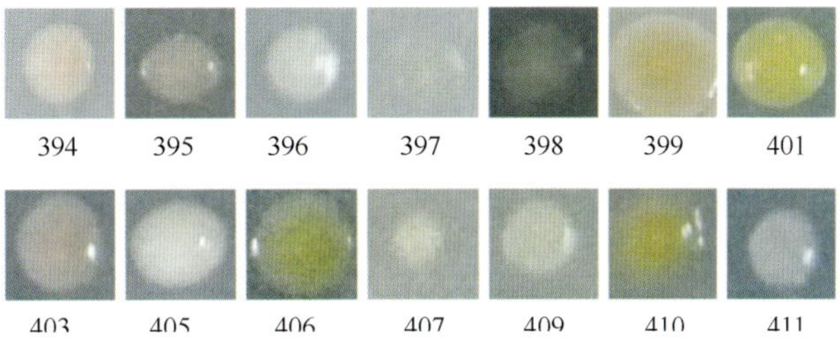


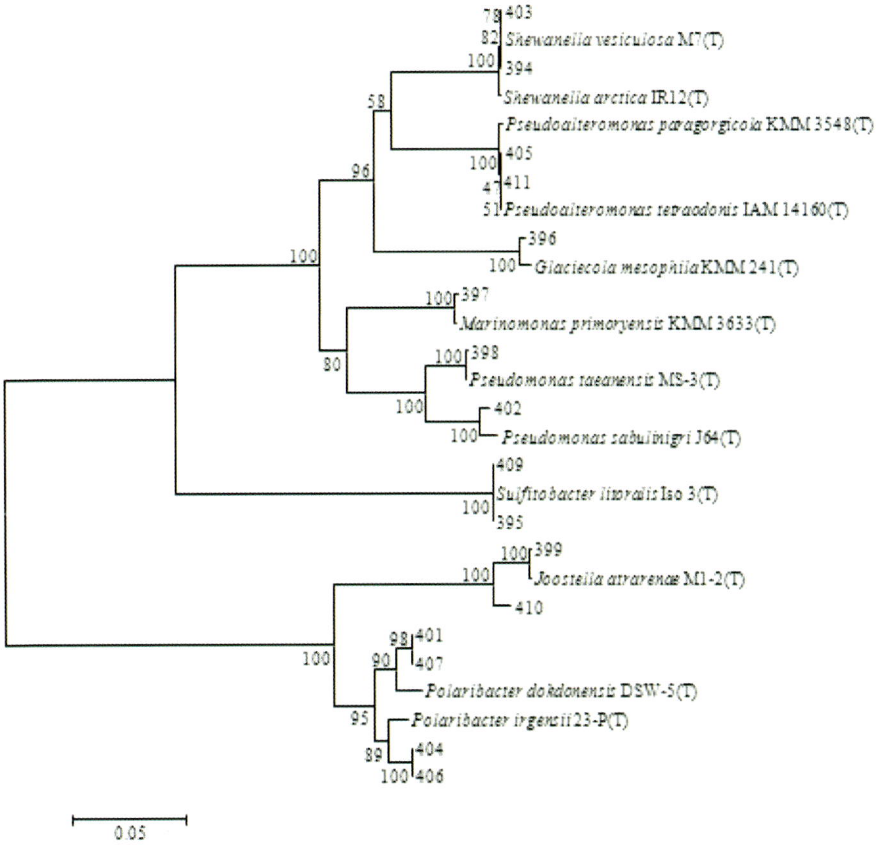


图 5－38　站位 AT05 细菌系统发育分析

② BN08：167°27.569′W，64°36.464′N；2012 年 7 月 17 日；22.4 m

站位 BN08 的菌落照片与部分菌株（17 株）的系统发育分析结果如图 5－39 和图 5－40 所

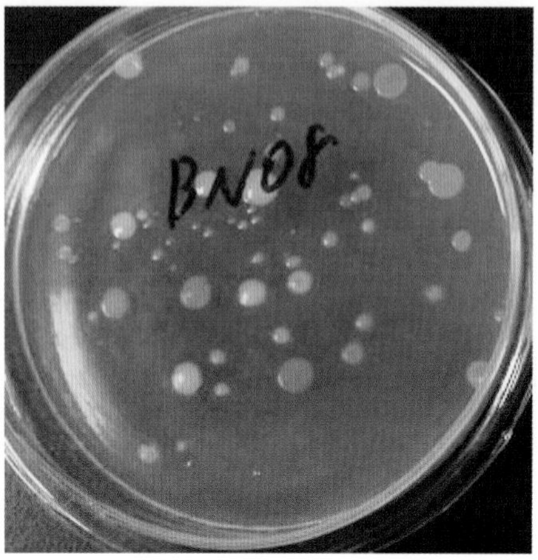


图 5－39　BN08 站位细菌菌落照片

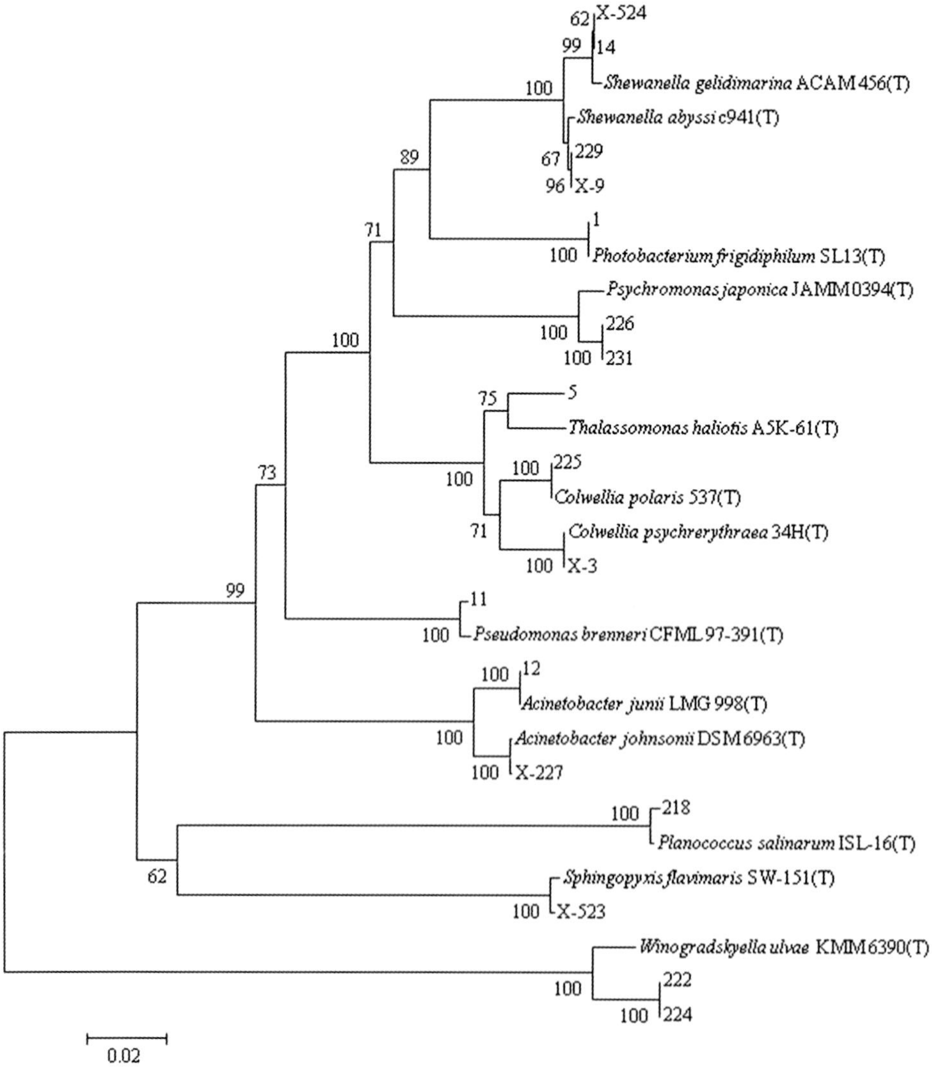


图 5－40　站位 BN08 可培养细菌系统发育分析

示。可以看出，尽管该站位的微生物数量不多，仅为 $33.39\times10^{4}$ CFU/g，但菌落形态多种多样。分子鉴定与系统发育分析也表明，该站位的微生物种类比较丰富，已鉴定的 17 株细菌属于 10 个属，13 个种。

③ AT02：6°00.750′E，71°15.015′N；2012 年 8 月 9 日；3 091.6 m

站位 AT02 的菌落照片与部分菌株（12 株）的系统发育分析结果如图 5－41 和图 5－42 所示。可以看出，该站位的微生物较为丰富，可达 $266.98\times10^{4}$ CFU/g，但菌落形态较为单一。分子鉴定与系统发育分析也表明，该站位的微生物种类单一，已鉴定的 12 株细菌均属于 1 个属（*Pseudoalteromonas*），2 个种。

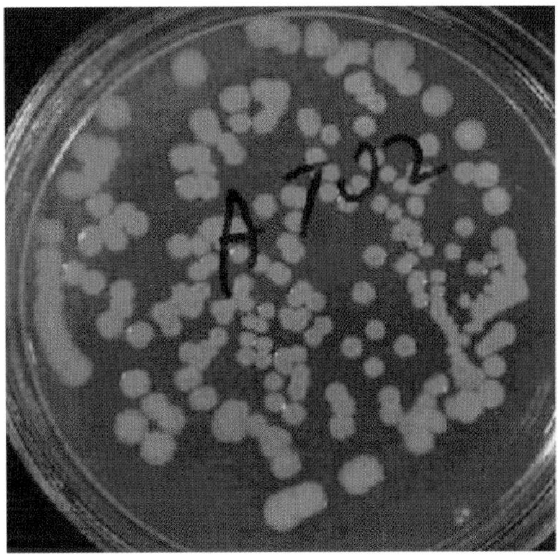


图 5－41　AT02 站位细菌菌落照片

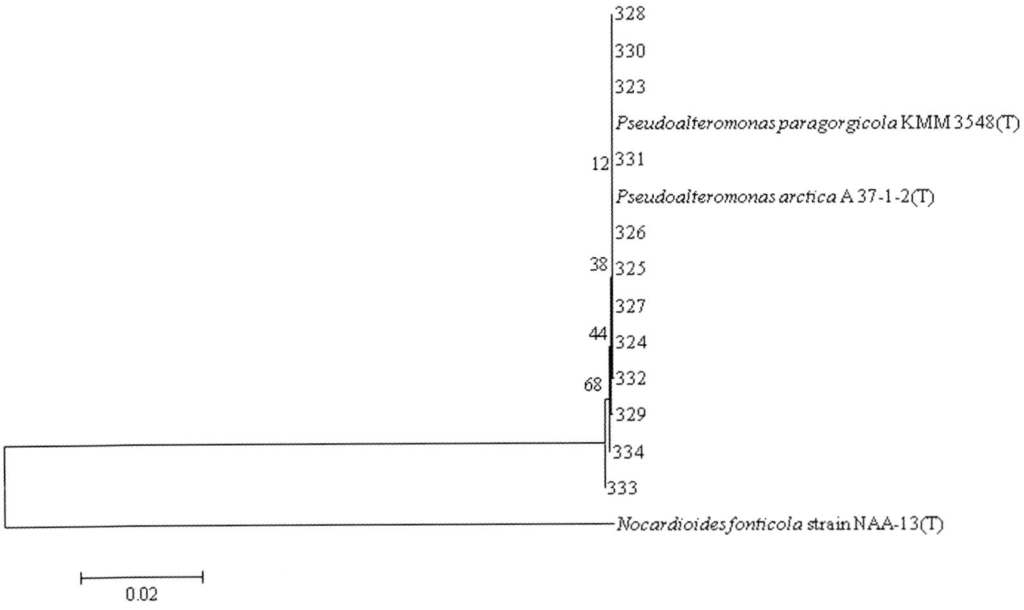


图 5－42　站位 AT02 可培养细菌系统发育分析

④ CC4：167°29.619′W，68°7.805′N；2012 年 7 月 19 日；43 m

站位 CC4 的菌落照片与部分菌株（10 株）的系统发育分析结果如图 5－43 和图 5－44 所示。可以看出，该站位的微生物含量较低，仅为 170.15 × $10^4$ CFU/g，但菌落形态较为多样。分子鉴定与系统发育分析也表明，该站位的微生物种类也较多，已鉴定的 10 株细菌均属于 4 个属，5 个种；以 *Flavobactrium* 为优势菌群。

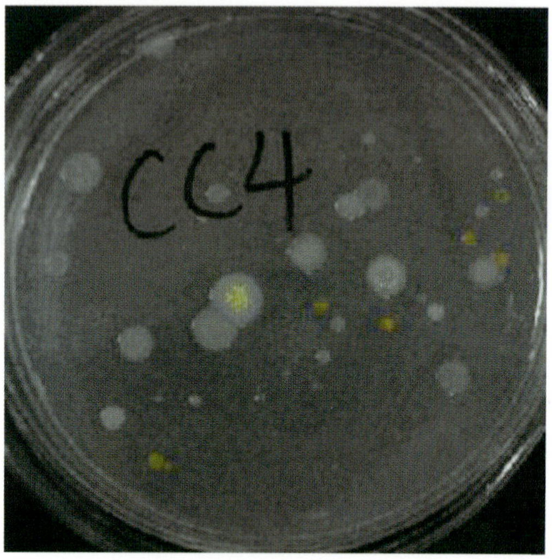


图 5－43　CC4 站位细菌菌落照片

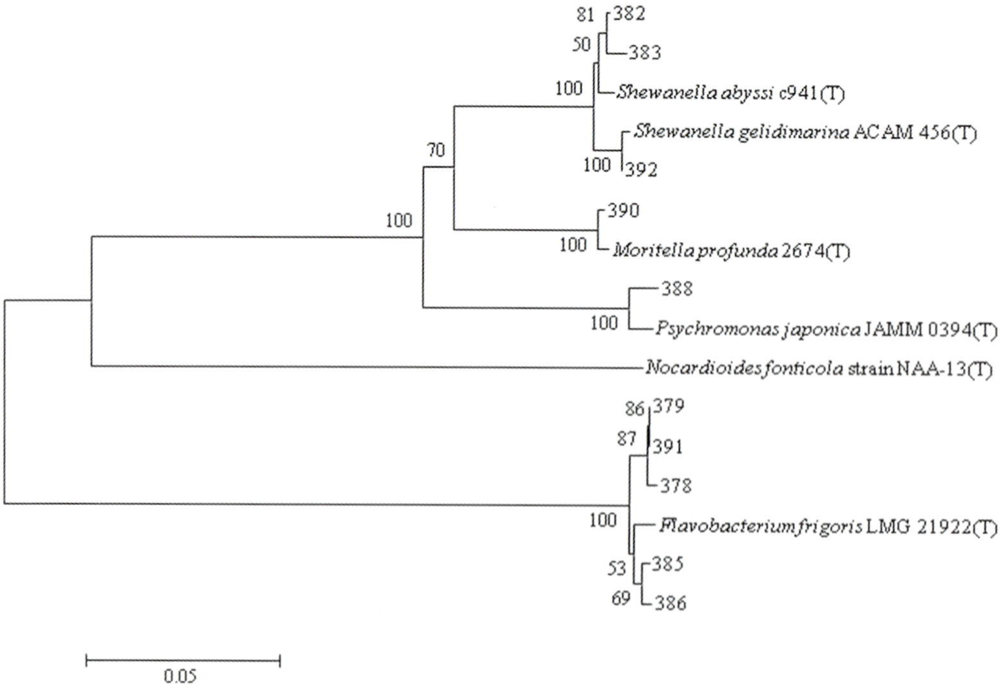


图 5－44　站位 CC4 可培养细菌系统发育分析

⑤ BB02：8°21.629′E，72°8.827′N；2012 年 8 月 5 日；2 619 m

站位 BB02 的菌落照片与部分菌株（10 株）的系统发育分析结果如图 5－45 和图 5－46

所示。可以看出，该站位的微生物较为丰富，可达 216.30 × $10^4$ CFU/g，但菌落形态较为多样。分子鉴定与系统发育分析也表明，该站位的微生物种类较多，已鉴定的 10 株细菌均属于 5 个属，7 个种；以 *Pseudoalteromonas* 为优势菌群。

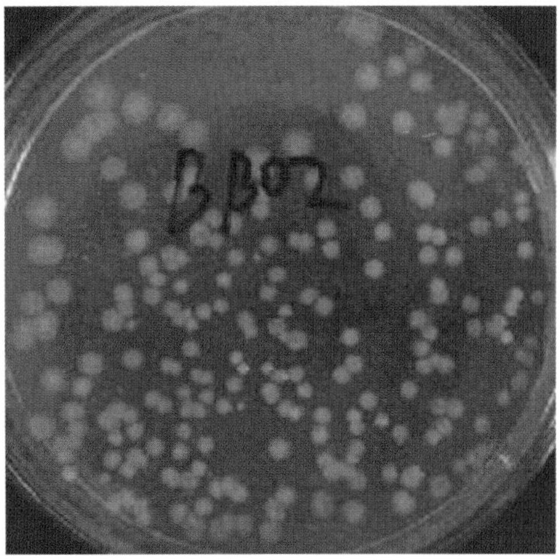


图 5－45　BB02 站位细菌菌落照片

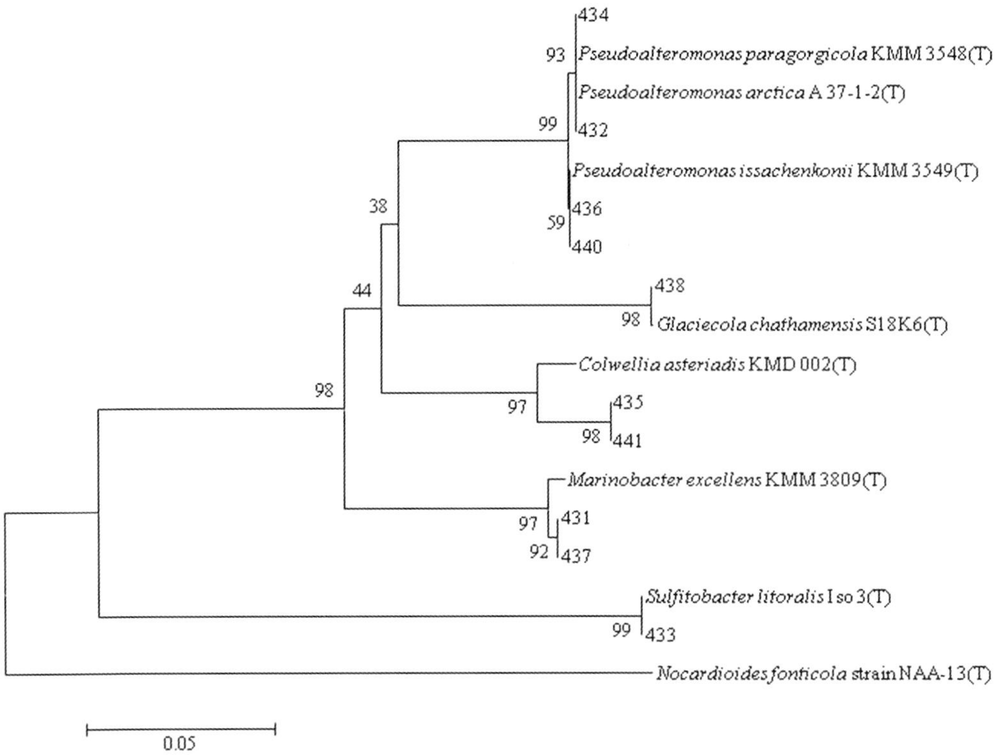


图 5－46　站位 BB02 可培养细菌系统发育分析

⑥ BL10：179°59.543′E，60°2.484′N；2012 年 7 月 14 日；2 611 m

站位 BL10 的菌落照片与部分菌株（10 株）的系统发育分析结果如图 5－47 和图 5－48 所示。可以看出，该站位的微生物较为丰富，可达 1 053.32 × $10^4$ CFU/g，菌落形态较为多样。

分子鉴定与系统发育分析也表明，该站位的微生物种类较多，已鉴定的10株细菌均属于6个属，7个种；以 *Halomonas* 为优势菌群。

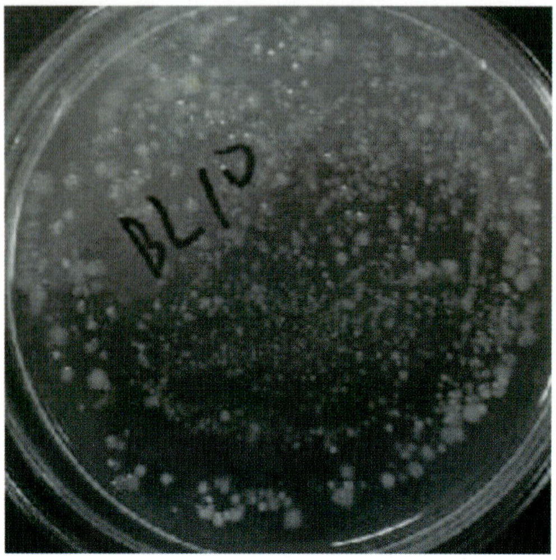


图5-47　BL10站位细菌菌落照片

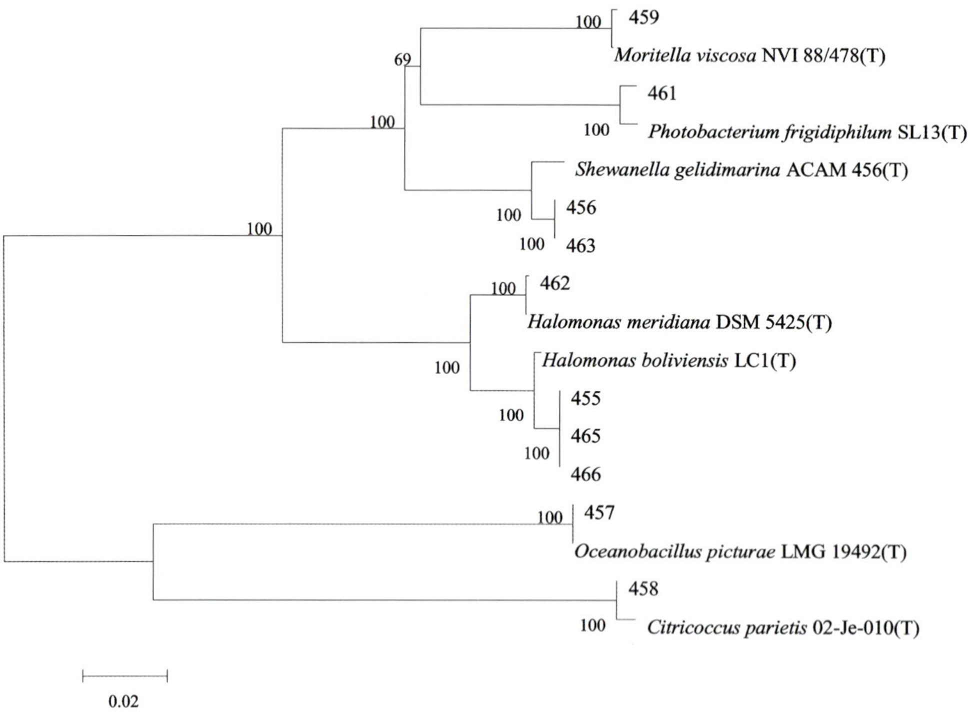


图5-48　站位BL10可培养细菌系统发育分析

⑦ IS-4B：14°46.236′W，68°41.752′N；2012年8月21日；1 595 m

站位IS-4B的菌落照片与部分菌株（10株）的系统发育分析结果如图5-49和图5-50所示。可以看出，该站位的微生物含量较低，仅为17.13×$10^4$ CFU/g，但菌落形态也较多。分子鉴定与系统发育分析也表明，已鉴定的10株细菌均属于5个属，6个种；以 *Leeuwenhoekiella* 属为优势菌群。

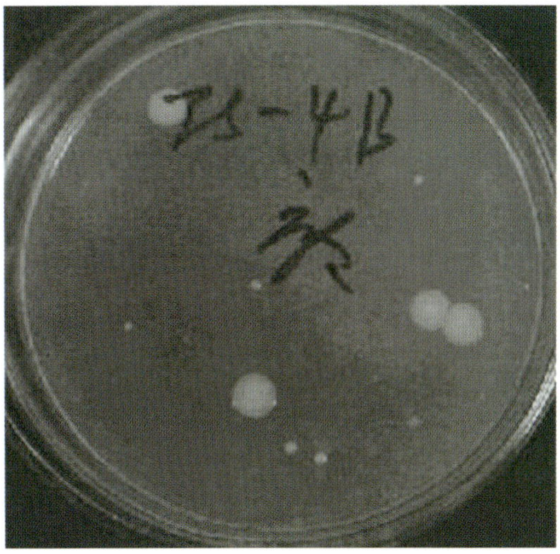


图 5-49　IS-4B 站位细菌菌落照片

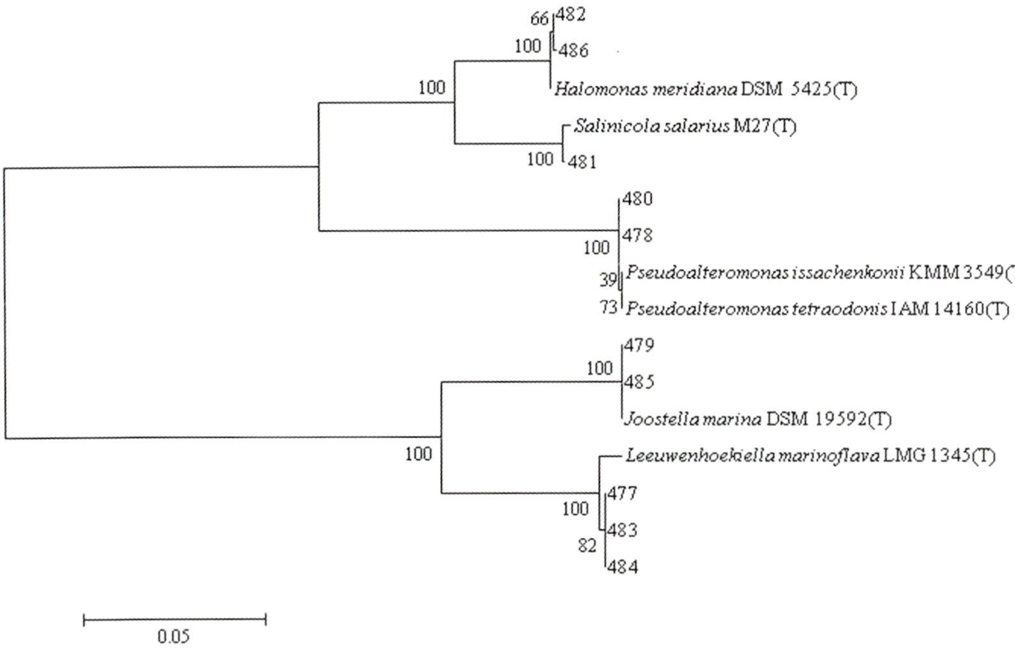


图 5-50　站位 IS-4B 可培养细菌系统发育分析

⑧ SR05：168°54.599′W，68°36.906′N；2012 年 9 月 8 日；44.7 m

站位 SR05 的菌落照片与部分菌株（15 株）的系统发育分析结果如图 5-51 和图 5-52 所示。可以看出，该站位的微生物含量较低，仅为 170.76 × $10^4$ CFU/g，但菌落形态较为多样。分子鉴定与系统发育分析也表明，该站位的微生物种类较多，已鉴定的 15 株细菌均属于 9 个属，11 个种。

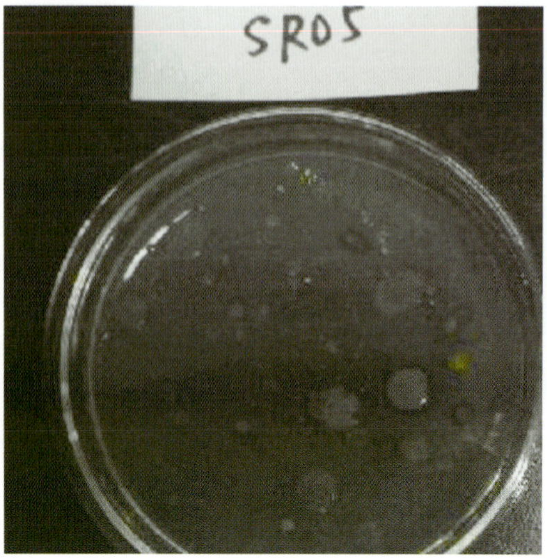


图 5－51　SR05 站位细菌菌落照片

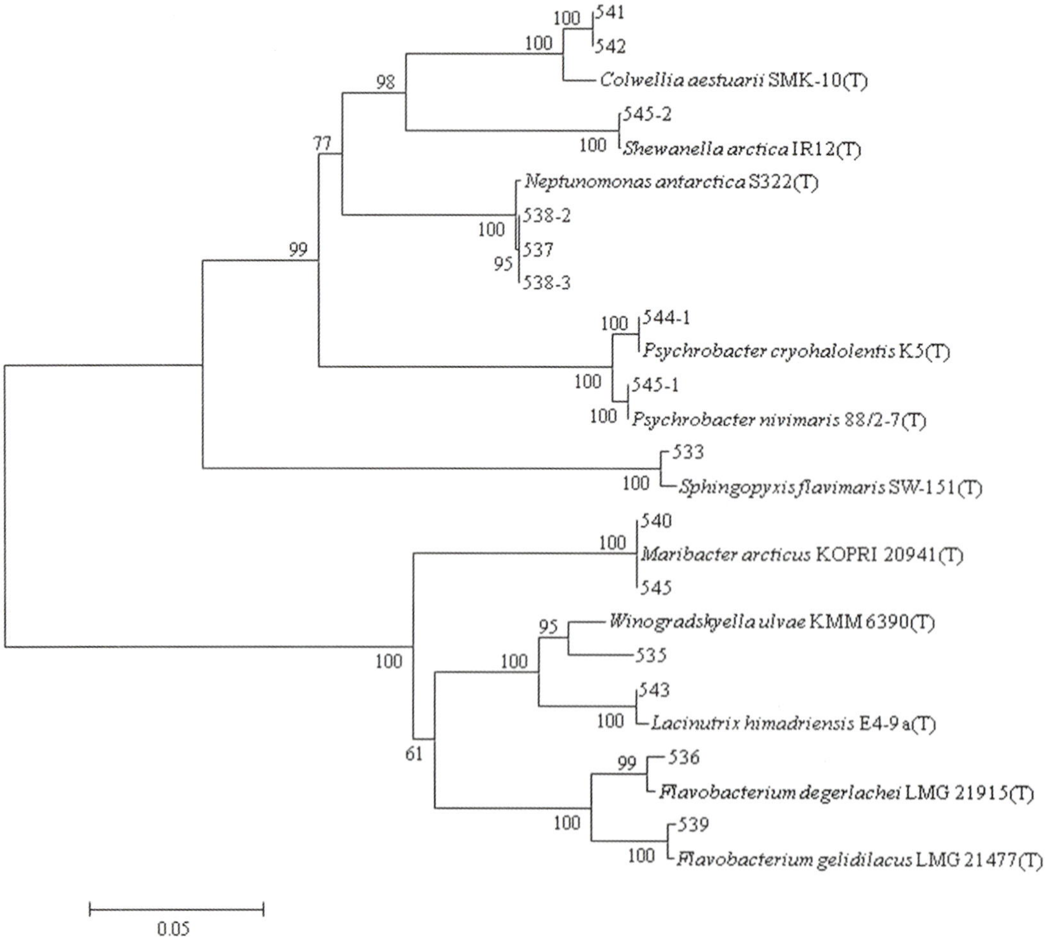


图 5－52　站位 SR05 可培养细菌系统发育分析

⑨ SR07：168°51.697′W，69°36.115′N；2012 年 9 月 8 日；43.2 m

站位 SR07 的菌落照片与部分菌株（10 株）的系统发育分析结果如图 5－53 和图 5－54 所示。可以看出，该站位的微生物含量为 $312.8\times10^4$ CFU/g，菌落形态较为单一。分子鉴定与系统发育分析也表明，该站位的微生物种类也较多，已鉴定的 10 株细菌均属于 4 个属，4 个种；以 *Shewanella* 为优势菌群。

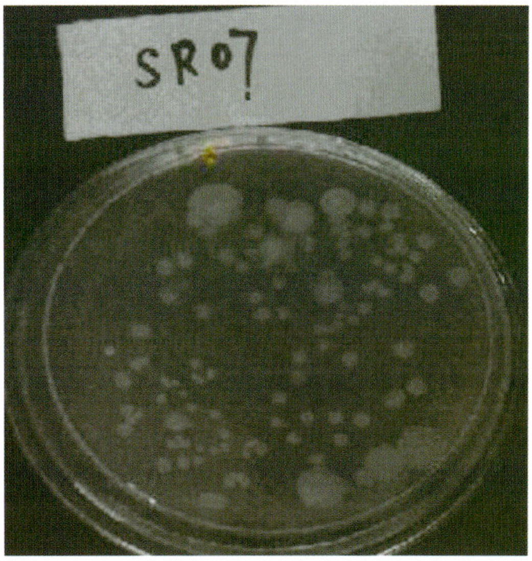


图 5－53　SR07 站位细菌菌落照片

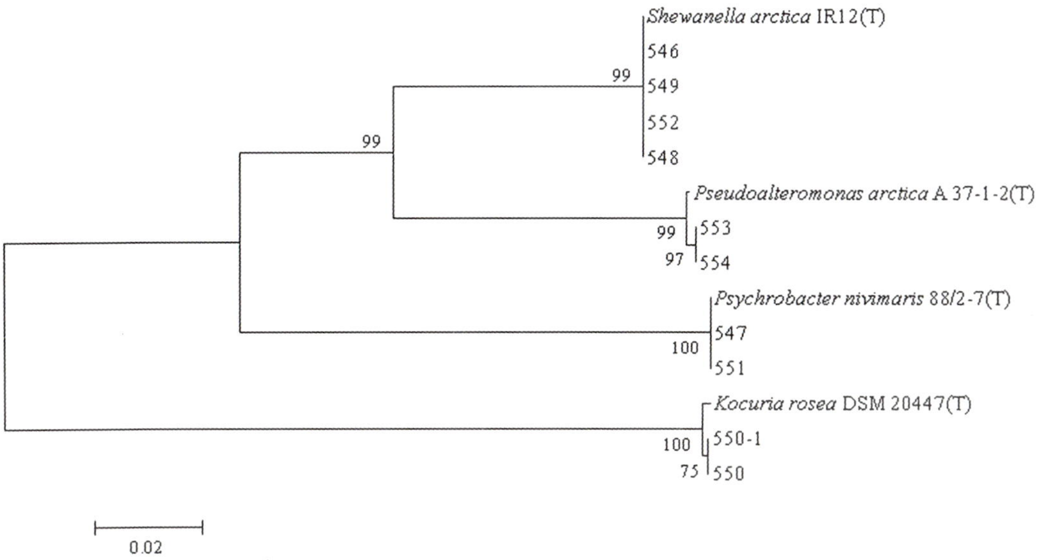


图 5－54　站位 SR07 可培养细菌系统发育分析

⑩ BS06：167°43.049′W，61°41.182′N；2012 年 9 月 10 日；19 m

站位 BS06 的菌落照片与部分菌株（12 株）的系统发育分析结果如图 5－55 和图 5－56 所示。可以看出，该站位的微生物含量较高，为 $461.4\times10^4$ CFU/g，菌落形态也较为多样。分子鉴定与系统发育分析表明，已鉴定的 12 株细菌均属于 4 个属，5 个种；以 *Shewanella* 为优势菌群。

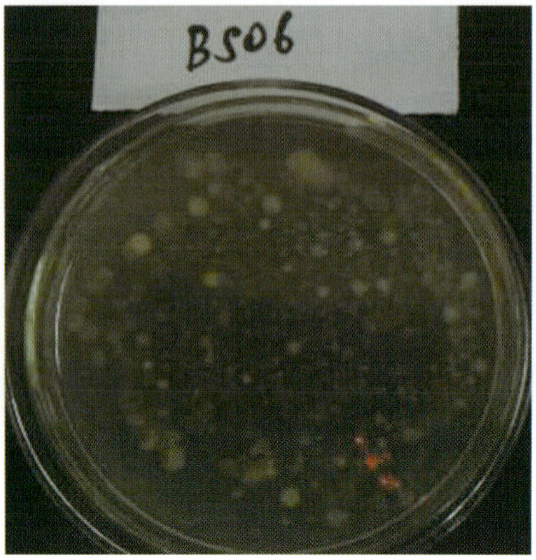


图 5－55　BS06 站位细菌菌落照片

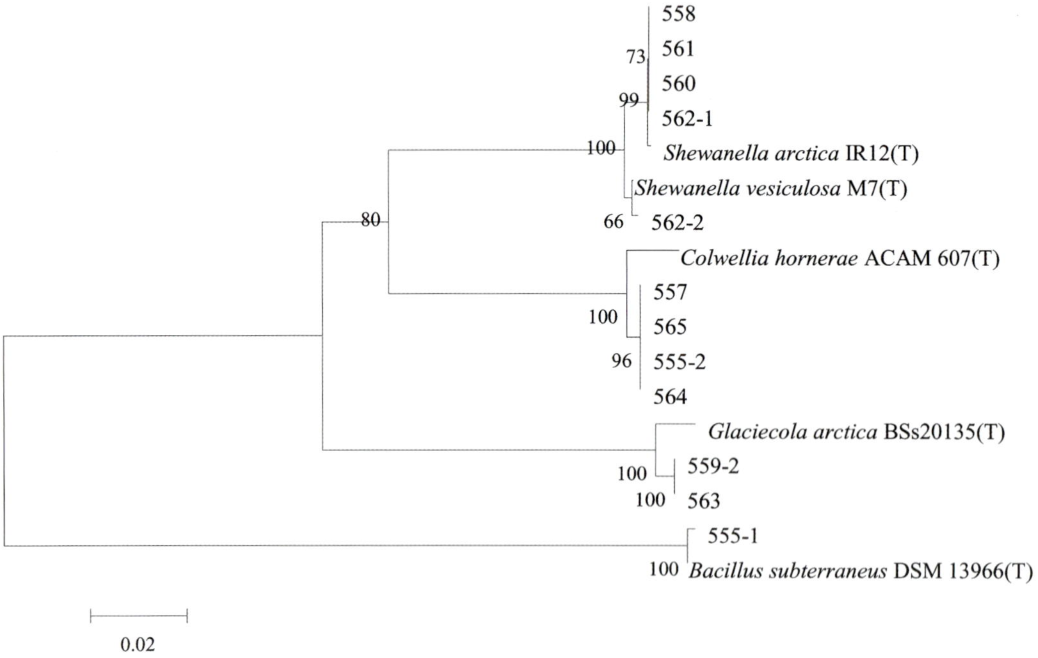


图 5－56　站位 BS06 可培养细菌系统发育分析

⑪ ICE－5：58°44.703′E，84°05.234′N；2012 年 9 月 2 日；3 180 m

站位 ICE－5 的菌落照片与部分菌株（12 株）的系统发育分析结果如图 5－57 和图 5－58 所示。可以看出，该站位的微生物含量较低，仅为 165.7 × $10^4$ CFU/g，菌落形态较为单一。分子鉴定与系统发育分析也表明，已鉴定的 12 株细菌均属于 4 个属，4 个种；以 *Marinomonas* 和 *Sulfitobacter* 为优势菌群。

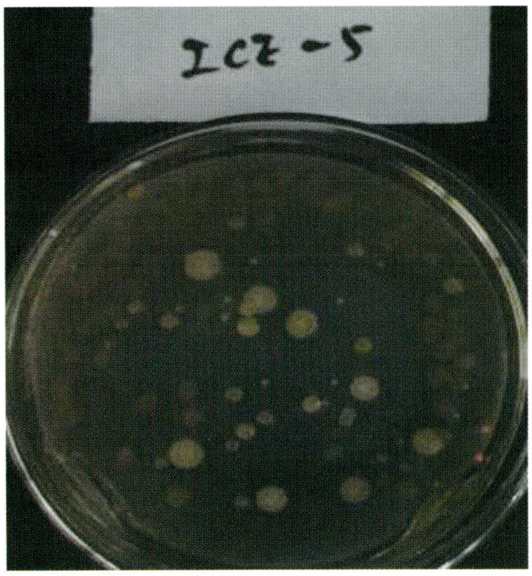


图5-57 ICE-5站位细菌菌落照片

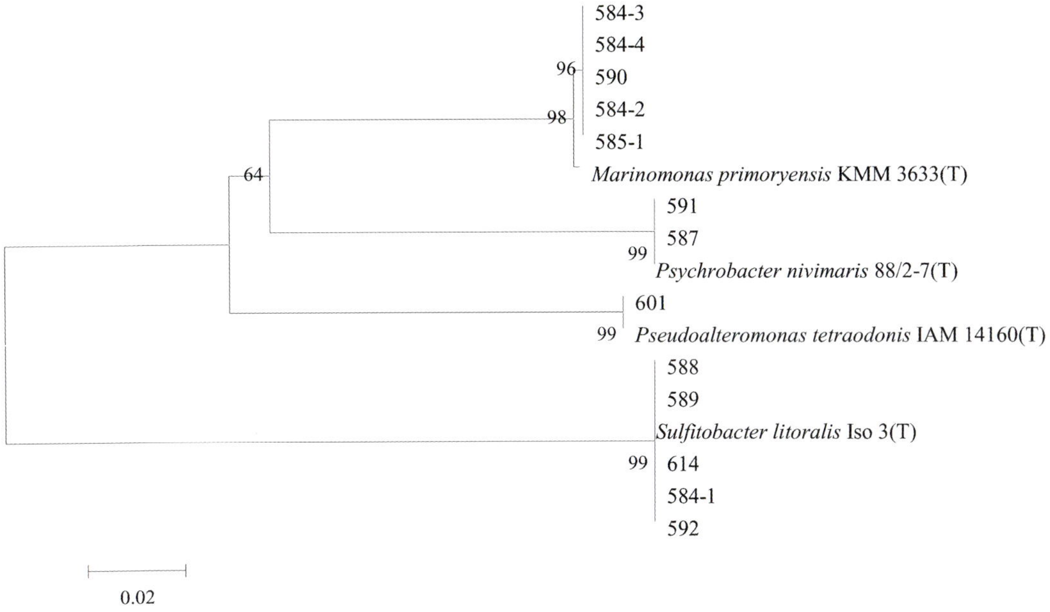


图5-58 站位ICE-5可培养细菌系统发育分析

⑫ BM07：167°19.846′W，62°28.902′N；2012年9月10日；30 m

站位BM07的菌落照片与部分菌株（13株）的系统发育分析结果如图5-59和图5-60所示。可以看出，该站位的微生物含量较低，仅为248.9×$10^4$CFU/g，但菌落形态较为多样。分子鉴定与系统发育分析也表明，该站位的微生物种类也较多，已鉴定的13株细菌均属于5个属，6个种；以*Shewanella*为优势菌群。

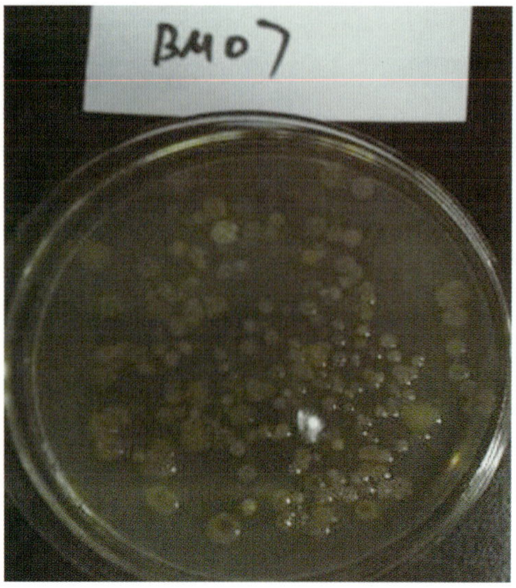


图 5－59　BM07 站位细菌菌落照片

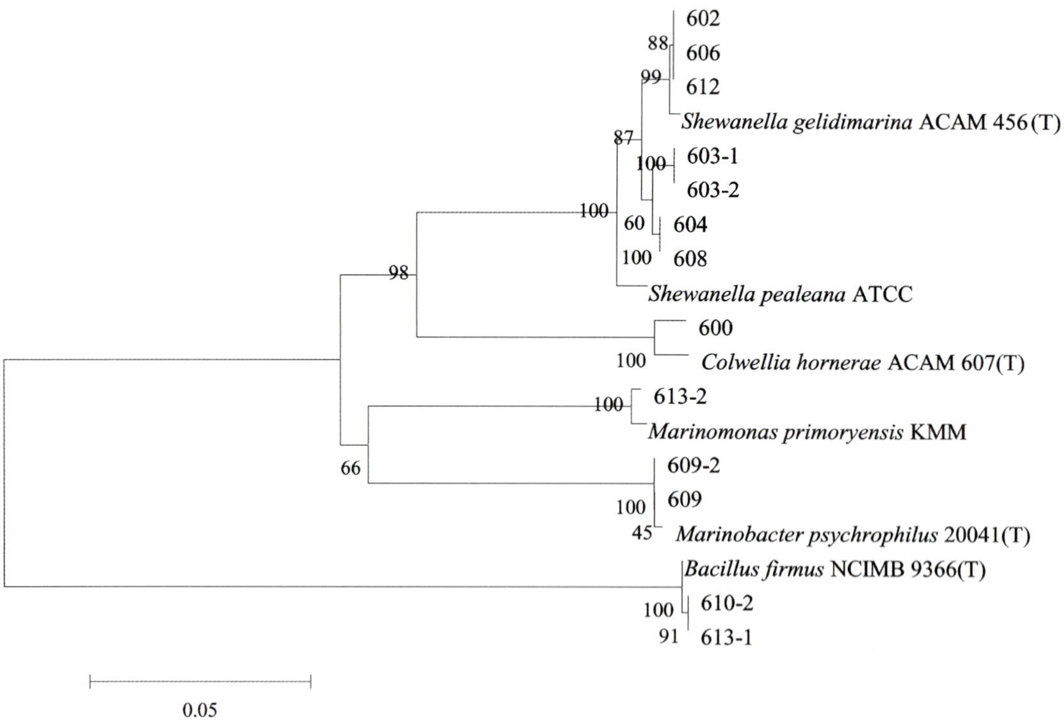


图 5－60　站位 BM07 可培养细菌系统发育分析

⑬ BS04：171°34.617′W，61°11.873′N；2012 年 9 月 11 日；48.5 m

站位 BS04 的菌落照片与部分菌株（8 株）的系统发育分析结果如图 5－61 和图 5－62 所示。可以看出，该站位的微生物含量为 $328.7\times10^4$ CFU/g，但菌落形态较为多样。分子鉴定与系统发育分析也表明，该站位的微生物种类也较多，已鉴定的 8 株细菌均属于 6 个属，6 个种。

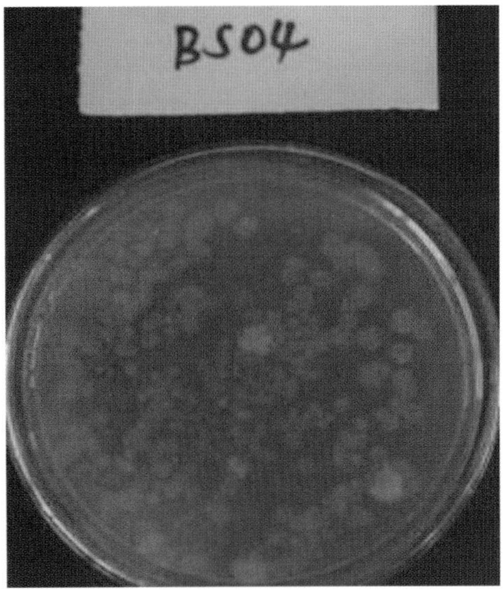


图 5－61　BS04 站位细菌菌落照片

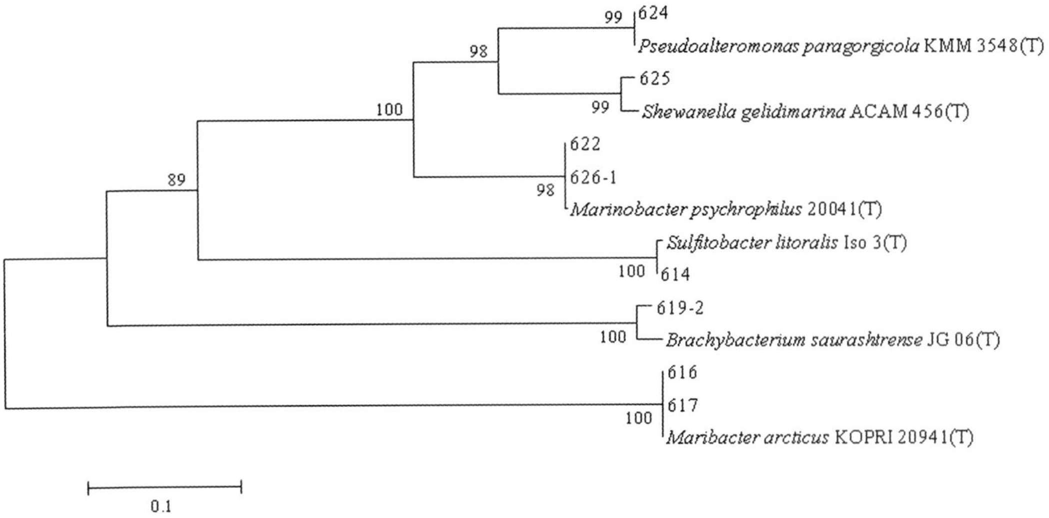


图 5－62　站位 BS04 可培养细菌系统发育分析

⑭ BS03：173°51.350′W，61°7.245′N；2012 年 9 月 11 日；69.7 m

站位 BS03 的菌落照片与部分菌株（10 株）的系统发育分析结果如图 5－63 和图 5－64 所示。可以看出，该站位的微生物含量较低，仅为 $229.7\times10^4$ CFU/g，但菌落形态较为多样。分子鉴定与系统发育分析也表明，该站位的微生物种类也较多，已鉴定的 9 株细菌均属于 6 个属，7 个种；以 *Maribacter* 为优势菌群。

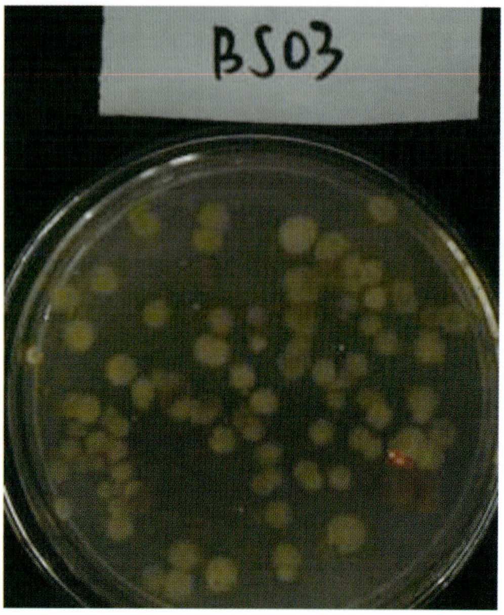


图 5－63　BS03 站位细菌菌落照片

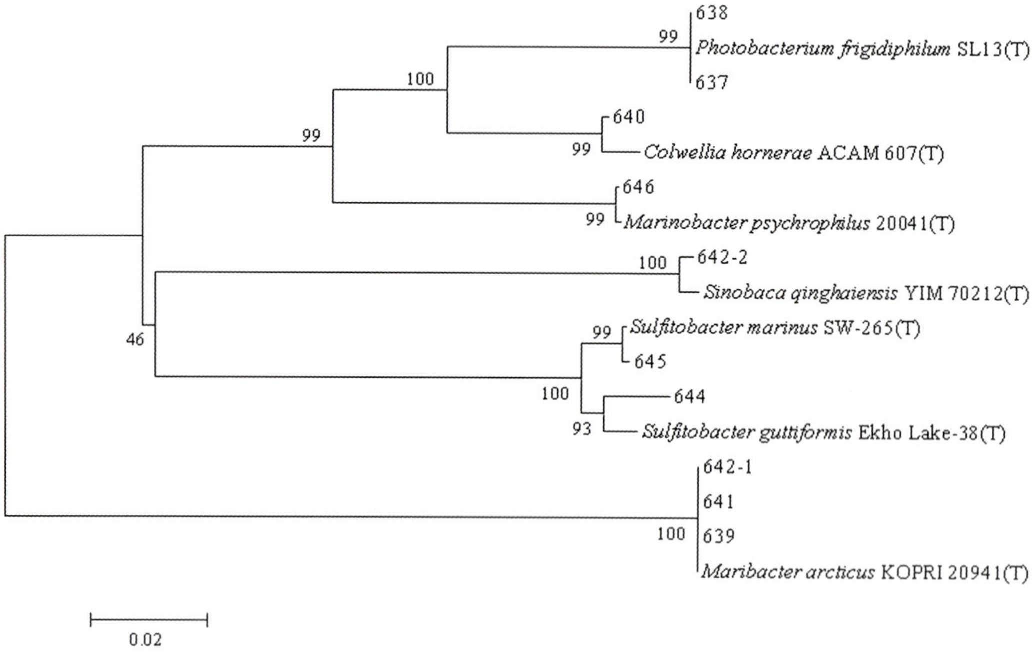


图 5－64　站位 BS03 可培养细菌系统发育分析

⑮ BM05：170°54.797′W，62°48.296′N；2012 年 9 月 9 日；36.3 m

站位 BM05 的菌落照片与部分菌株（15 株）的系统发育分析结果如图 5－65 和图 5－66 所示。可以看出，该站位的微生物含量较高，达 $646.7\times10^4$ CFU/g，但菌落形态较为单一。分子鉴定与系统发育分析也表明，已鉴定的 15 株细菌均属于 5 个属，5 个种；以 *Pseudoalteromonas* 为优势菌群。

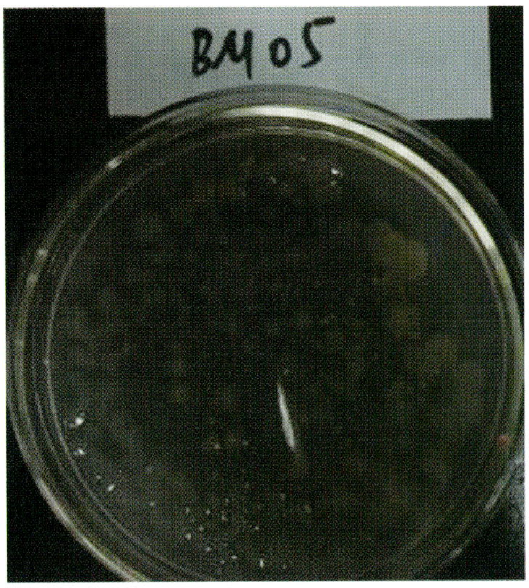


图5-65　BM05站位细菌菌落照片

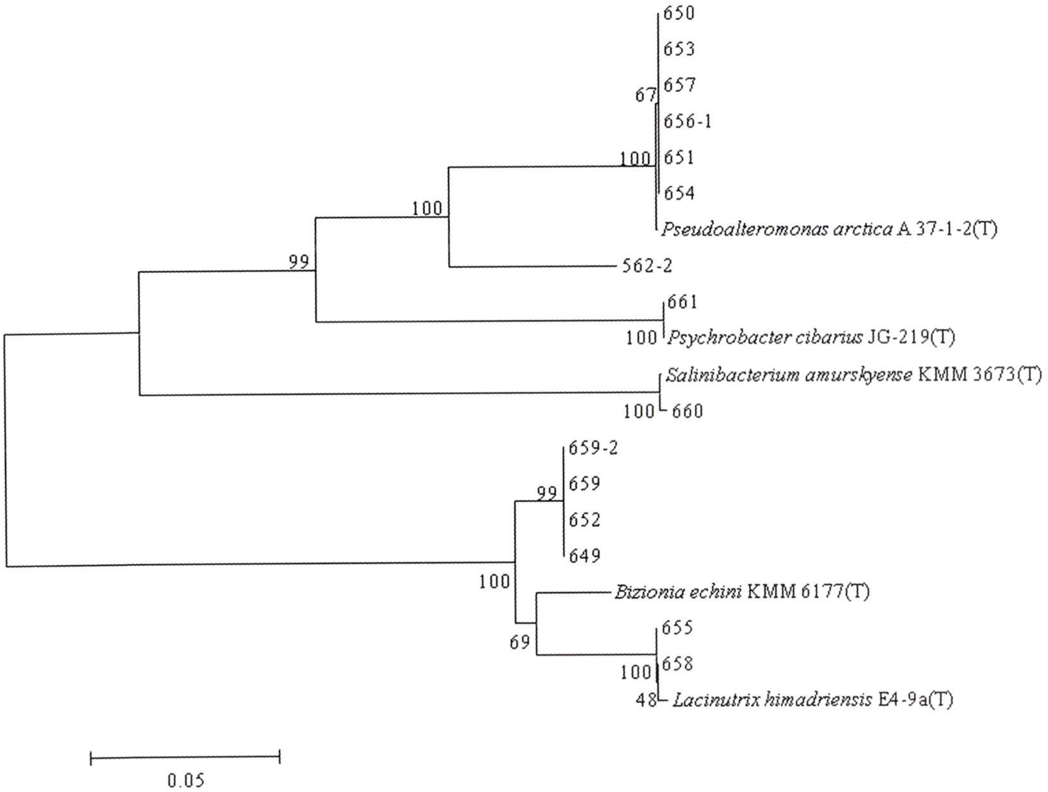


图5-66　站位BM05可培养细菌系统发育分析

⑯ BS01：177°16.669′W，61°06.854′N；2012年9月11日；119.4 m

站位BS01的菌落照片与部分菌株（16株）的系统发育分析结果如图5-67和图5-68所示。可以看出，该站位的微生物含量较高，达689.5.15 × $10^4$ CFU/g，菌落形态也较为多样。分子鉴定与系统发育分析也表明，该站位的微生物种类也较多，已鉴定的16株细菌均属于7个属，9个种；以 *Shewanella* 为优势菌群。

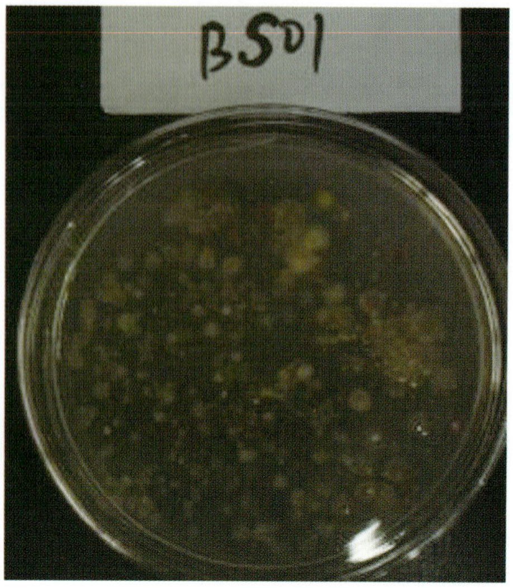


图 5 - 67　BS01 站位细菌菌落照片

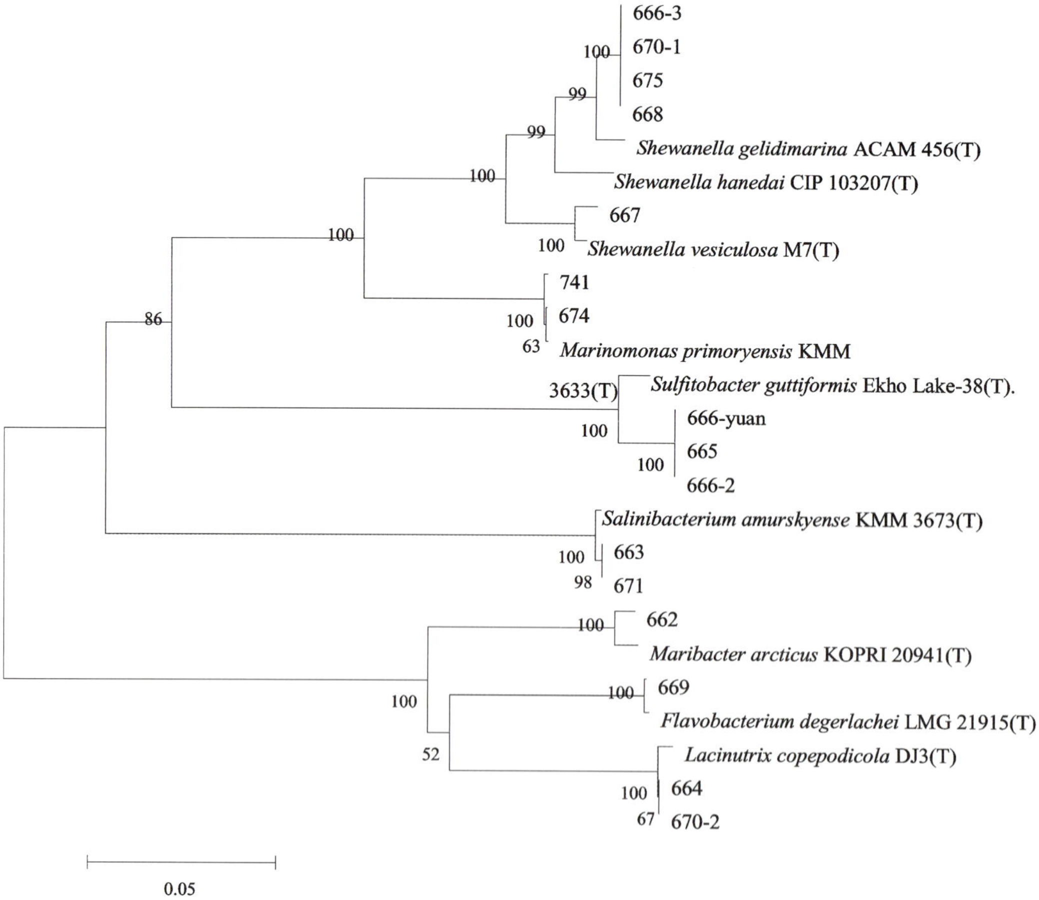


图 5 - 68　站位 BS01 可培养细菌系统发育分析

⑰ BS05：169°26.054′W，61°24.776′N；2012 年 9 月 10 日；32.2 m

站位 BS05 的菌落照片与部分菌株（14 株）的系统发育分析结果如图 5－69 和图 5－70 所示。可以看出，该站位的微生物含量较高，达 756.7 × $10^4$ CFU/g，菌落形态也较为多样。分子鉴定与系统发育分析也表明，该站位的微生物种类也较多，已鉴定的 9 株细菌均属于 6 个属，8 个种；以 *Shewanella* 为优势菌群。

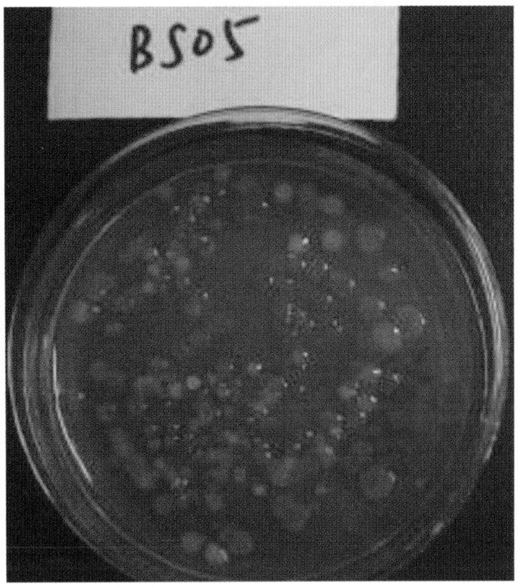


图 5－69　BS05 站位细菌菌落照片

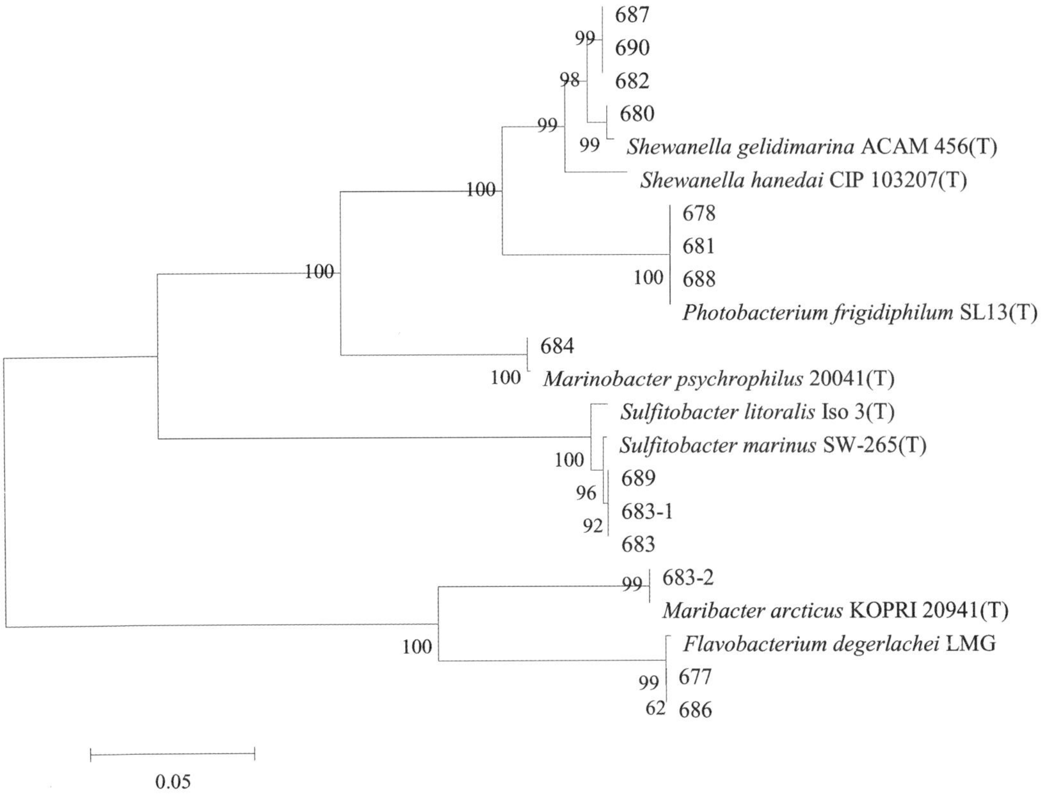


图 5－70　站位 BS05 可培养细菌系统发育分析

⑱ SR11：168°58.568′W，72°59.920′N；2012 年 9 月 7 日；64.9 m

站位 SR11 的菌落照片与部分菌株（15 株）的系统发育分析结果如图 5－71 和图 5－72 所示。可以看出，该站位的微生物含量较高，达 540.6 × $10^4$ CFU/g，但菌落形态较为单一。分子鉴定与系统发育分析也表明，已鉴定的 15 株细菌均属于 4 个属，5 个种；以 *Shewanella* 为优势菌群。

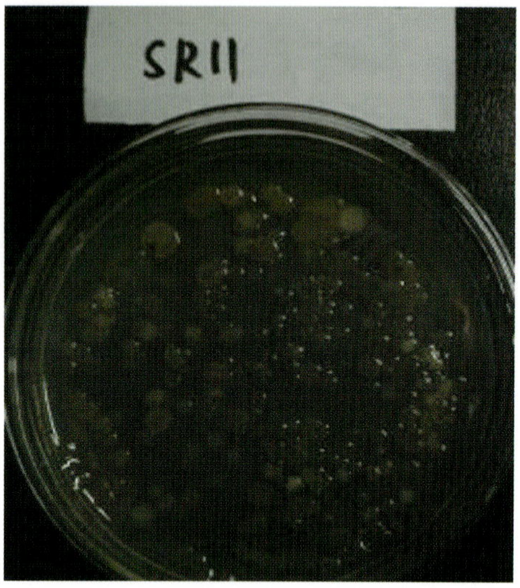


图 5－71　SR11 站位细菌菌落照片

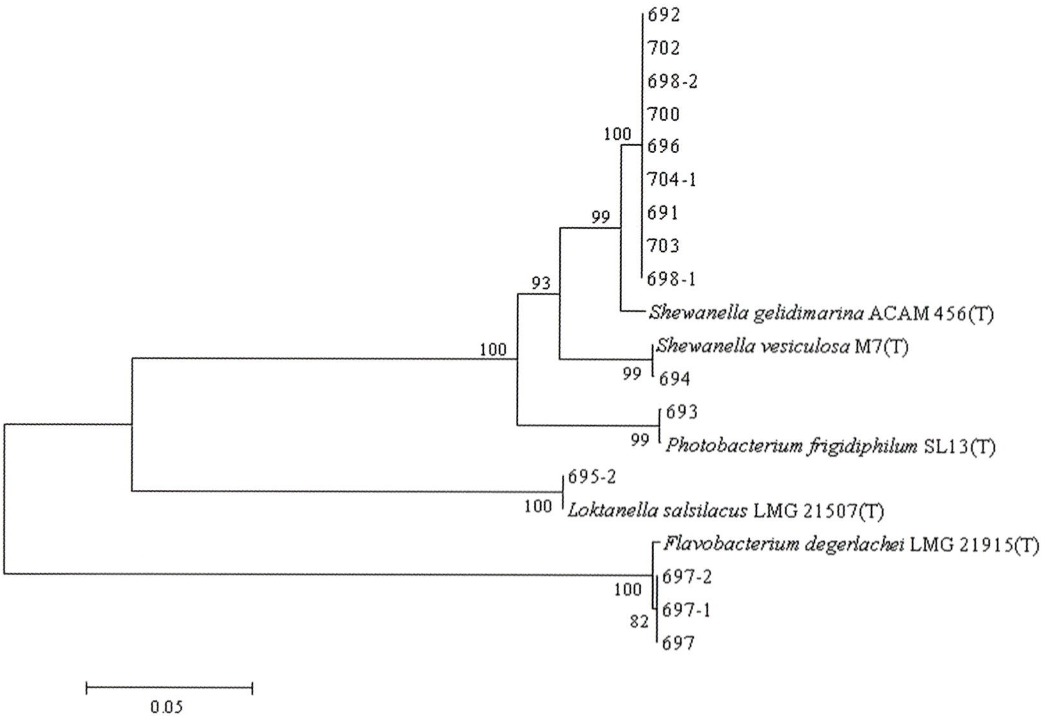


图 5－72　站位 SR11 可培养细菌系统发育分析

⑲ SR01：168°58.568′W，66°43.063′N；2012 年 9 月 8 日；34 m

站位 SR01 的菌落照片与部分菌株（17 株）的系统发育分析结果如图 5－73 和图 5－74 所示。可以看出，该站位的微生物含量较高，达 919.5 × $10^4$ CFU/g，菌落形态也较为多样。分子鉴定与系统发育分析也表明，该站位的微生物种类也较多，已鉴定的 17 株细菌均属于 7 个属，8 个种；以 *Salinobacterium* 为优势菌群。

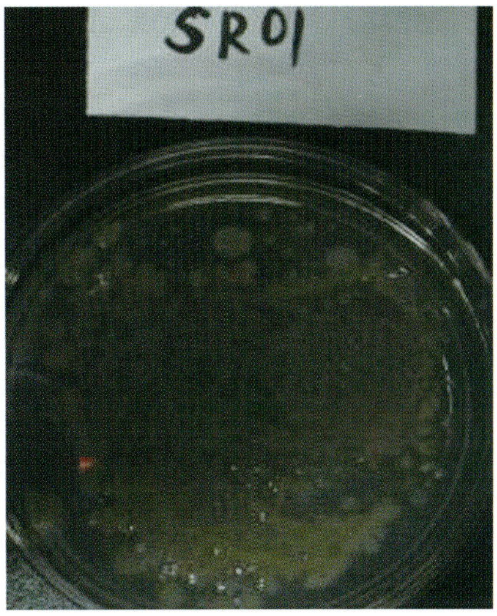


图 5－73　SR01 站位细菌菌落照片

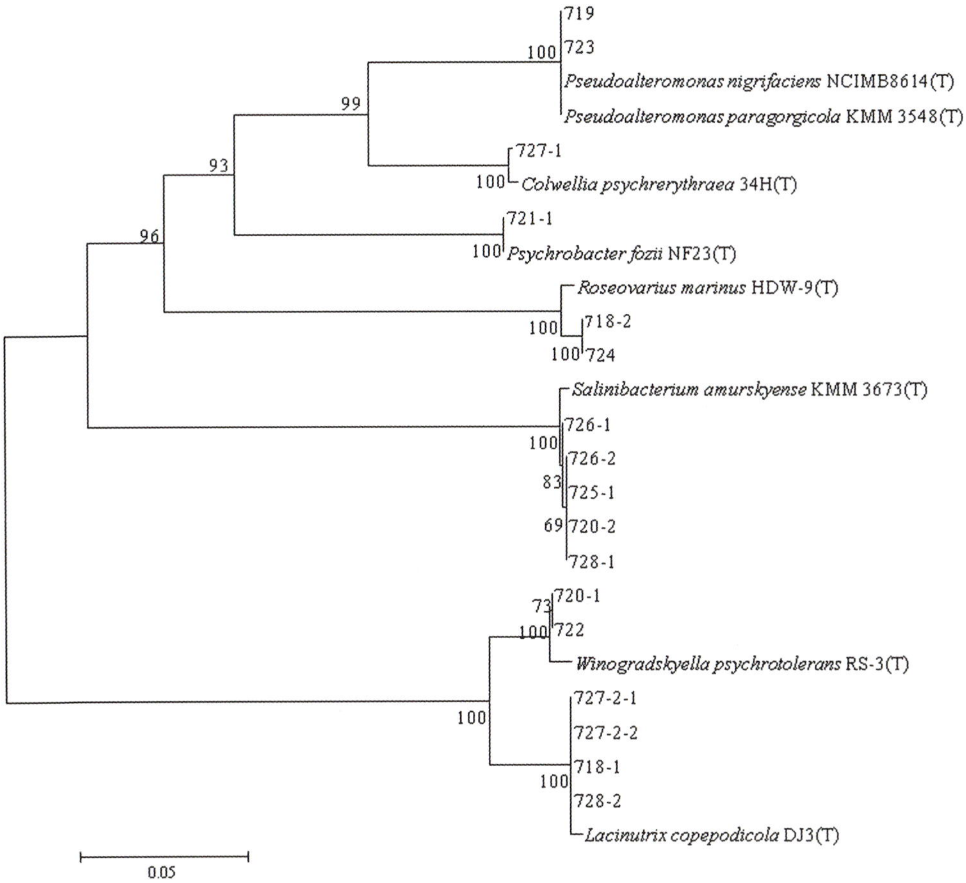


图 5－74　站位 SR01 可培养细菌系统发育分析

2）第六次北极科考

（1）菌株的分离纯化与鉴定

经海水 Zobell 2216E 培养基平板 4 ℃培养 15 d，根据菌落形态学特征从 40 个站位的北极海洋沉积物样品中共分离并获得 16S rRNA 基因有效序列的细菌达 449 株。利用 EzTaxon – e Database（http：//eztaxon – e. ezbiocloud. net）检索与获得的 16S rRNA 基因序列相似性最高的模式菌株，结果发现，绝大多数与数据库中已有的模式菌株 16S rRNA 基因序列相似性达 97% 的可占 98%。分子鉴定与系统发育分析表明，分离到的可培养细菌分别属于 4 个门，分别为变形菌门（Proteobacteria）、放线菌门（Actinobacteria）、厚壁菌门（Firmicutes）和拟杆菌门（Bacteroidetes），6 个纲；其中 γ – 变形菌纲（γ – Proteobacteria）有 281 株，数量最多，占总分离株数的 62.5%；其次为黄杆菌纲（Flavobacteria），共 96 株，占总分离株数的 21.3%；属于放线菌纲（Actinobacteria_ c）、α – 变形菌纲（α – Proteobacteria）、芽孢杆菌纲（Bacilli）和鞘脂杆菌门（Sphingobacteria）的菌株数为 23 株、19 株、18 株和 1 株，分别占总分离株数的 5.1%、4.2%、4.0% 和 0.2%（图 5 – 75）。值得指出的是，有 12 株菌株与已有模式菌株的 16S rRNA 基因序列相似性小于 97%，可能为潜在的新种。

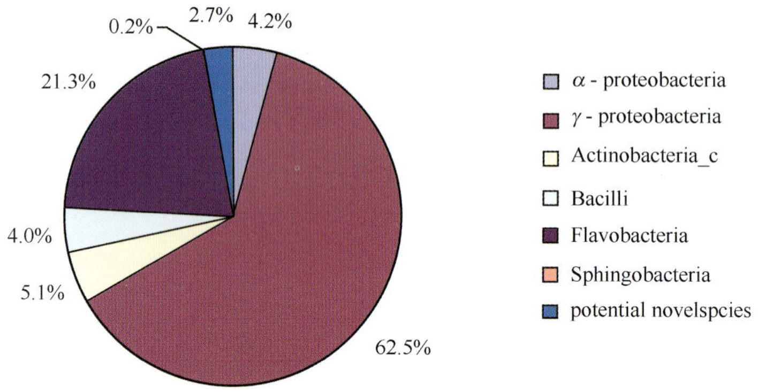


图 5 – 75　北极海洋沉积物可培养细菌的组成分析

北极海洋沉积物可培养细菌的种属、菌株数量以及分离到该菌株的站位数等基本情况见表 5 – 6。可以看出，从 40 个站位中的北极海洋沉积物样品中分离得到的 449 株细菌，分属于 50 个属，92 个种；其中 γ – 变形菌纲（γ – Proteobacteria）在细菌属水平上的多样性最为丰富，包括 15 个不同的属，黄杆菌纲（Flavobacteria）和放线菌纲（Actinobacteria_ c）次之，各包括 10 个属，α – 变形菌纲（α – Proteobacteria）和芽孢杆菌纲（Bacilli）各含 7 个属，鞘脂杆菌纲（Sphingobacteria）含 1 个属。在菌株数量上，以希瓦氏菌属（*Shewanella*）所含数量最多，共有 83 株，分属于 8 个种，占总分离菌株数的 18%；且其分布也较广，共从 29 个站位的沉积物样品中分离到该属的菌株。其次为科尔韦尔氏菌属（*Colwellia*）的菌株，共有 81 株，分属于 5 个种，占总菌株数的 18%；其分布也较广，从 33 个站位的沉积物样品中分离到该属菌株。海洋杆菌属（*Maribacter*）和嗜冷单胞菌属（*Psychromonas*）菌株的出现频率及多样性也比较高，分别包括 2 个种 49 株和 5 个种 35 株。另外，尽管有的属内菌株数量不多，如 15 个属内只含 1 个种，如鞘氨醇单胞菌属（*Sphingomonas*）、假单胞菌属（*Pseudomonas*）和鞘氨醇杆菌属（*Sphingobacterium*）等，但可反映出该海域沉积物中微生物的多样性。

表5-6 北极海洋沉积物可培养细菌的分离鉴定情况一览表

| 纲 | 属 | 种/菌株数量 | 出现站位数/频率（%） |
|---|---|---|---|
| α-Proteobacteria | *Sphingopyxis* | 1/1 | 1/2.5 |
| | *Sulfitobacter* | 2/5 | 5/12.5 |
| | *Paracoccus* | 1/4 | 2/5.0 |
| | *Loktanella* | 2/4 | 4/10.0 |
| | *Halocynthiibacter* | 1/2 | 2/5.0 |
| | *Rhizobium* | 1/4 | 3/7.5 |
| | *Aliihoeflea* | 1/1 | 1/2.5 |
| γ-Proteobacteria | *Colwellia* | 5/81 | 33/82.5 |
| | *Thalassomonas* | 2/2 | 2/5.0 |
| | *Glaciecola* | 1/1 | 1/2.5 |
| | *Paraglaciecola* | 1/2 | 2/5.0 |
| | *Marinobacter* | 1/12 | 7/17.5 |
| | *Moritella* | 4/16 | 9/22.5 |
| | *Pseudoalteromonas* | 3/22 | 11/27.5 |
| | *Pseudomonas* | 1/1 | 1/2.5 |
| | *Psychromonas* | 5/35 | 16/40.0 |
| | *Shewanella* | 8/83 | 29/72.5 |
| | *Marinomonas* | 1/6 | 5/12.5 |
| | *Neptunomonas* | 1/8 | 6/15.0 |
| | *Halomonas* | 1/4 | 1/2.5 |
| | *Photobacterium* | 2/11 | 9/22.5 |
| | *Stenotrophomonas* | 1/1 | 1/2.5 |
| Actinobacteria_ c | *Janibacter* | 1/1 | 1/2.5 |
| | *Serinicoccus* | 1/1 | 1/2.5 |
| | *Arthrobacter* | 1/2 | 1/2.5 |
| | *Microbacterium* | 6/9 | 7/17.5 |
| | *Chryseoglobus* | 1/1 | 1/2.5 |
| | *Agrococcus* | 2/2 | 2/5.0 |
| | *Cryobacterium* | 1/1 | 1/2.5 |
| | *Rhodococcus* | 2/3 | 2/5.0 |
| | *Dietzia* | 1/2 | 1/2.5 |
| | *Nocardioides* | 1/1 | 1/2.5 |
| Bacilli | *Bacillus* | 7/9 | 6/15.0 |
| | *Planococcus* | 1/2 | 1/2.5 |
| | *Paenisporosarcina* | 1/1 | 1/2.5 |
| | *Lysinibacillus* | 1/1 | 1/2.5 |
| | *Chryseomicrobium* | 1/1 | 1/2.5 |
| | *Exiguobacterium* | 1/2 | 2/5.0 |
| | *Staphylococcus* | 1/2 | 2/5.0 |

续表

| 纲 | 属 | 种/菌株数量 | 出现站位数/频率（%） |
|---|---|---|---|
| Flavobacteria | *Bizionia* | 1/1 | 1/2.5 |
| | *Flavobacterium* | 2/6 | 5/5.0 |
| | *Gillisia* | 1/1 | 1/2.5 |
| | *Maribacter* | 2/49 | 18/45.0 |
| | *Psychroserpens* | 1/2 | 2/5.0 |
| | *Sediminicola* | 1/6 | 5/12.5 |
| | *Winogradskyella* | 2/6 | 4/10.0 |
| | *Nonlabens* | 1/8 | 5/12.5 |
| | *Algibacter* | 2/18 | 11/27.5 |
| | *Lutibacter* | 2/2 | 2/5.0 |
| Sphingobacteria | *Sphingobacterium* | 1/1 | 1/2.5 |

一般认为，16S rRNA 基因序列同源性小于 97%，可以认为属于不同的种；同源性小于 93% ~95%，可以认为属于不同的属。经测序与对比分析，发现有 12 个菌株序列与相似性最高的模式菌株的 16S rRNA 基因序列相似性小于 97%，系统发育分析（图 5 –76）发现，这 12 株菌株可能归属于 6 个潜在的新种（表 5 –7）。

**表 5 –7　疑似新种 16S rDNA 序列相似性比较结果**

| 分离站位 | 经纬度 | 编号 | 相似性最高模式菌株（注册号） | 相似度/% |
|---|---|---|---|---|
| B14 | 61°56′03″N 176°21′01″E | 478 | *Thalassomonas haliotis* A5K – 61$^T$（AB369381） | 96.4 |
| LIC | 81°04′40″N 157°11′55″E | 332 | *Bacillus persicus* B48$^T$（HQ433471） | 96.47 |
| NB04 | 61°12′02″N 171°33′19″E | 383 – 1 | *Colwellia piezophila* Y223G$^T$（AB094412） | 96.22 |
| | | 383 – 2 | *Thalassomonas actiniarum* A5K – 106$^T$（AB369380） | 96.26 |
| | | 394 | *Sphingopyxis flavimaris* SW – 151$^T$（AY554010） | 96.98 |
| R02 | 67°40′52″N 169°01′18″E | 138 | *Loktanella maritima* KMM9530 $^T$（AB894236） | 96.86 |
| R03 | 68°37′23″N 169°03′12″E | 441 | *Winogradskyella ulvae* KMM 6390 $^T$（HQ456127） | 96.85 |
| | | 445 | *Winogradskyella ulvae* KMM 6390 $^T$（HQ456127） | 96.88 |
| | | 453 | *Winogradskyella ulvae* KMM 6390 $^T$（HQ456127） | 96.9 |
| | | 145 | *Winogradskyella ulvae* KMM 6390 $^T$（HQ456127） | 96.88 |
| R09 | 74°36′42″N 168°59′09″E | 287 | *Lutibacter litoralis* CL – TF09T（AY962293） | 96.99 |
| R11 | 76°08′26″N 166°20′13″E | 271 | *Colwelliaaestuarii*SMK – 10 $^T$（DQ055844） | 96.83 |

（2）可培养细菌的系统发育分析

通过基于 16S rRNA 基因序列的系统发育分析发现，所有可培养菌聚类于 6 个大的类群，

92个种（图5－76、图5－77、图5－78），其中，γ－Proteobacteria纲含有37个种，占据了细菌多样性的主要地位，达到了40%（37/92）；其次是Flavobacteria纲细菌，达到了16%（15/92）；9个序列为α－Proteobacteria，占10%；13个序列为Bacilli，占14%；17个序列为Actinobacteria_ c，占19%；1个序列为Sphingobacteria，占1%。许多可能的新种（16S rRNA序列相似性小于97%）分散于进化树的多个不同分支，反映了北极菌种资源的丰富性和新颖性。

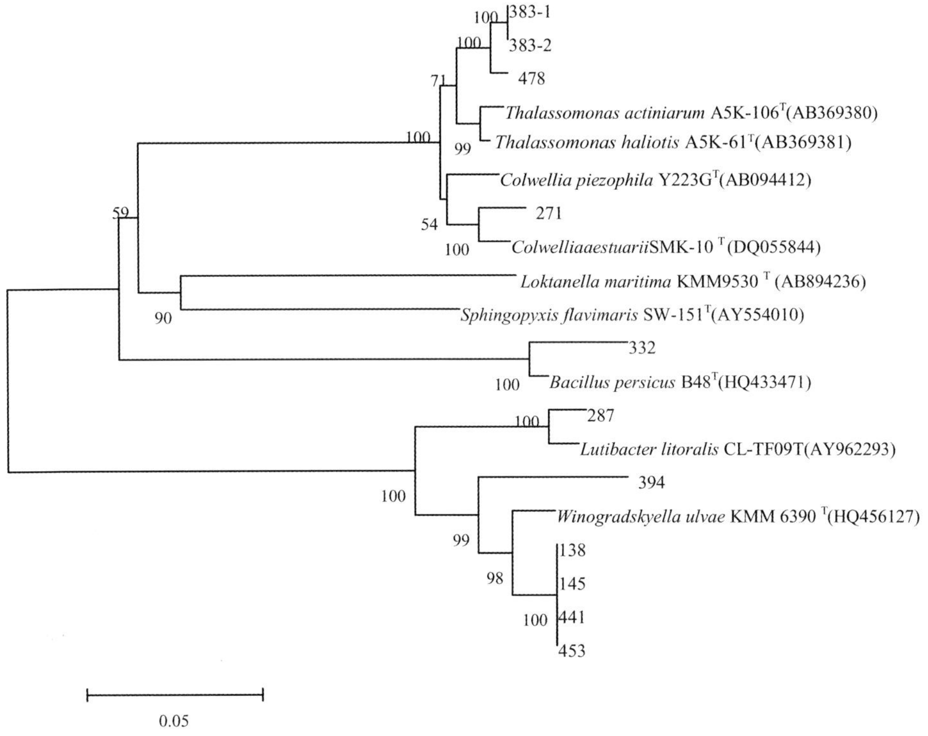


图5－76　北极海洋沉积物中可培养细菌中疑似新种的系统发育树

在γ－Proteobacteria纲中发现多个疑似新种，如菌株271与相似性最高的模式菌*Colwellia asteriadis* KMD 002$^{T}$的16SrRNA相似性仅约有96.83%；菌株478与相似性最高的模式菌*Thalassomonas haliotis* A5K－61$^{T}$ 16SrRNA相似性只有96.4%；菌株383－2与相似性的模式菌*Thalassomonas actiniarum* A5K－106$^{T}$的16S rRNA相似性只有96.26%；菌株383－1与相似性最高的模式菌*Colwellia piezophila* Y223G$^{T}$16SrRNA相似性只有96.22%。

Flavobacteria纲中也含有疑似新种，菌株145、441、445和453与相似性最近的模式菌*Winogradskyella ulvae* KMM 6390$^{T}$相似性只有96.88%，96.85%，96.88%和96.9%；菌株287与最近的模式菌*Sphingopyxis flavimaris* SW－151$^{T}$相似性只有96.98%。

α－Proteobacteria纲中发现2个疑似新种，菌株138与相似性最高的模式菌*Loktanella maritima* KMM9530$^{T}$16SrRNA相似性只有96.86%；菌株394与相似性最高的模式菌*Loktanella maritima* KMM9530$^{T}$16SrRNA相似性只有96.86%。Bacilli纲中也含有1个疑似新种，菌株332与相似性最高的模式菌*Bacillus persicus* B48$^{T}$16SrRNA相似性只有96.47%。

① C06：162°50′40″W，70°31′45″N，2014年7月30日，35.9 m

站位C06的菌落照片与部分菌株（18株）的系统发育分析结果如图5－79和图5－80所示。可以看出，该站位的微生物含量较高，达5.85×10$^{6}$ CFU/g，菌落形态也较为多样。分子

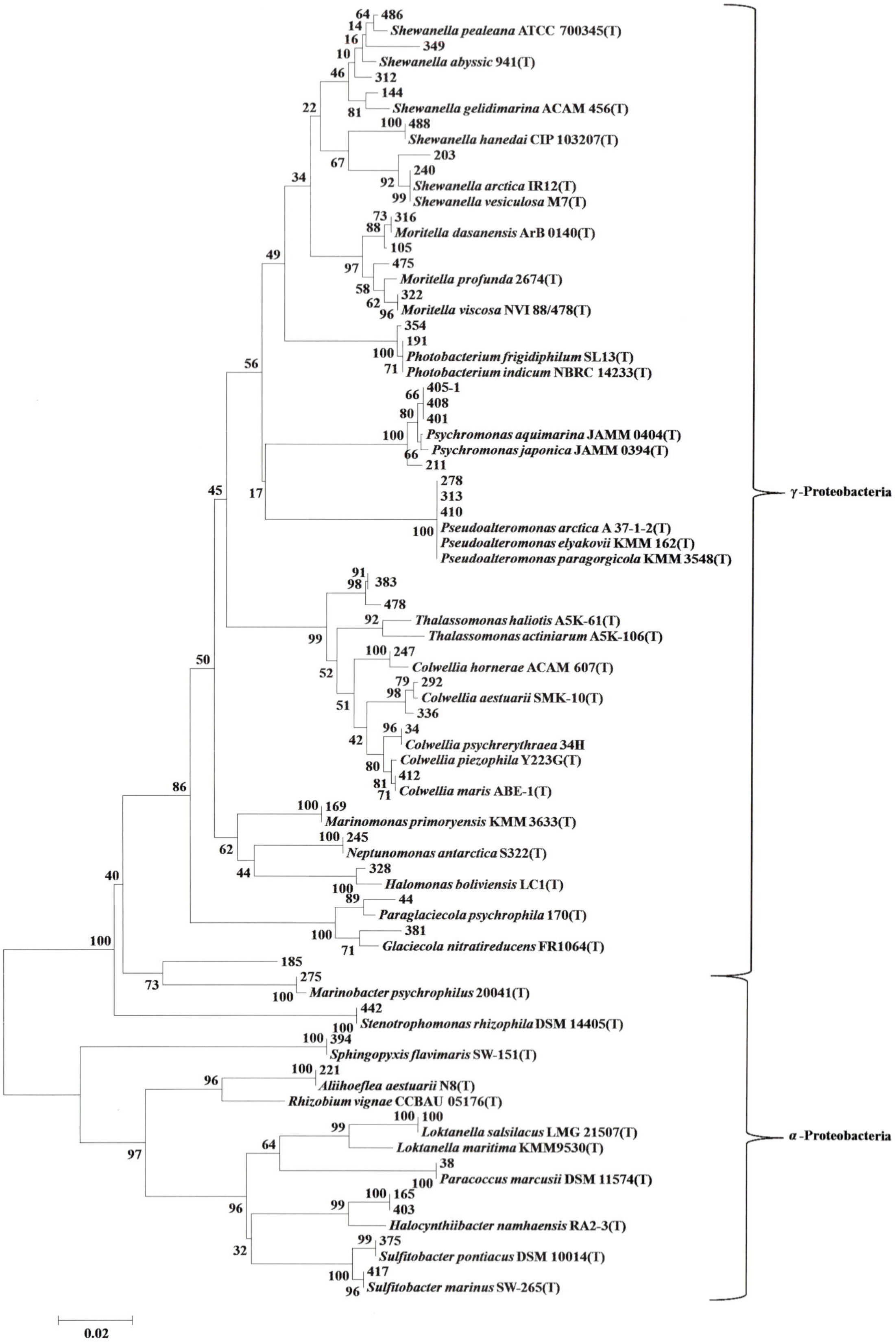


图 5－77　北极海洋沉积物中可培养细菌中变形菌门的系统发育树

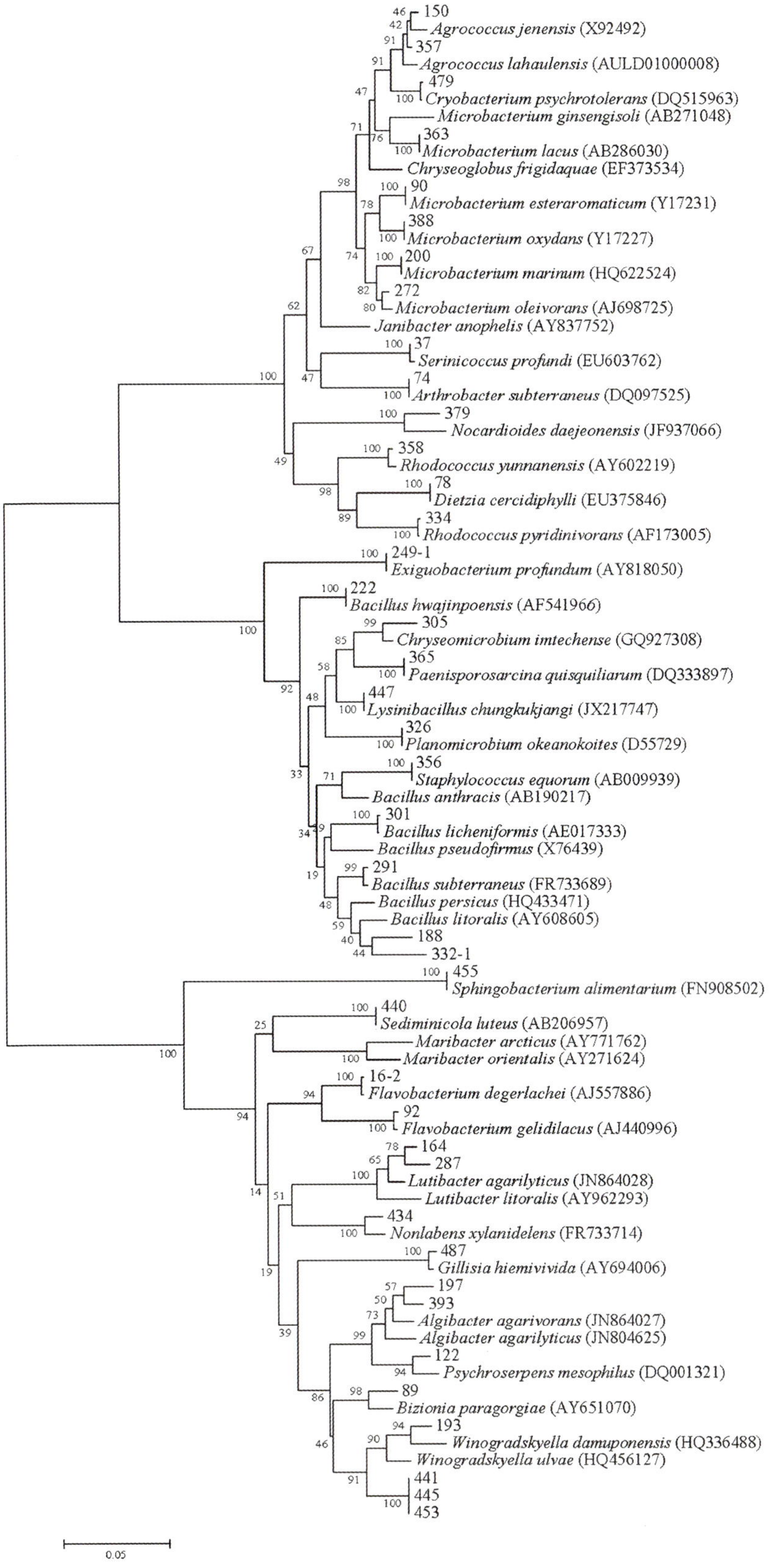


图5－78　北极海洋沉积物中可培养细菌中黄杆菌纲、放线菌纲、芽孢杆菌纲和鞘脂杆菌纲的系统发育树

鉴定与系统发育分析也表明，该站位的微生物种类也较多，已鉴定的 18 株细菌均属于 10 个属，10 个种；*Moritella*、*Colwellia*、*Maribacter* 占大多数。

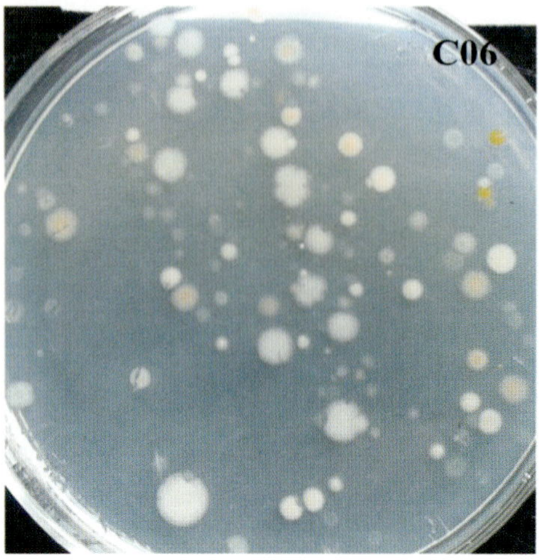


图 5－79　C06 站位细菌菌落照片

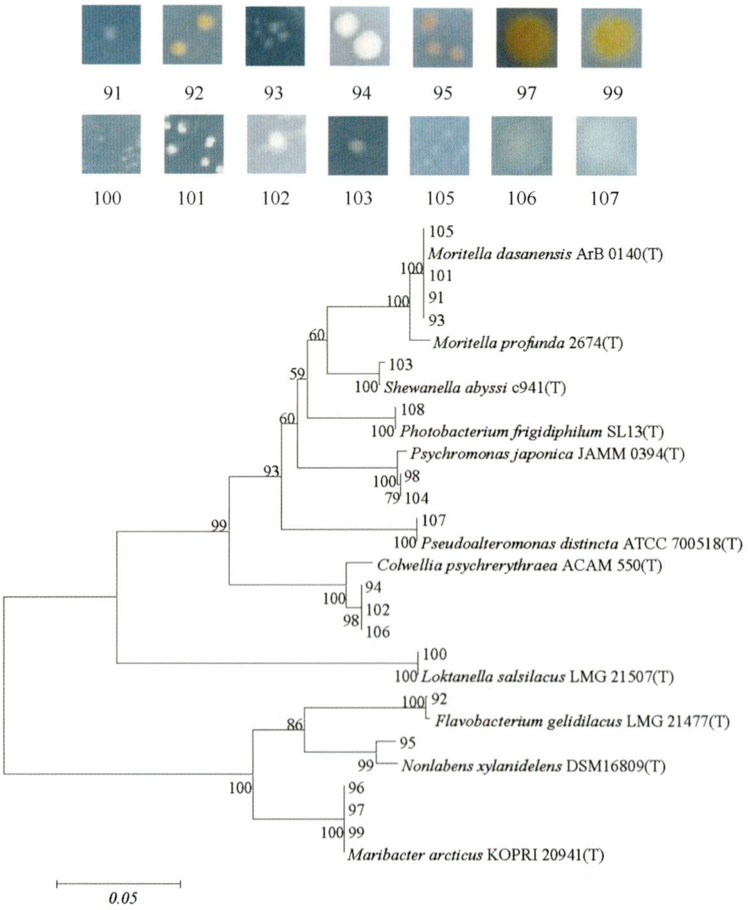


图 5－80　站位 C06 可培养细菌系统发育分析

② C05：164°44′31″W，70°46′09″N，2014 年 7 月 30 日，33.6 m

站位 C05 的菌落照片与部分菌株（16 株）的系统发育分析结果如图 5－81 和图 5－82 所

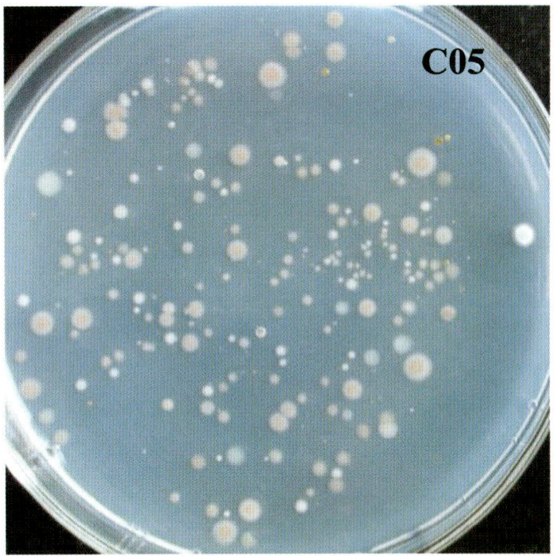


图 5－81　C05 站位细菌菌落照片

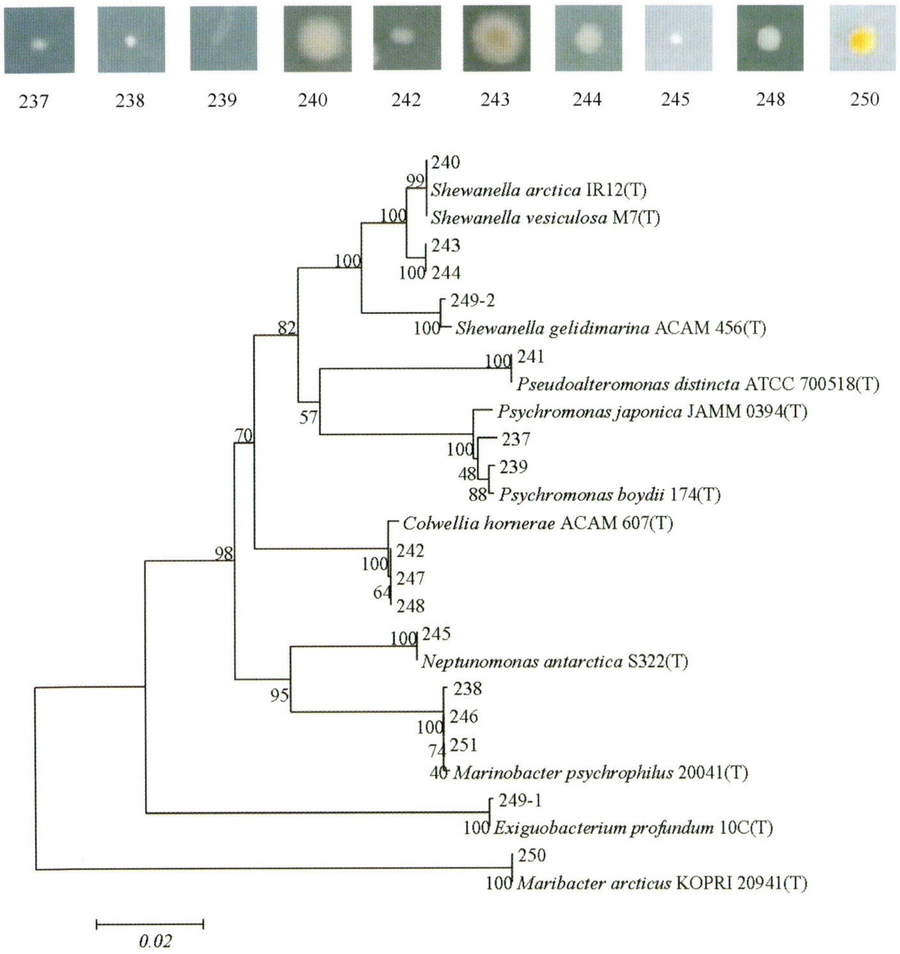


图 5－82　站位 C05 可培养细菌系统发育分析

示。可以看出，该站位的微生物含量较高，达 1.056 × $10^7$ CFU/g，菌落形态也较为多样。分子鉴定与系统发育分析也表明，该站位的微生物种类也较多，已鉴定的 16 株细菌均属于 8 个属，9 个种；*Shewanella*、*Colwellia*、*Maribacter* 占大多数。

③ R06：168°57′28″W，72°00′36″N，2014 年 7 月 31 日，51.4 m

站位 R06 的菌落照片与部分菌株（14 株）的系统发育分析结果如图 5－83 和图 5－84 所示。可以看出，该站位的微生物含量较高，达 7.53 × $10^6$ CFU/g，菌落形态也较为多样。分子鉴定与系统发育分析也表明，该站位的微生物种类也较多，已鉴定的 14 株细菌均属于 6 个属，8 个种；*Shewanella*、*Colwellia*、*Maribacter* 占大多数。

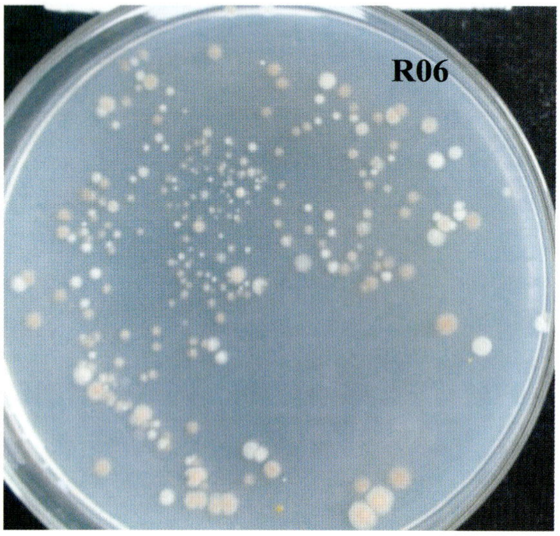


图 5－83　R06 站位细菌菌落照片

④ BS04：170°00′05″W，64°20′42″N，2014 年 7 月 27 日，40.1 m

站位 BS04 的菌落照片与部分菌株（16 株）的系统发育分析结果如图 5－85 和图 5－86 所示。可以看出，该站位的微生物含量较高，达 1.158 × $10^7$ CFU/g，菌落形态也较为多样。分子鉴定与系统发育分析也表明，该站位的微生物种类也较多，已鉴定的 16 株细菌均属于 6 个属，8 个种；*Psychromonas* 和 *Maribacter* 占大多数。

⑤ B14：171°21′01″W，61°56′03″N，2014 年 7 月 27 日，40.1 m

站位 B14 的菌落照片与部分菌株（13 株）的系统发育分析结果如图 5－87 和图 5－88 所示。可以看出，该站位的微生物含量较高，达 1.147 × $10^7$ CFU/g，菌落形态也较为多样。分子鉴定与系统发育分析也表明，该站位的微生物种类也较多，已鉴定的 13 株细菌均属于 6 个属，7 个种；*Shewanella* 占大多数。

⑥ B13：177°30′01″W，61°17′29″N，2014 年 7 月 23 日，101 m

站位 B13 的菌落照片与部分菌株（13 株）的系统发育分析结果如图 5－89 和图 5－90 所示。可以看出，该站位的微生物含量较高，达 1.564 × $10^7$ CFU/g，菌落形态也较为多样。分子鉴定与系统发育分析也表明，该站位的微生物种类也较多，已鉴定的 13 株细菌均属于 6 个属，7 个种；*Shewanella* 和 *Maribacter* 占大多数。

⑦ R03：169°03′12″W，68°37′23″N，2014 年 7 月 29 日，53.7 m

站位 R03 的菌落照片与部分菌株（12 株）的系统发育分析结果如图 5－91 和图 5－92 所

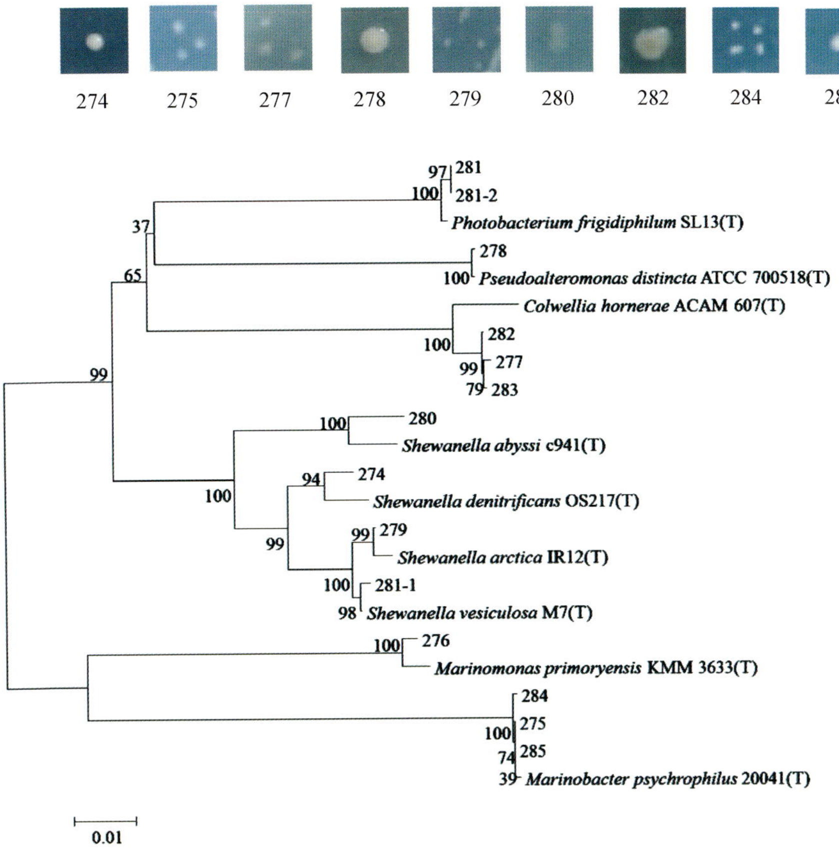


图 5 - 84 站位 R06 可培养细菌系统发育分析

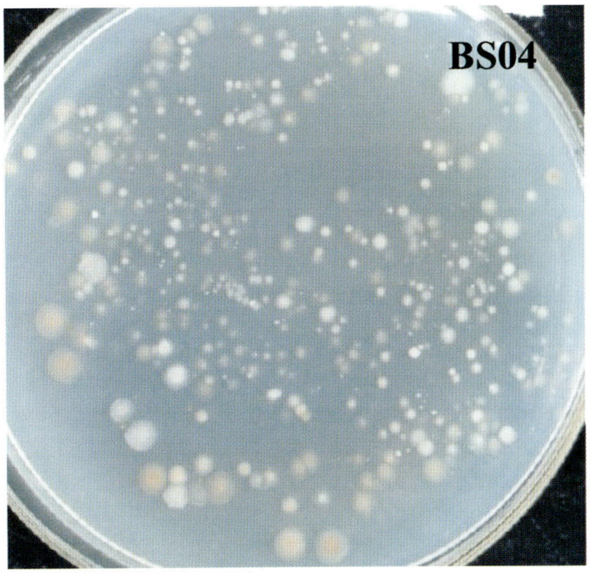


图 5 - 85 BS04 站位细菌菌落照片

示。可以看出，该站位的微生物含量较高，达 5.58 × $10^6$ CFU/g，菌落形态也较为多样。分子鉴定与系统发育分析也表明，该站位的微生物种类也较多，已鉴定的 12 株细菌均属于 8 个属，9 个种；*Winogradskyella* 占大多数。

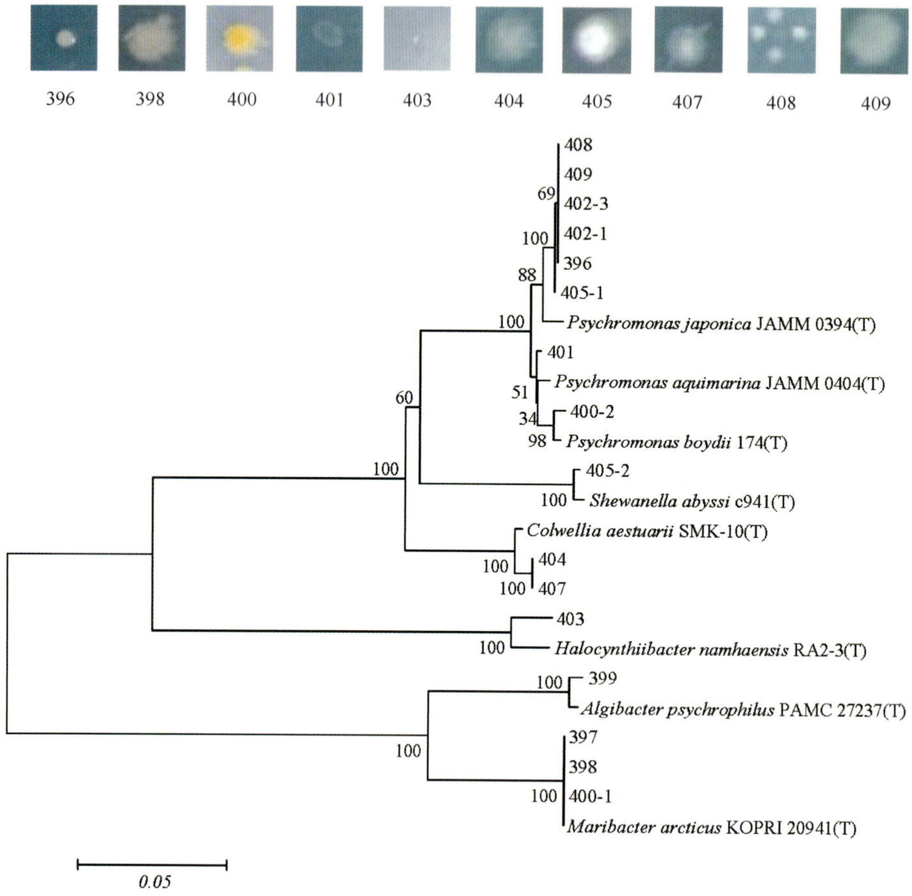


图 5 - 86　站位 BS04 可培养细菌系统发育分析

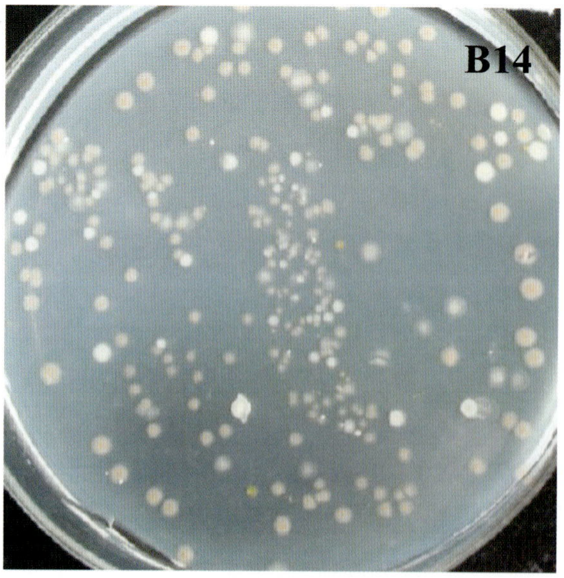


图 5 - 87　B14 站位细菌菌落照片

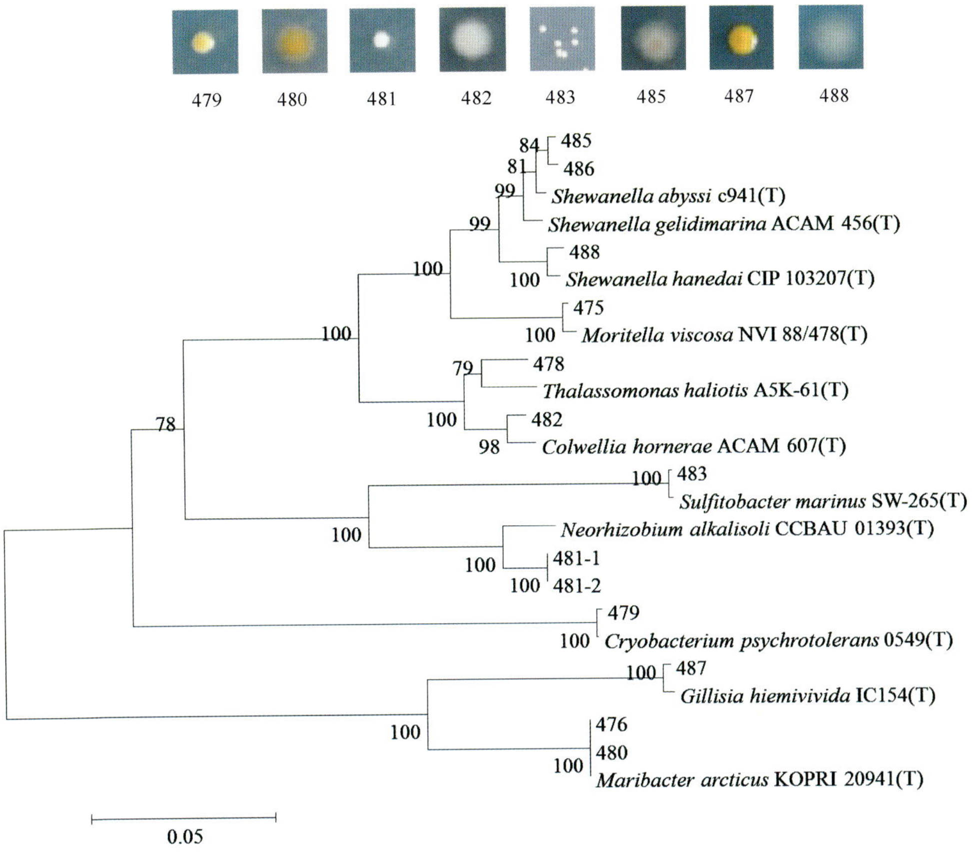


图 5－88　站位 B14 可培养细菌系统发育分析

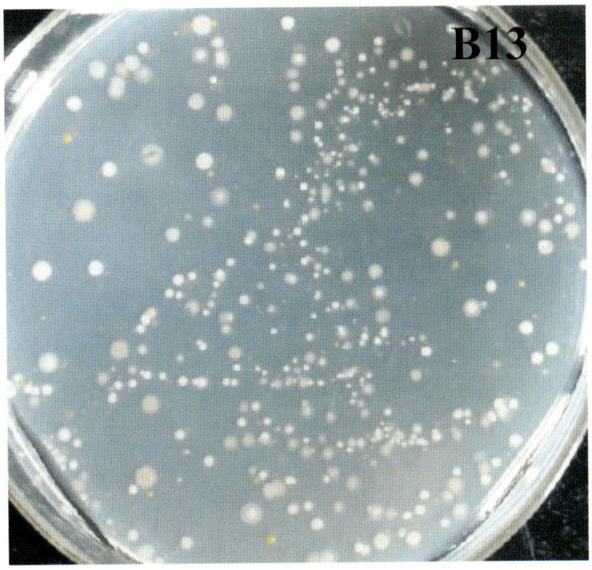


图 5－89　B13 站位细菌菌落照片

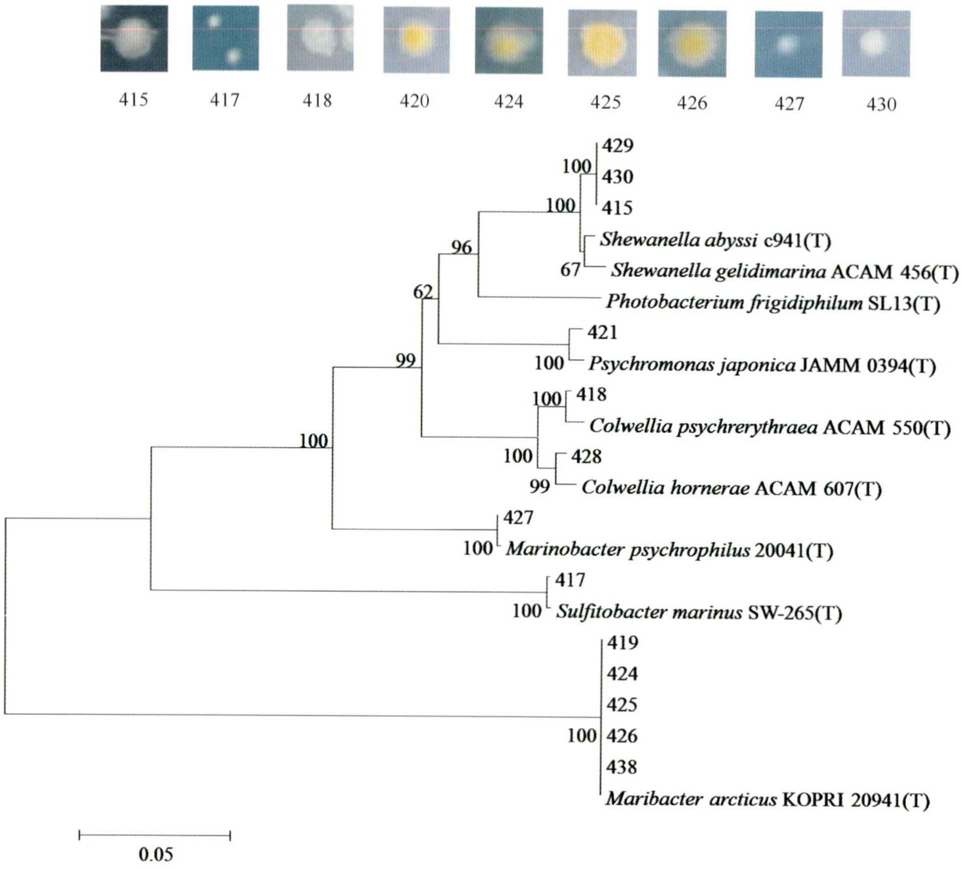


图 5－90　站位 B13 可培养细菌系统发育分析

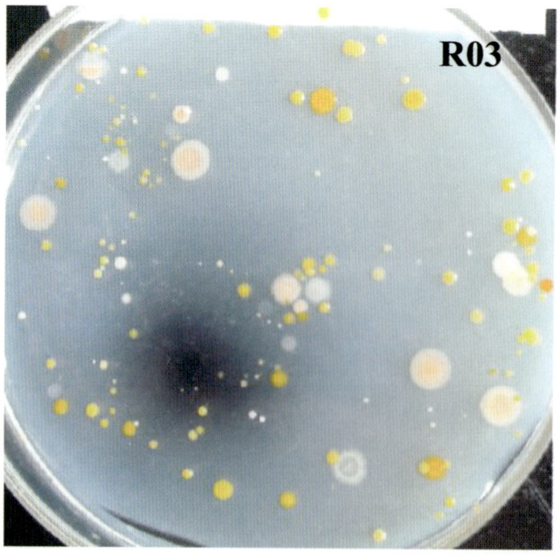


图 5－91　R03 站位细菌菌落照片

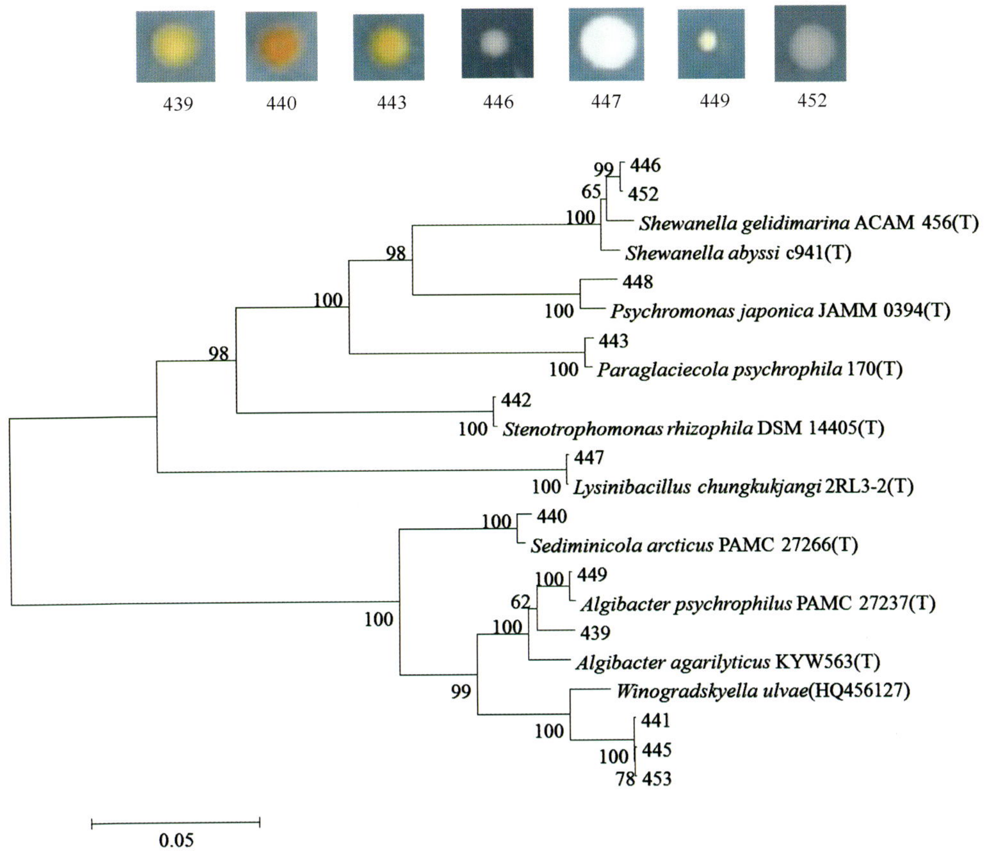


图 5－92　站位 R03 可培养细菌系统发育分析

### 5.1.2.3　微生物群落结构分析

1）第五次北极科考

利用上海美吉生物技术公司的 Roche 454 GS FLX Titanium system，对 6 个北极海洋沉积物样品和 2 个北极海水膜过滤样品进行了环境微生物（细菌和古菌）群落的多样性分析。样品的采样地点、采样时间等基本情况详见表 5－8。

**表 5－8　样品一览表**

| 样品 | 采样时间 | 地点 | 水深/m | 备注 |
|---|---|---|---|---|
| BL03 | 2012－07－12 | 53°58.934′N，170°42.858′E | 3 613 | 黄色黏土 |
| CC1 | 2012－07－18 | 67°28.615′N，168°36.263′W | 43.3 | 黄绿色粉砂质黏土 |
| R05 | 2012－07－20 | 70°58.661′N，168°46.135′W | 36.9 | 黄绿色泥质粉砂 |
| AT07 | 2012－08－10 | 68°40.771′N，1°6.990′E | 2 995 | 灰黄色黏土 |
| BB09 | 2012－08－07 | 74°41.220′N，0°52.397′E | 3 674.3 | 绿黄色黏土 |
| IS－1 | 2012－08－12 | 65°36.183′N，8°59.541′W | 827 | 粉砂质泥 |
| Fubiao | 2012－08－04 | 70°40.181 N，5°00.936′E | 表层海水 | 膜过滤样品 |
| ICE－1 | 2012－08－29 | 86°48.196 N，120°21.017′E | 表层海水 | 膜过滤样品 |

（1）高通量测序结果质量分析

利用 Roche 454 超高通量测序技术，从 8 个样品中共获得了 186 241 个细菌 16S rRNA 基因的有效序列，平均长度为 406 bp；87 326 个古菌 16S rRNA 基因的有效序列，平均长度为 398 bp。值得指出的是，从沉积物样品 AT07 提取了质量合格的环境基因组总 DNA，并成功扩增到了大量的细菌 16S rRNA 基因序列，但重复三遍，均未从其中成功扩增到古菌 16S rRNA 基因序列，具体原因仍待研究。在去除低质量的序列和引物序列外，共得到了 144 825 个细菌 16S rRNA 基因的优化序列和 57 914 个古菌 16S rRNA 基因的优化序列，获得率分别为 77.8% 和 66.3%（表 5－9）。

**表 5－9　Roche 454 超高通量测序结果一览表**

| 样品 | 域 | 有效序列 | 总碱基数（bp） | 平均长度（bp） | 优化序列 | OTU（97%） | OTU（95%） | OTU（90%） |
|---|---|---|---|---|---|---|---|---|
| BL03 | 细菌 | 17 071 | 7 945 995 | 466 | 14 340 | 3 640 | 2 371 | 1 612 |
| | 古菌 | 9 615 | 4 524 990 | 471 | 6 927 | 1 425 | 1 056 | 625 |
| CC1 | 细菌 | 36 255 | 13 664 699 | 377 | 24 769 | 5 768 | 4 206 | 2 609 |
| | 古菌 | 13 872 | 4 555 485 | 328 | 7 826 | 1 165 | 868 | 520 |
| R05 | 细菌 | 25 798 | 10 879 733 | 421 | 20 021 | 5 594 | 4 306 | 2 741 |
| | 古菌 | 16 039 | 5 237 575 | 327 | 9 357 | 1 772 | 1 341 | 765 |
| AT07 | 细菌 | 23 295 | 9 807 829 | 721 | 18 337 | 2 085 | 1 532 | 950 |
| | 古菌 | / | / | / | / | / | / | / |
| BB09 | 细菌 | 31 129 | 13 319 395 | 428 | 25 032 | 1976 | 1 311 | 774 |
| | 古菌 | 12 005 | 4 916 222 | 410 | 8 458 | 463 | 236 | 108 |
| IS－1 | 细菌 | 16 315 | 7 320 570 | 449 | 13 186 | 3 575 | 2 887 | 1 962 |
| | 古菌 | 11 671 | 5 168 300 | 443 | 8 257 | 1 630 | 11 97 | 699 |
| Fubiao | 细菌 | 17 059 | 4 804 799 | 458 | 14 614 | 924 | 520 | 288 |
| | 古菌 | 12 450 | 5 012 483 | 402 | 8 149 | 446 | 201 | 66 |
| ICE－1 | 细菌 | 19 319 | 7 792 264 | 403 | 14 526 | 1 168 | 750 | 440 |
| | 古菌 | 11 674 | 5 324 828 | 456 | 8 940 | 325 | 145 | 57 |

当 16S rRNA 基因序列的相似性分别大于等于 97%（种）、大于等于 95%（属）和大于等于 90%（科）时，细菌/古菌的运算分类单位（operational taxonomic unit，OTU）逐渐减少。总起来说，沉积物样品的微生物多样性要高于海水的，细菌的多样性要高于古菌的。在种的水平上，以站位 CC1 和 R05 沉积物的细菌多样性为最高，两个海水样品的细菌多样性最低。古菌以站位 R05 和 IS－1 沉积物的多样性为最高。以海区计，北冰洋－太平洋扇区的微生物多样性似乎要高于大西洋扇区的，但需要测定更多的样品才能说明问题。

（2）微生物群落多样性分析

在 16S rRNA 基因序列的 97% 相似性水平上，8 个样品的微生物群落丰度和多样性指数如表 5－10 所示。可以看出，细菌和古菌的测序深度指数（库容，coverage）分别为 0.76～0.97 和 0.85～0.99，其中 2 个海水样品的库容最低也达 0.96，基本可以完全反映该样品的微生物群落特征，而 6 个沉积物样品的库容相比较而言则要低得多，这说明应该测定更多的基因序列，以利于更完整地反映海洋沉积物的微生物群落结构特征。这与8个样品的测序结果基本一致，随着样品测序量的增加，海洋沉积物样品的稀释度曲线（rarefaction curve）仍处于上升，未达到稳定，这也说明仍需加大测序量（图5－93）。

较高的Shannon指数和很低的Simpson指数表明，北极海洋沉积物中的细菌和古菌多样性较高。微生物群落丰度指数Ace estimator和Chao estimator也表明，相比较海水而言，北极海洋沉积物的细菌和古菌丰度较高。本研究进一步证实了海洋沉积物作为最复杂的微生物生境之一，其中生存着大量的微生物，多样性和丰度均较高。

**表5－10　微生物群落多样性指数（97%相似性）**

| 样品 | 域 | OTU | 库容 | Ace | Chao | Shannon | Simpson |
|---|---|---|---|---|---|---|---|
| BL03 | 细菌 | 3 640 | 0.88 | 6 914 | 5 473 | 6.01 | 0.046 |
| | 古菌 | 1 425 | 0.90 | 3 334 | 2 426 | 6.24 | 0.004 |
| CC1 | 细菌 | 5 768 | 0.81 | 26 073 | 14 355 | 7.00 | 0.005 |
| | 古菌 | 1 165 | 0.88 | 3 510 | 2 421 | 4.75 | 0.065 |
| R05 | 细菌 | 5 594 | 0.76 | 25 836 | 14 717 | 6.96 | 0.014 |
| | 古菌 | 1 772 | 0.85 | 7 520 | 4 270 | 5.59 | 0.018 |
| AT07 | 细菌 | 2 085 | 0.94 | 4 567 | 3 690 | 4.72 | 0.063 |
| | 古菌 | / | / | / | / | / | / |
| BB09 | 细菌 | 1 976 | 0.96 | 4 319 | 3 328 | 4.33 | 0.082 |
| | 古菌 | 463 | 0.98 | 670 | 643 | 4.53 | 0.028 |
| IS－1 | 细菌 | 3 575 | 0.84 | 10 237 | 7 165 | 6.89 | 0.011 |
| | 古菌 | 1 630 | 0.89 | 4 107 | 3 096 | 6 017 | 0.005 |
| Fubiao | 细菌 | 924 | 0.97 | 2 020 | 1 565 | 4.96 | 0.018 |
| | 古菌 | 446 | 0.98 | 794 | 656 | 4.18 | 0.047 |
| ICE－1 | 细菌 | 1 168 | 0.96 | 2 780 | 1 966 | 4.72 | 0.039 |
| | 古菌 | 325 | 0.99 | 476 | 467 | 3.64 | 0.057 |

（3）微生物群落结构分析

利用Mothur分类学分析（http：//www.mothur.org/wiki/Classify.seqs），算法为RDP Wang等开发的Naïve Bayesian Classifier，将所有的细菌优化序列从门到种进行归类。在门水平上的6个海洋沉积物细菌群落结构热图（heat map）和2个海水样品细菌群落结构热图分别如图5－94和图5－95所示。可以看出，在门水平上，海洋沉积物的细菌群落多样性要明显高于海水的。每个沉积物样品中的细菌群落均含有20个以上的门，而海水中的细菌群落仅含有10个左右的门。

热图也反映了各样品间细菌群落结构相似性的高低。北冰洋－大西洋扇区的2个海洋沉积物样品（AT07和BB09）和太平洋扇区的2个海洋沉积物（CC1和R05）的群落相似性最高，分别归类在一起。比较有意思的是，大西洋扇区的海洋沉积物IS－1和太平洋扇区的海洋沉积物BL03的细菌群落结构较为类似，归类在一起。8个样品的Dendrogram图也表明了这一点（图5－96）。

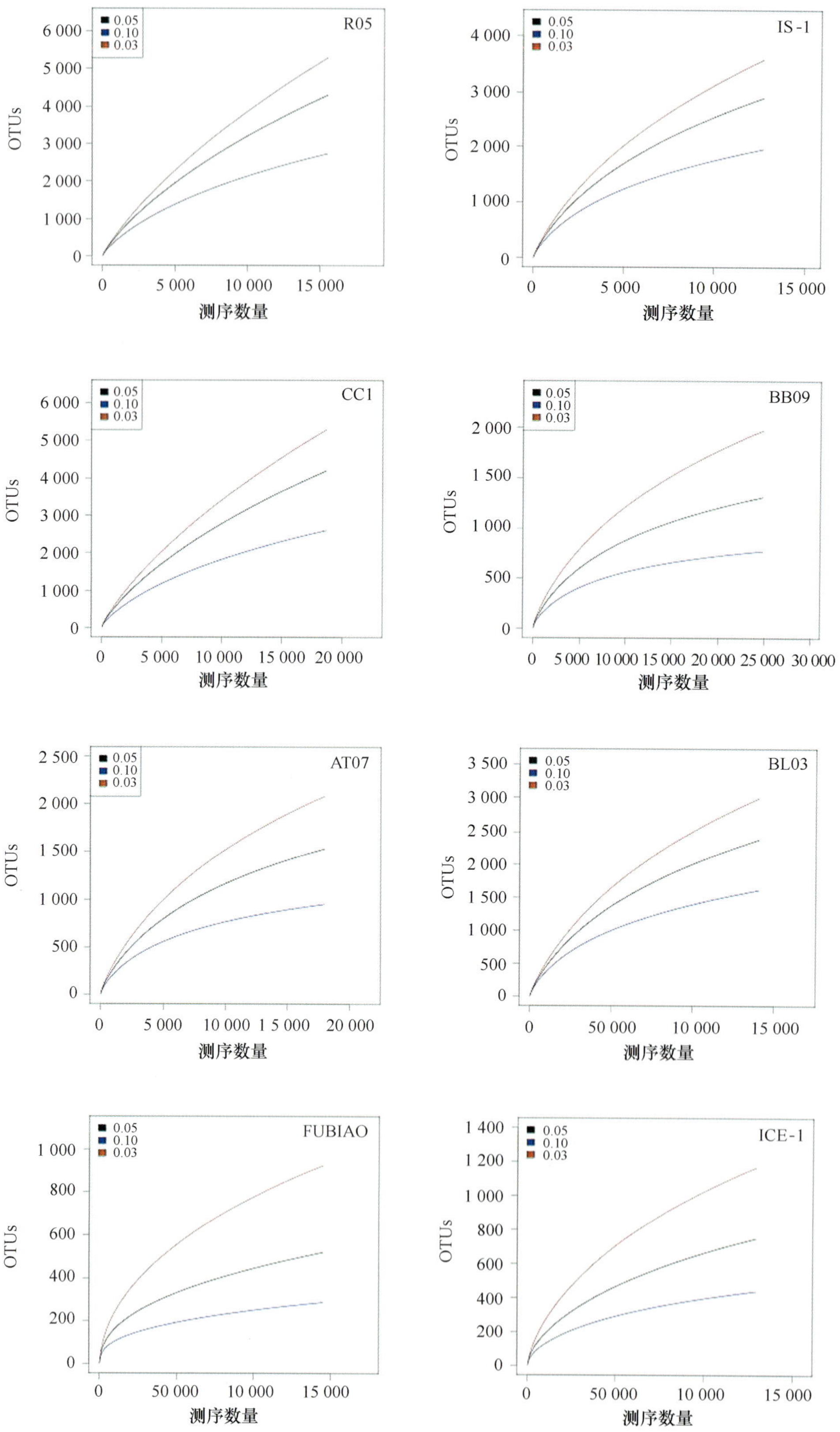
0.05
0.10
0.03
R05
6 000
5 000
4 000
3 000
2 000
1 000
0
OTUs
0
5 000
10 000
15 000
测序数量
IS-1
4 000
3 000
2 000
1 000
0
OTUs
0
5 000
10 000
15 000
测序数量
CC1
6 000
5 000
4 000
3 000
2 000
1 000
0
OTUs
0
5 000
10 000
15 000
20 000
测序数量
BB09
2 000
1 500
1 000
500
0
OTUs
0
5 000
10 000
15 000
20 000
25 000
30 000
测序数量
AT07
2 500
2 000
1 500
1 000
500
0
OTUs
0
5 000
10 000
1 5 000
20 000
测序数量
BL03
3 500
3 000
2 500
2 000
1 500
1 000
500
0
OTUs
0
50 000
10 000
15 000
测序数量
FUBIAO
1 000
800
600
400
200
0
OTUs
0
50 000
10 000
15 000
测序数量
ICE-1
1 400
1 200
1 000
800
600
400
200
0
OTUs
0
50 000
10 000
15 000
测序数量

图 5-93　稀释度曲线

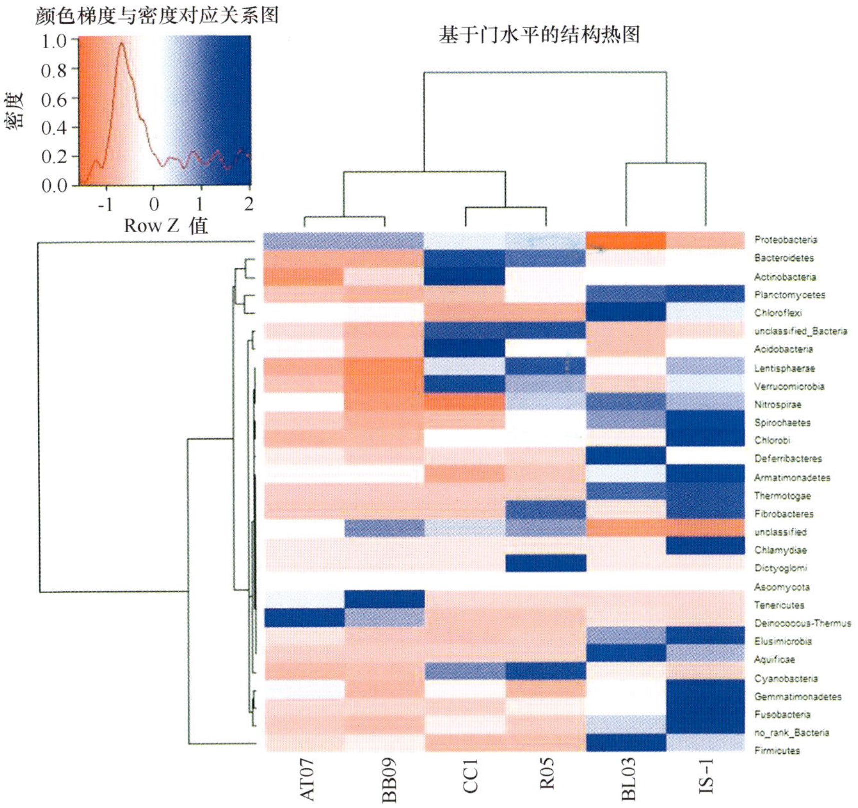


图5-94　6个海洋沉积物的细菌群落结构热图

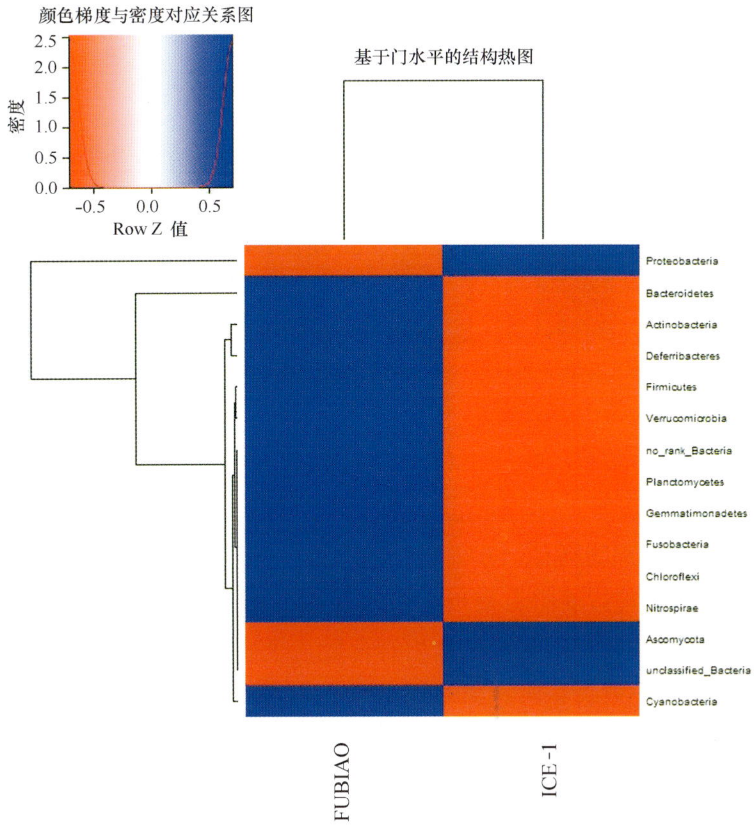


图5-95　2个海水样品的细菌群落结构热图

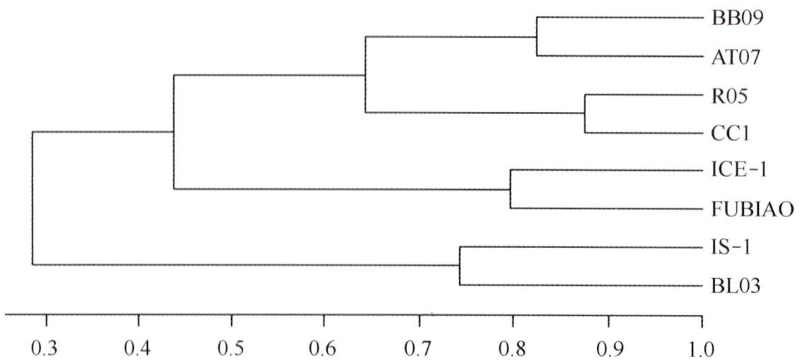


图 5－96　8 个北极微生物样品的系统树图

（4）细菌群落组成分析

尽管总起来说，同一个门在 3 个样品中均存在，但其丰度在不同的样品间差别很大。北冰洋－太平洋扇区的 3 个海洋沉积物（BL03、CC1 和 R05）的细菌群落组成含量最高的 10 个门，如图 5－97 所示。可以看出，同 BL03 相比，CC1 和 R05 的细菌群落组成较为相近。在沉积物 CC1 和 R05 中，变形杆菌门（Proteobacter）含量最为丰富，属于该门的序列可占整个微生物群落细菌序列的 60% 以上。然而，厚壁菌门（Firmicutes）在沉积物 BL03 中占优势地位，属于该门的序列可占其微生物群落细菌序列的 40% 以上。

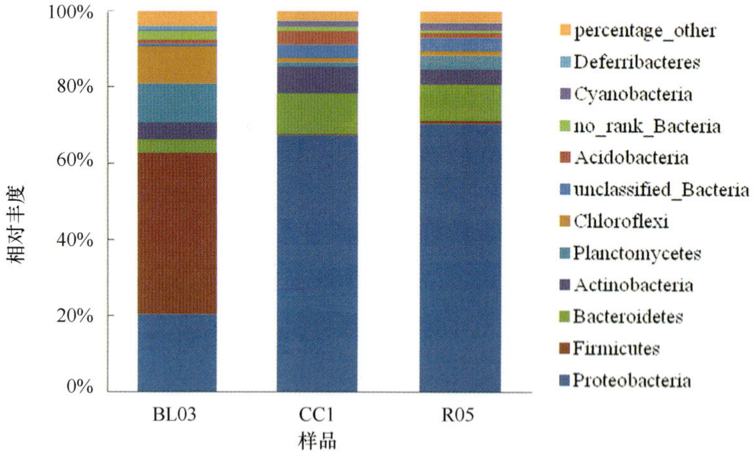


图 5－97　沉积物 BL03、CC1 和 R05 含量最高的 10 个细菌门的组成

大西洋扇区的 3 个沉积物样品（IS－1、AT07 和 BB09）的细菌群落中含量最高的 10 个门组成如图 5－98 所示。可以看出，变形杆菌门（Proteobacter）在 3 个样品中的含量均最为丰富，尤其是在样品 AT07 和 BB09 中，其相对含量几乎达到 80%。其次是厚壁菌门（Firmicutes），在样品 IS－1 中相对含量可达 20%。

2 个表层海水膜过滤样品的细菌群落中含量最为丰富的 10 个细菌门的组成如图 5－99 所示。可以看出，在海水样品中变形杆菌门的相对含量仍最为丰富，在海冰区样品（ICE－1）中其相对含量可达 70%；其次是拟杆菌门（Bacteroidetes）的相对含量较为丰富，在海水（FUBIAO）中相对含量可达 30% 以上，这点与海洋沉积物中的细菌群落组成明显不同。

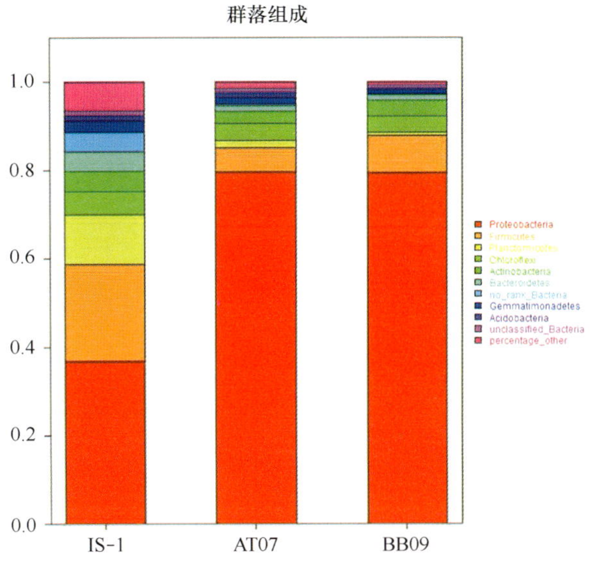


图5-98 沉积物IS-1、AT07和BB09含量最高的10个细菌门的组成

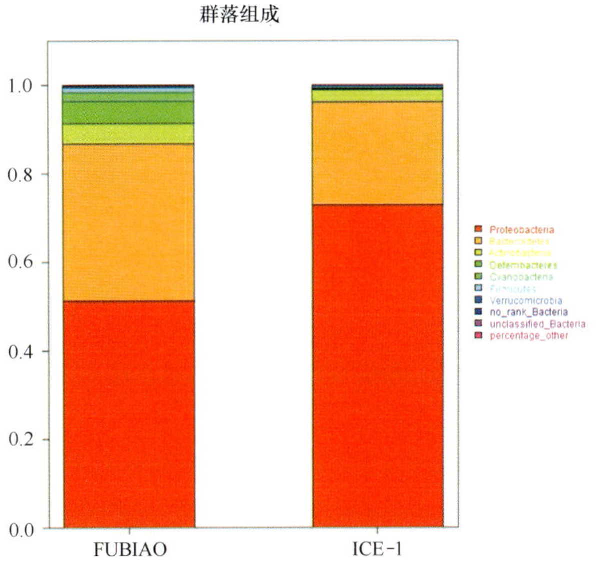


图5-99 沉积物IS-1、AT07和BB09含量最高的10个细菌门的组成

文氏图（Venn diagram）显示了某一OTU仅存在于某一样品还是被几个样品所共有。在16S rRNA基因序列97%相似性水平上，8个北极微生物细菌群落的OTU的文氏图如图5-100所示。可以看出，不同样品间的共有（core）OTU很少，如3个北冰洋-太平洋扇区的3个沉积物样品中仅存在着12个共有序列，绝大部分为独有OTU（Singletons），在样品BL03中，独有OTU的比例可占细菌总OTUs的98.95%。样品BL03与CC1和R05仅共有25个和37个OTU，然而CC1和R05共有1401个OTU，这进一步表明了样品CC1和R05间的细菌群落结构组成较为相似。

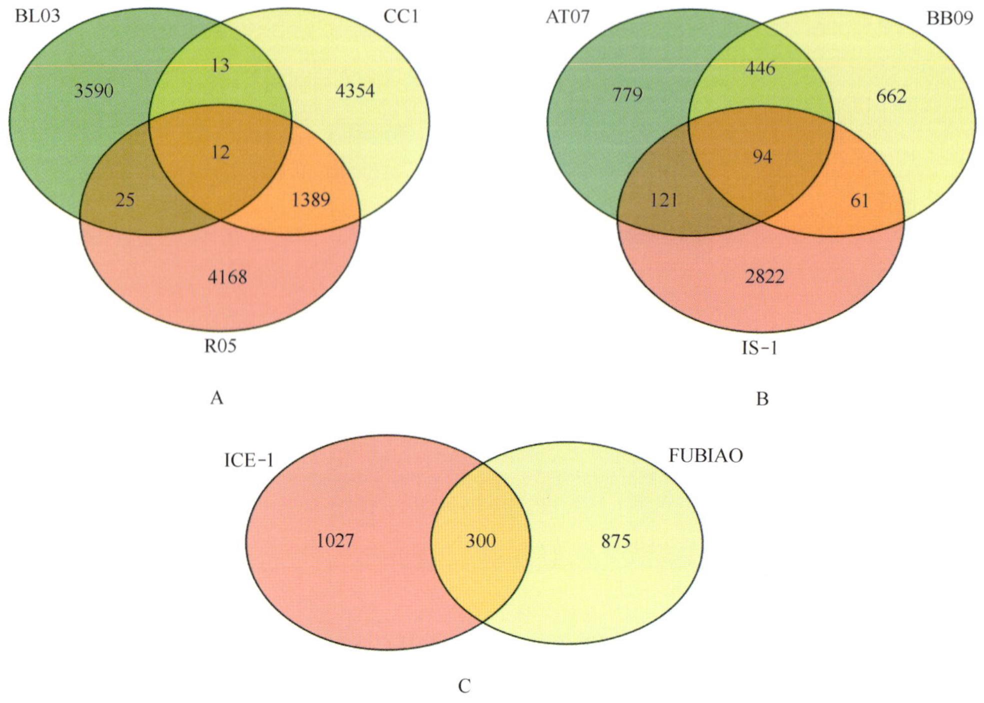


图 5-100　北极微生物样品的文氏图

A：沉积物 BL03、CC1 和 R05；B：沉积物 IS-1、AT07 和 BB09；C：海水 FUBIAO 和 ICE-1

2）第六次北极科考

基于 16S rRNA 基因利用 Pyrosequencing 454 技术对白令海峡附近的 6 个海洋表层沉积物样品中的细菌群落结构进行了分析。测序结果表明，共获得了 157 454 个优化序列，在 97% 序列相似性水平（$OTU_{3\%}$）上共获得了 9 413 个操作分类单元（Operational taxonomy units, OUT）。较高的覆盖度（≥0.97）和较少的罕见类型（rare types/singletons，仅占总 $OTU_{3\%}$ 的 24.5%）表明本次测序的质量较好，能基本反映测序样品的细菌群落结构特征。在门水平上，变形杆菌门（Proteobacteria）的相对含量最高，为 42.0% ~63.3%，是所有样品中的主要门类。多样品相似性分析表明，样品 R02 和 R03、C04 和 R06 具有相似的细菌群落结构组成。在纲水平上，δ-变形菌纲（Deltaproteobacteria）、β-变形菌纲（Gammaproteobacteria）和黄杆菌纲（Flavobacteriia）占大多数，而蓝细菌纲（Cyanobacteria）和杆菌纲（Bacilli）在 6 个样品中的相对含量变化最为明显。在属水平上，与硫还原相关的属如 *Desulfobulbus* 和 *Desulforhopalus* 等的 OTU 的含量最为丰富。共有和独特的 OTUs 分析表明，在 $OTU_{3\%}$ 水平上，共有 OTUs 数量为 508 个，而特有 OTUs 为 98（R02）~195 个（NB04）。群落结构和多样性的差异表明，即使在相似环境的海洋沉积物中的细菌多样性也存在着较大的差异。

本研究测序的 6 个样品为第六次北极科考采集，沿约 170°W 断面，纬度为 61°—77°N，采样站位的深度相似，为 50 m 左右（45 ~57 m），1 个站位位于白令海，3 个在白令海峡，2 个在楚科奇海；采样时间及部分理化性质等见表 5-11。

表 5－11 6 个海洋沉积物样品的地理位置、环境和部分理化特征

| 样品 | 采样时间 | 地点 | 深度/m | 温度/℃ * | pH | TON/% | TOC/% |
|---|---|---|---|---|---|---|---|
| NB04 | 2014－07－24 | 171°33′19″W，61°12′02″N | 57 | －1.14 | 7.39 | 0.117 | 0.403 |
| R02 | 2014－07－28 | 169°01′18″W，67°40′52″N | 50 | 2.41 | 7.27 | 0.222 | 1.076 |
| CC4 | 2014－07－29 | 167°31′56″W，68°07′48″N | 49.4 | 2.92 | 7.50 | 0.123 | 0.599 |
| R03 | 2014－07－29 | 169°03′12″W，68°37′23″N | 53.7 | 2.50 | 7.39 | 0.179 | 0.937 |
| C04 | 2014－07－31 | 166°59′37″W，71°00′48″N | 45.3 | 0.59 | 7.14 | 0.261 | 1.522 |
| R06 | 2014－07－31 | 168°57′28″W，72°00′36″N | 51.4 | 1.35 | 7.06 | 0.276 | 1.345 |

* 底层海水温度。

（1）pyrosequencing 测序结果

去除低质量的序列后，本次 pyrosequencing 测序结果共获得了 157 454 个优化序列，平均长度为 477 bp；在 97% 序列相似性（$OTU_{3\%}$）水平上，共获得了 9 413 个细菌 OTUs；共发现了 2 304 个独有 OTUs（singletons），占总 OTUs 的 24.5%。每个 OTU 选取含量最多的序列进行了从门到属水平的分析，发现 6 个样品中细菌的门的数量为 32～37 个，而纲和属的水平分别为 70～90 个和 307～369 个，表明北极海洋沉积物中存在着种类丰富的细菌群落。

（2）群落结构组成分析

在门水平上，6 个样品的细菌群落结构组成均以变形杆菌门的含量最为丰富，其相对含量从 42.0%（CC4）到 63.3%（C04）不等；拟杆菌门（Bacteriodetes）为含量第二丰富的门，其相对含量从 8.6%（NB04）到 21.0%（R02）不等。蓝细菌门（Cyanobacteria）的相对含量变化最为明显，从 0.7%（C04）至 15.8%（CC4）不等，其含量的最低站位仅为最高站位的 4.4%。多样品相似性分析表明，样品 R02 和 R03、C04 和 R06 具有相似的细菌群落结构组成；还表明，白令海峡的 3 个站位（R02、CC4 和 R03）与海峡两侧的 3 个站位（NB04、C04 和 R06）相比，具有相似性更高的细菌群落结构特征；而且楚科奇海的两个站位（C04 和 R06）与位于白令海的站位 NB04 具有相似性更高的细菌群落结构特征（图 5－101）。

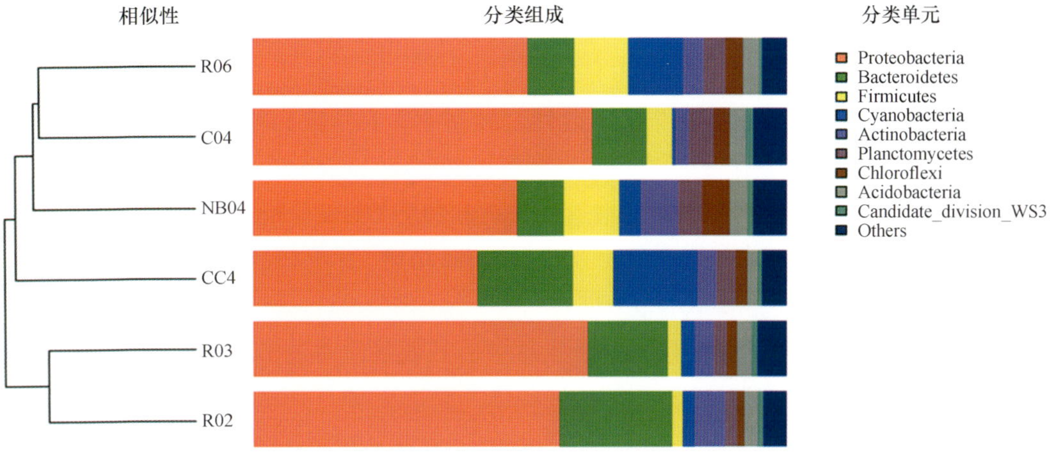


图 5－101 细菌群落结构和相似性分析（门水平）

在纲水平上，δ－变形菌纲、β－变形菌纲和黄杆菌纲组成了细菌群落结构的大多数，其

相对含量共从52.5%（CC4）至68.5%（R02）不等。研究还表明，蓝细菌纲的相对含量变化最为明显，从0.7%（C04）至15.8%（CC4）不等；杆菌纲的相对含量变化也较为明显，从1.43%（R02）至9.84%（NB04）不等（图5-102）。

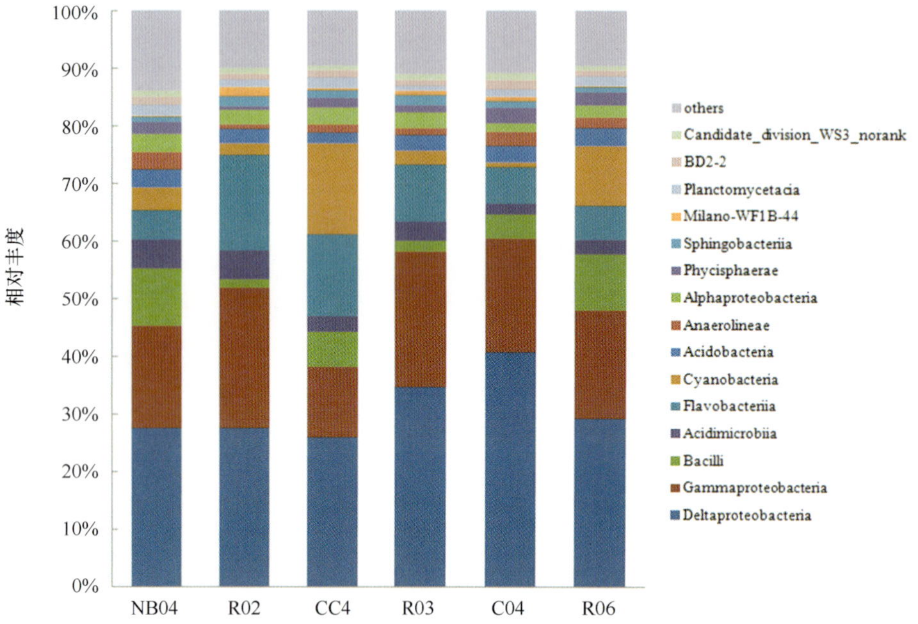


图5-102　细菌群落结构分析（纲水平）

在属水平上，属于*Desulfobulbus*、*Marinicella*、Cyanobacteria_ norank和Sva1033_ norank的OTUs的数量较多；值得指出的是，在相对含量较为丰富的10个中，有4个与硫还原细菌相关，包括*Desulfobulbus*、*Desulforhopalus*、SEEP-SRB1和SEEP-SRB4，这表明该区域的海洋沉积物中存在着较为强烈的硫还原活动（图5-103）。

（3）丰富度和多样性分析

在$OTU_{3\%}$水平上，6个样品的细菌群落的丰富度和多样性指数详见表5-12。可以看出很高的覆盖度（可达0.99），本次测序可以很好地测出样品的细菌群落结构特征。丰富度估计量Chao1和Ace分别为1 652~1 971和1 685~2 047，总体上来说，本次测序获得了85%以上的丰富度估计量，表明该测序结果的有效性。较高的香农指数和较低的辛普森指数也表明了北极海洋沉积物细菌的多样性。

在$OTU_{3\%}$水平上，6个样品的细菌群落的共有和独特OTUs分析结果见表5-12。可以看出，6个样品中的OTUs数量为1 392~1 789，如简单相加，6个样品含有9 413个OTUs；但从整体来说，6个样品仅包含2 967个OTUs，表明绝大部分OTUs至少存在于2个样品中。有508 OTUs为共有序列，存在于所有的6个样品中，其数量约占总OTUs的17.1%。同时，6个样品中也分别存在着许多独特序列（singletons），数量从98（R02）至195（NB04）不等，相对含量为7.0%至10.9%。

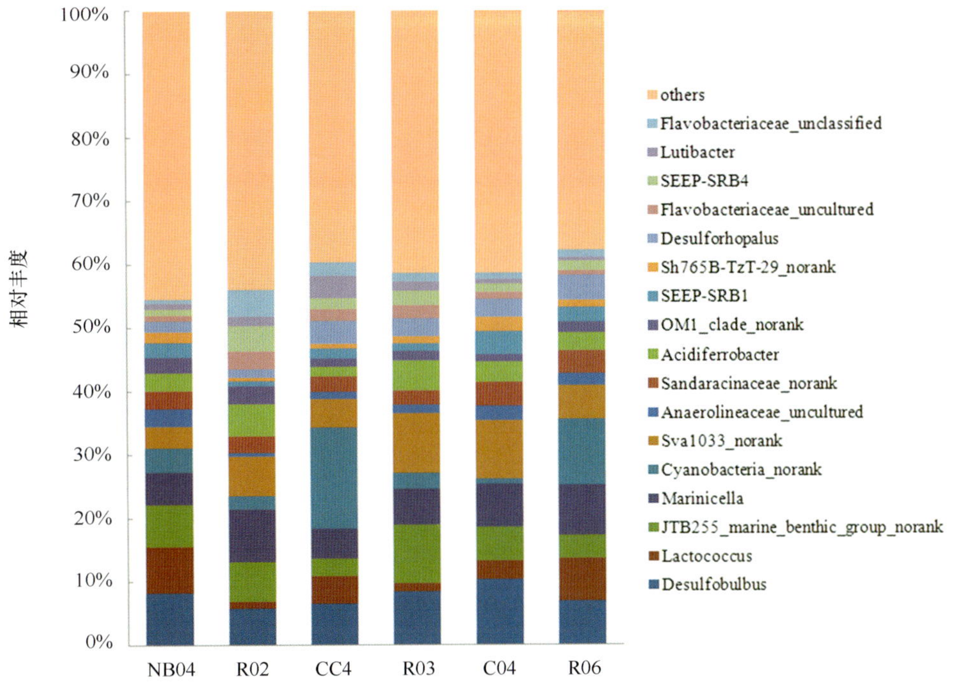


图 5－103 细菌群落结构分析（属水平）

**表 5－12 Pyrosequencing 测序结果、丰富度和多样性、共有和独特 OTUs 分析**

| 样品 | NB04 | R02 | CC4 | R03 | C04 | R06 |
|---|---|---|---|---|---|---|
| 注册号 | SRR2595012 | SRR2595013 | SRR2595011 | SRR2595014 | SRR2595010 | SRR2595015 |
| 优化序列 | 26 223 | 28 771 | 27 119 | 22 736 | 25 129 | 27 476 |
| 平均长度（bp） | 479 | 477 | 474 | 476 | 479 | 477 |
| $OTU_{3\%}$ | 1 789 | 1 392 | 1 567 | 1 531 | 1 675 | 1 459 |
| 仅含 1 个序列的 OTUs | 379 | 364 | 368 | 418 | 430 | 345 |
| 门 | 37 | 32 | 35 | 37 | 34 | 3 790 |
| 纲 | 90 | 74 | 87 | 83 | 84 | 89 |
| 属 | 369 | 307 | 348 | 326 | 352 | 309 |
| 独特 $OTU_{3\%}$ | 195 | 98 | 110 | 117 | 125 | 115 |
| 独特/总 OTUs（%） | 10. 9 | 7. 0 | 7. 0 | 7. 6 | 7. 5 | 7. 9 |
| 所有非重复 OTUs | 2 967 | | | | | |
| 共有 OTUs | 508 * | | | | | |
| | | 544 | | | | |
| | | | 664 | | | |
| | | | | 769 | | |
| | | | | | 1 041 | |
| 覆盖度 | 0. 98 | 0. 98 | 0. 98 | 0. 97 | 0. 98 | 0. 99 |
| Ace | 2 047 | 1 685 | 1 847 | 1 862 | 2 007 | 1 726 |
| Chao1 | 1 971 | 1656 | 1 785 | 1 825 | 1 944 | 1 652 |
| Shannon | 5. 89 | 5. 53 | 5. 35 | 5. 63 | 5. 62 | 5. 30 |
| 1/Simpson | 97. 09 | 83. 33 | 34. 72 | 62. 50 | 58. 14 | 50. 00 |

＊数据代表灰色长条涵盖的样品中的共有 OTUs 数量。

### 5.1.2.4 新种鉴定—*Colwellia arctica* sp. nov., isolated from Arctic marine sediment (Antonie van Leeuwenhoek, 2015)

菌株 $435^T$ 为过氧化氢酶与氧化酶阳性、菌落米黄色、兼性厌氧的革兰氏阴性海洋细菌，分离自北极海洋沉积物（72°8′827″N，8°21′629″E），菌株为短或弯曲杆状，能在 4 ~ 25℃、pH 6.0 ~ 9.0 和 0.5% ~ 6.0%（NaCl）的条件下生长。该菌株能还原硝酸盐为亚硝酸盐，其主要的类异戊二烯醌为 Q - 8，极性脂主要为磷脂酰乙醇胺和磷脂酰甘油。G + C 含量为 38.7%。基于 16S rRNA 基因序列的系统发育分析表明菌株 $435^T$ 属于科尔韦尔氏菌属（*Colwellia*），其与该菌属模式菌株的 16S rRNA 基因序列相似性为 92.1% ~ 95.6%。模式菌株为 $435^T$（= CICC 10860T = ATCC BAA - 2609T）（表 5 - 13、图 5 - 104）。

**表 5 - 13　菌株 $435^T$ 与部分 *Colwellia* 属模式菌株表型特征的比较分析**

| 特性 | 1 | 2 | 3 | 4 | 5 |
|---|---|---|---|---|---|
| 菌落颜色 | 米黄色 | 米黄色 | 红色 | 垩白色 | 灰黄色 |
| 运动性 | + | + | + | – | + |
| 生长特性 | | | | | |
| 25 ℃ | + | + | – | – | + |
| 6.0% NaCl (w/v) | + | + | ND | – | + |
| 尿素 | – | – | V (+) | + | – |
| 水解特性 | | | | | |
| 酪蛋白 | – | – | + | – | + |
| 淀粉 | + | + | V (+) | + | – |
| 凝胶 | + | + | + | – | – |
| 吐温 - 80 | + | – | + | NG | + |
| 产酸特性 | | | | | |
| L - 阿拉伯糖 | – | – | – | – | + |
| D - 葡萄糖 | + | + | V (+) | + | – |
| D - 果糖 | + | + | – | – | + |
| D - 纤维二糖 | + | – | – | – | + |
| D - 半乳糖 | + | + | – | + | – |
| 蔗糖 | + | – | – | – | + |
| N - 乙酰氨基葡萄糖 | – | + | – | + | – |
| 蜜二糖 | – | + | – | – | – |
| 木糖 | – | + | – | – | – |
| 麦芽糖 | – | + | + | – | – |
| DNA G + C 含量（mol%） | 38.7 | 35 - 38 | 38 | 39.3 | 37 |

菌株 1. $435^T$（本研究），2. *C. asteriadis* JCM 15608T（除 G + C 含量外，其余数据均为本研究获得），3. *C. psychrerythraea* (Bowman et al., 1998; D' Aoust & Kusher, 1972)，4. *C. rossensis* (Bowman et al., 1998)，5. *C. aesturii* (Jung et al., 2006)。所有菌株均可在 4 ℃生长和还原硝酸盐为亚硝酸盐。"+"阳性，"-"阴性，"NG"在试验培养基上未生长，"ND"数据不可获取，"V (+)"可变（模式菌株）。

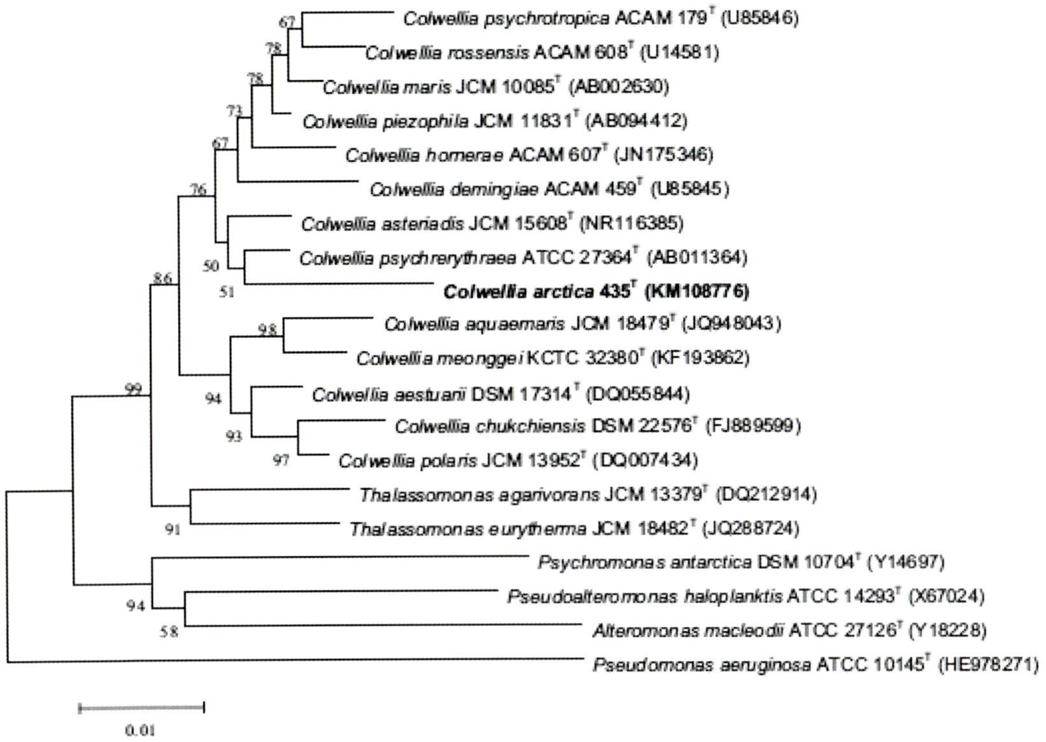


图 5－104　基于 16S rRNA 基因序列的菌株 435$^T$ 与部分 *Colwellia* 属模式菌株的系统发育树

## 5.1.3　微微型和微型浮游生物群落

海洋微型浮游生物是海洋生态系统中丰度和生物量最高的生物类群，生物多样性丰富，是海洋生态系统的一个重要组分。海洋微型浮游生物群落在生态系统碳固定过程中扮演着十分重要的角色，并且对环境变化响应敏感，可作为环境变化的重要指标。近年来，北极的环境正在发生快速变化，如气温升高，夏季海冰覆盖面积快速下降，淡水输入增加等，北冰洋微型浮游生物群落对北极环境快速变化的响应研究受到了广泛的关注。

近些年，对环境变化中的北极海洋微型浮游生物国外已做了大量相关研究。早在 1992 年，Karner 等通过分子生物学手段发现海洋浮游细菌在海洋生态系统中广泛存在并占据着重要的生态地位，并在海洋微微型浮游生物中占相当比例。1994 年夏末，Nielsen 和 Hansen 对格陵兰迪斯科湾微型浮游生物群落结构调查发现，表层水中的微型浮游植物和浮游细菌具有相同时空和垂直分布趋势，并参与碳循环过程。在楚科奇海和马卡罗夫盆地，Booth 等发现类似 *M. pusilla* 是丰度最高的光合生物，占自养细胞的 93% 和自养生物量的 36%，并鉴定出 49 个硅藻类群。浮游硅藻的生物量具有季节性和年度性的变化，而楚科奇海中硅藻的丰度和生物量最高，裸甲藻和腰鞭毛虫占微型浮游生物最大比例。通过调查 1997—1998 年间北冰洋中心海域夏季微微型和微型浮游植物类群，硅藻、鞭毛藻、微单胞菌（*Micromonas*）、棕囊藻属和小型自养甲藻成为北冰洋中心海域的主要类群，且微微型和微型浮游植物的丰度为 $2.3\times10^3\sim5.6\times10^3$ cell/mL（Sherr et al.，2003）。随着季节的变化，北极海域的微型浮游生物呈现出明显的丰度变化。在北极中心海域，冬季的异养和自养微生物的丰度较低，但到夏季 6

月份，微型浮游植物的生物量开始增加，细菌和异养原生生物的丰度和生物量加倍，并在夏季末达到最大值（Sherr et al.，2003）。2002—2004 年春夏季北冰洋科考，微型浮游植物初级生产量和细菌生产量夏季比春季高且陆架区高于海盆区，同时 2004 年初级生产量高出 2002 年的 3 倍。2009 年，William 等发现加拿大海盆微微型浮游生物的丰度增加，微型浮游生物减少，海洋表层的浮游细菌丰度增加，但深海浮游细菌没有变化，认为海洋浮游生物小型化的趋势可能是对全球变暖的普遍响应。但是，北冰洋深海浮游细菌类群与表层不同，相对丰度较高的类群有 SAR11（α－变形杆菌）、SAR406、SAR202（绿屈挠菌）和 SAR324（δ－变形杆菌），而这些深海细菌群落分布与不同水团相耦合，可作为水团鉴定的一个重要指标。相关研究表明，海盆海水盐度的下降和泥沙的注入是影响北极近岸表层水微型浮游生物群落组成和多样性的决定性因素。此外，Holding 等基于生态代谢理论提出温度是北极自养型浮游生物和异养型浮游生物的转换开关。

冰藻是北极浮冰区最主要的生物类群，不同空间位置的冰藻类群差异明显，海冰上表层以雪藻为主，夏季北冰洋中心区的丰度峰值可达 $1.56\times10^5$ cells/mL；海冰上层自养鞭毛藻和孢子占优势，中下层优势种为羽纹硅藻，通常冰底生物量最高，可超过 1 000 μg C/L。1999 年秋季，格陵兰航次中，科学家曾在冰表层以下 50 cm 发现 10 cm 厚的有色层，生物量近 500 μg C/L；冰－水界面的优势种为北极直链藻（*Melosira arctica*），它能在春、夏季多年冰冰底形成长达数米的藻丝，分布约占海冰总覆盖面积的 2%，在北极浮冰区生态系统和碳的生物地球化学循环中起着十分重要的作用。然而，冬季对单一浮冰的研究结果显示，冰藻丰度、生物量和种类多样性都很低。

### 5.1.3.1 原核生物

1）细菌丰度和生物量

（1）白令海

中国第五次北极科学考察白令海 100 m 以浅细菌丰度分布范围如下：BL 断面 $0.32\times10^8$ ~ $8.87\times10^8$ cells/L；BN 断面 $1.67\times10^8$ ~ $20.81\times10^8$ cells/L；BS 断面 $1.3\times10^8$ ~ $5.59\times10^8$ cells/L（见图 5－105）。白令海 BL 与 BS 断面细菌丰度均呈现西低东高的分布特征，说明陆地对于细菌丰度的影响极为显著；而白令海峡处 BN 断面细菌丰度高值出现在中部，则表明太平洋陆架水对于白令海细菌丰度的影响强于阿纳德尔流与阿拉斯加沿岸流。

中国第六次北极科学考察白令海 100 m 以浅细菌丰度分布范围为：B 断面 $0.79\times10^8$ ~ $15.71\times10^8$ cells/L；NB 断面 $1.51\times10^8$ ~ $8.58\times10^8$ cells/L；BS 断面 $2.79\times10^8$ ~ $8.2\times10^8$ cells/L（见图 5－106）。B 断面细菌丰度高值区集中在 20 m 以浅水层；BS 断面西部表层 10 m 以浅出现极小值，极大值出现在相同站位 10 ~ 30 m 之间；NB 断面细菌丰度分布呈东西高中间低的趋势。

（2）楚科奇海

中国第五次北极科学考察楚科奇海细菌丰度范围为：R 断面 $0.71\times10^8$ ~ $14.25\times10^8$ cells/L；CC 断面 $1.41\times10^8$ ~ $16.33\times10^8$ cells/L（见图 5－107）。细菌丰度的高值区均出现在底部。

中国第六次北极科学考察楚科奇海细菌丰度范围为：R 断面 $2.10\times10^8$ ~ $9.79\times10^8$ cells/L；CC 断面 $1.87\times10^8$ ~ $10.17\times10^8$ cells/L（见图 5－108）。R 断面表层南部细菌丰度值较低，北部陆架区边缘较高；而在 70° N，40 m 处也出现高值。CC 断面细菌丰度高值区集中在

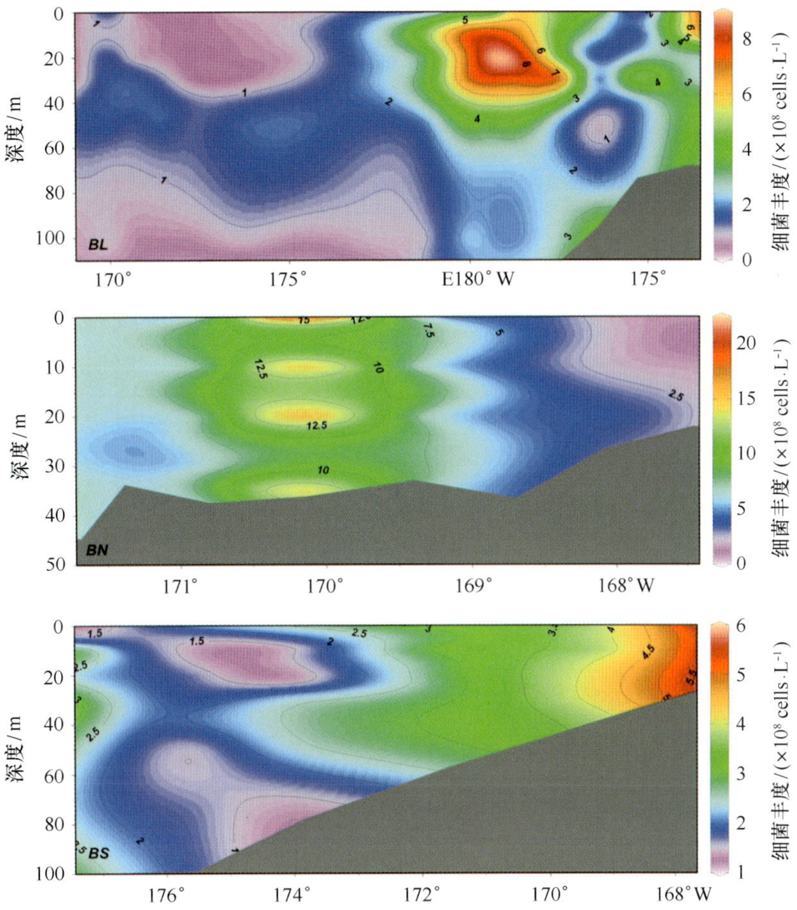


图 5-105 第五次北极科考白令海各断面细菌丰度经向垂直分布

南部的 10 m 至 60 m 水层，北部丰度较低。

（3）北冰洋中心区

中国第五次北极科学考察北冰洋中心区细菌丰度为 $0.54\times10^8$ ~ $2.84\times10^8$ cells/L（见图 5-109）。细菌丰度的高值区出现在 20~60 m 处，最高值在门捷列夫海岭附近，表层与底层丰度均较低。

中国第六次北极科学考察北冰洋中心区细菌丰度分布范围为：R 断面 $0.44\times10^8$ ~ $8.06\times10^8$ cells/L；S 断面 $0.63\times10^8$ ~ $5.7\times10^8$ cells/L（见图 5-110）。R 断面细菌丰度的高值集中在南部楚科奇海陆架区边缘 40 m 以浅，北部呈现低值；S 断面细菌丰度高值也出现在南部陆架区，并在陆架区边缘 40~80 m 处出现极大值，北部丰度较低。

（4）各海区比较

细菌丰度总体分布大致呈现白令海—楚科奇海—北冰洋中心区依次降低的趋势。在白令海，细菌丰度的最大值分布在白令海峡附近受太冰洋水影响的区域，说明相对于阿纳德尔流与阿拉斯加沿岸流，其对细菌丰度的影响最为显著。在楚科奇海，细菌丰度的高值区出现在底层，这可能是由于太平洋水在流经白令海峡进入楚科奇海之前内部的营养物质已被消耗殆尽，上层的低营养海水不足以支持高丰度的细菌。而在底层，由于再悬浮等作用的影响，使沉积物中的营养物质得以进入海水当中，促进了细菌的生长。而在最北部的北冰洋中心区，

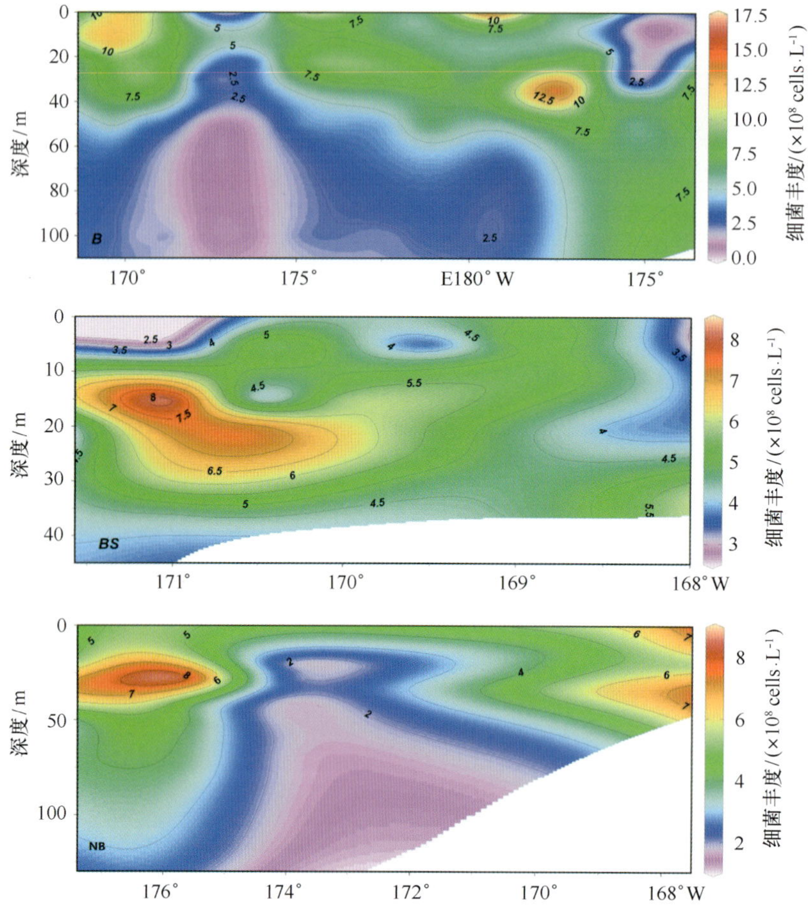


图 5-106　第六次北极科考白令海各断面细菌丰度经向垂直分布

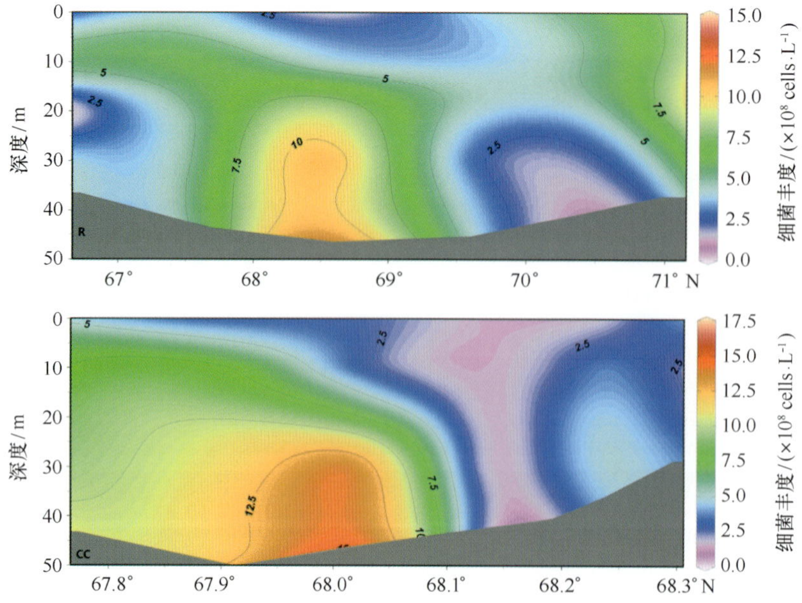


图 5-107　第五次北极科考楚科奇海各断面细菌丰度纬向垂直分布

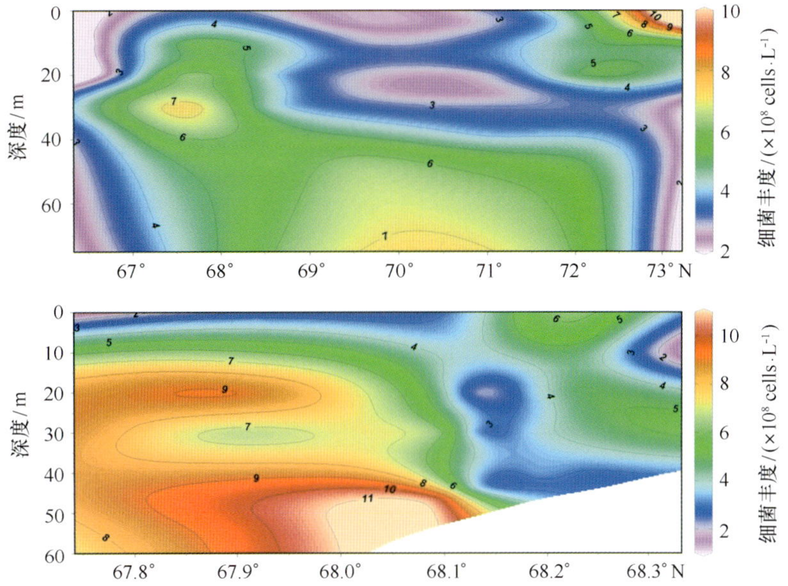


图 5－108　第六次北极科考楚科奇海各断面细菌丰度纬向垂直分布

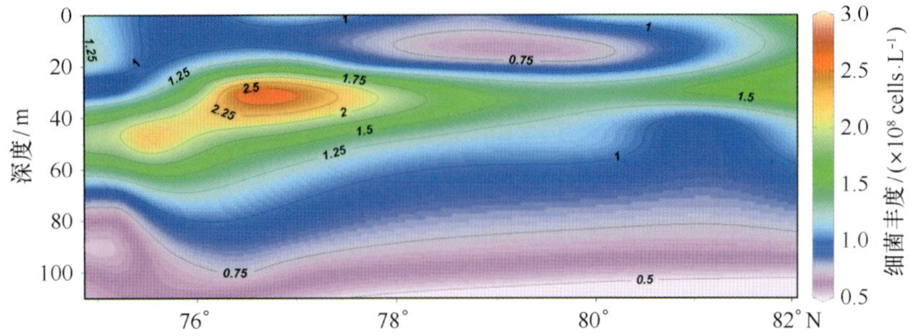


图 5－109　第五次北极科考北冰洋中心区细菌丰度纬向垂直分布

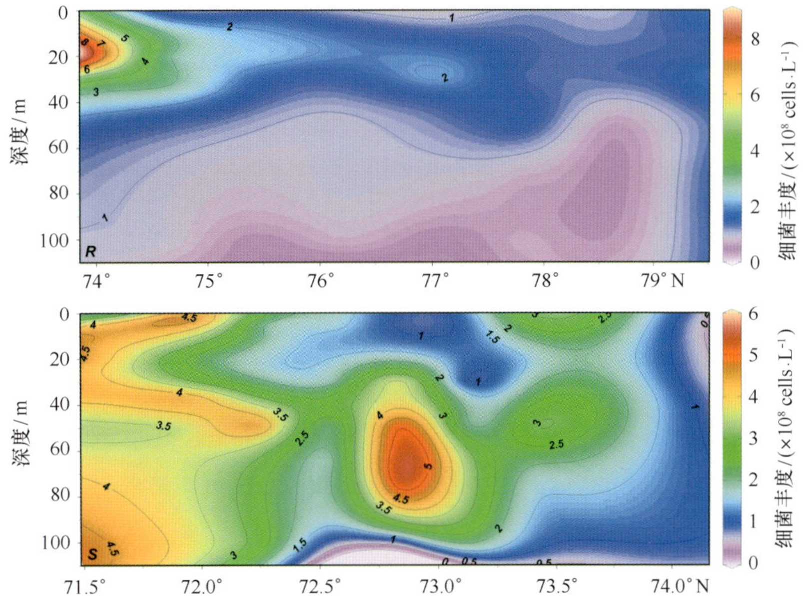


图 5－110　第六次北极科考北冰洋中心区细菌丰度纬向垂直分布

细菌丰度相对于南部海域呈现较低值。极大值出现在 20～40 m 而非表层，说明海冰的融化导致海水层化现象加剧，下层营养物质无法补充至表层海水，使得表层海水细菌丰度较低。

（5）各航次比较

第六次北极科考相对于第五次北极科考所得的细菌丰度的结果进行比较，在白令海，高值区有向西扩展的趋势。说明相对于 2012 年，2014 年阿拉斯加沿岸流有增强西扩的现象。在楚科奇海，细菌丰度的分布特征并没有太大的变化。但是 2014 年细菌丰度明显低于 2012 年第五次北极科考所得的结果。而在北部的北冰洋中心区，2014 年细菌丰度虽然要高于 2012 年所得结果，但是其向北延伸的范围要远小于 2012 年。这一切现象是否与阿拉斯加沿岸流的西扩有关，还需进一步的研究证明。

2）聚球藻蓝细菌丰度和生物量

（1）白令海

中国第五次北极科学考察白令海 100 m 以浅聚球藻蓝细菌丰度分布范围如下：BL 断面 0.01～15.61 cells/μL；BN 断面 0.01～0.07 cells/μL；BS 断面 0.01～4.73 cells/μL（见图5－111）。BL 断面聚球藻高值区分布在西部 40～60 m 处，东部丰度接近于 0；BS 断面高值出现在东部，并向西延伸；白令海峡处 BN 断面聚球藻丰度相对 BL、BS 断面较低，高值区出现在东部，说明阿拉斯加沿岸流的影响较为明显。

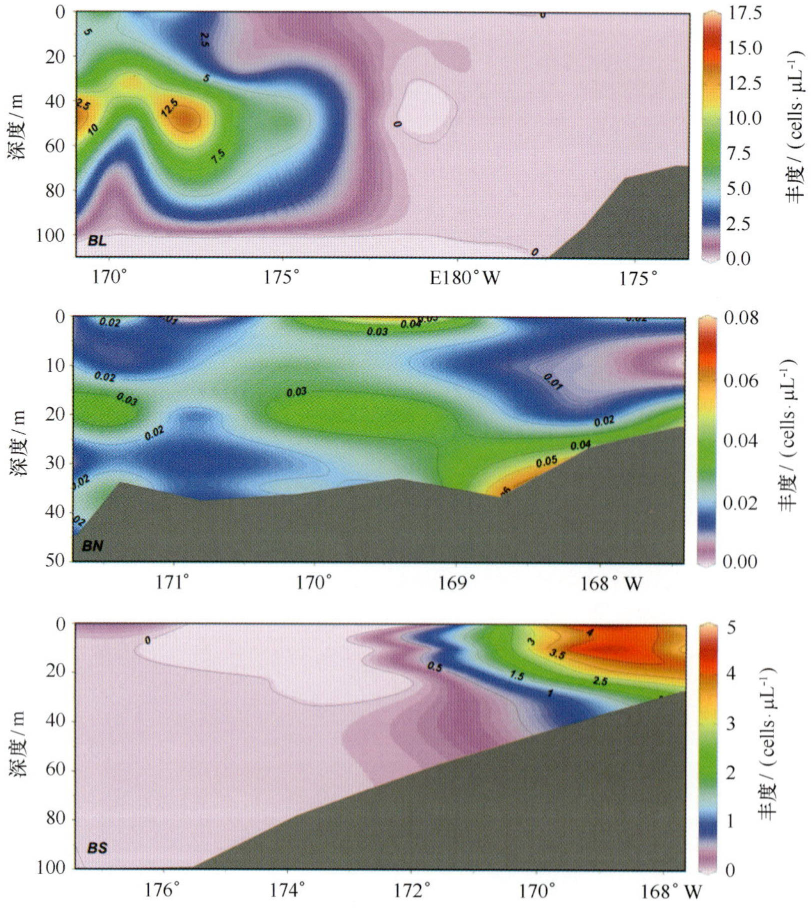


图 5－111　第五次北极科考白令海各断面聚球藻蓝细菌丰度经向垂直分布

中国第六次北极科学考察白令海 100 m 以浅聚球藻蓝细菌丰度分布范围如下：B 断面 0.16 ~21.42 cells/μL；NB 断面 0.32 ~4.93 cells/μL；BS 断面 0.31 ~1.4 cells/μL（见图 5 - 112）。

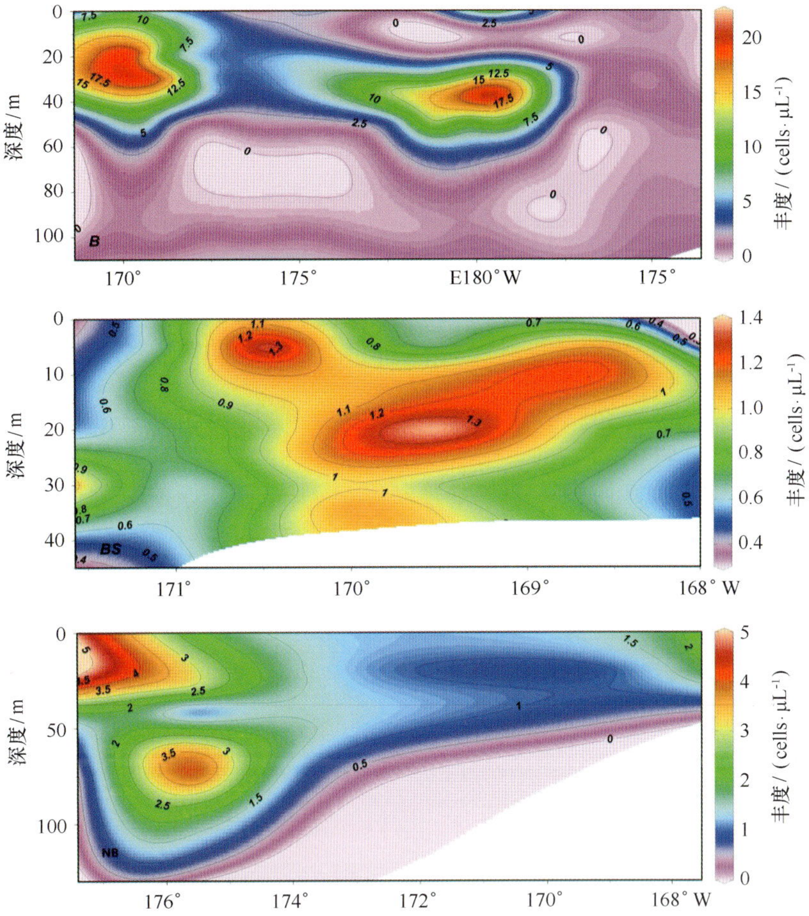


图 5 - 112 第六次北极科考白令海各断面聚球藻蓝细菌丰度经向垂直分布

(2) 楚科奇海

中国第五次北极科学考察楚科奇海聚球藻蓝细菌 R 断面分布为 0.01 ~0.07 cells/μL，CC 断面为 0.01 ~0.05 cells/μL（见图 5 - 113）。R 断面聚球藻高值区出现在 68° N 的 10 ~30 m 处，次高值出现在白令海峡附近底层以及北部陆架区边缘。CC 断面聚球藻高值也出现在底部，表层丰度较低。聚球藻在白令海峡附近底层出现丰度的低值区。

中国第六次北极科学考察楚科奇海聚球藻蓝细菌 R 断面分布范围为 0.22 ~3.88 cells/μL，CC 断面为 0.22 ~1.51 cells/μL（见图 5 - 114）。R 断面极大值出现在南部白令海峡附近 10 m 水层处，其他区域丰度较低。CC 断面聚球藻丰度高值出现在南部的 0 ~20 m 处以及北部的 30 m 处，中间水层丰度值较低。

(3) 北冰洋中心区

中国第五次北极科学考察北冰洋中心区聚球藻蓝细菌丰度在 0.01 ~2.88 cells/μL 之间（见图 5 - 115）。大部分海域聚球藻丰度接近于 0，高值区出现在门捷列夫海岭 20 ~40 m 处。

中国第六次北极科学考察北冰洋中心区聚球藻蓝细菌丰度分布范围为：R 断面 0.13 ~

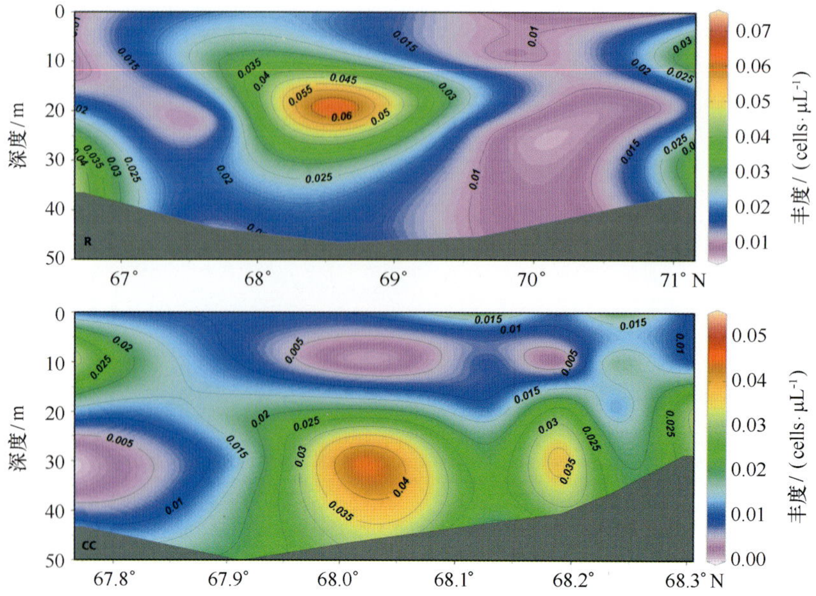


图5-113　第五次北极科考楚科奇海各断面聚球藻蓝细菌丰度纬向垂直分布

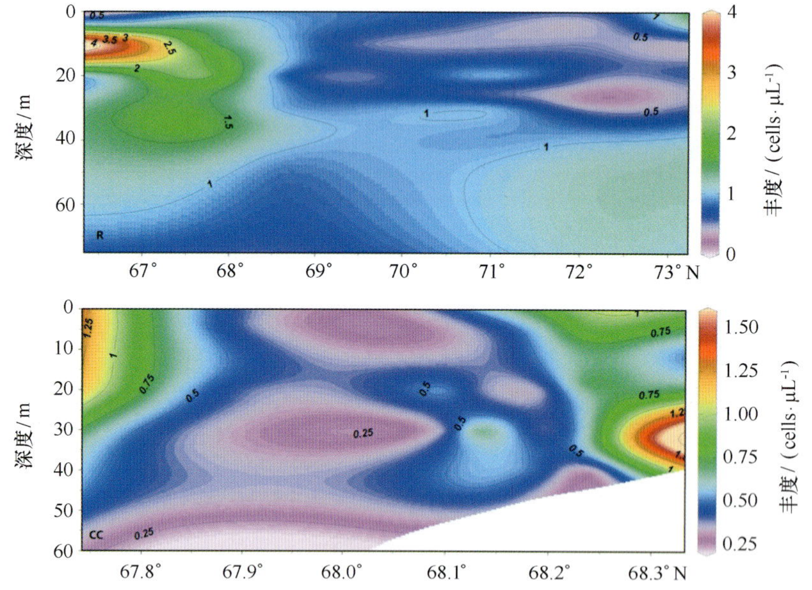


图5-114　第六次北极科考楚科奇海各断面聚球藻蓝细菌丰度纬向垂直分布

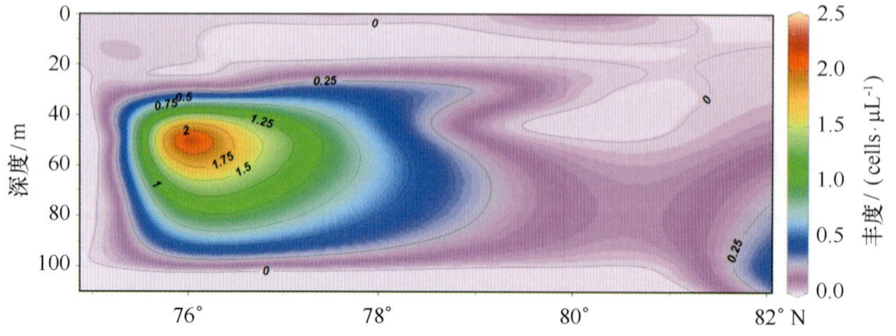


图5-115　第五次北极科考北冰洋中心区聚球藻蓝细菌丰度纬向垂直分布

18.06 cells/μL；S 断面 0.07 ~ 2.31 cells/μL（见图 5 - 116）。R 断面聚球藻丰度在 77° N 处出现高值，以此处为分界线，南部与北部丰度均接近于 0；S 断面聚球藻丰度的高值区出现在南部的陆架区边缘的 20 m 以浅，以及断面的最北部，而在 73°N 附近聚球藻丰度出现极小值。

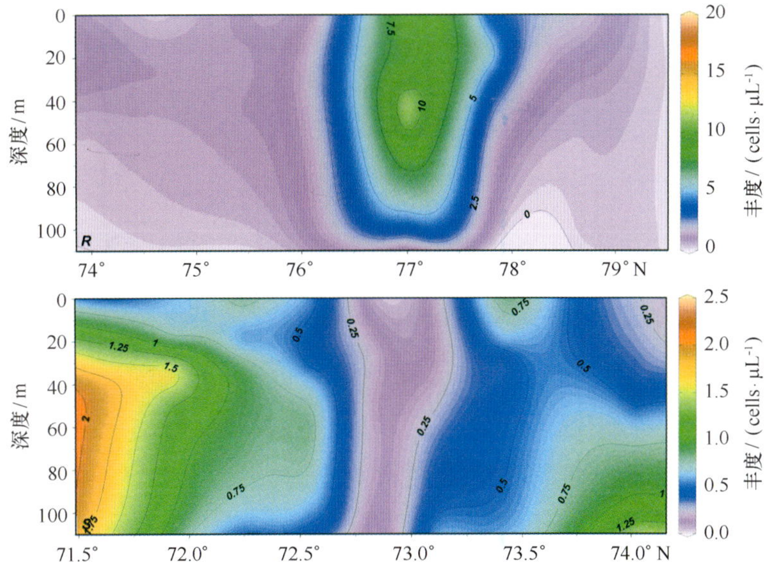


图 5 - 116 第六次北极科考北冰洋中心区聚球藻蓝细菌丰度纬向垂直分布

（4）各海区比较

聚球藻丰度总体分布为白令海最高，楚科奇海最低。门捷列夫海脊 M 断面和以北 SR14、SR15 站 30m 层左右出现的聚球藻分布也有可能与增强的 ACW 有关系。根据文献显示，北冰洋的聚球藻主要来自于地表径流或者是 ACW。但是，不管具体来源如何，聚球藻在高纬海域的出现显然是北极快速变化带来的效应之一，新种类的出现必然对北冰洋本地生态系统带来深远影响。

（5）各航次比较

2014 年中国第六次北极科学考察所得到的聚球藻丰度结果要明显高于 2012 年第五次北极考察所得结果。在白令海，尤其是白令海峡附近，聚球藻丰度的增长更为明显。在楚科奇海，2012 年聚球藻丰度的高值出现在中部陆架区，而在 2014 年，其高值区迁移至白令海峡附近以及北部陆架区边缘。

3）细菌群落多样性组成

使用罗氏 454 高通量测序技术对中国第五次北极科学考察期间在楚科奇海 R01、R02、R03、R04、R05 共 5 个站位 25 层水位的浮游细菌生物多样性进行分析（图 5 - 117）。

通过对样品的浮游细菌 alpha 多样性指数进行分析，R04 站位 30 m 水层生物多样性最丰富，其辛普森多样性指数最低（0.039 9），香农多样性指数最高（5.393 4）；R05 站位 40 m 水层的生物多样性最低，辛普森多样性指数为 0.765 4，香农多样性指数为 1.119 0。根据现有数据，R04 站位细菌多样性高于其他站位，辛普森多样性指数在 0.039 9 ~ 0.091 9 之间，香农多样性指数在 5.393 4 ~ 4.161 5 之间，最高值出现在 30 m 水层，最低值出现在 0 m 水层。R05 站位细菌多样性最低。

在此基础上，我们使用 97% 的相似度对分类操作单元进行分类，并在目的水平上对各站

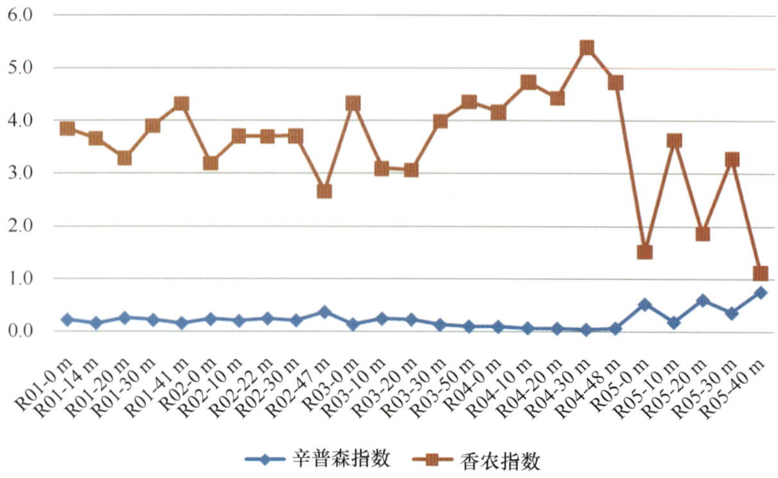


图 5－117　楚科奇海浮游细菌多样性指数折线图

位水层的群落结构组成进行分析，结果发现包括变形菌门（Proteobacteria）、拟杆菌门（Bacteroidetes）、蓝细菌门（Cyanobacteria）、放线菌门（Actinobacteria）等15个门的43个目的细菌类群在楚科奇海有分布。变形菌门为优势类群（图5－118）。

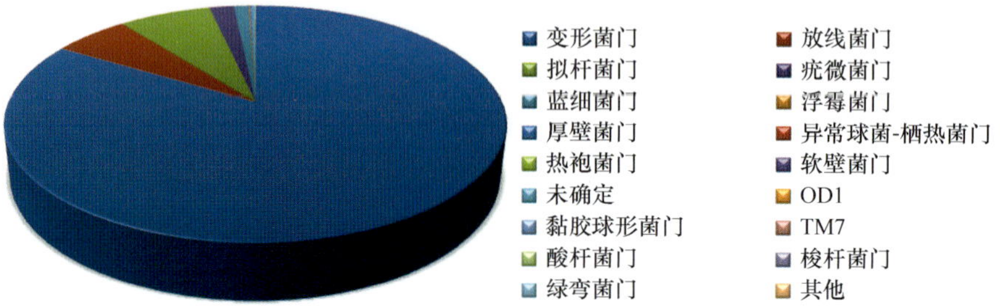


图 5－118　楚科奇海浮游细菌分布饼状图

### 5.1.3.2　微微型和微型真核浮游生物

1）微微型和微型真核浮游植物丰度和生物量

（1）白令海

中国第五次北极科学考察白令海微微型和微型真核浮游植物丰度分布范围为：BL断面0.11～26.67 cells/μL；BN断面1.38～18.21 cells/μL；BS断面0.1～25.06 cells/μL（见图5－119）。微微型和微型浮游植物主要分布在60 m以浅的真光层内。BL断面呈现西高东低的趋势；BS断面则相反，东部高于西部；BN断面整体丰度较低，主要集中在10 m以浅的表层。

中国第六次北极科学考察白令海微微型和微型真核浮游植物丰度分布范围为：B断面0.05～10.28 cells/μL；NB断面0.15～36.68 cells/μL；BS断面0.2～2.6 cells/μL（见图5－120）。B断面与NB断面真核浮游植物丰度高值区均分布在50 m以浅水层，50 m以深丰度接近0。BS断面真核浮游植物高值分布在中间区域，主要受太平洋水影响；而受阿纳德尔流与阿拉斯加沿岸流影响的区域丰度较中间低。

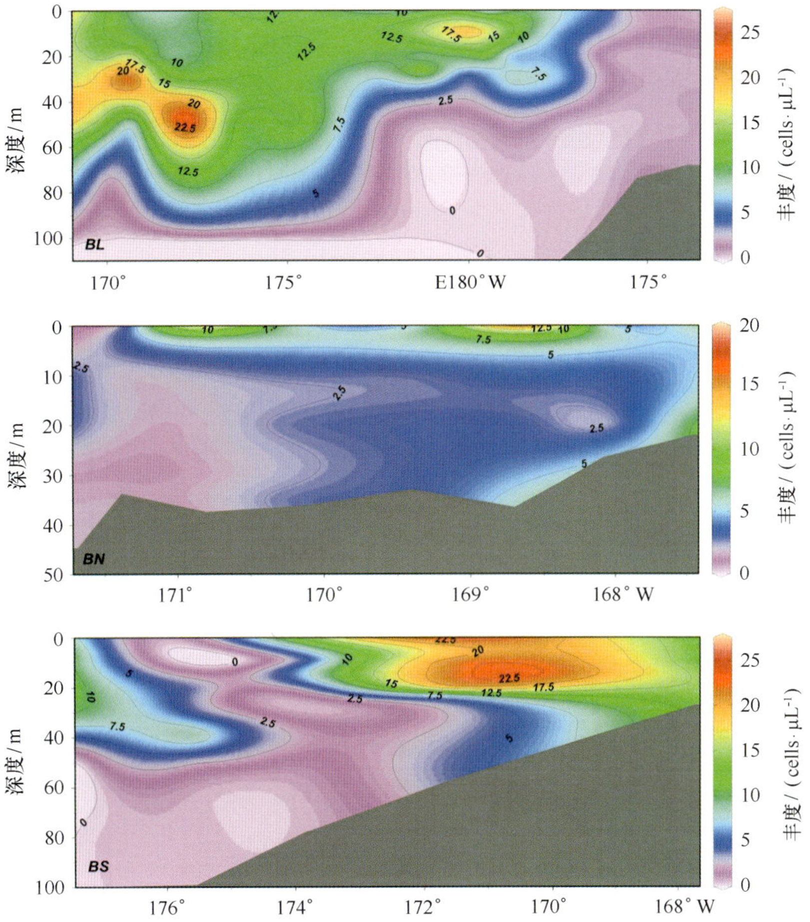


图 5 - 119　第五次北极科考白令海各断面微微型和微型真核浮游植物丰度经向垂直分布

（2）楚科奇海

中国第五次北极科学考察楚科奇海微微型和微型真核浮游植物丰度为：R 断面 0.47 ~ 6.42 cells/μL；CC 断面 0.64 ~ 10.87 cells/μL（见图 5 - 121）。R 断面真核浮游植物的最大值出现在北部陆架边缘，在白令海峡附近则出现次大值；CC 断面南部真核浮游植物丰度接近于 0，北部靠近陆地的海区丰度较高。

中国第六次北极科学考察楚科奇海微微型和微型真核浮游植物丰度为：R 断面 0.21 ~ 8.51 cells/μL；CC 断面 0.13 ~ 10.86 cells/μL（见图 5 - 122）。真核浮游植物极大值出现在 68° N，40 m 处，表层 0 ~ 20 m 处在相当大的范围内出现了次高值；南部白令海峡附近以及北部陆架区边缘处丰度则较低。CC 断面真核浮游植物极大值集中在北部水层表层，并向下延伸至 40 m 处；北部极大值与南部极小值之间存在较为明显的丰度锋面。

（3）北冰洋中心区

中国第五次北极科学考察北冰洋中心区微微型和微型真核浮游植物丰度分布范围为 0.01 ~ 6.65 cells/μL（见图 5 - 123）。表层真核浮游植物丰度较低，南部接近于 0，向北丰度值逐渐升高；高值区出现在 20 m 以下水层；80 m 以下水层真核浮游植物丰度由南向北逐渐降低。

中国第六次北极科学考察北冰洋中心区微微型和微型真核浮游植物丰度分布范围为：R 断面 0 ~ 3.02 cells/μL；S 断面 0.01 ~ 1.72 cells/μL（见图 5 - 124）。R 断面的真核浮游植物

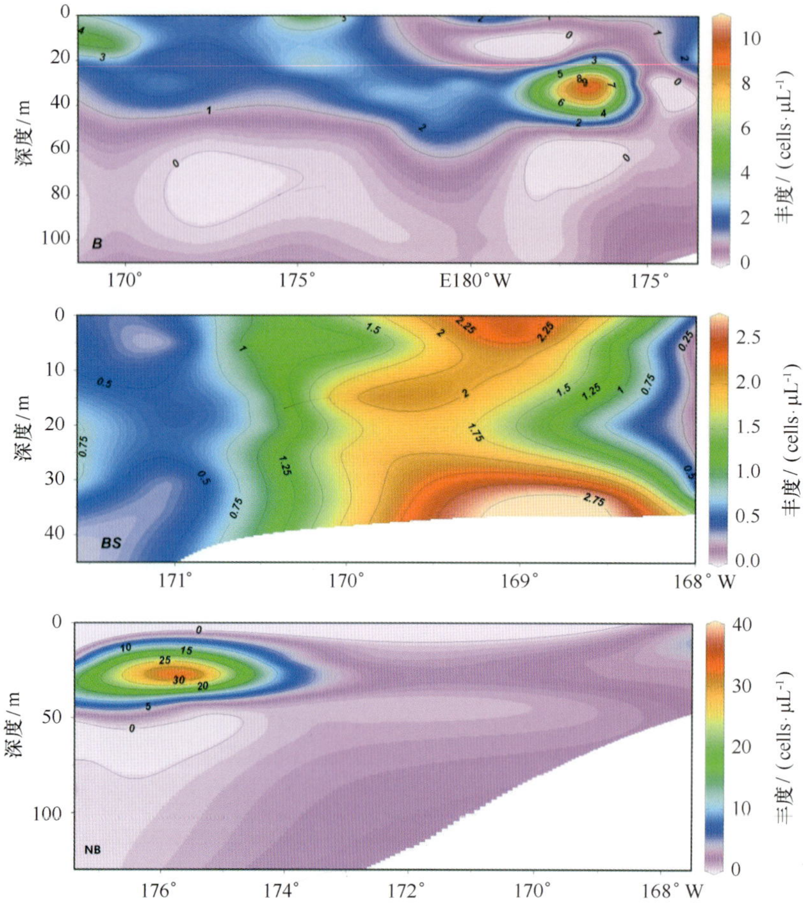


图 5－120　第六次北极科考白令海各断面微微型和微型真核浮游植物丰度经向垂直分布

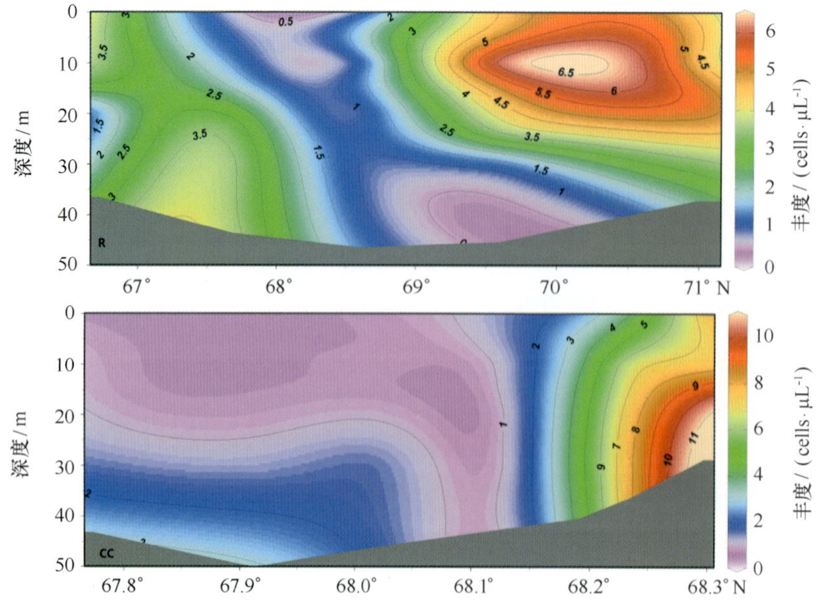


图 5－121　第五次北极科考楚科奇海各断面微微型和微型真核浮游植物丰度纬向垂直分布

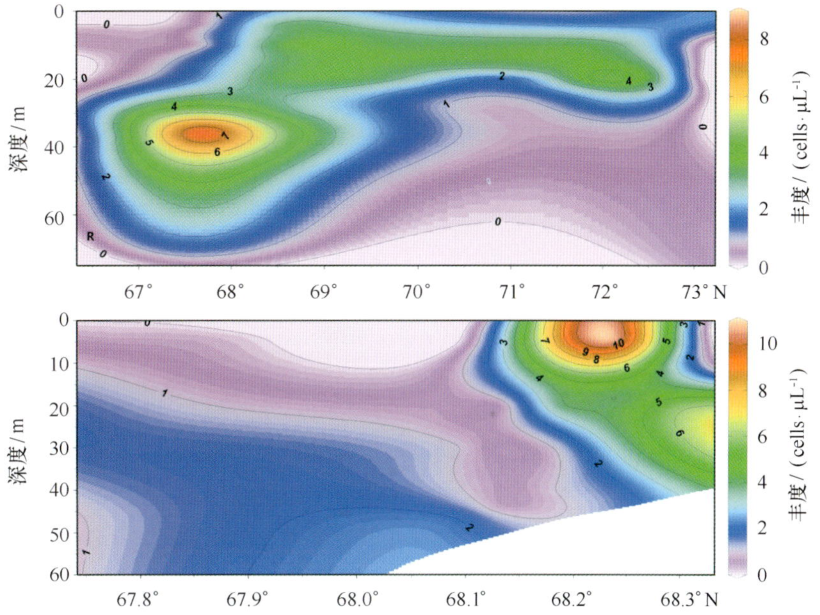


图 5－122 第六次北极科考楚科奇海各断面微微型和微型真核浮游植物丰度纬向垂直分布

在表层 10 m 以浅以及 100 m 深处均出现极小值，丰度接近于 0，而高值区出现在断面的 20～80 m 处，极大值出现在 77°N 附近；S 断面真核浮游植物高值区出现在 72.5°—74°N 之间，南部陆架区，特别是 40 m 以深，呈现低值。

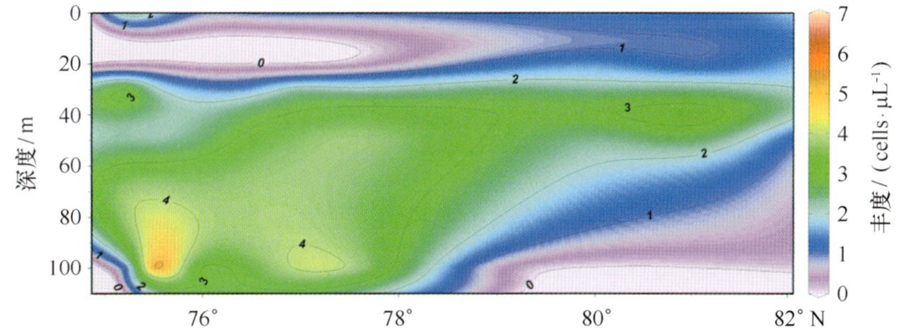


图 5－123 第五次北极科考北冰洋中心区微微型和微型真核浮游植物丰度纬向垂直分布

(4) 各海区比较

中国第六次北极科学考察期间，调查海域微微型真核浮游植物（P－euk）表层丰度较低，普遍在 5 cells/μL 以下。在白令海，其高值区主要位于白令海盆和阿拉斯加沿岸，从白令海陆坡到白令海陆架区，表层受极地冷水团的影响，P－euk 丰度降低。在楚科奇海和加拿大海盆海域，表层主要受低温融冰水影响，P－euk 普遍低于 1 cells/μL，只有在阿拉斯加沿岸流强影响区域 CC 断面，P－euk 表层丰度高于 1 cells/μL 并达到 4 cells/μL 左右，说明 P－euk 适合于在高温低盐低营养盐的阿拉斯加沿岸水中生长。

(5) 各航次比较

白令海高丰度 P－euk 相比 2008 年和 2010 年中国第三次北极科学考察和第四次北极科学考察而言总体向北推进。这种分布可能主要受表层水温度影响，由于今年海冰退缩情况严重，

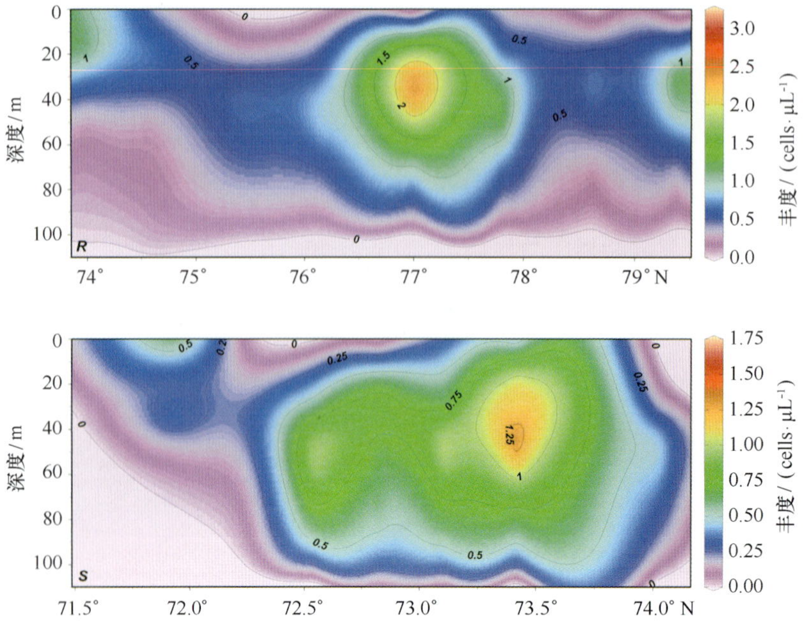


图 5-124 第六次北极科考北冰洋中心区微微型和微型真核浮游植物丰度纬向垂直分布

融冰冷水影响范围减小，整个白令海暖水范围扩大，带来整体浮游植物丰度高值区向北推进。具体情况还有待测区温度数据的进一步证实。同时在白令海峡同样观测到 P-euk 高值区（>2.5 cells/μL）的影响增大，而在白令海峡，前两次考察的结果显示高丰度 P-euk 主要分布于阿拉斯加沿岸水（ACW）中，高丰度 P-euk 的范围增大是否显示 ACW 在白令海峡的比例增加。假如 ACW 在白令海峡影响增大，那么意味着北冰洋太平洋入流中高温低盐低营养水（ACW）输入增加，对北冰洋的营养盐输入带来重要影响，肯定会对北冰洋生态系统带来深远影响。

但是楚科奇海 CC 断面和 R 断面的观测结果并不支持这一论断，在 CC 断面和 R 断面的 P-euk 观测结果中显示高丰度（>2.5 cells/μL）很少，显示 ACW 的影响范围并没有得到增强，因此具体的情况还需结合水文数据进一步分析。

2）微型和微微型浮游植物群落结构和色素组成

（1）白令海

叶绿素 a 和岩藻黄素（Fuco）为白令海域的主要光合色素，其浓度分布如图 5-125 所示。白令海检测的 8 个站位的次表层总叶绿素 a 的平均水平是 307.05 ng/L。白令海的不同站位的浮游植物叶绿素 a 浓度不同。BL15 站位的次表层浮游植物的叶绿素 a 的浓度出现最高值，为 639.03 ng/L；BN04 站位次表层浮游植物的叶绿素 a 的浓度出现最低值，为 177.22 ng/L。其中 BL15、BL16 和 BM01 站位的叶绿素 a 明显高于 BN03、04、05、06 和 08 站位。BN 断面的五个站位之间，纬度和叶绿素 a 浓度都相差不大。除叶绿素 a 外，白令海海域检测区域的次表层，还发现了 Fuco 的大量存在，平均浓度 424.21 ng/L。随着纬度变化，不同站位差异明显，从 BL15 到 BN08 站位该色素的浓度变化范围为 113～1 391 ng/L。

各站位总叶绿素 a 和 Fuco 随纬度的变化表现出明显的变化，规律是随着纬度的增加而降低（图 5-126）。分级分析中微微型浮游植物、微型浮游植物和小型浮游植物的叶绿素 a 水平分别是 75.05 ng/L、192.27 ng/L、39.73 ng/L。不难发现，微型浮游植物对总叶绿素 a 的贡献率最大，其次是微微型浮游植物，最后是小型浮游植物，这一规律在所有的站位都有发现。

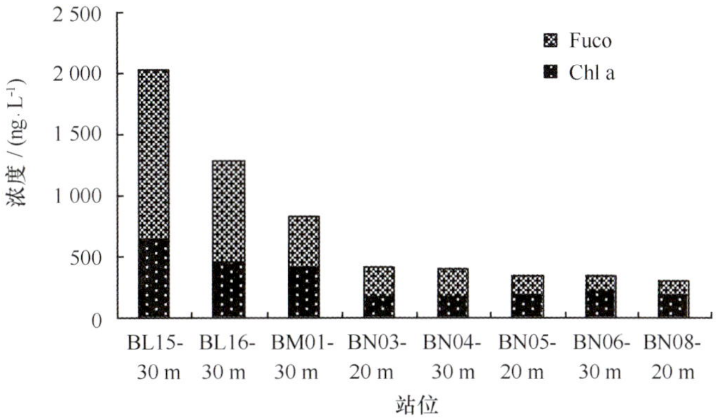


图 5－125　各站位不同粒径叶绿素 a 和岩藻黄素浓度

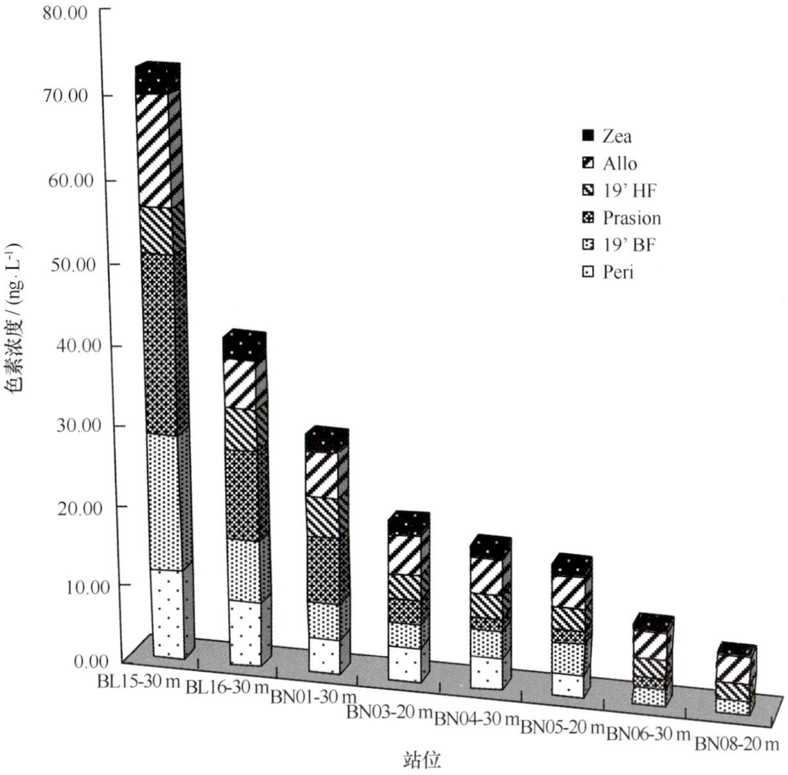


图 5－126　其他标志色素浓度

除 Chl a 和 Fuco 外，白令海海域还检测到了其他种标志色素的存在，分别有 Peri、19′BF、Prasino、19′HF、Allo 和 Zea。它们的变化趋势也是明显随着纬度的降低而增加。Peri 的浓度平均为 4.40 ng/L，BN06 和 08 站位未检出；19′BF 的平均浓度为 5.48ng/L，最大值在 BL15 站位，为 17.16 ng/L；Prasino 的平均浓度为 6.18 ng/L，BN08 站位未检出；19′HF 在各个站位均有检出，含量略低，平均浓度为 3.62 ng/L；Allo 平均浓度为 5.65 ng/L，BL15 站位含量最高，为 13.35 ng/L；Zea 相对含量较低，除 BN08 站位外均有检出，平均浓度为 1.56 ng/L。

白令海检测海域浮游植物优势类群对总 Chl a 的贡献率，如图 5－127 所示。微微型浮游藻类和微型浮游植物对浮游植物的贡献率最高的类群均是硅藻，贡献率分别是 50.8% 和 77.1%，其他浮游植物类群（青绿藻、甲藻、隐藻、绿藻、蓝藻、N 型和 S 型定鞭金藻）也在该海域均有发现。

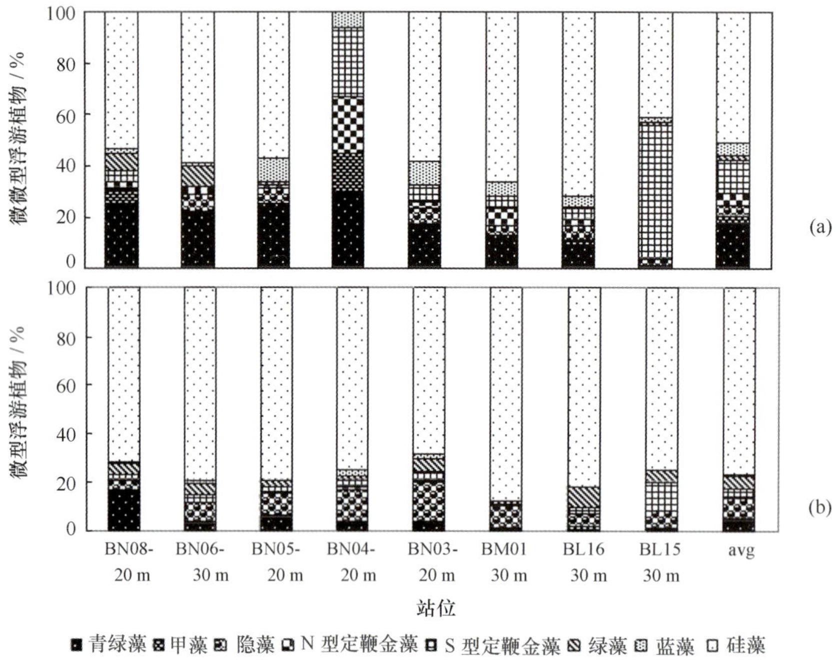


图 5－127　不同级别浮游藻类对总 Chl a 的贡献率

微微型浮游植物主要类群对总叶绿素 a 的贡献率见图 5－127a。BN04 站位次表层没有微微型硅藻的检出，该站位的优势类群是定鞭金藻，N 型和 S 型定鞭金藻在该站位次表层对浮游植物的贡献率达到了 49.6%。同样，在 BL15 站位的次表层，S 型定鞭金藻对总叶绿素 a 的贡献率达到了 52.2%，而并没有检测出 N 型定鞭金藻的存在。定鞭金藻对其他站位浮游植物的贡献率则很低，均不足 15%。青绿藻是典型的微微型浮游藻类，在微微型浮游植物类群中的贡献不俗，其中 BN 断面均超过 15%，最大在 BN04 站位次表层，为 29.7%，BM01 和 BL16 两个站位分别为 12.6% 和 8.8%，BN15 站位青绿藻检出很少，为 1.4%。只有 BN08 和 BN04、BL16 三个站位有甲藻的检出，因为甲藻多为小型浮游植物。隐藻、绿藻和蓝藻均有少量检出，平均都不足 5%。

微型浮游植物的主要类群对总叶绿素 a 的贡献率如图 5－127b 所示。由图可知，白令海海域微型浮游植物的主要类群是硅藻，平均为 77%，多于微微型浮游藻类硅藻的贡献，其中 BN03 站位次表层硅藻贡献率最大为 87.6%，BN04 站位贡献率最小为 68.5%。隐藻对微微型浮游藻类的平均贡献率超过 5%，为 8.5%，明显大于微微型浮游植物的贡献率。其余类群，青绿藻、甲藻、N 型和 S 型定鞭金藻和蓝藻对该海域微微型浮游植物的贡献率均小于 5%。

（2）楚科奇海

通过 HPLC 分析 2012 年楚科奇海区 R 断面 5 个站位的表层和次表层的光合色素的种类和丰度，发现 Chl a 和 Fuco 两种色素的平均浓度较其他色素高很多，分别达到了 994.51 ng/L

和619.82 ng/L的水平，如图5-128所示，说明这两种色素较其他光合色素在楚科奇海区大量存在。

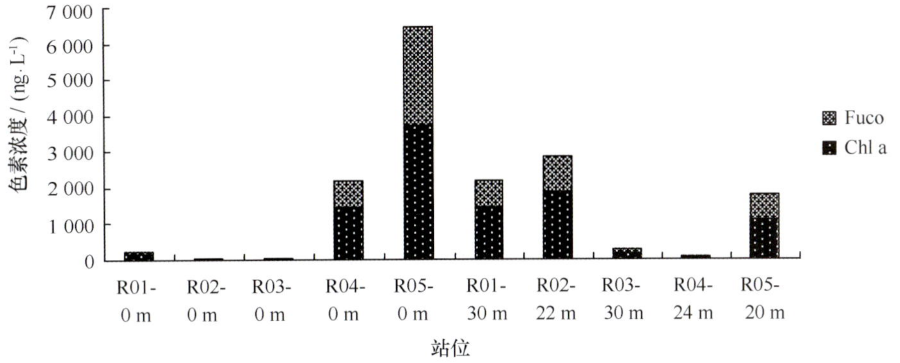


图5-128 楚科奇海两种主要光合色素的浓度

由图5-128可知，在楚科奇海调查的海域Chl a的差异较大，R05站位表层出现最高值3.71 μg/L，除R05站位表层出现了浓度小于次表层的规律，R05站位的环境数据显示，该站位表层低温高盐高营养盐，溶解性硅含量极高，Fuco的含量在该站位表层也出现了最高值2.82 μg/L。除R04和R05站位Fuco的浓度次表层高于表层外，由以上可知，在楚科奇海区有着丰富的浮游藻类，其中硅藻占有优势地位。

除Chl a和Fuco以外，研究分析还得到了含量稍微低的其他几种标志色素，分别是Chl b、Prasino、Zea、Allo、19′HF、19′BF、Peri，如图5-129所示。

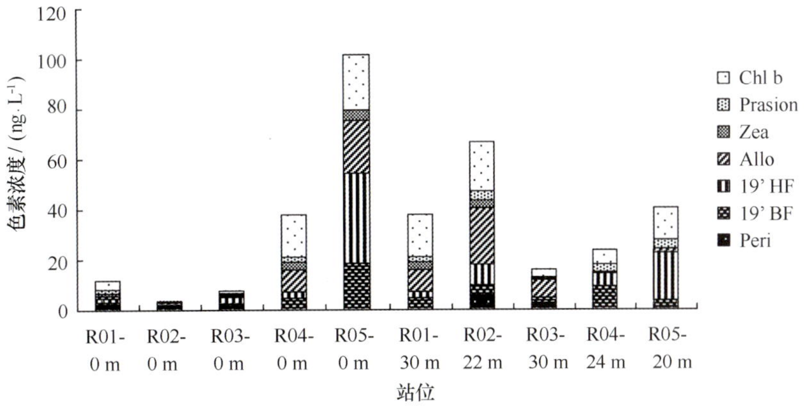


图5-129 楚科奇海标志色素的浓度

由图5-129可知，Chl b在楚科奇海R05站位表层出现极大值22.2 ng/L，R02站位没有检测到，在表层色素水平低于次表层。Prasino在R02站位表层和Chl b色素一样没有检出，其他站位的各个水层都有检出，但含量较低，最高值出现在R02站位次表层为3.84 ng/L。Zea浓度的最高值出现在R05站位表层，为4.14 ng/L，在R04和R05站位次表层没有检测到，其他均有微量的检出。

Allo色素在各个站位均有少量的检出，其中最高值在R05站位表层为21.00 ng/L，分布特征不明显，在R02和R03站位次表层高于表层，其他站位反之。在R04、05站位表层和R01和04站位的次表层Peri没有检出，其他站位最高值在R02站位次表层5.49 ng/L。由图

5－129 可知，19′HF 和 19′BF 的浓度的最大值均在 R05 站位，分别是 35.70 ng/L 和 18.60 ng/L，在 R02 站位表层没有检测到 19′BF，其他站位的两个水层均检出这两种色素。对于 19′BF，除 R05 站位外，其他站位均表现出表层含量低于次表层，19′HF 色素除 R03 和 R05 外也表现出相同的趋势。

根据色素分析结果，CHEMTAX 软件根据各个藻纲初始色素与 Chl a 的比值，利用程序因子分析和最陡下降算法找到样品最符合的藻类的群落组成。不同级别的浮游植物的主要类群对总 Chl a 贡献如图 5－130 所示。微型浮游藻类中硅藻仍占有很大的比例，在表层对 Chl a 的贡献率达到 74.8%，次表层 72.1%，在表层隐藻有 6.4% 的贡献，绿藻 5.9%，定鞭金藻 10.1%；而次表层隐藻 10.7%，绿藻 4.1%，定鞭金藻 7.5%，其他类别也有微量的检出。微微型浮游藻类中同样检出大量的硅藻，表层对 Chl a 的贡献率 37.8%，次表层 49.2%，这一级别的浮游藻类中发现了青绿藻和蓝藻占有很明显的比率，表层青绿藻占 15.1%，蓝藻 5.3%；次表层青绿藻 11.7%，蓝藻 7.1%，这较蓝藻对 Chl a 的贡献要偏低。除此之外定鞭金藻贡献率也比较大，在表层 34.2%。次表层 16.0%，N 型占有的比例较大。

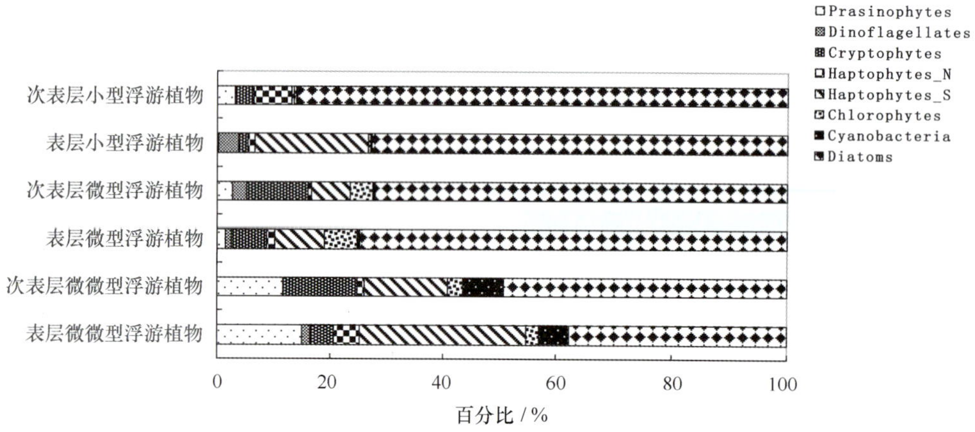


图 5－130　不同级别浮游藻类对总 Chl a 的贡献率

（3）各海区比较

白令海及楚科奇海中浮游植物的量均很丰富，且在微型及微微型类群中均是硅藻占优势，而优势度随着纬度的增加而降低；微型浮游植物中的定鞭金藻及微微型浮游植物中的青绿藻也均具有相当优势。

3）微型和微微型浮游植物多样性组成

使用罗氏 454 高通量测序技术对 2012 年北极科学考察期间在楚科奇海采集的 R01、R02、R03、R04、R05 共 5 个站位 22 层水位的微微型浮游生物多样性进行分析。

通过对样品的 alpha 多样性指数进行分析（图 5－131），在所测样品中 R03 站位 20 m 水层生物多样性最丰富，辛普森多样性指数最低（0.084 2），香农多样性指数最高（4.183 9）；R04 站位 10 m 水层的生物多样性最低，辛普森多样性指数最高（0.657 3），香农多样性指数最低（1.199 0）。

我们对 2012 年楚科奇海微型真核浮游生物群落结构进行研究，进而使用 97% 的相似度对分类操作单元进行分类，分类操作单元数目少于 10 的作为一组标为“其他（Others）”，数据库中没有相关信息的分类操作单元归为一组标为“未确定地位（Unclassified）”。结果发现

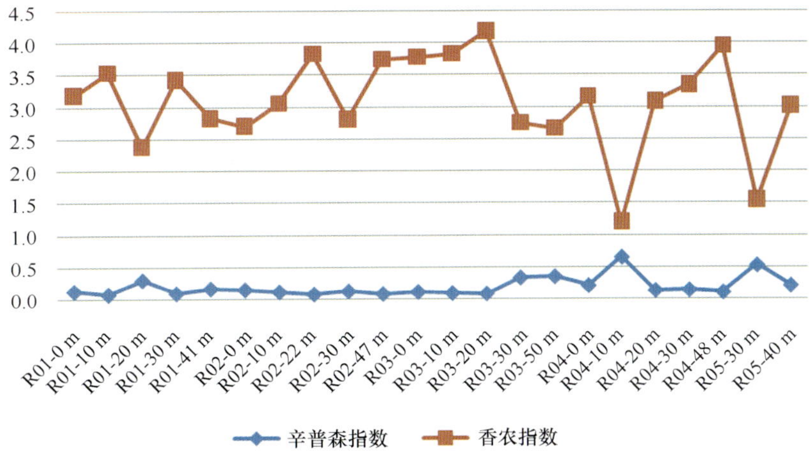


图 5－131 楚科奇海微微型浮游生物多样性指数折线图

楚科奇海有绿藻门、链形植物门、硅藻类、褐藻门和黄藻门共 5 门 11 纲 13 目 66 属的微型浮游植物分布，其中绿藻门相对丰度最高（图 5－132）。

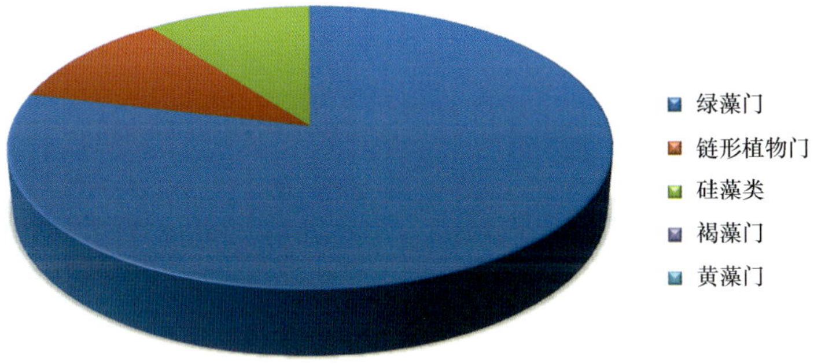


图 5－132 楚科奇海微微型浮游植物分布饼状图

### 5.1.3.3 微型和微微型浮游生物对环境变化的响应

（1）微型和微微型浮游生物生物量与环境因子的相关性

从第五次北极科学考察楚科奇海微微型真核浮游植物种类组成（分类到属）的结果来看，楚科奇海主要微微型真核浮游植物优势种包括微胞藻属（*Micromonas*）、金藻属（*Poterioochromonas*）、角毛藻属（*Chaetoceros*）和环沟藻属（*Gyrodinium*），还有隐球菌属（*Cryptococcus*）和海洋丝足虫属（*Cryothecomonas*）等真菌和原生动物。利用各类微微型真核浮游生物分类操作单元（OTUs）的相对丰度，结合环境参数，对微微型真核浮游生物优势类群相对丰度的影响因素进行分析，主要结果如表 5－14 所示。

相关性分析结果显示金藻属浮游植物相对丰度与铵盐之间存在显著正相关关系而与异养细菌丰度之间存在显著负相关关系。金藻属浮游植物相对丰度与铵盐之间的正相关关系说明微微型浮游金藻优先利用的营养盐为铵盐，而与异养细菌之间的负相关关系说明浮游金藻和异养细菌之间存在生存空间的竞争关系。同时，相关性分析结果显示微胞藻属浮游植物相对丰度与硝酸盐浓度存在显著的负相关关系，而且微胞藻属相对丰度与 Net 级（$>20\ \mu m$）以及 Pico 级（$<2\ \mu m$）的叶绿素 a 浓度之间都有显著负相关关系。说明微胞藻属浮游植物可能

表 5-14　第五次北极科学考察楚科奇海微微型真核浮游生物优势类群(属)相对丰度和环境因子的相关性分析(Spearsman)

| 优势类群 | | 采样深度 | 聚球藻丰度 | 微微型真核类丰度 | 异养细菌丰度 | 温度 | 盐度 | 亚硝酸盐 | 铵盐 | 硝酸盐 | 硅酸盐 | 磷酸盐 | 总叶绿素 | 叶绿素(>20 μm) | 叶绿素(2~20 μm) | 叶绿素(<2 μm) |
|---|---|---|---|---|---|---|---|---|---|---|---|---|---|---|---|---|
| 金藻属 *Poterioochromonas* | 相关系数 | 0.299 | 0.286 | 0.389 | -0.460* | -0.242 | 0.227 | 0.392 | 0.508* | 0.292 | 0.165 | 0.359 | -0.217 | -0.159 | -0.239 | -0.154 |
| | 概率(*P* 值) | 0.176 | 0.196 | 0.074 | 0.031 | 0.277 | 0.310 | 0.071 | 0.016 | 0.187 | 0.542 | 0.101 | 0.332 | 0.504 | 0.311 | 0.516 |
| 微胞藻属 *Micromonas* | 相关系数 | -0.323 | -0.327 | -0.106 | 0.113 | 0.120 | -0.351 | -0.369 | -0.239 | -0.491* | 0.359 | -0.275 | -0.409 | -0.548* | -0.207 | -0.498* |
| | 概率(*P* 值) | 0.143 | 0.137 | 0.638 | 0.617 | 0.594 | 0.109 | 0.091 | 0.284 | 0.020 | 0.172 | 0.215 | 0.059 | 0.012 | 0.381 | 0.025 |
| 隐球菌属 *Cryptococcus* | 相关系数 | -0.015 | -0.012 | 0.117 | 0.009 | -0.104 | 0.322 | 0.233 | -0.082 | 0.275 | -0.262 | 0.018 | 0.613** | 0.748** | 0.248 | 0.518* |
| | 概率(*P* 值) | 0.946 | 0.958 | 0.604 | 0.968 | 0.644 | 0.144 | 0.296 | 0.717 | 0.215 | 0.327 | 0.938 | 0.002 | 0.000 | 0.291 | 0.019 |
| 角毛藻属 *Chaetoceros* | 相关系数 | 0.303 | 0.310 | 0.136 | -0.287 | -0.231 | 0.432* | 0.391 | 0.350 | 0.490* | -0.182 | 0.316 | 0.386 | 0.423 | 0.051 | 0.381 |
| | 概率(*P* 值) | 0.170 | 0.161 | 0.546 | 0.195 | 0.301 | 0.045 | 0.072 | 0.111 | 0.021 | 0.499 | 0.152 | 0.076 | 0.063 | 0.831 | 0.097 |
| 环沟藻属 *Gyrodinium* | 相关系数 | 0.007 | 0.010 | 0.016 | -0.249 | 0.185 | -0.185 | -0.053 | 0.225 | -0.123 | 0.344 | 0.008 | -0.521* | -0.642** | -0.427 | -0.292 |
| | 概率(*P* 值) | 0.976 | 0.966 | 0.943 | 0.265 | 0.411 | 0.409 | 0.815 | 0.314 | 0.587 | 0.192 | 0.972 | 0.013 | 0.002 | 0.060 | 0.212 |
| 海洋丝足虫属 *Cryothecomonas* | 相关系数 | 0.095 | 0.096 | 0.031 | -0.318 | -0.133 | 0.132 | 0.253 | 0.264 | 0.153 | 0.188 | 0.158 | 0.050 | 0.038 | -0.334 | 0.016 |
| | 概率(*P* 值) | 0.673 | 0.671 | 0.891 | 0.149 | 0.556 | 0.557 | 0.256 | 0.236 | 0.498 | 0.485 | 0.483 | 0.824 | 0.872 | 0.150 | 0.947 |

备注：*代表显著相关，**代表极显著相关。

更喜欢低硝酸盐也就是寡营养环境，这与现在北冰洋中心区的很多相关报道相吻合。同时，微胞藻相对丰度与叶绿素 a 浓度之间的负相关关系说明了浮游植物本身之间的竞争关系，大粒级浮游植物的生长会限制作为微微型浮游植物的微胞藻的生长旺发。角毛藻属浮游植物的相对丰度则与盐度和硝酸盐浓度之间存在显著的正相关关系。角毛藻与盐度和硝酸盐浓度之间的正相关关系可能与楚科奇海的水团组成有关，在楚科奇海的三大水团（阿纳德尔水、白令海陆架水和阿拉斯加沿岸水）当中，盐度最高的水团为阿纳德尔水，同时其具有高营养盐的特征，而盐度最低的阿拉斯加沿岸水营养盐浓度也低，因此，角毛藻可能主要生长在楚科奇海高盐和高营养盐的阿纳德尔水当中。环沟藻类浮游植物除了与叶绿素 a 浓度尤其是 Net 级（>20 μm）叶绿素 a 浓度之间存在显著负相关关系以外，与其他环境因子之间没有显著的相关关系。环沟藻属浮游植物隶属于甲藻门（Pyrrophyta）裸甲藻科（Gymnodiniaceae），主要种类为单细胞藻类，因此在大颗粒浮游植物旺发的情况下生长会被限制。

而作为真菌类的隐球菌属，其相对丰度和叶绿素 a 浓度尤其是 Net 级（>20 μm）叶绿素 a 浓度之间存在极显著的正相关关系。由于隐球菌类真菌主营寄生生长，与叶绿素 a 浓度尤其是大粒级浮游植物生物量之间的显著相关性有两种可能，一是隐球菌类真菌可能的宿主是大粒级的浮游植物，浮游植物生物量越大，隐球菌的相对丰度也越高；另外一种可能是虽然隐球菌类真菌的宿主可能不是浮游植物，而是由浮游植物供养的底栖或者浮游动物，但是浮游植物生物量越大，能供养的浮游动物或者底栖动物也越多，作为寄生生物的隐球菌相对丰度也越高。而作为有孔虫界丝足虫门的海洋丝足虫属，与主要环境因子之间都没有显著的相关关系。

（2）微型和微微型浮游生物结构组成和环境因子的相关性

利用主要微微型浮游生物类群的相对丰度（OTUs）和环境因子做典型相关分析，可以对楚科奇海微微型浮游生物群落组成和分布的影响因素进行探讨。第五次北极科学考察楚科奇海微微型真核浮游生物相对丰度和环境因子之间的典型相关分析结果如图 5－133 所示。提取出来的变量一和变量二对应的解释度分别是 57.9% 和 17.8%，两轴的累积解释度为 75.7%。由于变量一的解释度远大于变量二，因此对楚科奇海微微型真核浮游生物群落组成和分布影响最大的因素是叶绿素 a 浓度和硅酸盐浓度，其次为异养细菌丰度。其他类营养盐和采样站位海水温度和盐度对楚科奇海微微型真核浮游生物的群落组成和分布都影响不大。由于楚科奇海是典型的高生物量和高生产力海区，硅酸盐浓度与硅藻的旺发有关系，而在硅藻旺发的情况下叶绿素 a 浓度也高，因此，在楚科奇海，微微型真核浮游生物的群落组成和分布主要受到由高硅酸盐浓度引发的硅藻藻华控制。在所有样品中，有几个异常点，分别是具有异常高急游虫属（*Strombidium*）相对丰度的 R03－50 m，具有异常高微胞藻属（*Micromonas*）的 R05－30 m 和 R04－10 m。其他样品大致可以分成分别以微胞藻属和金藻属作为主要微微型真核生物的两类。

（3）微型和微微型浮游生物对环境变化的响应

随着北极海域的变暖，海冰融化及陆源淡水输入的增加，海水温度上升，盐度下降，营养盐限制更加明显，微微型浮游生物的优势地位将会更加明显，而微微型群落里面粒径更小的种群会更加胜出；甚至部分海域会出现光合自养原核生物（聚球藻）超过微微型真核浮游生物成为新的优势种的现象。在北冰洋中心区，绿藻超过硅藻成为群落优势种已是不争的事实；而随着营养盐限制的加深，异养细菌与真核自养生物之间的竞争性可能会增强。

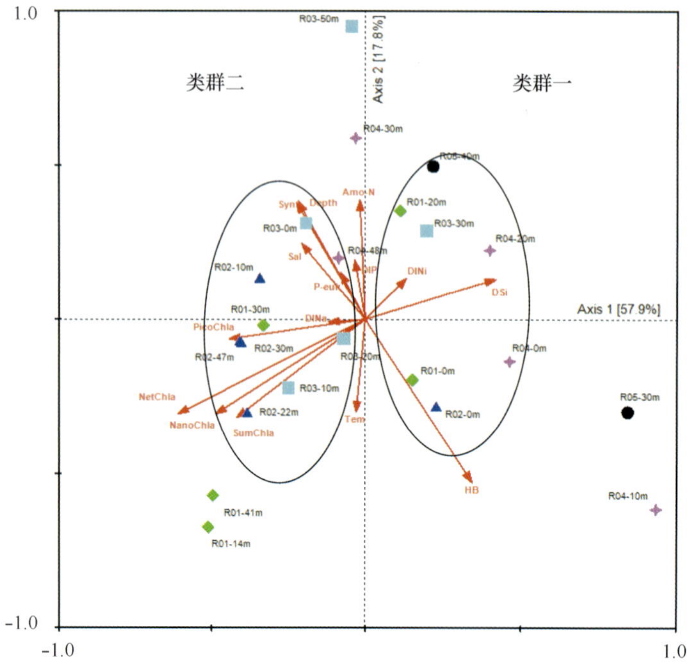


图 5－133　楚科奇海微微型真核浮游生物相对丰度和环境因子之间的典型相关分析

其中：DSi—硅酸盐浓度，DINi—亚硝酸盐浓度，HB—异养细菌丰度，DIP—磷酸盐浓度，AMO－N—氨氮浓度，Depth—采样深度，Syn—聚球藻丰度，P－euk—微微型真核浮游植物丰度，DINa—硝酸盐浓度，Picochla—小于 2 μm 叶绿素浓度，NetChla—大于 20 μm 叶绿素浓度，NanoChla—2～20 μm 叶绿素浓度，SumChla—总叶绿素浓度，Tem—温度，Sal—盐度

类群一：与高温陆源淡水输入有关；类群二：与海冰融水影响有关

## 5.1.4　浮游生物群落的分析与评价

浮游动物是在海洋食物网中承上启下的类群，它摄食浮游植物等初级生产者后，被鱼类等更高一营养级的个体所摄食，是连接初级生产者与次级消费者的桥梁。北冰洋的浮游动物虽然在生态系统中也扮演着类似的角色，但是为了适应高纬度极端环境演变出了一系列独特的生态特征。从生物学上，它们一般体型较大，生活史周期较长且具备季节性的垂直迁移和滞育过程。从群落水平上，随着环境的地理变化，也形成了截然不同的群落结构类型。以西北冰洋为例，楚科奇海南部的群落明显受到太平洋入流水的影响，而到了波弗特海则包含更多的高纬度冷水种。从它们对生态系统能量流动的贡献来看，最显著的特征就是在浅水陆架区浮游食物链的贡献明显小于底栖食物链。在高海冰覆盖条件下，整个水体初级生产力（以冰藻为代表）主要在无冰期形成，因此只有一小部分被水体中的浮游动物利用，大部分来不及被浮游动物摄食，而是沉降到海底供养了生物量极高的底栖动物群落。北极区域是全球变化的敏感区域，在全球变暖的大背景下海冰覆盖面积呈波动下降的趋势。气温的增高和海冰的大幅度消退，将会直接或者间接地影响到浮游动物群落的结构和分布，进而影响整个北冰洋生态系统的功能。这也是北极研究的重要内容之一，因为这

种改变会导致碳通量和生物资源的极大变化。气候变化对浮游动物的影响首先在于生活史方面，极端环境条件下较长的生活史周期会随着海冰的消退显著变短；其次，环境的改变也会导致浮游动物生物地理学变化。因此，浮游动物群落变化是研究海冰消退的生态和资源效应的重要一环。

### 5.1.4.1 历次北极考察浮游动物调查结果

1）种类组成

本研究共鉴定出59个浮游动物种（类），包括36个种和23个浮游类群，具体到每一次北极考察分别为43种、39种、34种和37种（表5-15）。我们将这些种类归为7个功能群，其中桡足类种类数量最多，共有30种以及未能定种的隆剑水蚤（*oncaea* sp.）和无节幼体。伪哲水蚤属（*pseudocalanus* sp.）种类分布最为广泛，丰度也最高，年度平均在110.53～151.73个/$m^3$之间。大型桡足类北极哲水蚤（*calanus glacialis*）丰度也比较高，在25.63～572.25个/$m^3$之间。小型桡足类主要是近岸种类长角纺锤水蚤（*acartia longiremis*）和广布种拟长腹剑水蚤（*oithona similis*）。布氏真哲水蚤（*eucalanus bungii*）是最典型的北太平洋种类，在2010年丰度最高，为23.3个/$m^3$。典型的高纬度极地种类极北哲水蚤（*calanus hyperboreus*）主要出现在北部站位，丰度在2003年最高。阶段性浮游幼体包括了11个种类，丰度与桡足类相当，其中占比最高的为藤壶幼体（无节幼体和腺介幼体）。水母和毛颚类分别包括13个和3个种类，但丰度较低。大型甲壳动物包括磷虾幼体、糠虾类、端足类、介形类等。被囊类只有圆胃住囊虫（*oikoleura vanhoeffeni*）1种。其余的种类还包括鱼卵和幼鱼、浮蚕、翼足类等。

表5-15 第2—5次北极考察浮游动物种类及丰度 单位：个/$m^3$

| 种类 | 丰度 | | | |
|---|---|---|---|---|
| | 2003年 | 2008年 | 2010年 | 2012年 |
| **桡足类（copepods）** | | | | |
| 长角纺锤水蚤（*acartia longiremis*） | 56.05 | 6.52 | 26.93 | 6.59 |
| 北极哲水蚤（*calanus glacialis*） | 113.01 | 22.51 | 55.58 | 572.25 |
| 极北哲水蚤（*c. hyperboreus*） | 9.19 | 2.66 | 4.33 | 0 |
| 飞马哲水蚤（*c. fimarchicus*） | 1.11 | 0 | 0 | 0.07 |
| 腹针胸刺水蚤（*centopages abdominalis*） | 7.34 | 0.94 | 3.41 | 2.58 |
| 极地袖水蚤（*chiridius polaris*） | 0 | 0.01 | 0 | 0 |
| 布氏真哲水蚤（*eucalanus bungii*） | 9.12 | 3.67 | 23.28 | 2.09 |
| 贺氏真宽水蚤（*eurytemora herdmani*） | 0.04 | 0 | 0 | 0 |
| 太平洋真宽水蚤（*e. pacifica*） | 0.96 | 0 | 0 | 0 |
| 挪威异肢水蚤（*heterorhabdus norvegicus*） | 0 | 0.01 | 0 | 0 |
| 细长长腹水蚤（*metridia longa*） | 1.08 | 0.66 | 0.13 | 0.13 |
| 太平洋长腹水蚤（*m. pacifica*） | 0 | 1.34 | 0.87 | 0.4 |
| 矮小微哲水蚤（*microcalanus pygmaeus*） | 1.2 | 0.73 | 1.13 | 0 |
| 小微哲水蚤（*m. pusillus*） | 0 | 0.3 | 0 | 0 |
| 晶额新哲水蚤（*neocalanus cristatus*） | 0 | 0.14 | 0.6 | 1.7 |

续表

| 种类 | 丰度 | | | |
|---|---|---|---|---|
| | 2003 年 | 2008 年 | 2010 年 | 2012 年 |
| 拟长腹剑水蚤（*oithona similis*） | 24. 65 | 6. 23 | 7. 36 | 2. 73 |
| 隆剑水蚤（*oncaea* spp.） | 0 | 0. 05 | 0. 08 | 0. 09 |
| 伪哲水蚤（*pseudocalanus* spp.） | 153. 47 | 151 | 172. 88 | 148. 8 |
| 大舟哲水蚤（*scaphocalanus magus*） | 0 | 0 | 0 | 0 |
| 小型小厚壳水蚤（*scolecithricella minor*） | 1. 96 | 0. 05 | 0. 27 | 0 |
| 异尾歪水蚤（*tortanus discaudata*） | 0. 21 | 0 | 0 | 0 |
| 猛水蚤（*harpacticoida*） | 0. 24 | 0. 58 | 0. 07 | 0. 07 |
| 无节幼体（*nauplii*） | 6. 79 | 4. 3 | 10. 82 | 21. 4 |
| **水母类（cnidarias）** | | | | |
| 荣誉间囊水蚤（*aeginopsis laurenti*） | 0. 09 | 0. 03 | 0 | 0 |
| 指腺华丽水母（*aglantha digitale*） | 13. 04 | 0. 81 | 0. 37 | 0. 19 |
| 北极单板水母（*dimophyes arctica*） | 0. 01 | 0 | 0 | 0 |
| 和平水母（*eirene* sp.） | 0. 04 | 0 | 0 | 0 |
| 真囊水母（*euphysora bigelowi*） | 0 | 0 | 0. 08 | 0 |
| 柔弱五角水母（*muggiaea bargmannae*） | 0 | 0. 01 | 0 | 0 |
| 长薮枝螅水母（*obelia longissina*） | 2. 56 | 29. 83 | 0. 64 | 0. 06 |
| 发水母（*polyorchis* sp.） | 1. 67 | 0 | 0 | 0 |
| 八斑芮氏水母（*rathkea octopunctata*） | 1. 43 | 2. 13 | 0. 51 | 0. 29 |
| 栉水母（*ctenophora*） | 0 | 0. 39 | 0 | 0. 76 |
| **毛颚类（chaetognaths）** | | | | |
| 钩状箭虫（*eukrrohnia hamata*） | 6. 45 | 1. 25 | 0 | 0. 28 |
| 秀箭虫（*sagitta elegant*） | 3. 13 | 7. 19 | 18. 64 | 10. 32 |
| 巨大箭虫（*sagitta maxima*） | 0. 03 | 0. 27 | 0 | 0 |
| **其他甲壳动物（other crustaceans）** | | | | |
| 端足类（*amphipoda*） | 0. 16 | 0. 16 | 0. 24 | 0. 09 |
| 枝角类（*cladocera*） | 0. 03 | 0 | 0 | 0 |
| 磷虾（*euphausiacea*） | 0. 55 | 1. 65 | 0. 2 | 0. 12 |
| 钩虾（*gammaridea*） | 0. 22 | 0 | 0. 43 | 0 |
| 糠虾（*mysidacea*） | 0. 13 | 0. 68 | 0 | 0. 31 |
| 介形类（*ostracods*） | <0. 01 | 1. 5 | 1. 02 | 0. 07 |
| 幼蟹（*young crab*） | 0 | 0 | 0 | 0. 19 |
| **季节性浮游动物（meroplankton）** | | | | |
| 短尾类幼体（*brachyura larva*） | 0. 1 | 1. 39 | 0. 38 | 3. 34 |
| 底栖幼虫（*benthos larva*） | 0. 62 | 0 | 0 | 0 |
| 鱼卵（*fish egg*） | 0. 1 | 0 | 0 | 0. 52 |
| 腹足类幼体（*gastropods larva*） | 0. 2 | 1. 31 | 3. 53 | 1. 96 |
| 长尾类幼体（*macrura larva*） | 10. 38 | 21. 81 | 3. 8 | 17. 74 |
| 疣足幼虫（*nectochaete larva*） | 0 | 0 | 9. 45 | 0. 9 |

续表

| 种类 | 丰度 | | | |
|---|---|---|---|---|
| | 2003 年 | 2008 年 | 2010 年 | 2012 年 |
| 长腕幼虫（*ophiopluteus larva*） | 0 | 0 | 0 | 0.26 |
| 磁蟹幼体（*porcellanazoea larva*） | 0.36 | 0 | 0 | 0.06 |
| 幼鱼（*young fish*） | 0.06 | 0 | 0 | 0.04 |
| **被囊类（tunicata）** | | | | |
| 圆胃住囊虫（*oikopleura vanhoffeni*） | 26.56 | 4.64 | 39.51 | 41.1 |
| **barnacle larva** | | | | |
| 藤壶无节幼体（*barnacle nauplii*） | 137.27 | 298.76 | 1 157.63 | 282.19 |
| 藤壶腺介幼体（*barnacle cypris larva*） | 287.63 | 344.74 | 183.71 | 612.56 |
| **其他（others）** | | | | |
| 裸海蝶（*clione limacina*） | 0 | 0.06 | 0.62 | 0.36 |
| 浮蚕（*tomopteris* sp.） | 0.08 | 0 | 0.08 | 0 |
| 多毛类（*polychaete*） | 7.93 | 4.95 | 1.28 | 7.44 |

（1）楚科奇海

楚科奇海水深较浅，来自北太平洋的暖水与北冰洋的冷水在这里交汇混合，海水的能见度较低。进入楚科奇海以后，可见浮游植物生物量明显增多。浮游动物桡足类以北极哲水蚤（*Calanus glacialis*）早期幼体（五期以下）以及体型较小的伪哲水蚤类为主，同时滤食性的被囊类生物量明显增多。在靠近白令海峡的 R01 站位以及阿拉斯加沿岸，发现大量的藤壶无节幼体以及腺介幼体，数量甚至超过了桡足类物种的总和（图 5 – 134）。

结合往年的观测结果，发现北冰洋 – 太平洋扇区浮游动物的分布呈现明显的地域性。白令海测区呈现明显的北太平洋区系特征；在白令海峡附近，白令海暖水与楚科奇海冷水的混合，使这里的浮游动物组成呈现出部分的白令海区系特征，尤其是晶额新哲水蚤（*Neocalanus cristatus*）、布氏真哲水蚤等种类在某些站位丰度极高；楚科奇海陆架区水深较浅，一般不会超过 50 m，这里的浮游动物组成以小型桡足类以及大型桡足类的早期幼体为主，间或少量的成体。

受到海冰、风和局地水体过程的影响，楚科奇海水文条件和白令海水入侵强度都存在年际差异。本研究中，2010 年阿拉斯加外海的水温明显低于其他年份。这可能与阿拉斯加沿岸流和白令海水的影响程度有关，前者水温较高而后者水温低但营养盐丰富。同时，白令海水对浮游动物的输运作用也存在年际差异。尽管有研究认为白令海海水输入的浮游动物生物量主要由桡足类组成，尤其是哲水蚤和新哲水蚤类，但是输入的磷虾也会在巴罗峡谷附近形成高丰度聚集区。2007 年 9 月就曾经在楚科奇海南部陆架区发现大量的磷虾幼体。本研究中，南部群落在 2008 年磷虾幼体丰度最高为 52 个/$m^3$，而在其他年份以及中部和北部群落中，大型甲壳动物的丰度一般都低于 3 个/$m^3$。

楚科奇海浮游动物一个主要的特点就是大量的底栖动物浮游幼体，丰度甚至超过终生浮游的类群总和。在本研究中，南部和中部群落都表现出这一特点。尽管通常认为阶段性浮游幼体的地理分布同样受到海流的控制，但是食物和成熟雌体的位置也对其时空分布有重要作用。因此，阶段性浮游幼体的分布规律和对环境的适应性是不同的，通常会导致浮游动物群

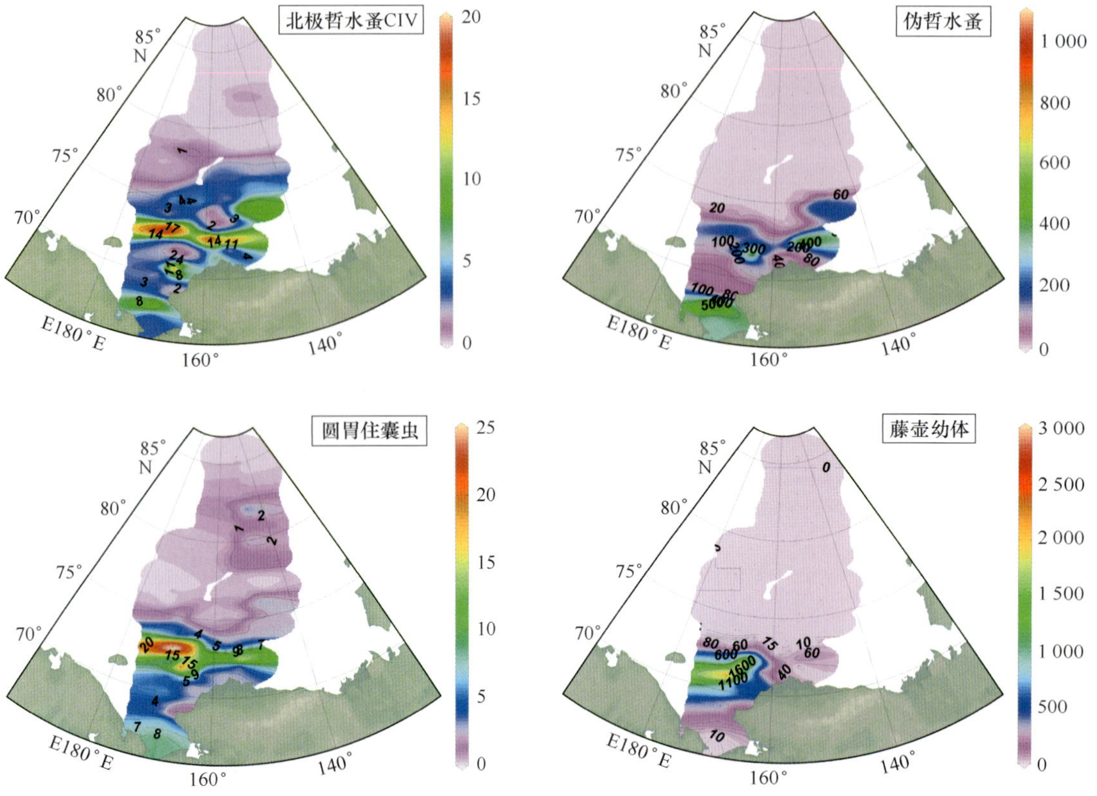


图 5－134　典型楚科奇海浮游动物类群的丰度地理分布

落形成从近岸到外海的梯度渐变。除此之外，浮游幼体可能通过竞争影响终生浮游生活类群的丰度，在北海的长期观测记录到浮游幼体的增加对应了桡足类的减少。楚科奇海的阶段性浮游幼体以藤壶（*Balanus crenatus* Brugiere）的无节幼体和腺介幼体为主，它们与桡足类一样都是植食性或者杂食性的，种群丰度与浮游植物生物量有关。虽然目前还没有该海域两者相互竞争控制的直接证据，但是本研究中在 2010 年和 2012 年两者丰度在南部和中部群落呈现此消彼长的关系，可能与竞争或者对桡足类卵的捕食有关。

（2）楚科奇海台

进入 72°N 以北楚科奇海台的位置，可见浮游植物在冰缘线的位置极为丰富。北冰洋的春季与早夏，光照强度的逐渐增加导致了冰下浮游植物的大量暴发，尤其是冰藻，当海冰消退，大量的冰藻等浮游植物沉降进入海底。以前对北冰洋初级生产力极为低下的错误估计，很大的原因就是忽略了冰下的大量浮游植物。浮游动物的组成相对于楚科奇海相对单一，总的浮游动物数量以及生物量也较楚科奇海低得多，其中桡足类占浮游动物数目的 90% 以上。浮游动物在种群发育结构上也以晚期幼体以及成体为主，体型较小的伪哲水蚤类数目明显减少，体型较大的北极哲水蚤、极北哲水蚤以及细长长腹水蚤（*metridia longa*）的数目较多（图5－135）。

因楚科奇海台位置处于楚科奇海与北冰洋中心区之间，浮游动物的生物量明显减少，群落区系特征也开始呈现明显的北极特征，群落组成上以体型较大的桡足类晚期幼体以及成体为主，小型桡足类的数目减少，间或少量的微哲水蚤类，而这些微哲水蚤类一般被认为是随水流由加拿大海盆进入的。综合前五次北极科学考察的结果，共鉴定浮游动物 78 种（类）。

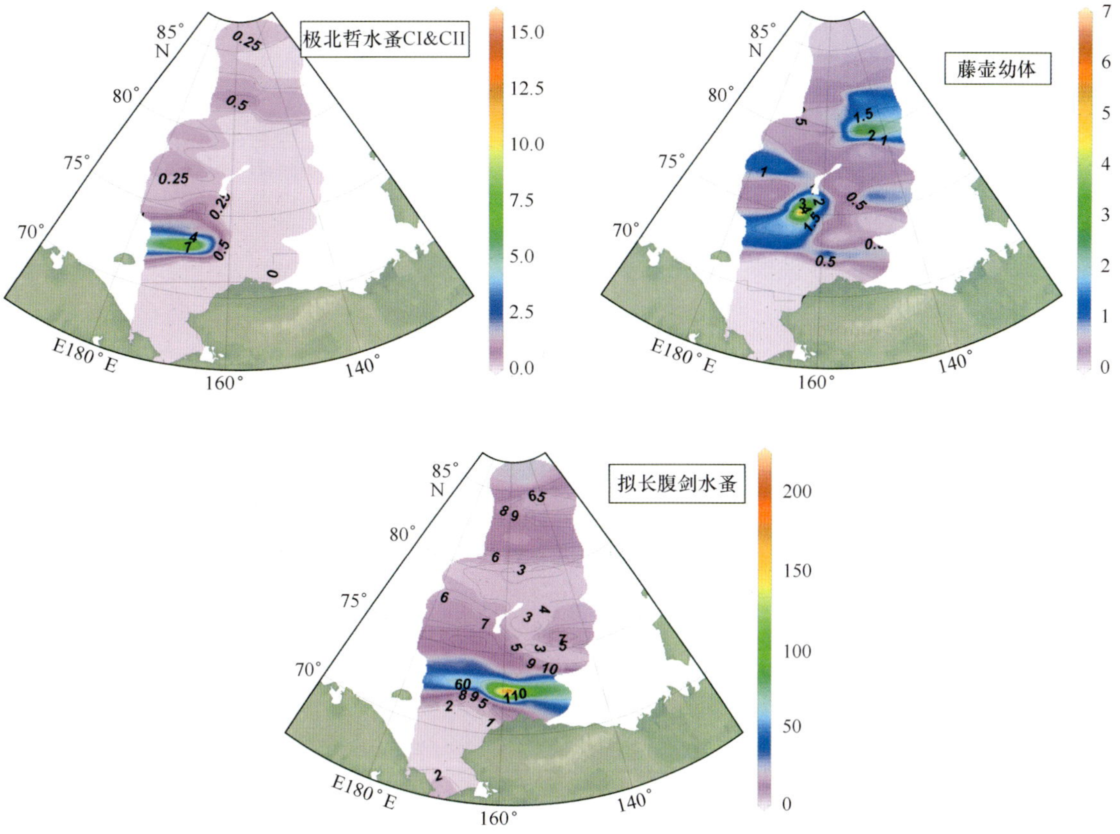


图 5 - 135 典型楚科奇海台浮游动物类群的丰度地理分布

桡足类物种数目最多（38 种），在浮游动物总丰度中所占的比例也最高。水母类虽然物种数目较多（11 种），但是除指腺华丽水母（*Aglantha digitale*）出现频率较高、平均丰度较高外，其余各物种出现的频率以及丰度较低。关于各功能群的丰度，大部分的种类都拍摄了大量的标本图片，可为分析北极海区的浮游动物群落组成与多样性现状、关键种与资源种的分布及生态适应性提供基础数据。

（3）北冰洋中心区

相对于外围海区，群落结构比较单一，浮游植物以冰盖覆盖下的冰藻占绝对优势，浮游动物则以大体型的极北哲水蚤的五期及成体为主，从中心区向外极北哲水蚤的早期幼体明显增多，而五期及成体具有下降的趋势（图 5 - 136）。

2）水平分布

在调查区域范围内，浮游动物总丰度地理差异异常显著，在深水区浮游动物总丰度在 100.0 个/m$^3$ 以下，而在楚科奇海中部和南部总丰度绝大多数在 1 000.0 个/m$^3$ 以上（图 5 - 137）。第二次至第五次北极考察中，海盆区浮游动物总丰度的最低值分别为 11.4 个/m$^3$、13.0 个/m$^3$、7.1 个/m$^3$、8.4 个/m$^3$，对应的站位分别是位于 74°N 的 P25 站、84°N 的 B84 站、76°N 的 M03 站和 80°N 的 SR16 站。而楚科奇海的浮游动物总丰度最高值分别为 2 973.0 个/m$^3$、3 020.9 个/m$^3$、8 529.1 个/m$^3$ 和 3 861.6 个/m$^3$，出现的站位分别是巴罗海附近的 C06 站、楚科奇海中部的 C13 站、巴罗海附近的 C06 站和楚科奇海最南部的 R01 站。

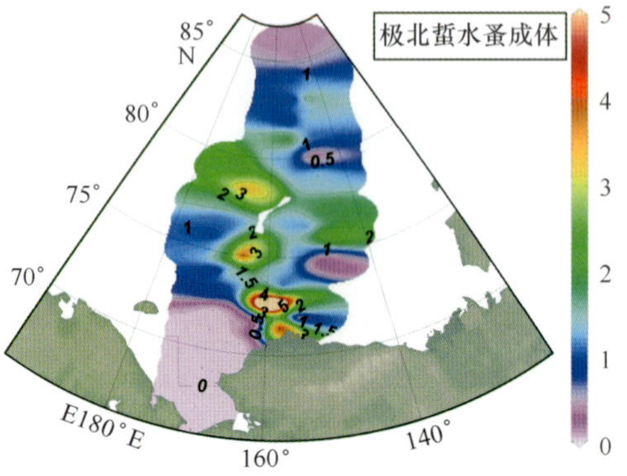


图 5 - 136　典型北极海盆浮游动物类群的丰度地理分布

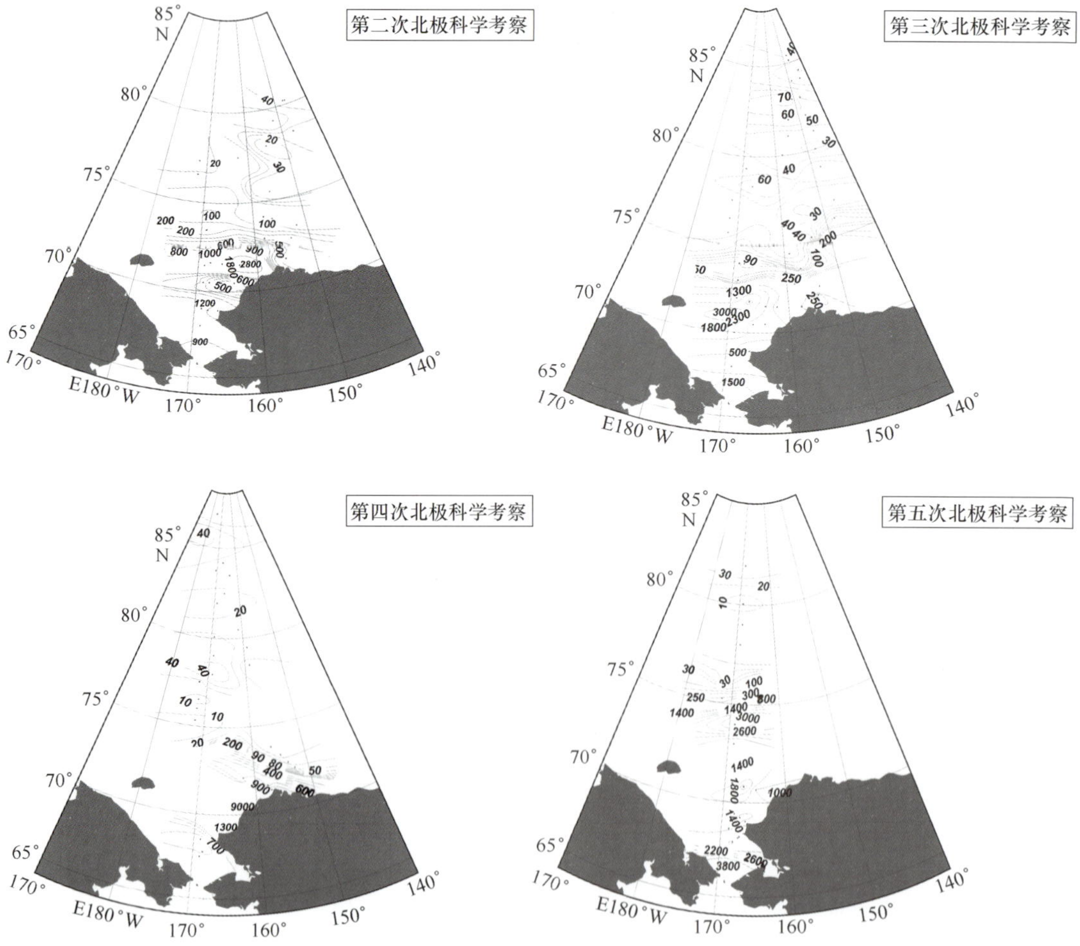


图 5 - 137　第二次至第五次北极考察浮游动物总丰度（个/$m^3$）地理分布

这种浮游动物总丰度的变化主要发生在楚科奇海与波弗特海和楚科奇海台之间的陆坡区。在第二次北极考察中，沿楚科奇海中部的径向断面，浮游动物总丰度在 R10 到 R12 站从 958.8 个/$m^3$ 降低到 40.9 个/$m^3$。在波弗特海边缘的 S11 到 S13 站，浮游动物总丰度从 911.0

个/m³ 降低到 129.3 个/m³。对应的水深变化上，R10 到 R12 水深分别为 48 m 和 76 m，但是 S11 和 S13 站的水深变化更加明显，从 52 m 增加到 1 330 m。第三次北极考察中，这种丰度梯度发生在 R11 和 R13 之间，浮游动物总丰度从 1 145.6 个/m³ 降低到 94.2 个/m³。相邻两个站之间只有不到一个纬度的差异。

这种地理分布趋势在第五次北极考察中出现明显的变化（图 5－137）。该次调查中，在楚科奇海中部断面上 75°N 附近出现浮游动物的高值，在 SR12 站浮游动物总丰度达到 3 257.6 个/m³，与楚科奇海中部和南部的站位相似，显著高于其他年份这一纬度附近的丰度值。从海冰覆盖程度上，2012 年 9 月是海冰边缘平均位置北移最严重的一年，但是这种丰度分布与海冰消退的关系还有待深入研究和确定。

3）垂直分布

第五次北极考察期间对楚科奇深海平原以及马卡诺夫海盆的 4 个站位以及第六次北极考察期间对加拿大海盆的 4 个站位的浮游动物进行了分层取样（图 5－138）。

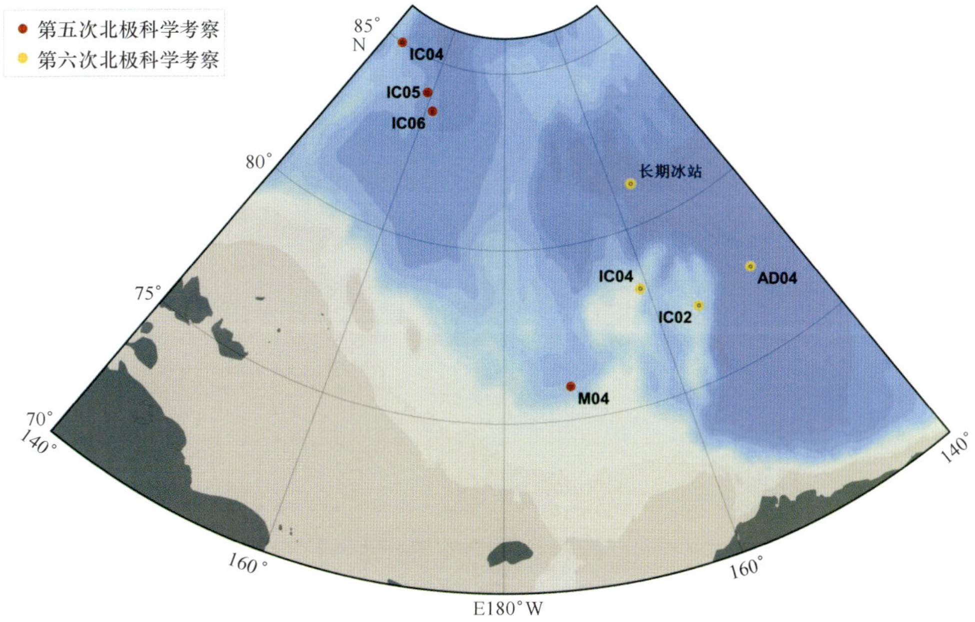


图 5－138　浮游动物分层取样站位

从种类数目上看，深层种类要多于表层。自表层至 500 m，虽然浮游动物总丰度是降低的，但是种类数目却呈现出随水深增加的趋势。500～1 000 m 浮游动物的种类数目有所降低，与 100～200 m 相似。Shannon－Wiener 多样性指数和 Pielou 均匀度指数也反映出了相同的趋势。0～50 m 多样性指数和均匀度指数最低，500～1 000 m 最高，而且这种趋势在楚科奇深海平原最为明显。具体到数量较大的种类，表层以植食性种类为主。北极哲水蚤、极北哲水蚤以及拟长腹剑水蚤等植食性种类 90% 以上都集中在 0～200 m。虽然矮小微哲水蚤（*micro-calanus pygmaeus*）、小微哲水蚤（*Microcalanus pusillus*）、隆剑水蚤以及细长长腹水蚤等杂食性种类也表现出随深度降低的趋势，但是由于深层植食性种类的大量减少，其在总丰度中所占的比例却在升高。

从数量上看，各站位浮游动物主要集中在0～200 m的水层（图5－139）。两次调查丰度最高的表层及次表层90%以上为体型较小的长腹水蚤以及矮小微哲水蚤，体型较大的极北哲水蚤也主要分布在0～100 m，而细长长腹水蚤水深的分布更为广泛，在200～500 m的水层也有较高的丰度。在第五次北极考察中IC04、IC05、IC06三个冰区站位0～200 m的水层集中了约60%的浮游动物总数目，而这一比例在M04站位更高，达到了80%。不同水层浮游动物总丰度的差异更为明显，0～200 m的水层浮游动物的丰度明显要高于200 m以深的水层。M04与其他3个站位相比，浮游动物总丰度偏低，100～200 m以及200～500 m浮游动物总丰度仅为其他3个站位的1/3，而且在500 m以深的水层，浮游动物丰度仅为1.6个/$m^3$，远低于其他3个站位（平均48.7个/$m^3$）。而第六次北极考察4个站位的浮游动物主要集中在0～100 m的水层内。IC02、IC04、AD04 3个低纬度站位表层和次表层浮游动物的丰度都在200～300个/$m^3$之间，而纬度最高的长期冰站表层丰度达到2 100个/$m^3$；200 m以下丰度相似，都在20个/$m^3$以下。

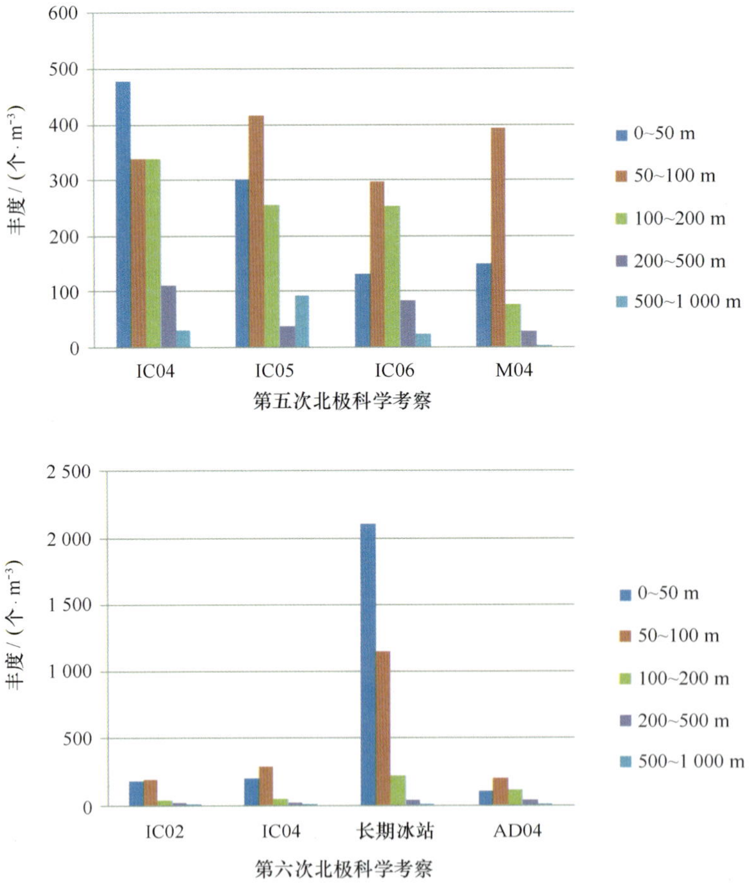


图5－139　垂直取样站位各水层浮游动物的总丰度

浮游动物在种类组成上差异不大，但是不同海区的浮游动物丰度差异明显。对比马卡诺夫海盆和楚科奇深海平原，最大的差异在于后者在500～1 000 m水层浮游动物极其稀少。马卡诺夫海盆500～1 000 m浮游动物的平均丰度为48.7个/$m^3$，而楚科奇深海平原仅为1.6个/$m^3$。第六次北极考察的IC02、IC04以及AD04站位纬度远低于第五次北极考察的站位，但是各水层的丰度均小于后者。高纬度站位 AD04、IC02、IC04 以及 AD04 站位的浮游动物丰度却达到了 2 100 个/$m^3$，这是第一次在高纬度海盆地区记录到这么高的浮游动物丰度。

4）群落类型

根据第二次至第五次北极考察楚科奇海各站位浮游动物的种类组成和丰度，丰度数据经 log 转化后基于 Bray – Curtis 相似性指数和最远距离（complete linkage）的方法进行 q 型聚类。根据聚类结果，调查海区可以明显地划分为 3 个在地理位置上相隔离的群落（图 5 – 140）。ANOSIM（Analysis of Similarity）程序的分析结果表明同一年份的不同群落之间存在极显著差异（$P<0.01$）。群落 1（○）包含楚科奇海最南部的站位以及阿拉斯加沿岸站位，各站位水深不足 50 m，被命名为南部群落；群落 2（△）的站位均位于楚科奇海 70°—73°N 之间的陆架区域，水深在 50 ~ 100 m 之间，被命名为中部陆架群落；群落 3（◇）的所有站位都位于楚科奇海北部陆坡区，水深均超过 100 m，被命名为北部陆坡群落。第二次和第三次北极考察楚科奇海调查站位较多，范围较广，因此划分出了以上 3 个站位，而第四次和第五次北极考察调查站位不包括北部陆坡区域，因此只划分出了南部与中部两个群落。

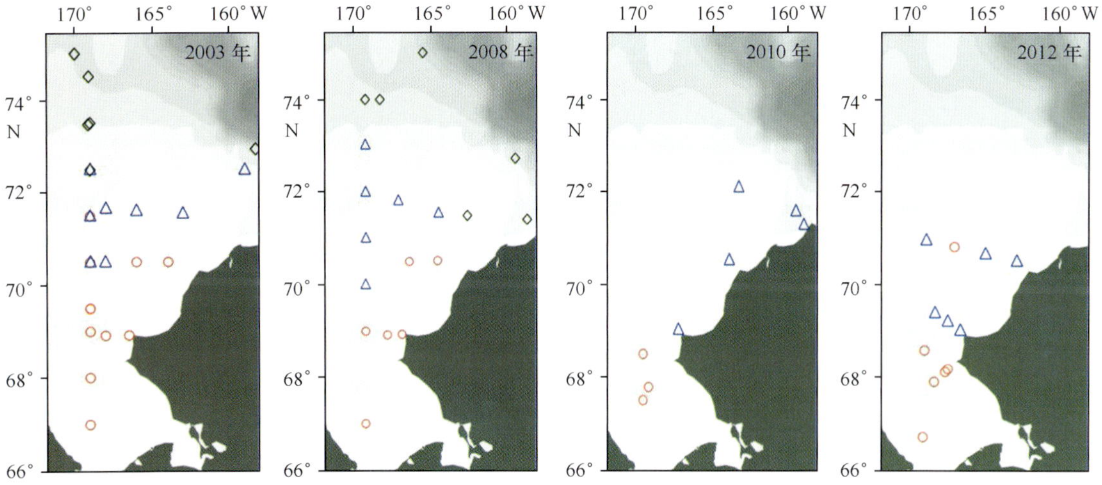


图 5 – 140 第二次至第五次（2003—2012 年）北极考察楚科奇海浮游动物群落地理分布

5）优势种

从优势种组成来看，不同地理分布的群落优势种组成也各不相同（表 5 – 16）。南部浅水群落含有优势种 5 ~ 8 种，是 3 个群落中数目最多的。种类组成上主要有季节性出现的藤壶无节幼体和腺介幼体，广布性的北极哲水蚤、小伪哲水蚤和拟长腹剑水蚤。此外，还有长纺锤水蚤、布氏真哲水蚤、圆胃住囊虫以及腹足类幼体等，但是优势度较小而且只在单一年份出现。中部陆架群落优势种为 3 ~ 6 种，组成上以藤壶无节幼体和腺介幼体、北极哲水蚤以及小伪哲水蚤占绝对优势。除 2012 年北极哲水蚤在该群落占绝对优势外，其余年份均以藤壶无节幼体和腺介幼体占绝对优势。北部陆坡群落在 2003 年和 2008 年均以长腹剑水蚤、小伪哲水蚤、北极哲水蚤、极北哲水蚤以及桡足类无节幼体为优势种，但是优势度有所差异。此外，2003 年和 2010 年还增加了圆胃住囊虫为优势种。

表 5-16　第二次至第五次北极考察对应 3 个浮游动物地理群落的优势种和优势度

| 航次 | I | | II | | III | |
|---|---|---|---|---|---|---|
| | 优势种 | 优势度 | 优势种 | 优势度 | 优势种 | 优势度 |
| 2003 年 | Barnacle cypris larva | 0.40 | Barnacle cypris larva | 0.31 | *Pseudocalanus* spp. | 0.40 |
| | *Acartia longiremis* | 0.14 | Barnacle nauplii | 0.24 | *Oithona similis* | 0.13 |
| | *Pseudocalanus* spp. | 0.10 | *Calanus glacialis* | 0.20 | *Calanus glacialis* | 0.11 |
| | Barnacle nauplii | 0.08 | *Pseudocalanus* spp. | 0.14 | *Calanus hyperboreus* | 0.07 |
| | *Oithona similis* | 0.05 | *Oikopleura vanhoffeni* | 0.02 | Copepod nauplii | 0.07 |
| | *Oikopleura vanhoffeni* | 0.03 | | | *Oikopleura vanhoffeni* | 0.03 |
| | *Calanus glacialis* | 0.02 | | | | |
| 2008 年 | Barnacle cypris larva | 0.18 | Barnacle cypris larva | 0.45 | *Pseudocalanus* spp. | 0.28 |
| | Barnacle nauplii | 0.17 | Barnacle nauplii | 0.40 | *Oithona similis* | 0.28 |
| | *Pseudocalanus* spp. | 0.12 | *Pseudocalanus* spp. | 0.11 | *Calanus glacialis* | 0.13 |
| | *Obelia longissina* | 0.07 | | | *Calanus hyperboreus* | 0.05 |
| | Gastropods larva | 0.06 | | | Copepod nauplii | 0.03 |
| | Macrura larva | 0.06 | | | | |
| | *Calanus glacialis* | 0.04 | | | | |
| 2010 年 | *Pseudocalanus* spp. | 0.37 | Barnacle nauplii | 0.61 | | |
| | *Calanus glicialis* | 0.17 | Barnacle cypris larva | 0.12 | | |
| | *Eucalanus bungii* | 0.11 | *Pseudocalanus* spp. | 0.03 | | |
| | *Acartia longiremis* | 0.09 | | | | |
| | *Oikopleura vanhoffeni* | 0.05 | | | | |
| | Barnacle nauplii | 0.05 | | | | |
| | *Sagitta elegant* | 0.04 | | | | |
| | Barnacle cypris larva | 0.03 | | | | |
| 2012 年 | Barnacle cypris larva | 0.45 | *Calanus glacialis* | 0.63 | | |
| | Barnacle nauplii | 0.22 | *Pseudocalanus* spp. | 0.11 | | |
| | *Calanus glacialis* | 0.19 | Barnacle cypris larva | 0.10 | | |
| | *Pseudocalanus* spp. | 0.07 | Barnacle nauplii | 0.03 | | |
| | | | *Oikopleura vanhoffeni* | 0.02 | | |

6）年际变化

（1）物种组成与丰度变化

2003 年和 2008 年北部陆坡群落的浮游动物丰度分别为 112.4 个/m³ 和 182.9 个/m³（图 5-141）。虽然本研究只在 2003 年和 2008 年对北部陆坡群落进行了调查，我们认为浮游动物丰度增加的趋势是可信的。两次调查在时间和站位设置上吻合较好，都是在 7 月底到 8 月底之间进行的，数据具有较好的可比性。同时，从分类群来看，所有终生浮游生活的类群丰度都是增加的，阶段性浮游幼体除 1 种腹足类幼体丰度增加外，其余种类的丰度均是下降的。主要的优势种也基本保持了一致，并且群落多样性有增加的趋势。

南部和中部群落的总丰度在 2003—2008 年间也有所增加，但是幅度远小于北部群落。同时，南部群落丰度增加最明显的是磷虾幼体和水母类，桡足类的丰度反而下降。在中部群落，

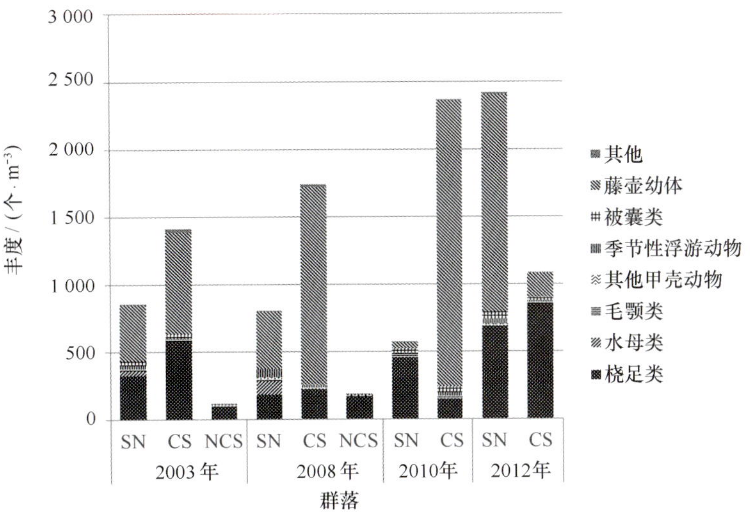


图5-141 各群落不同浮游动物功能群的平均丰度

丰度增加是由阶段性浮游幼体（主要是藤壶幼体）增多导致的，而桡足类丰度出现了显著的降低。两个群落在2010年和2012年的调查中，在同一年份分别出现最大值和最小值。从功能群组成上看，也是浮游幼体数量巨大波动的缘故。南部群落在2010年丰度最低时，桡足类的丰度仅次于最高的2012年，但是浮游幼体的丰度却只有49.7个/m$^3$，仅相当于2003年的1/10和2012年的1/20。中部群落在这两个年份丰度的极值也与浮游幼体有关，分别为2 183.7个/m$^3$和187.5个/m$^3$，相差10倍以上。由此可见，北部陆坡区浮游动物群落的年际变化主要体现在丰度的变化上，组成相对稳定，而南部和中部群落丰度和各功能群的相对丰度都有明显的年际差异。

根据不同年份的对比，加拿大海盆的浮游动物丰度在2004年和2008年间基本保持恒定，而生物量却有升高的趋势，原因在于大型桡足类增加（Hunt et al.，2014）。在楚科奇海，从1991/1992年和2007/2008年的调查来看，丰度和生物都随着海冰消退而增加，但是同时分布范围也有北移的趋势（Matsuno et al.，2011）。由此看来，不同的浮游动物地理群落年际变化趋势也可能存在差异，因为生态适应性和生活史长度的差异会导致浮游动物类群对环境变化产生不同的响应。

（2）群落结构的年际差异

与丰度相比，群落的结构更容易受到物理输运和种间相互作用的影响，而这些作用与海冰覆盖并没有直接的关系。楚科奇海南部受到白令海水入侵的影响最明显，从优势种组成上看，南部群落的数量多于中部群落，其中布氏真哲水蚤等都是典型的北太平洋种。中部群落的优势种同时也在南部出现，但是数量更少，原因在于一些北太平洋种类优势度降低，不再是优势种。北部群落则是北冰洋常见种为主。

受到海冰、风和局地水体过程的影响，楚科奇海水文条件和白令海水入侵强度都存在年际差异（Weingartner et al.，2013）。本研究中，2010年阿拉斯加外海的水温明显低于其他年份。这可能与阿拉斯加沿岸流和白令海水的影响程度有关，前者水温较高而后者水温低但营养盐丰富。同时，白令海水对浮游动物的输运作用也存在年际差异。尽管有研究认为白令海水输入的浮游动物生物量主要由桡足类组成，尤其是哲水蚤和新哲水蚤类（Hopcroft et al.，

2010），但是输入的磷虾也会在巴罗峡谷附近形成高丰度聚集区（Ashjian et al.，2010；Berline et al.，2008）。2007 年 9 月就曾经在楚科奇海南部陆架区发现大量的磷虾幼体。本研究中，南部群落在 2008 年磷虾幼体丰度最高为 52.0 个/$m^3$，而在其他年份以及中部和北部群落中，大型甲壳动物的丰度一般都低于 3.0 个/$m^3$。

楚科奇海浮游动物另一个主要的特点就是大量的底栖动物浮游幼体，丰度甚至超过终生浮游的类群总和，但是具体的丰度和在浮游动物总丰度中所占的比例更多地呈波动趋势。在本研究中，南部和中部群落都表现出这一特点。楚科奇海的阶段性浮游幼体以藤壶的无节幼体和腺介幼体为主，它们与桡足类一样都是植食性或者杂食性的，种群丰度与浮游植物生物量有关（Clare et al.，1984；Clare and Walker，1986）。虽然目前还没有该海域两者相互竞争控制的直接证据，但是本研究中在 2010 年和 2012 年两者丰度在南部和中部群落呈现此消彼长的关系，可能与竞争或者对桡足类卵的捕食有关。

本研究中，南部群落在 2003 年和 2008 年水母类丰度较高，分别有 39.8 个/$m^3$ 和 104.8 个/$m^3$，而其他群落和年份其丰度都在 5.0 个/$m^3$ 以下。多数的水母都是肉食性的，对浮游动物种群有控制作用。楚科奇海的水母类丰度很大程度上受当年白令海入流水强度的影响，在本研究中 1 种薮枝螅在 2003 年成为南部群落的优势种。

与南部和中部群落相比，北部陆坡群落受物理输运和种间相互作用的影响较小。首先该海域根据水团性质受白令海水影响较小，因为阿纳德尔流在此已经转向东进入加拿大海盆（Ingham，1972；Grebmeier，2009；Pickart，2010）。另外群落结构相对简单，主要以桡足类为主，水母、浮游幼体和大型甲壳动物丰度都极低。根据波弗特海的结果，浮游动物种类的相对变化主要与生活史特征有关。外源输入导致的生产力增加有利于大型桡足类的繁盛，而本地生物地球化学循环再生的生产力则有利于生殖策略灵活、生活史周期短的小型桡足类。

#### 5.1.4.2 原生动物的组成与分布

第六次北极考察中，在从长江口直到加拿大海盆的断面上，共记录到纤毛虫 19 属 53 种，其中超过 20 种只在 1～2 个站位出现且丰度极低（表 5－17，图 5－142）。纤毛虫丰度在 0～849.21 ind./L 之间。

**表 5－17 第六次北极考察纤毛虫种类和出现站位数**

| 种类 | 站位数 | 种类 | 站位数 | 种类 | 站位数 |
|---|---|---|---|---|---|
| *Acanthostomella* | 1 | *Favella azorica* | 23 | *Salpingella curta* | 1 |
| *A. minutissima* | 1 | *F. panamensis* | 2 | *S. faurei* | 15 |
| *A. norvegica* | 41 | *Helicostomella subulata* | 7 | *Steenstrupiella gracilis* | 2 |
| *Amphorides brandti* | 1 | *Leprotintinnus pellucidus* | 14 | *S. robusta* | 1 |
| *A. laackmanni* | 20 | *Parafavella denticulata* | 9 | *S. steenstrupii* | 3 |
| *A. minor* | 3 | *P. elegans* | 1 | *Stenosemella nivalis* | 0 |
| *A. quadrilineata* | 13 | *P. faceta* | 4 | *Tintinnopsis acuminata* | 11 |
| *Ascampbelliella retusa* | 1 | *P. gigantea* | 4 | *T. baltica* | 4 |
| *Climacocylis scalaroides* | 1 | *P. hadai* | 5 | *T. beroidea* | 6 |
| *Codonellopsis frigida* | 32 | *P. jorgenseni* | 35 | *T. japonica* | 1 |
| *Coxliella cymatiocoides* | 1 | *P. pacifica* | 5 | *T. kofoidi* | 1 |

续表

| 种类 | 站位数 | 种类 | 站位数 | 种类 | 站位数 |
|---|---|---|---|---|---|
| *Dadayiella ganymedes* | 9 | *P. promissa* | 4 | *T. mayeri* | 2 |
| *Eutintinnus apertus* | 2 | *P. ventricosa* | 9 | *T. nana* | 1 |
| *E. fraknoii* | 3 | *Proplectella expolita* | 6 | *T. radix* | 2 |
| *E. lusus – undae* | 7 | *Protorhabdonella striatura* | 1 | *T. rapa* | 3 |
| *E. mirabilis* | 2 | *Ptychocylis obtusa* | 36 | *T. tubulosoides* | 1 |
| *E. rectus* | 1 | *Rhabdonella cornucopia* | 3 | *T. urnula* | 1 |
| *E. stramentus* | 7 | *R.* sp. | 1 | | |

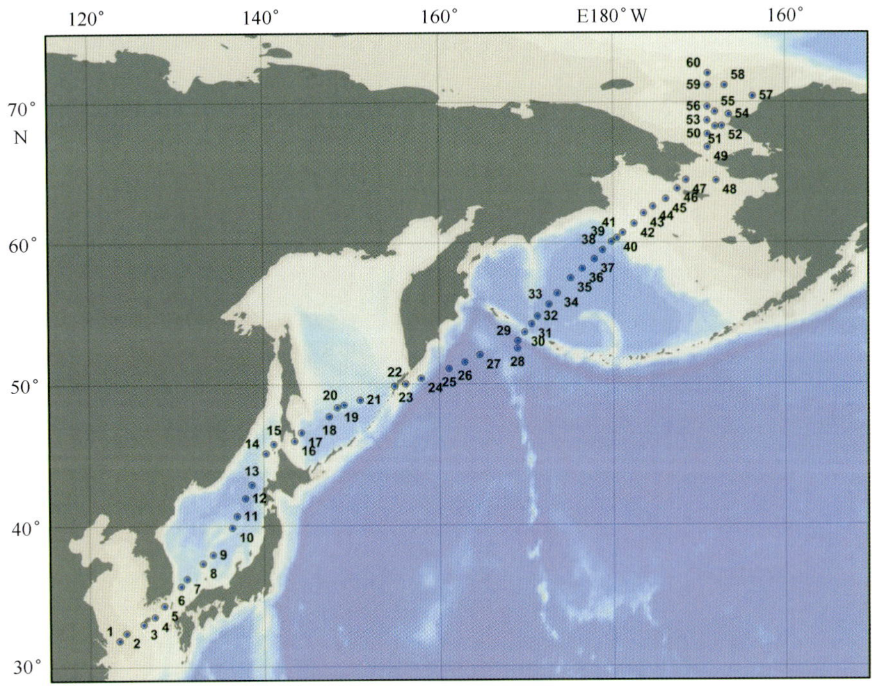


图5－142　第六次北极科学考察纤毛虫取样站位

本研究结果表明，从白令海北部开始到加拿大海盆，纤毛虫丰度都处在较低的水平上，与底栖食物链主导的生态系统结构相一致。

从丰度上讲，白令海北部到加拿大海盆的纤毛虫丰度与长江口及对马海峡相似，为低值区。后者受层化和黑潮影响，表层贫营养，而北极海洋此时生产力水平为全年高值。从整个断面上讲，纤毛虫丰度高值出现在白令海两侧的陆坡区，这里受底层水涌升影响，生产力水平较高。所以，亚北极和北极陆架区的低纤毛虫丰度与生产力水平无关，主要受生态系统营养结构的影响。这里底栖食物链占据主导地位，浮游食物链受到很大的抑制作用。因此，纤毛虫的结果进一步佐证了我们关于北极海洋生态系统的营养结构特征，即浮游食物链受抑制，而底栖食物链主导。

从物种丰富度上讲，进入海盆深水区后，不但纤毛虫丰度进一步降低，同时物种丰富度也显著降低（图5－143）。说明北极陆架和陆坡区在生态系统营养结构上存在明显差异。海盆区原生动物缺乏主要与初级生产力水平较低有关。

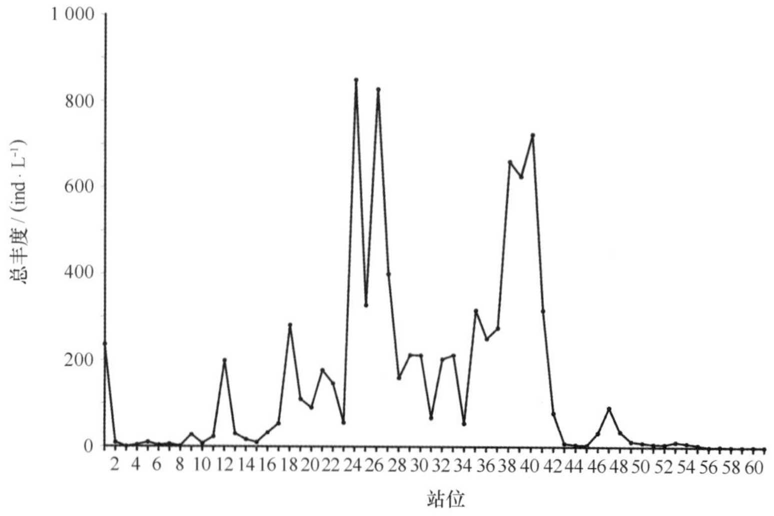


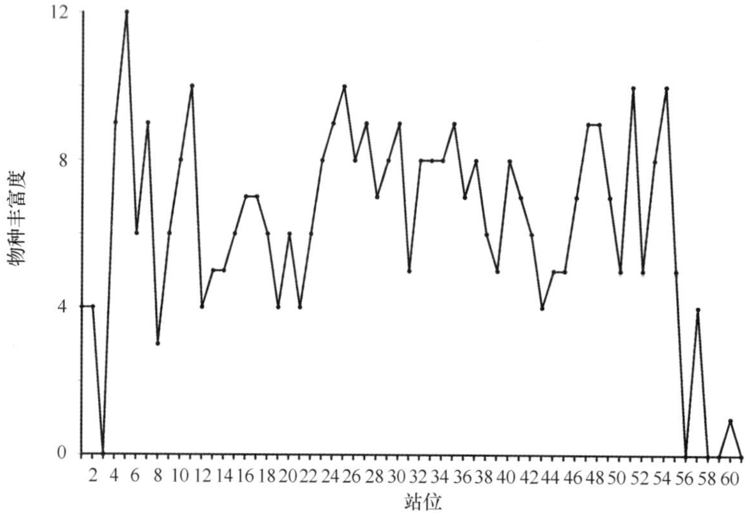


图 5－143　断面上纤毛虫总丰度和物种丰富度变化

### 5.1.4.3　主要评价结果

（1）浮游动物地理分布格局

西北冰洋浮游动物丰度呈现陆架高、海盆低的趋势，陆架的平均丰度比海盆高出数十倍。在陆坡区，浮游动物总丰度快速降低，说明深海群落和陆架群落有着明显的界限。从组成上，海盆以桡足类占绝对优势，陆架区则是桡足类和藤壶幼体共同主导。

（2）浮游动物群落年际变化

楚科奇海浮游动物群落的年际变化趋势存在地理差异。北部以桡足类为主的群落，在海冰快速消退的年份丰度明显更高。在南部和中部的陆架群落，浮游动物总丰度年际变化范围更大，而且与海冰覆盖范围关系不明显。在这两个群落里，桡足类丰度呈增加的趋势，但是藤壶幼体丰度变化范围较大。

（3）浮游动物垂直分布

加拿大海盆、马卡诺夫海盆和楚科奇深海平原浮游动物在上层分布密集而在深层比较稀少。在数量上占优势的种类中，植食性为主的拟长腹剑水蚤、北极哲水蚤和极北哲水蚤集中在200 m以浅的水层。虽然在200 m以下杂食性种类矮小微哲水蚤、隆剑水蚤和细长长腹水蚤的丰度也明显降低，但是所占浮游动物总丰度的比例却明显更高。3个调查海区浮游动物种类组成相似，但是加拿大海盆低纬度站位各水层的丰度要低于马卡诺夫海盆与楚科奇深海平原，而高纬度长期冰站的丰度却远高于其他站位。马卡诺夫海盆与楚科奇深海平原在垂直分布上差异主要在于500～1 000 m水层，马卡诺夫海盆站位丰度在22.7～92.6个/$m^3$之间，而楚科奇深海平原只有1.6个/$m^3$。深海区浮游动物丰度的地理差异说明生物泵的作用存在空间异质性。我们推测类似地理差异产生的原因在于楚科奇深海平原数量较多的极北哲水蚤，它们在春季融冰前就上升到表层摄食冰藻，显著降低了有机物的垂直通量。

## 5.1.5 海冰生物群落的分析与评价

### 5.1.5.1 2010年第四次北极考察

在我国第四次北极科学考察期间（2010年7—9月），海冰生物生态学调查共设置了10个浮冰站位（图5-144），其中Ice06为长期冰站，Ice08为极点站位。

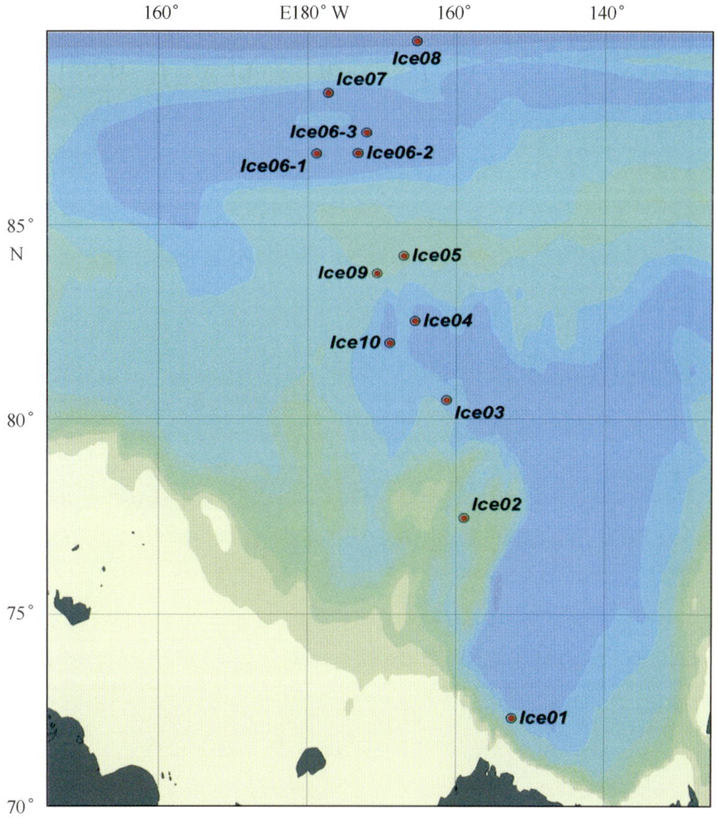


图5-144 中国第四次北极科学考察海冰站位分布

本部分所说的海冰生物群落主要包括细菌、冰藻（硅藻和微型鞭毛藻）和原生动物（微型异养鞭毛虫和纤毛虫）。异养细菌的丰度为$1.42\times10^8$～$30.47\times10^8$ cells/L，平均为$8.72\times10^8$ cells/L。最大值出现在Ice06-2站位；整个冰芯柱细菌丰度随纬度的增加呈现增多的趋势。Ice09、Ice10 站位冰芯细菌丰度较同纬度的 Ice01、Ice02 低，但此处冰芯获取的时间较晚，可能属于融冰后期。在垂直分布上，细菌丰度在各冰芯层位上都均匀分布，总体上无明显规律，其最大值可以出现在各冰芯表层、中层和底层。硅藻丰度在 0 ~ $3.98 \times 10^5$ cells/L 之间变化，平均为 $5.20 \times 10^4$ cells/L。最大值出现在 Ice03 站位的冰芯中层，次最大值出现在近冰点站位 Ice08 的冰底（$3.23 \times 10^5$ cells/L）。在绝大多数冰芯中，硅藻均聚集在冰芯底部，其次在冰芯中层出现，表层几乎没有硅藻生存，硅藻丰度分布在空间上没有明显规律。微型自养鞭毛藻丰度在 0 ~ $5.76 \times 10^5$ cells/L 之间，平均为 $3.09 \times 10^4$ cells/L。最大值出现在极点站位 Ice08 的冰底，该站次冰底自养鞭毛藻丰度为 $4.11 \times 10^5$ cells/L，仅次于最大值；高值在冰表层、中层和底层均有出现，在空间分布上没有明显规律。在空间分布上，鞭毛藻的丰度变化较硅藻小。微型异养鞭毛虫丰度为 $0.16 \times 10^4$ ~ $11.70 \times 10^4$ cells/L，平均为 $3.33 \times 10^4$ cells/L。最大值出现在 Ice08 站位的次冰底，在垂直分布上，其最大值可以出现在冰芯的表层、中层和冰底；空间分布上亦没有明显规律（图 5 - 145）。

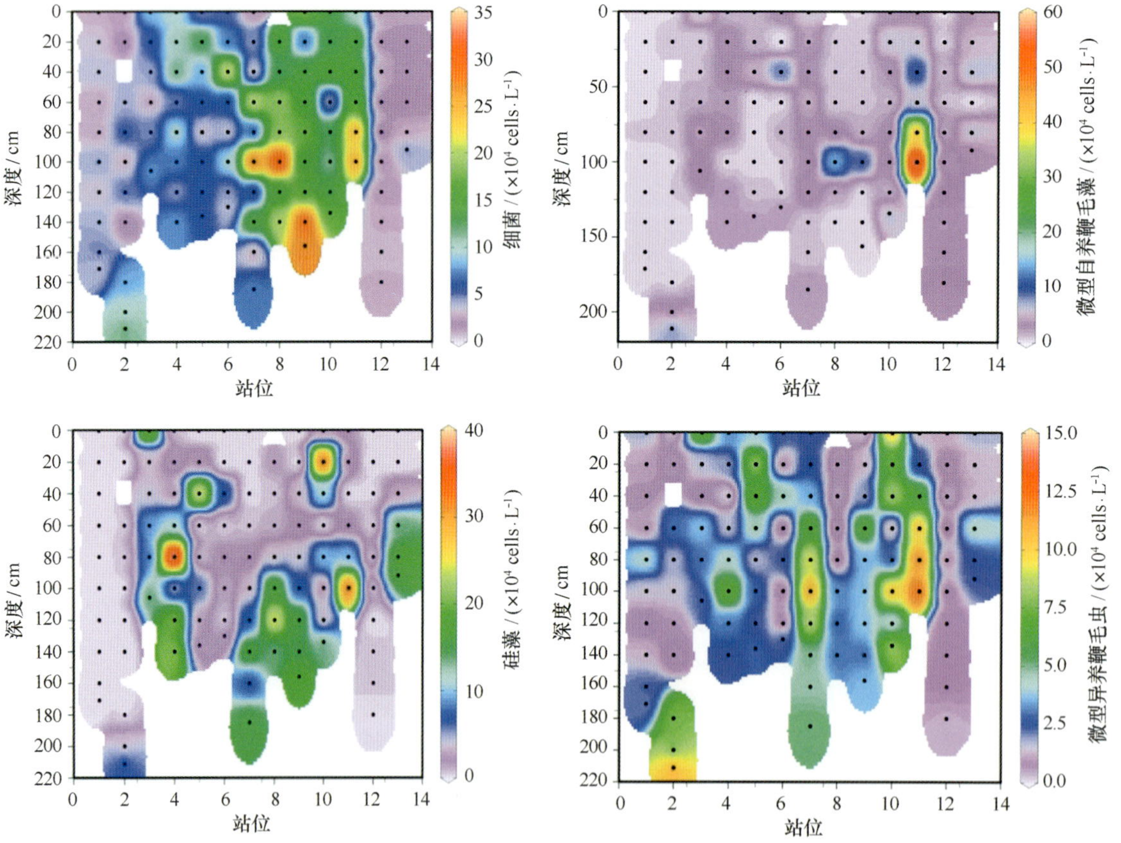


图 5 - 145　浮冰生物群落各类群丰度分布特性

异养细菌的丰度为 $1.42 \times 10^8$ ~ $30.47 \times 10^8$ cells/L，平均为 $8.72 \times 10^8$ cells/L（图 5 - 146）。最大值出现在 Ice06 - 2 站位；整个冰芯柱细菌丰度随纬度的增加呈现增多的趋势。Ice09、Ice10 站位冰芯细菌丰度较同纬度的 Ice01、Ice02 低，但此处冰芯获取的时间较晚，可能属于融冰后期。在垂直分布上，细菌丰度在各冰芯层位上都均匀分布，总体上无明显规律，其最大值可以出现在各冰芯表层、中层和底层。硅藻丰度在 0 ~ $3.98 \times 10^5$ cells/L 之间变化，平均为 $5.20 \times 10^4$ cells/L。最大值出现在 Ice03 站位的冰芯中层，次最大值出现在近冰点站位

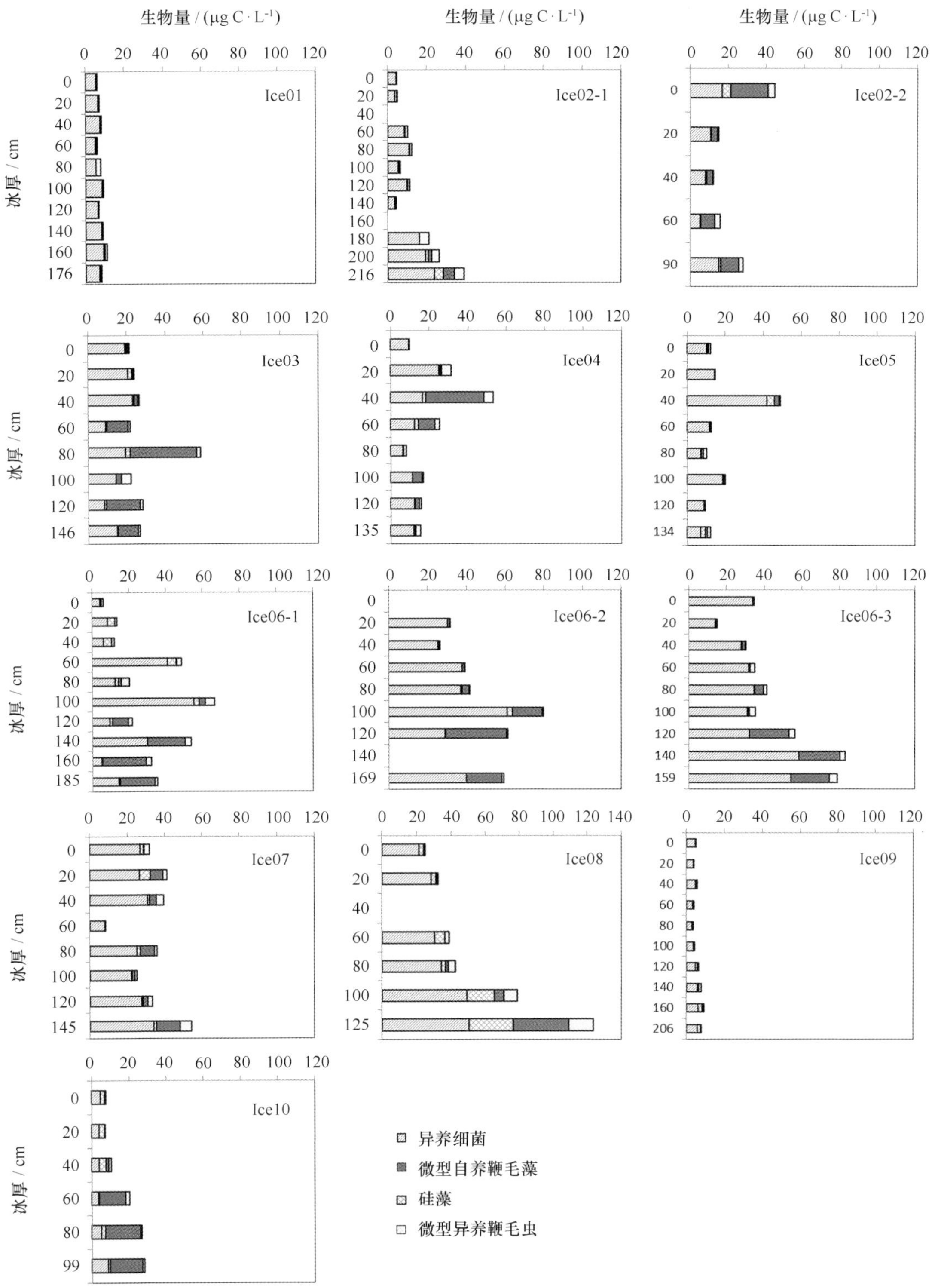


图 5－146　浮冰生物群落各类群生物量垂直分布特性

Ice08 的冰底（$3.23\times10^5$ cells/L）。在绝大多数冰芯中，硅藻均聚集在冰芯底部，其次在冰芯中层出现，表层几乎没有硅藻生存，硅藻丰度分布在空间上没有明显规律。微型自养鞭毛藻丰度在 0～$5.76\times10^5$ cells/L 之间，平均为 $3.09\times10^4$ cells/L。最大值出现在极点站位 Ice08 的冰底，该站次冰底自养鞭毛藻丰度为 $4.11 \times 10^5$ cells/L，仅次于最大值；高值在冰表层、中层和底层均有出现，在空间分布上没有明显规律。在空间分布上，鞭毛藻的丰度变化较硅藻小。微型异养鞭毛虫丰度为 $0.16 \times 10^4 \sim 11.70 \times 10^4$ cells/L，平均为 $3.33 \times 10^4$ cells/L。最大值出现在 Ice08 站位的次冰底，在垂直分布上，其最大值可以出现在冰芯的表层、中层和冰底；空间分布上亦没有明显规律。

细菌生物量在 3.52 ~ 60.96 μg C/L 之间波动。最大值出现在 Ice6 – 2 站位的冰芯中、下层（图 5 – 146）。该层细菌生物量占总生物量的比例最大。在海冰中、上层，细菌生物量在整个生物群落中占据优势，但在大多数站位的底层优势不明显，甚至失去主导地位。从垂直分布上来看，细菌生物量在底层分布较多，个别生物量峰值出现在冰芯中层，总体分布无明显规律。

硅藻的优势类群主要为羽纹硅藻，生物量范围在 0 ~ 34.97 μg C/L 之间，最高值出现在 Ice03 站位的冰芯中层，但绝大多数硅藻生物量峰值都出现在冰底 30 cm（图 5 – 146）。

微型自养鞭毛藻生物量为 0 ~ 21.74 μg C/L，平均为 1.10 μg C/L。最高值出现在北极点附近 Ice08 站位的冰底 5 cm，但其生物量高值能在其他站位的任何层位，且从垂直分布上看没有明显规律（图 5 – 146）。

微型异养鞭毛虫生物量为 0.03 ~ 10.56 μg C/L，生物量最高值出现在极点站位 Ice08 的冰底 5 cm（图 5 – 146）。

冰下水体中异养生物在整个生物群落中占的比重较大，特别是异养细菌在大多数站位冰下水体中占据优势。Ice03 和 Ice07 表层水体硅藻分别为 $6.15 \times 10^4$ cells/L 和 $1.45 \times 10^4$ cells/L，在其他冰站，冰下水柱硅藻丰度普遍较低（图 5 – 147）。

冰下水柱（8 m 以浅）叶绿素 a 浓度在 0.13 ~ 2.24 $mg/m^3$ 之间，最高值出现在 Ice07 站位，同时异养生物生物量的高值也出现在该站位（图 5 – 148）。

### 5.1.5.2 2012 年第五次北极考察

利用 2012 年夏季我国第五次北极科学考察的机会，于 8 月 29 日至 9 月 2 日在北冰洋罗蒙诺索夫海脊附近设置了 ICE01 至 ICE06 共 6 个站位进行冰表融池、冰芯和冰下水体样品的采集（见图 5 – 149）。

1）冰表融池生物群落特性

（1）冰表融池的理化特性

冰表融池温度范围为 –1 ~ 0℃，除 ICE02 站位外，融池温度基本呈随着纬度的增加而降低的趋势，ICE02 站位属于高纬海域，但是融池温度相对较高，平均温度接近 0℃，表明该站位有一定程度的融冰现象。同一站位不同融池温度较为一致（图 5 – 150）。

冰表融池盐度波动范围为 0 ~ 11.1，低值出现在 ICE02 站位，高值出现在 ICE01 站位（图 5 – 150）。ICE02 站位盐度最低（约为 0.17），温度最高（0℃），为典型的闭合型融池，属于早期的融池形态，该站位地处高纬海域，与其他海域相比，具有较大程度的融冰作用。

冰表融池营养盐浓度受冰芯影响较大，硝酸盐 + 亚硝酸盐的浓度变化范围是 0.5 ~ 1.7 μmol/L，高值出现在 ICE02 站位，低值出现在 ICE05 站位，总体而言随着纬度的增加而增加（图 5 – 151a）。磷酸盐浓度变化范围为 0.01 ~ 0.03 μmol/L，在各冰表融池中含量均很低，可见融池中营养盐类型受磷限制；最高值出现在 ICE01 站位，其余站位均为 0.01（图

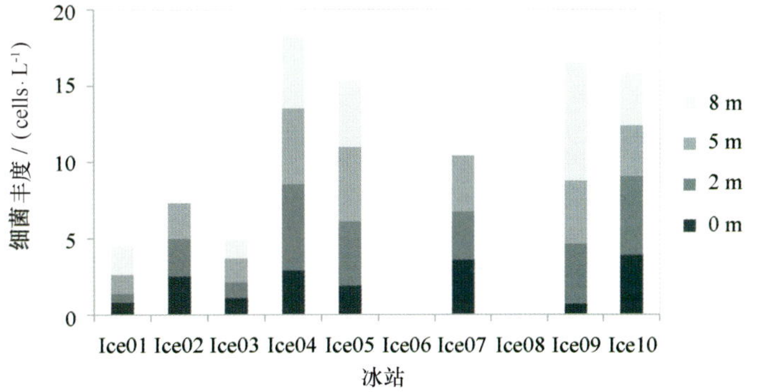


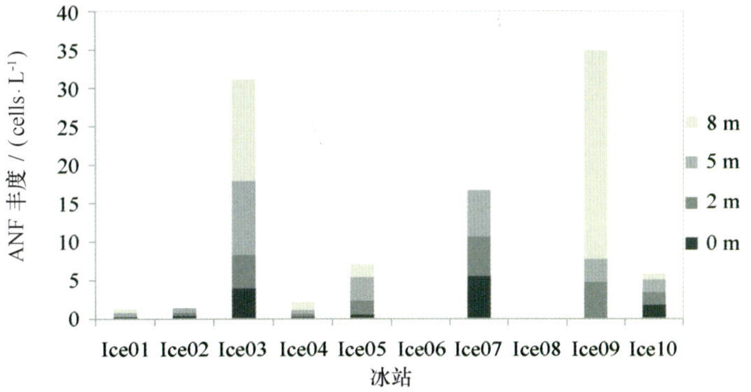


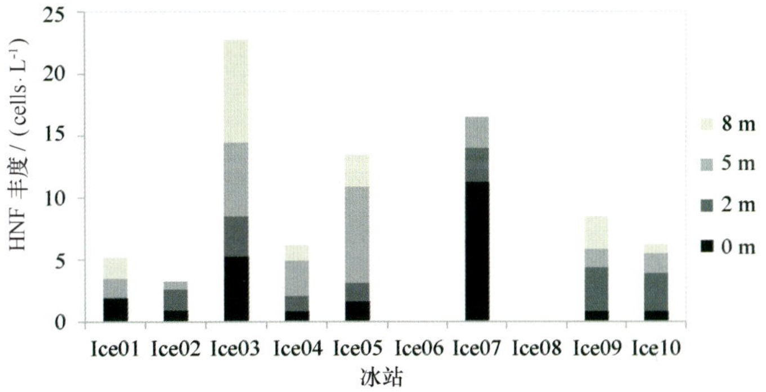


图 5－147 冰下水体（8 m 以浅）微型生物群落组成及丰度分布

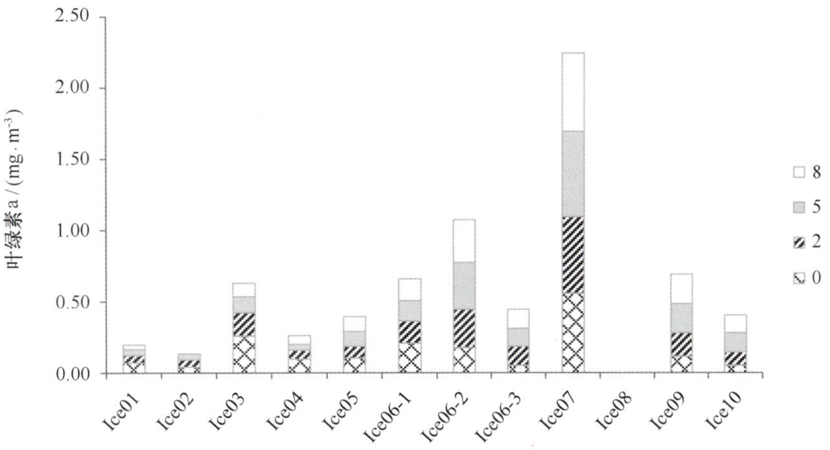


图 5－148 冰下水体（8 m 以浅）叶绿素 a 浓度分布特性

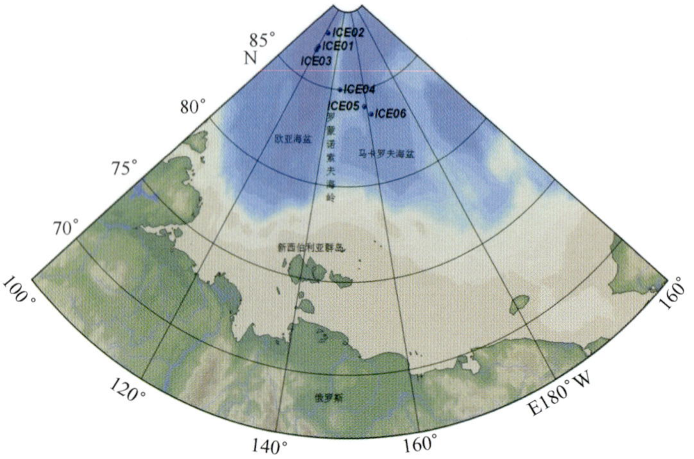


图 5－149　2012 年夏季第五次北极科学考察海冰站位示意图

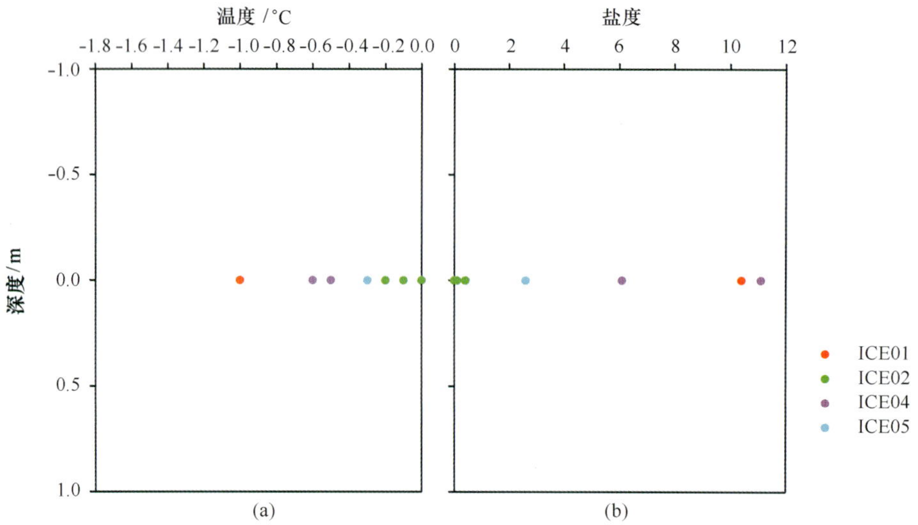


图 5－150　融池温度（a）和盐度（b）垂直剖面图

5－151b）。硅酸盐浓度变化范围在 0.2～1.7 μmol/L 之间，高值出现在 ICE05 站位，低值出现在 ICE02 站位，总体呈现随纬度的增加而降低趋势（图 5－151c）。

（2）冰表融池生物群落结构

图 5－152 和图 5－153 显示了融池各类群生物的生物量组成特性，冰表融池总生物量为 11.75～17.22 μg C/L，平均仅为 14.30 μg C/L，各站位间差别不大，融池低生物量的原因可能是强紫外辐射、低盐和贫营养盐条件所致，Lee 等（2012）研究表明，北极海域所有融池的年均碳初级生产仅为 2.6 Tg C，不到北极海域总初级生产的 1%，进一步表明海冰融池的低生物量特征。细菌在融池中占优势，其次是异养鞭毛虫。藻类的生物量并不高，融池中没有发现纤毛虫。融池中硅藻丰度和生物量以脆杆藻占优势，细菌和硅藻没有明显的相关性（$P > 0.05$）。ICE01 站位总生物量最低，ICE05 站位总生物量最高。ICE01 站位鞭毛虫生物量百分比超过细菌，成为主要类群，可能是此时融池中的细菌生长高峰期已过，但仍然保留有一定的丰度，可以继续为鞭毛虫提供一定的食物来源，但整个群落是极不稳定的，必将走向衰

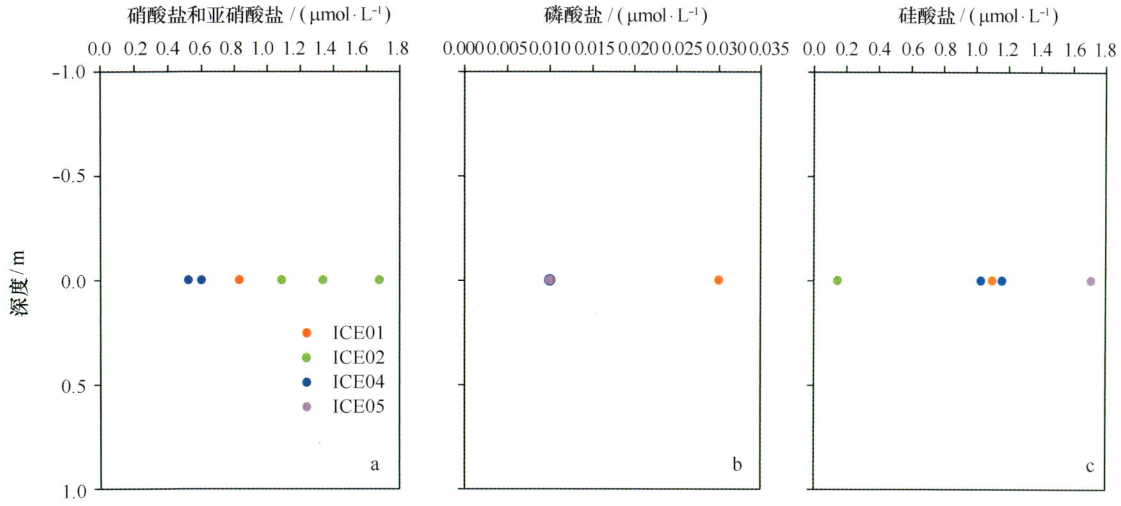


图 5－151　浮冰营养盐的垂直剖面图

a：硝酸盐和亚硝酸盐；b：磷酸盐；c：硅酸盐

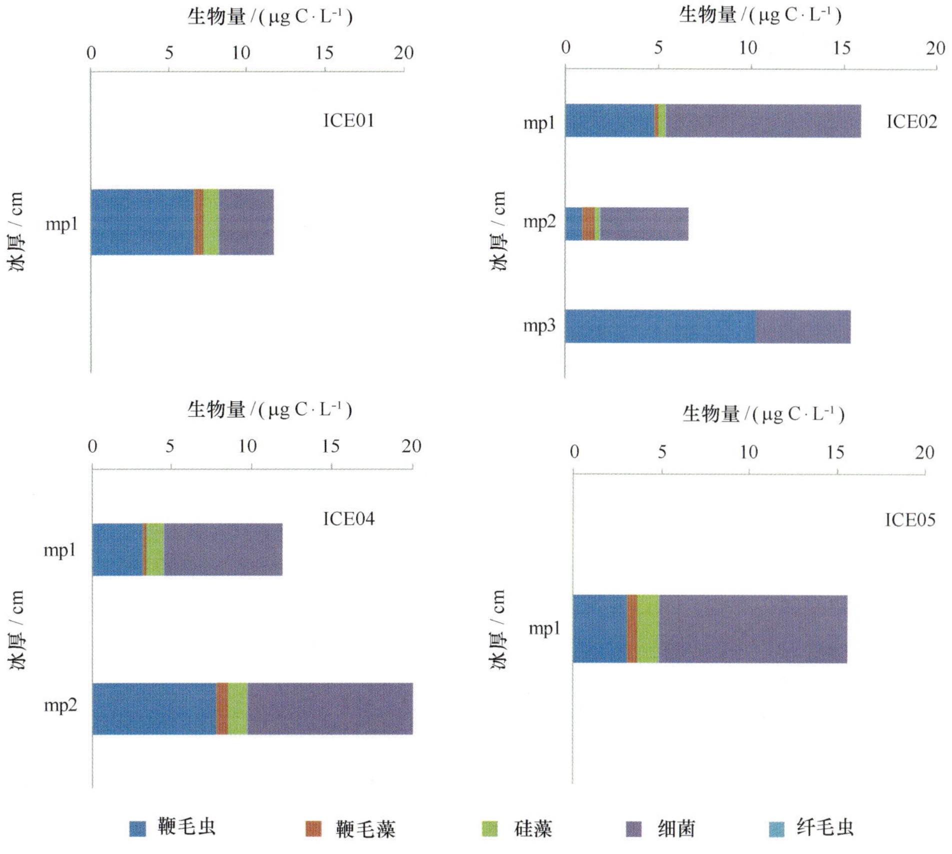


图 5－152　融池生物的生物量分布

亡。ICE01 冰芯生物群落处于衰退期，而冰表融池群落也是一个衰退的群落，可能是一定程度上也受冰芯的影响。

细菌生物量为 3.57 ~ 10.72 μg C/L，平均为 6.97 μg C/L，各站位间相差不大，最低值出现在 ICE01 站位，最高值在 ICE05 站位；鞭毛虫生物量在 3.07 ~ 6.64 μg C/L 之间，平均为 5.09 μg C/L，略低于细菌；鞭毛藻生物量在 0.27 ~ 0.55 μg C/L 之间，平均为 0.41 μg C/L，生物量与细菌和鞭毛虫差一个数量级，低值在 ICE02 和 ICE04 站位，高值出现在 ICE01 和 ICE05 站位；硅藻生物量在 0.25 ~ 1.3 μg C/L 之间，平均为 0.69 μg C/L，略高于鞭毛藻，与细菌和鞭毛虫差一个数量级；纤毛虫生物量为 0。各类群平均生物量百分比：细菌（55%），鞭毛虫（36%），硅藻（6%），鞭毛藻（3%），纤毛虫（0%）。

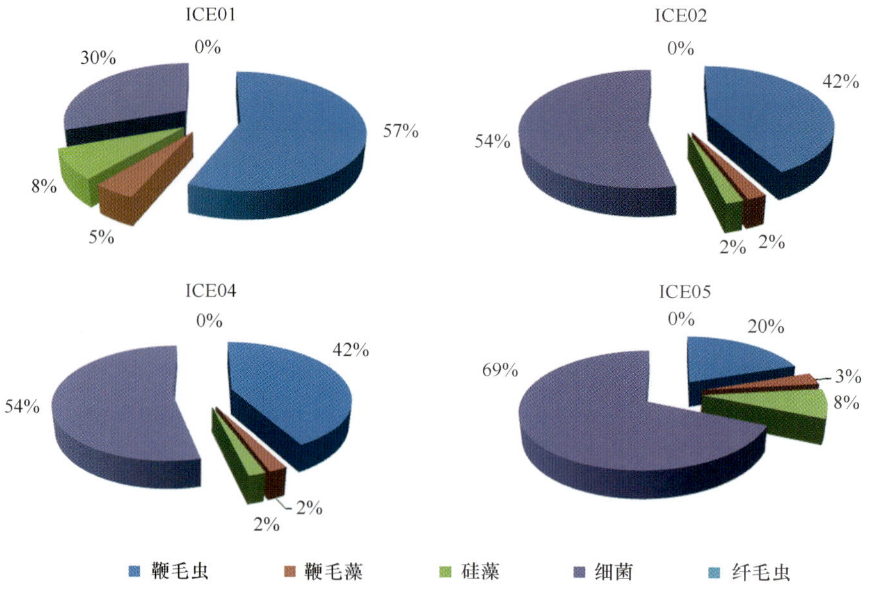


图 5 - 153　融池各类群生物的生物量百分比组成

（3）各类群生物的粒级结构组成

①异养鞭毛虫

如图 5 - 154 所示，各站位异养鞭毛虫生物量的粒级组成是：10 ~ 20 μm 鞭毛虫占 44% ~ 73%，平均为 59%；20 ~ 50 μm 鞭毛虫占 10% ~ 44%，平均为 26%；5 ~ 10 μm 鞭毛虫占 9% ~ 14%，平均为 12%；2 ~ 5 μm 鞭毛虫占 3% ~ 6%，平均为 3%；小于 2 μm 的鞭毛虫几乎为 0，没有发现大于 50 μm 的鞭毛虫。从生物量来看，各站 10 ~ 20 μm 的异养鞭毛虫占绝对优势，平均占总异养鞭毛虫的 59%。

②自养鞭毛藻

融池自养鞭毛藻生物量的粒级组成为：5 ~ 10 μm 的鞭毛藻占 24% ~ 94%，平均为 77%；10 ~ 20 μm 的鞭毛藻占 4% ~ 57%，平均为 16%；20 ~ 50 μm 的鞭毛藻占 0.1% ~ 12%，平均为 4%；2 ~ 5 μm 的鞭毛藻占 0.1% ~ 7%，平均为 3%；微微型（ < 2 μm）所占比例几乎为 0，没有发现大于 50 μm 的鞭毛藻。从生物量来看，除 ICE01 外，其余站位自养鞭毛藻生物量均以 5 ~ 10 μm 的占绝对优势，平均占自养鞭毛藻的 77%，其余粒径的鞭毛藻所占比例均较低，可见，融池中自养鞭毛藻生物量主要以微型为主（图 5 - 155）。

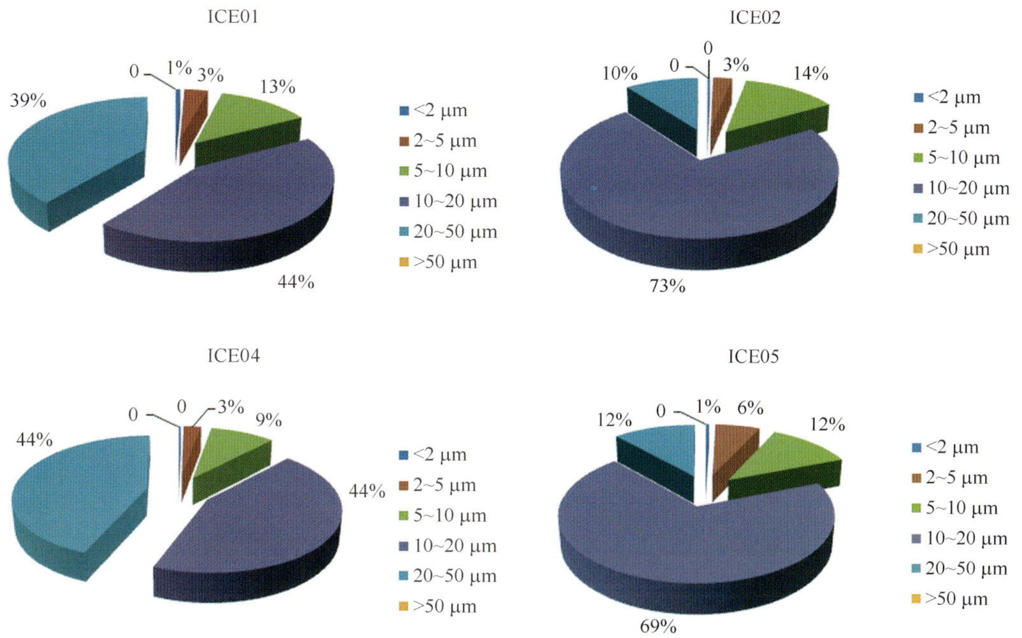


图 5－154　融池异养鞭毛虫生物量粒级组成

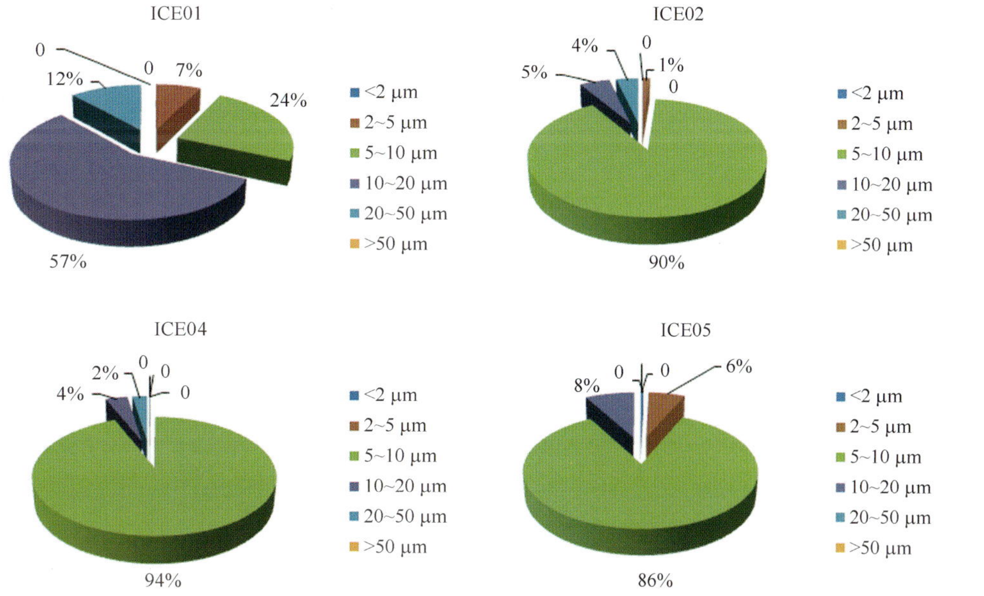


图 5－155　融池自养鞭毛藻生物量粒级组成

③硅藻

冰表融池硅藻生物量的粒级组成为：20～50 μm 的硅藻占 14%～89%，平均为 43%；大于 50 μm 的硅藻占 3%～76%，平均为 43%；10～20 μm 的硅藻占 6%～32%，平均为 12%；5～10 μm 的硅藻占 0～7%，平均为 1%；2～5 μm 的硅藻占 0～5%，平均为 1%；微微型（<2 μm）的没有发现。硅藻生物量分布分为两种：一种是较低纬度海域大于 50 μm 的硅藻占优势，小于 10 μm 的硅藻几乎为 0，如 ICE04 和 ICE05；另一种是高纬海域以 20～50 μm 硅藻占优势，其余粒径的硅藻也占有一定比例，如 ICE01 和 ICE02。总体而言，北冰洋中心区

冰表融池硅藻以小型（>20μm）为主（图5-156）。

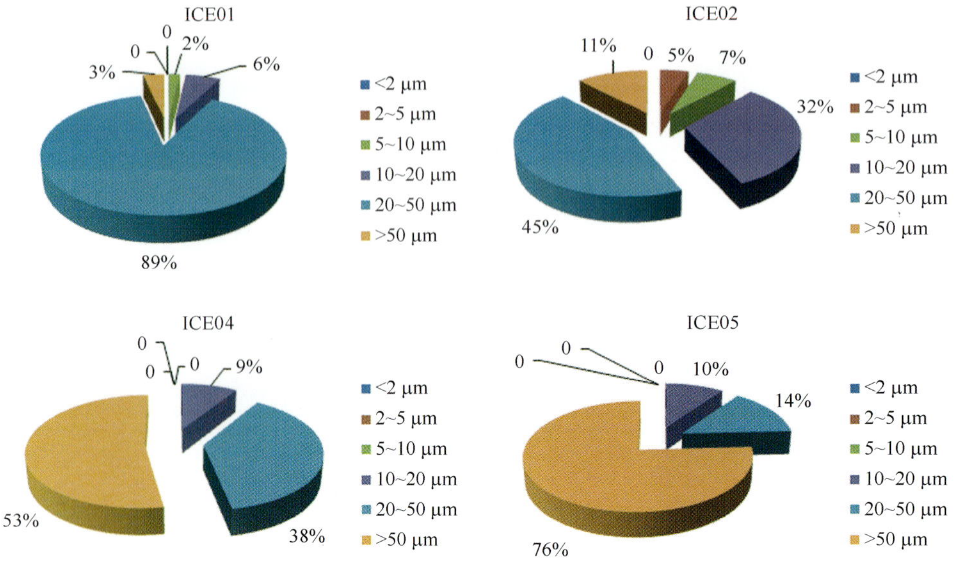


图5-156　融池硅藻生物量粒级组成

（4）小结

2012年夏季北冰洋中心区融池生物群落组成和粒级结构特征如下。

①冰表融池生物量整体较低，细菌平均占总生物量的55%，异养鞭毛虫平均占36%，自养类群仅占9%，融池中异养类群占绝对优势。

②融池中的鞭毛虫生物量以10~20 μm占优，平均占总异养鞭毛虫的59%。

③鞭毛藻以微型（5~10 μm）占优，平均占总自养鞭毛藻的77%。

④北冰洋中心区冰表融池硅藻主要以小型脆杆藻（>20 μm）占优，环境条件变化使得纤毛虫减少，在融池中并未发现。

2）冰芯生物群落结构

（1）浮冰的理化特性

海冰厚度在66~230 cm之间，平均为127 cm。

浮冰冰芯温度范围为-1.6~0℃，冰芯温度基本呈随着深度的增加而下降的趋势，各站位浮冰上、中层温度存在较大差异（图5-157a）。其中在ICE04、ICE05及ICE06站位，上表层0~20 cm冰温变化尤其明显，自20 cm以下冰温随深度的增加而下降，到100 cm左右趋于稳定。

浮冰冰芯盐度波动范围为0~3.3，其中低值出现在上表层40 cm，高值多出现在冰芯的底层（图5-157b）。盐度剖面可大致分为两类：一类如ICE04和ICE05站位，中底层盐度较高，其余各层在小幅波动；第二类为ICE01、ICE02、ICE03和ICE06站位，盐度基本上是随着深度增加而增加。ICE01和ICE05冰底盐度较高，其余站位冰底盐度较低。

硝酸盐+亚硝酸盐的浓度变化范围是0.2~1.4 μmol/L，最高值出现在ICE02站位的上层，最低值在ICE04的中层和底层，总体而言随着深度的增加而下降（图5-158a）。磷酸盐浓度变化范围是0~0.1 μmol/L，在各冰层中含量均较低，最高值出现在ICE02的表层，最低值在ICE03上层和ICE05的表层，其中，ICE02站位总体而言呈下降趋势，并且在120~135 cm

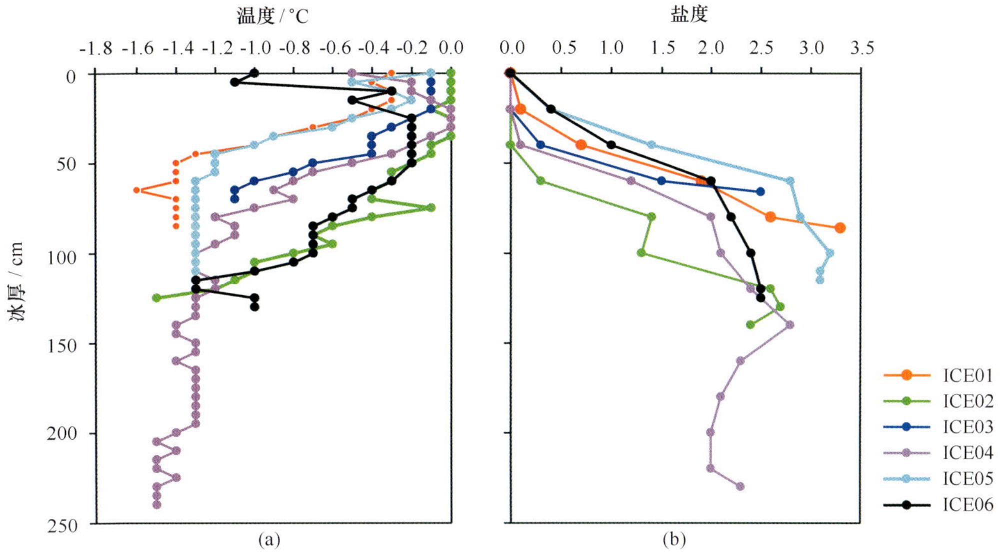


图 5－157　浮冰温度（a）和盐度（b）垂直剖面图

之后迅速下降；ICE03 至 ICE06 基本趋于平稳，ICE06 冰底磷酸盐浓度明显升高（图 5－158b）。硅酸盐浓度变化范围在 0.11～1.29 μmol/L 之间，最高值出现在 ICE05 底层，最低值在 ICE02 和 ICE03 的上层，在 0～40 cm，各冰层的硅酸盐浓度均在下降，40 cm 之后开始上升，其中 ICE04 在 100～120 cm 冰层达到最高值趋于平缓，然后又开始下降（图 5－158c）。

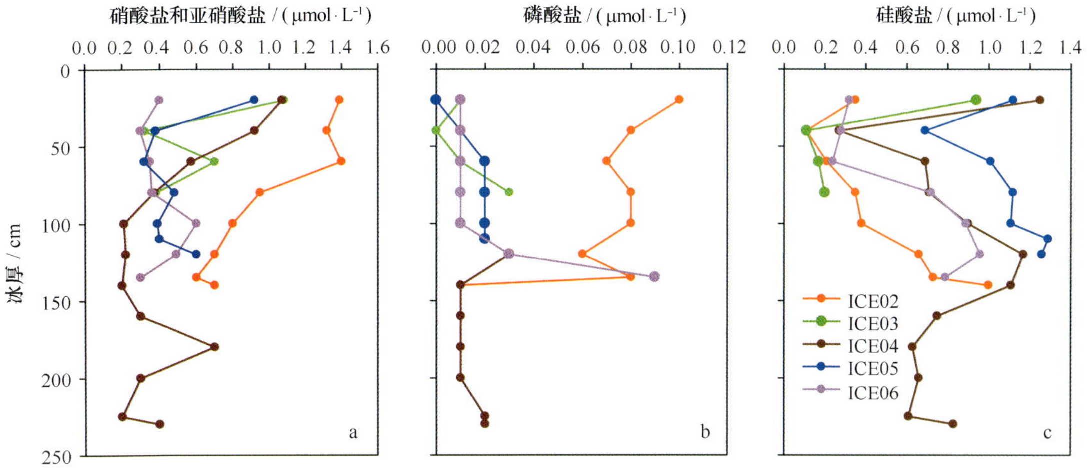


图 5－158　浮冰营养盐的垂直剖面图

a：硝酸盐和亚硝酸盐；b：磷酸盐；c：硅酸盐

（2）各类群生物量分布

①海冰细菌

图 5－159 显示了各站位细菌的丰度、生物量的垂直分布情况。海冰各层异养细菌的丰度在 $0.27\times10^9$～$5.59\times10^9$ cells/L 之间，平均为 $1.97\times10^9$ cells/L（$n=43$）；生物量在 5.50～212.67 μg C/L 之间，平均为 47.90 μg C/L，最高值和最低值之间差两个数量级，细菌峰值出现在上层和底层。

细菌柱总生物量为 8.31～86.33 mg C/m$^2$，平均为 49.55 mg C/m$^2$。

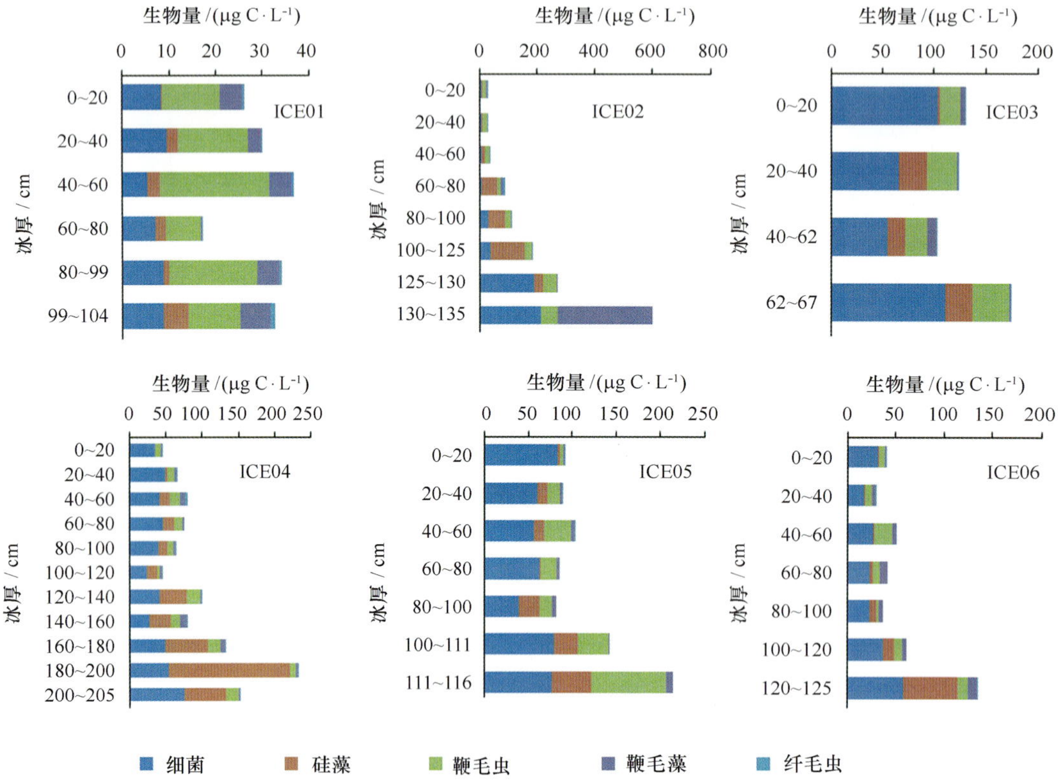


图 5-159 浮冰生物量的垂直分布

②海冰硅藻

硅藻丰度为 0.00～6.55×10$^5$ cells/L，平均为 1.8×10$^5$ cells/L；生物量为 0.00～166.86 μg C/L，平均为 20.48 μg C/L（$n$=42），低于细菌平均生物量。生物量峰值出现在 ICE04 站位的 180～200 cm 冰层；而在 ICE02 站位的冰底没有检测出硅藻细胞，这是所有冰层中唯一没有发现硅藻的冰层。

硅藻优势类群主要为脆杆藻、菱形藻和舟形藻，其中又以粒径大于 20 μm 的硅藻占绝对优势，各站位的优势种类似。硅藻丰度和生物量的垂直分布特性较为一致，但硅藻生物量分布各站位间差异明显，其峰值可出现在冰底或海冰内部，或者在近冰底和内部各有一个峰值（ICE04），也可能没有明显的峰值（ICE01）。硅藻与细菌的垂直分布没有明显的相关性（$p$>0.05）。

③自养鞭毛藻

自养鞭毛藻丰度为 0.16～41.93×10$^5$ cells/L，平均为 1.81×10$^5$ cells/L，其中以粒径小于 20 μm 的丰度较高。生物量为 0.28～329.6 μg C/L，平均为 11.20 μg C/L（$n$=42），比硅藻低 1 倍，丰度和生物量峰值出现在 ICE02 站位冰底。

图 5-159 显示了自养鞭毛藻的丰度和生物量垂直分布情况。除 ICE03 站位，其余站位均在冰底和冰内部出现峰值。在 ICE02 站位的冰底有明显的峰值，其余冰层的生物量和丰度较低。除了 ICE02 站位冰底生物量较高外（329.6 μg C/L），其余冰层生物量为 0.28～8.83 μg C/L，平均仅为 3.81 μg C/L。

④异养鞭毛虫

异养鞭毛虫丰度为 2.21×10$^5$～88.39×10$^5$ cells/L，平均为 29.18×10$^5$ cells/L；生物量为

3.08 ~ 84.80 μg C/L，平均为 18.40 μg C/L（$n$ = 43），低于硅藻和细菌，高于自养鞭毛藻，最高值出现在 ICE05 站位，与异养细菌出现的层位较为一致。

异养鞭毛虫丰度和生物量在冰底或中间冰层出现峰值。前者如 ICE02、ICE03、ICE05 和 ICE06；后者包括所有站位。小于 5 μm 的异养鞭毛虫丰度较大，而 10 ~ 20 μm 的异养鞭毛虫对总生物量的贡献较大。

⑤纤毛虫

纤毛虫丰度 0.00 ~ 36 × $10^3$ cells/L，平均为 2.25 × $10^3$ cells/L（$n$ = 43）；生物量为 0.00 ~ 9.53 μg C/L，平均仅为 0.63 μg C/L，该类群在站位分布间存在较大差异，其垂直分布没有明显特征，但垂直分布的峰值区易出现在冰芯中底部，并可能在表层呈现较大值。其丰度分布低于异养鞭毛虫丰度，最高值出现在 ICE02 站位 60 ~ 80 cm（图 5 – 159）。

（3）微小型生物量组成特征

各浮冰站位生物量的垂直分布总体可分为两类：一类是生物量随着深度的增加而增加，冰底具有很高的生物量，如 ICE02、ICE04 和 ICE05 站位；另一类包括其余 3 个站位，整体生物量较低，极值出现在浮冰内部或冰底。浮冰柱总生物量为 34.66 ~ 190.95 mg C/$m^2$，各站位之间有明显差别，平均为 105.85 mg C/$m^2$。其中冰底 5 cm 所含生物量占总生物量的 2.23% ~ 13.5%，平均仅为 6.19%，表明生物量并不集中在冰底。

由图 5 – 160 和图 5 – 161 显示，细菌在生物总量中占优势，ICE02 站位由于存在冰底鞭毛藻旺发现象，鞭毛藻生物量占总量的 25%。6 个站位的平均生物量百分比从高到低分别为：细菌（47.2%），硅藻（26.7%），鞭毛虫（18.2%），鞭毛藻（6.9%），纤毛虫（1%）。ICE02 和 ICE04 的总生物量较高；ICE01 的总生物量最低，其次是 ICE06。

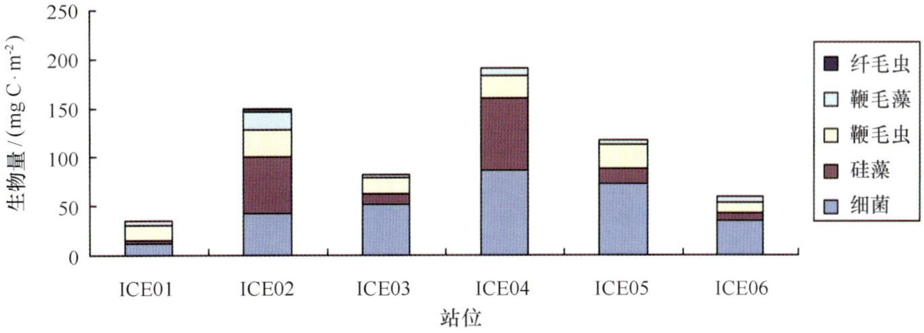


图 5 – 160 浮冰细菌和原生生物生物量

①浮冰生物群落结构

Gradinger 等（1999）对格陵兰海夏、秋季海冰生物群落研究显示：整个冰芯生物群落生物量平均为 200 mg C/$m^2$。而相对于格陵兰海域，北冰洋中心区由于营养盐供给相对贫乏，浮冰平均生物量仅为 105.85 mg C/$m^2$，约为格陵兰海的 1/2，但明显高于第四次北极考察的研究结果（34.5 mg C/$m^2$）。6 个站位的平均生物量百分比从高到低分别为：细菌（47.2%），硅藻（26.7%），鞭毛虫（18.2%），鞭毛藻（6.9%），纤毛虫（1.0%）。细菌取代硅藻成为浮冰内部最主要类群，与 2002 年秋季弗拉姆海峡浮冰的研究结果较为一致，与格陵兰海夏季研究结果相比明显下降，表现为异养类群生物量升高，自养类群生物量下降。细菌的营养很大一部分来源于冰藻光合作用释放的溶解有机碳（DOC），冰藻生物量的增加

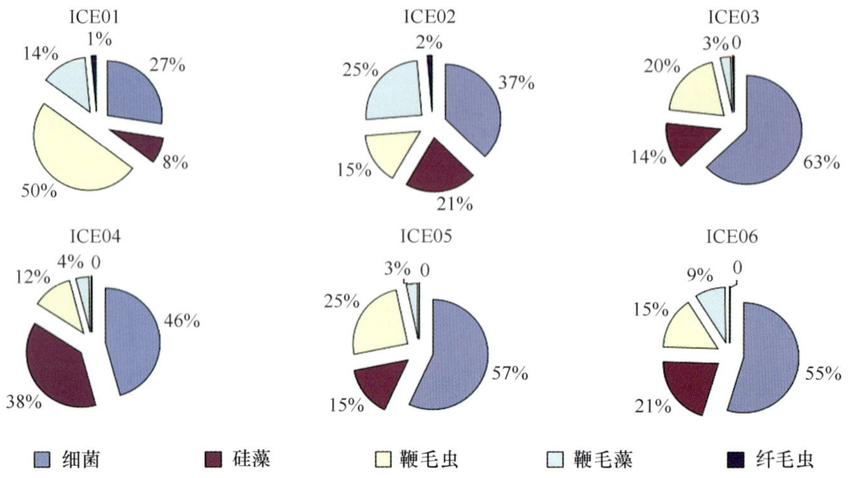


图 5-161　浮冰微小型生物的生物量百分比组成

将导致细菌产量的增加。细菌和冰藻在海冰生物群落中均占较高的份额，作为食物链的起点，其在北极海冰食物链中发挥重要作用。

ICE01 的总生物量最低，细菌生物量低于鞭毛虫生物量，细菌无法满足鞭毛虫的能量需求，因而除细菌外，鞭毛虫必须有其他能量来源来满足其生长，如摄食微型或微微型藻类，甚至直接利用溶解有机碳（DOC）。因此该站位可能是细菌和自养鞭毛藻已经度过了其生长高峰期，此时细菌还保持较高的丰度，可以为异养鞭毛虫提供大部分食物来源，同时，自养鞭毛藻和溶解有机碳（DOC）也为异养鞭毛虫提供了充足的食物储备，但此时整个群落是极不稳定的。除此之外，其他站位微型生物群落均属于较为健康、稳定的群落。

②海冰冰底鞭毛藻藻华的成因

ICE02 站位冰底出现鞭毛藻藻华，这是对海冰冰底鞭毛藻藻华的首次报道。

该站位海冰厚度为 140 cm，海冰上层温度最高（0℃）而盐度最低，表明该站位发生一定的融冰现象，从而增大了海冰的透光能力，有利于藻华的发生，尽管其他站位底层也有较高的营养盐浓度，但却没有发生藻华。该站位生物量呈现垂直递增趋势且硅酸盐过度消耗，而冰底硅藻生物量很低，因此，分析认为，可能此时硅藻旺发期已过，而细菌依旧保持着较高的丰度，因此浮冰生物群落的发育阶段可能处于藻华后期而不同于其他站位。冰底细菌有着较高的生物量，细菌可能对硅藻等生物残骸存在一定的分解作用而使得营养盐再生，有利于鞭毛藻的生长，海冰营养盐的再生能力不容忽视。发生藻华的鞭毛藻粒径主要以大于20 μm 为主，与鞭毛虫的摄食关系表明，鞭毛虫的摄食作用对其影响不大。该站位冰柱中的硝酸盐和亚硝酸盐浓度下降，冰柱各层的硝酸盐和亚硝酸盐浓度均高于其他站位，冰底磷酸盐浓度迅速下降至最低，但自养鞭毛藻与各营养盐间没有明显的相关性（$p > 0.05$），因此，ICE02 站位冰底鞭毛藻藻华还可能与磷酸盐和含氮营养盐的共同作用有关。公认的适宜藻类生长的标准摩尔比率（Redfield ratio）为 Si∶N∶P = 16∶16∶1。该站位冰底有较高的盐度，N∶P = 70∶1，氮磷比远大于 16 且表现为显著的磷限制，因此，该营养盐条件可能有利于鞭毛藻的生长，综合以上几个因素可能是造成冰底鞭毛藻藻华的原因。

尽管硅藻的总生物量所占的比例较高，但在个别近冰底冰层如 ICE02 站位的冰底，自养鞭毛藻的生物量要远大于硅藻生物量，在该冰层，自养鞭毛藻的生物量高达329.6 μgC/L，占该层总生物量的55%，因而在浮冰内部的局部小生境中，其生态作用不容忽视。在藻华后期，硅藻的生物量下降速度比鞭毛藻速度快，鞭毛藻更能适应融冰期的海冰条件。随着海冰融化，硅藻可能逐渐失去其主体地位，鞭毛藻的升高可能会使次级生产量大大提高，进而使得更多的能量向高营养级传递。

③异养鞭毛虫的摄食特性

对浮冰各冰层不同类群的相关性分析表明，异养鞭毛虫与细菌和自养鞭毛藻均存在显著的正相关关系（$R_{鞭毛藻}=0.424$，$R_{细菌}=0.636$；$N=43$，$p<0.01$），但与硅藻无明显的相关性（$p>0.05$），表明异养鞭毛虫可能更倾向于对微型和微微型生物的摄食，而非硅藻。异养鞭毛虫具有选择性摄食特性，其摄食范围广泛，研究显示不同粒径的原生动物均可摄食冰藻，异养鞭毛虫可以摄食与自身大小相当的冰藻，甚至可能还是潜在的"植食者"。本次研究结果显示鞭毛虫比例为18.2%，仅次于细菌和硅藻，细菌和冰藻为其提供了较充足的食物来源可能是异养鞭毛虫比例较高的原因。纤毛虫对鞭毛虫也存在一定的摄食作用，而本研究发现纤毛虫生物量和丰度均很低，因此对鞭毛虫的摄食压力很低，对其影响不大。异养鞭毛虫也是桡足类和其他浮游动物的潜在食物来源，因此，在北冰洋海洋生态系统中，其在食物链中的作用是不容忽视的。

（4）小结

综上所述，可以得到如下结论。

① 2012年夏季北冰洋中心区浮冰生物群落生物量较低，浮冰平均生物量仅为105.85 mg C/$m^2$。细菌是浮冰内部最主要类群，其次是硅藻，二者在北极海冰食物链中处于重要地位。

② ICE02站位冰底出现鞭毛藻藻华，生物量可达329.6 μg C/L，可能是海冰融化和一定的营养盐条件所致，其生态作用不容忽视。

③ 异养类群在浮冰中比例升高，在北冰洋海洋生态系统中，其在食物链中可能具有重要作用。

3）冰下水柱生物群落特性

（1）冰下水柱的理化特性

冰下水柱温度范围为-1.8～-1.5℃，平均为-1.64℃，温度基本呈随着纬度的增加而下降的趋势。ICE03和ICE04站位冰下水柱温度出现微小的波动，其余站位各层温度基本一致（图5-162a）。南部海域和北部海域温度较为接近，南部海域冰下水柱平均温度为-1.52℃，如ICE04、ICE05和ICE06；北部海域平均温度为-1.76℃，如ICE01、ICE02和ICE03。

冰下水柱盐度波动范围为25.9～31.7，平均为28.66，同一站位各水层盐度基本一致，不同站位盐度有所差别。最低值出现在ICE06站位表层，最高值出现在ICE02站位，总体而言，盐度随着纬度的升高而升高，南部海域盐度平均为26.77，如ICE04、ICE05和ICE06；北部海域盐度平均为30.55，如ICE01、ICE02和ICE03（图5-162b）。

硝酸盐+亚硝酸盐的浓度变化范围是0.3～2.2 μmol/L，浓度略高于浮冰内部，最高值出现在ICE02站位的表层，并且明显高于该站位的其他水层，最低值在ICE03、ICE05和ICE06站位8 m水层，总体而言随着深度的增加而下降（图5-163a）。磷酸盐浓度变化范围为0.03～0.46 μmol/L，浓度略高于浮冰内部，最高值出现在ICE06的8 m水层，最低值在

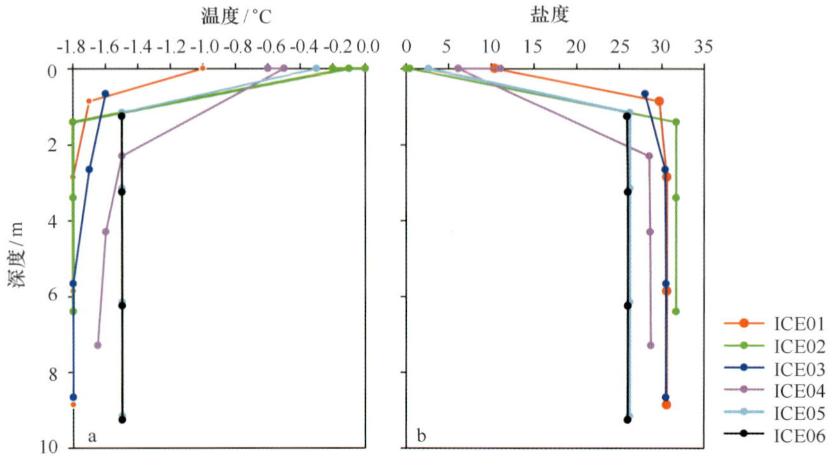


图 5-162　冰下水柱温度（a）和盐度（b）垂直剖面图

ICE02 站位的表层，总体而言呈现随深度的增加而增加，随纬度的升高而下降的趋势（图 5-163b）。硅酸盐浓度变化范围在 0.7 ~ 8.3 μmol/L 之间，远高于浮冰内部硅酸盐浓度，最高值出现在 ICE05 站位 5 m 水层，最低值在 ICE02 站位 5 m 水层，南部海域硅酸盐浓度较高，平均为 6.7 μmol/L，如 ICE04、ICE05 和 ICE06；北部海域的硅酸盐浓度仅为 1.6 μmol/L，如 ICE01、ICE02 和 ICE03（图 5-163c）。

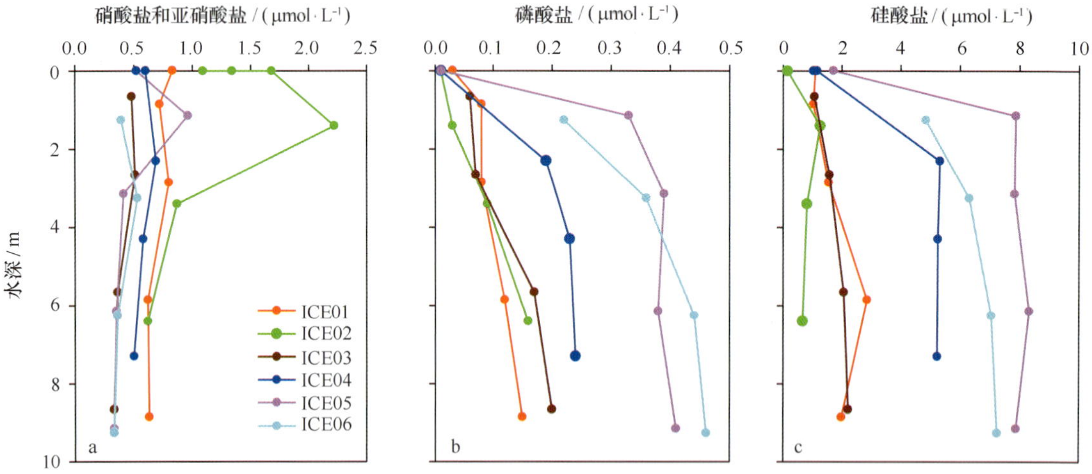


图 5-163　冰下水柱营养盐的垂直剖面图

a：硝酸盐和亚硝酸盐；b：磷酸盐；c：硅酸盐

（2）冰下水柱生物群落结构

图 5-164 和图 5-165 显示了冰下水柱的生物量组成特性，8 m 以上水柱浮游生物总生物量为 134.35 ~ 287.49 mg C/m$^2$，平均为 201.78 mg C/m$^2$，高于冰表融池总生物量，最低值出现在 ICE01 站位，最高值出现在 ICE04 站位，总体而言，冰下水柱生物量并不高。细菌生物量在 3.91 ~ 35.16 μg C/L 之间，平均为 18.81 μg C/L，最低值在 ICE01 站位 8 m，最高值在 ICE04 站位 5 m，细菌生物量分布比较均匀，ICE01 站位细菌生物量整体较低；硅藻生物量在 0.11 ~ 6.73 μg C/L 之间，平均为 1.95 μg C/L，比浮游细菌生物量低一个数量级，表层生物

量较高，各站位间有较大差异，最高值出现在 ICE04 站位表层；鞭毛藻生物量在 0.24 ~ 10.19 μg C/L 之间，平均为 2.77 μg C/L，平均生物量略高于硅藻，最高值出现在 ICE01 站位 5 m；异养鞭毛虫生物量为 1.67 ~ 10.1 μg C/L，平均为 5.12 μg C/L，生物量低于细菌，但略高于硅藻和鞭毛藻，最高值出现在 ICE04 表层；纤毛虫生物量为 0 ~ 4.46 μg C/L，平均为 0.54 μg C/L，最高值出现在 ICE05 站位 2 m，其垂直分布呈现随水深的增加而减少的特征。总体而言，冰下水柱各类群平均生物量百分比由高到低分别为：细菌（64%），鞭毛虫（18%），鞭毛藻（9%），硅藻（7%），纤毛虫（2%），各生物类群间没有明显的相关性（$p > 0.05$）。

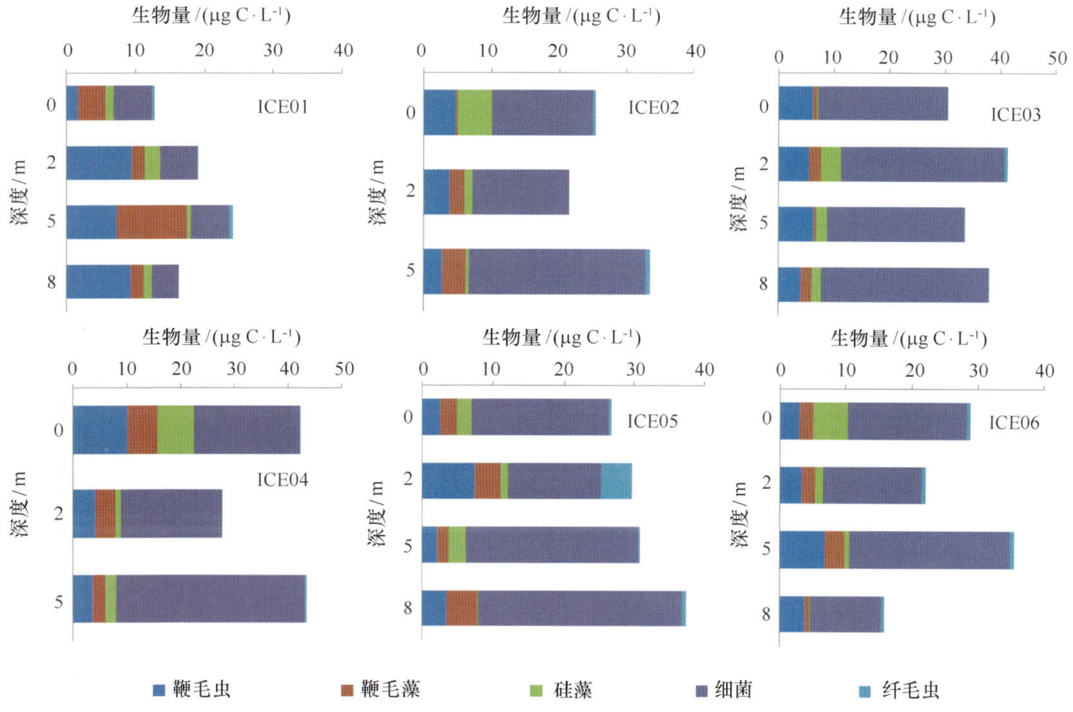


图 5-164 冰下水柱生物的生物量分布

除 ICE01 站位外，其余站位均以细菌为绝对优势（64%），其次是鞭毛虫（18%），藻类平均生物量百分比为 16%，表明冰下水柱中异养类群的食物来源并非作为初级生产者的自养类群，而是微食物环的另一起点——浮游细菌，异养鞭毛虫又是桡足类和其他浮游动物的潜在食物来源，从而进一步揭示出以细菌为起点的微食物环可能在北极生态系统能量流动和物质循环方面发挥着重要作用，维持了北极海洋生态系统的稳定性。

（3）各类群生物的粒级结构组成

①异养鞭毛虫

冰下水柱异养鞭毛虫生物量百分比较高，与格陵兰海西南部海域研究结果较为一致。异养鞭毛虫的粒级组成为：10 ~ 20 μm 的鞭毛虫占 42% ~ 61%，平均为 47%；20 ~ 50 μm 的鞭毛虫占 29% ~ 38%，平均为 34%；5 ~ 10 μm 的鞭毛虫占 6% ~ 22%，平均为 14%；2 ~ 5 μm 的鞭毛虫占 1% ~ 5%，平均为 3%；小于 2 μm 的鞭毛虫占 0 ~ 1%，平均为 1%；大于 50 μm 的鞭毛虫占 0 ~ 5%，平均为 1%。各站位 10 ~ 20 μm 和 20 ~ 50 μm 的鞭毛虫生物量较高，小于 2 μm 和大于 50 μm 的鞭毛虫生物量均很低，小于 5 μm 的异养鞭毛虫生物量很低但丰度较

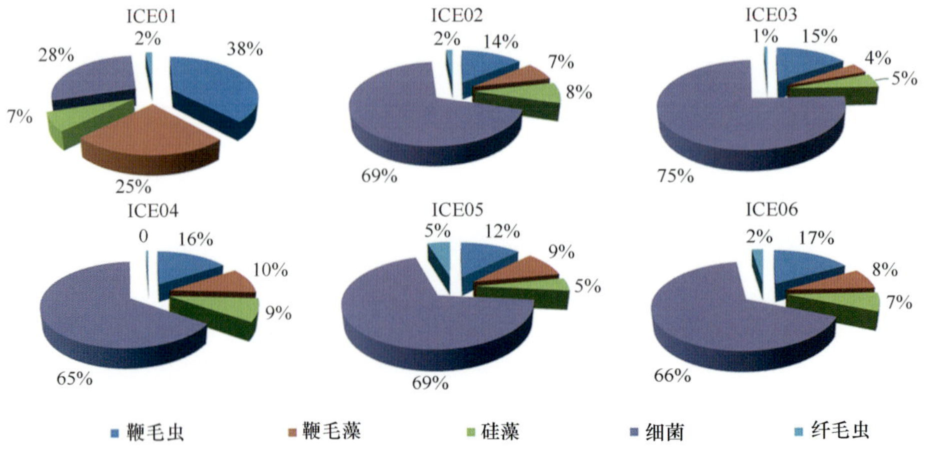


图 5－165　冰下水柱生物量百分比

高（图 5－166）。

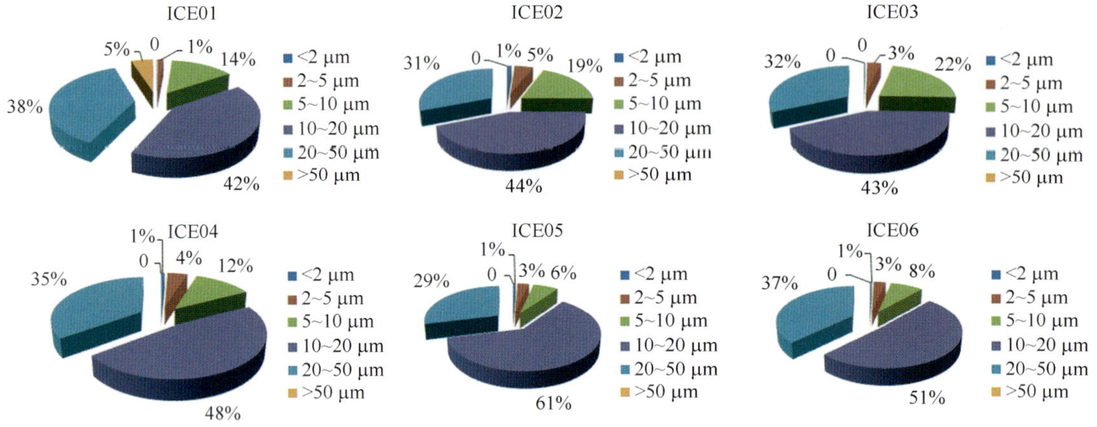


图 5－166　冰下水柱异养鞭毛虫生物量粒级组成

②自养鞭毛藻

自养鞭毛藻生物量粒级组成为：2～5 μm 的鞭毛藻占 36%～64%，平均为 48%；5～10 μm 的鞭毛藻占 14%～36%，平均为 23%；20～50 μm 的鞭毛藻占 9%～21%，平均为 15%；10～20 μm 的鞭毛藻占 2%～17%，平均为 10%；小于 2 μm 的鞭毛藻占 0～6%，没有发现大于 50 μm 的鞭毛藻。各站位 2～5 μm 的自养鞭毛藻生物量占绝对优势，丰度以小于 2 μm的自养鞭毛藻占优，可见，冰下水柱微型（<5 μm）鞭毛藻百分比较高（图 5－167）。

③硅藻

图 5－168 显示，冰下水柱硅藻生物量粒级组成为：大于 50 μm 的硅藻占 26%～88%，平均为 59%；20～50 μm 的硅藻占 8%～63%，平均为 36%；10～20 μm 的硅藻占 1%～6%，平均为 4%；5～10 μm 的硅藻占 0～5%，平均为 1%；小于 5 μm 的硅藻没有发现。除 ICE01 站位外，其余各站均以大于 50 μm 硅藻占绝对优势，其次是 20～50 μm 硅藻，小于 20 μm 的硅藻所占比例很低，微型硅藻很少。

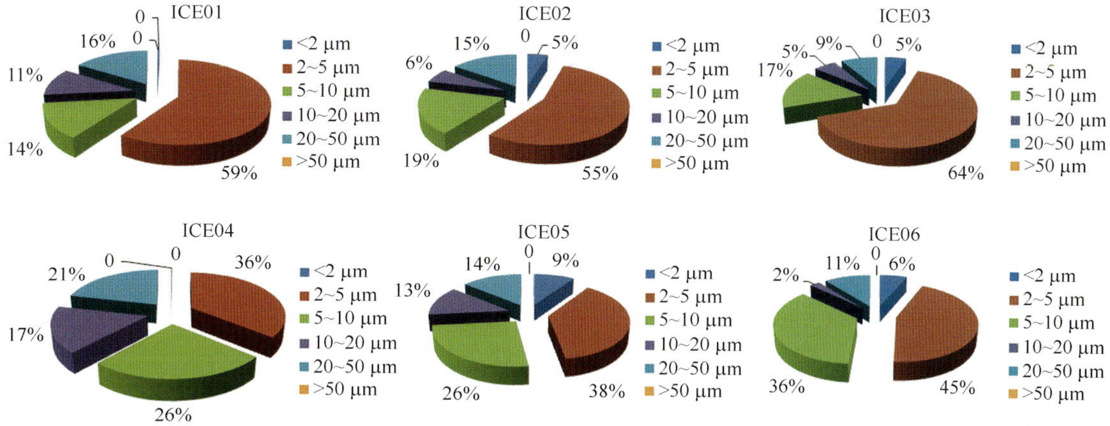


图5-167 冰下水柱自养鞭毛藻生物量粒级组成

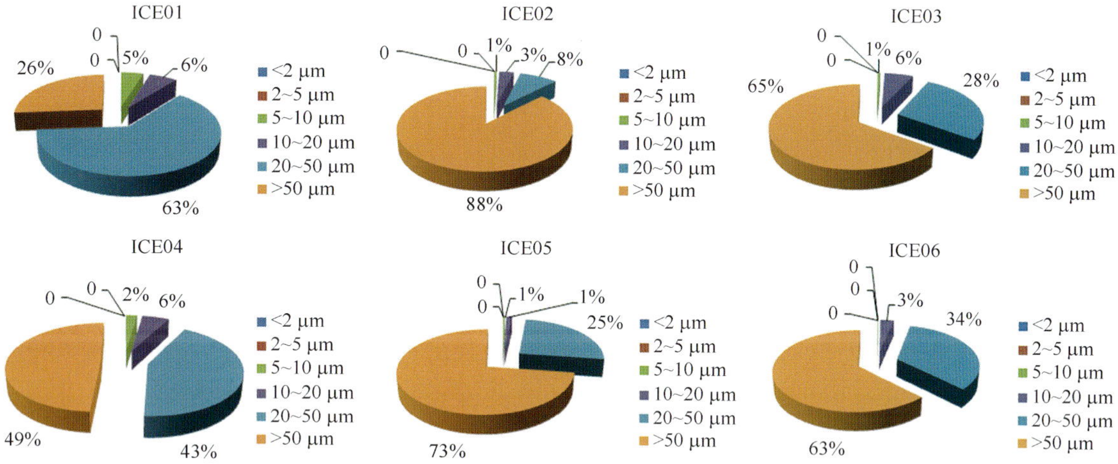


图5-168 冰下水柱硅藻生物量粒级组成

④纤毛虫

冰下水柱纤毛虫生物量粒级组成为：20~50 μm的纤毛虫占21%~76%，平均为47%；大于50 μm的纤毛虫占0~69%，平均为33%；10~20 μm的纤毛虫占6%~16%，平均为10%；5~10 μm的纤毛虫占3%~30%，平均为9%；2~5 μm的纤毛虫占0~13%，平均为1%；小于2 μm的纤毛虫没有发现（图5-169）。除ICE05外，各站纤毛虫生物量均以20~50 μm的占绝对优势，小于5 μm的纤毛虫比例很低。

（4）小结

2012年夏季北冰洋中心区8 m以上水柱特征如下。

①冰下水柱柱总生物量整体较低，细菌为冰下水柱群落的主要类群（64%），其次是鞭毛虫（18%），藻类所占比例较低，异养类群的主要食物来源是浮游细菌，由此可见微食物环可能在北极食物链中有重要作用。

②冰下水柱各类群生物粒级结构组成为：鞭毛虫10~20 μm的生物量较高，平均占47%；鞭毛藻则是2~5 μm的生物量较高；硅藻以大于50 μm的占绝对优势，其次是20~50 μm，北冰洋中心区以小型硅藻为主；冰下水柱小型（>20 μm）纤毛虫生物量较高，平均

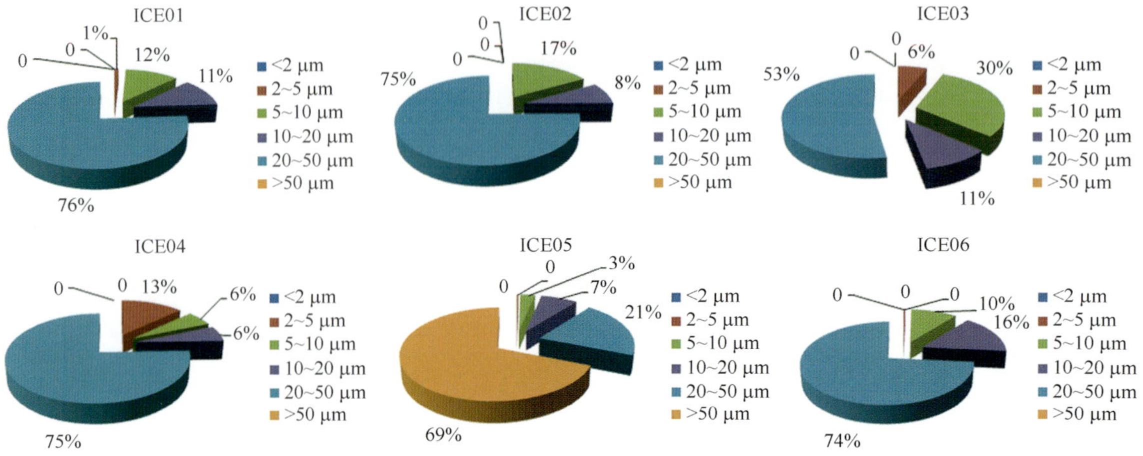


图 5－169　冰下水柱纤毛虫生物量粒级组成

占纤毛虫总生物量的 80%，但生物量百分比在冰下水柱生物群落中很低。

### 5.1.5.3　2014 年第六次北极考察

ICE01 站位是本航次调查中海冰厚度最大的一个站位，海冰厚度达到 255 cm。ICE 01 站位冰芯各层总体生物量变化不大（图 5－170），冰芯中部总生物量最低而冰底最高。但从冰表到冰底有结构上的变化，鞭毛藻主要分布在冰芯上部而硅藻主要分布在冰芯下部且冰底生物量最高，鞭毛虫次冰底生物量最高，硅藻生物量随冰芯深度增加而增加。冰下海水和冰表融池同样以鞭毛虫和细菌为主的异养生物为主，自养藻类和硅藻生物量很低且融池生物量高于冰下海水。冰芯鞭毛虫生物主要以 5～10 μm 粒级为主，且冰芯从表到底微微型（<2 μm）相对含量变小，2～5 μm 相对含量变小，因此下层冰芯和上层冰芯相比，生物粒级更大。冰下海水生物以 10 μm 以下为主，随着深度增加，微微型所占比例增加且 5～10 μm 粒级含量减少。冰表融池同样以 10 μm 以下为主且 5～10 μm 相对含量更高，其中 MP3 融池有相对较多的小型鞭毛虫（>20 μm）。

ICE 02 站位冰芯长度虽然只有 85 cm，但和 ICE 01 站位类似，冰芯各层总体生物量变化不大且冰底生物量最高，结构上也和 ICE 01 类似，上层以细菌和鞭毛虫为主而下层硅藻含量增加，纤毛虫含量增加。大粒级鞭毛虫同样主要在冰底和次冰底，且冰底鞭毛虫粒级更大（图 5－170）。ICE 02 站位冰下海水同样硅藻很少，但相对 ICE 01 站位来说纤毛虫生物量高不少，从粒级结构上来看，随着深度的增加，大粒级鞭毛虫含量减少，同时微微型生物含量也减少，显示 Nano 级（2～20 μm）粒级的优势地位。融池中纤毛虫和鞭毛虫生物量高于冰下海水，同时细菌含量却低于冰下海水，从粒级结构上来看，微微型生物含量很低，以 5～10 μm 粒级生物为主。

ICE 03 站位和 ICE 02 站位类似，冰底和次冰底生物量更高且主要以包括细菌和鞭毛虫在内的异养生物为主。但 ICE 03 站位硅藻和纤毛虫主要分布在次冰底且冰表有硅藻的分布，可能是该站位海冰冰表被海水淹没过，有部分硅藻残留在冰表。随着冰芯向下延伸，细菌生物量和鞭毛虫生物量都增加。ICE 03 站位冰下海水生物量高于融池，主要的差异体现在硅藻和

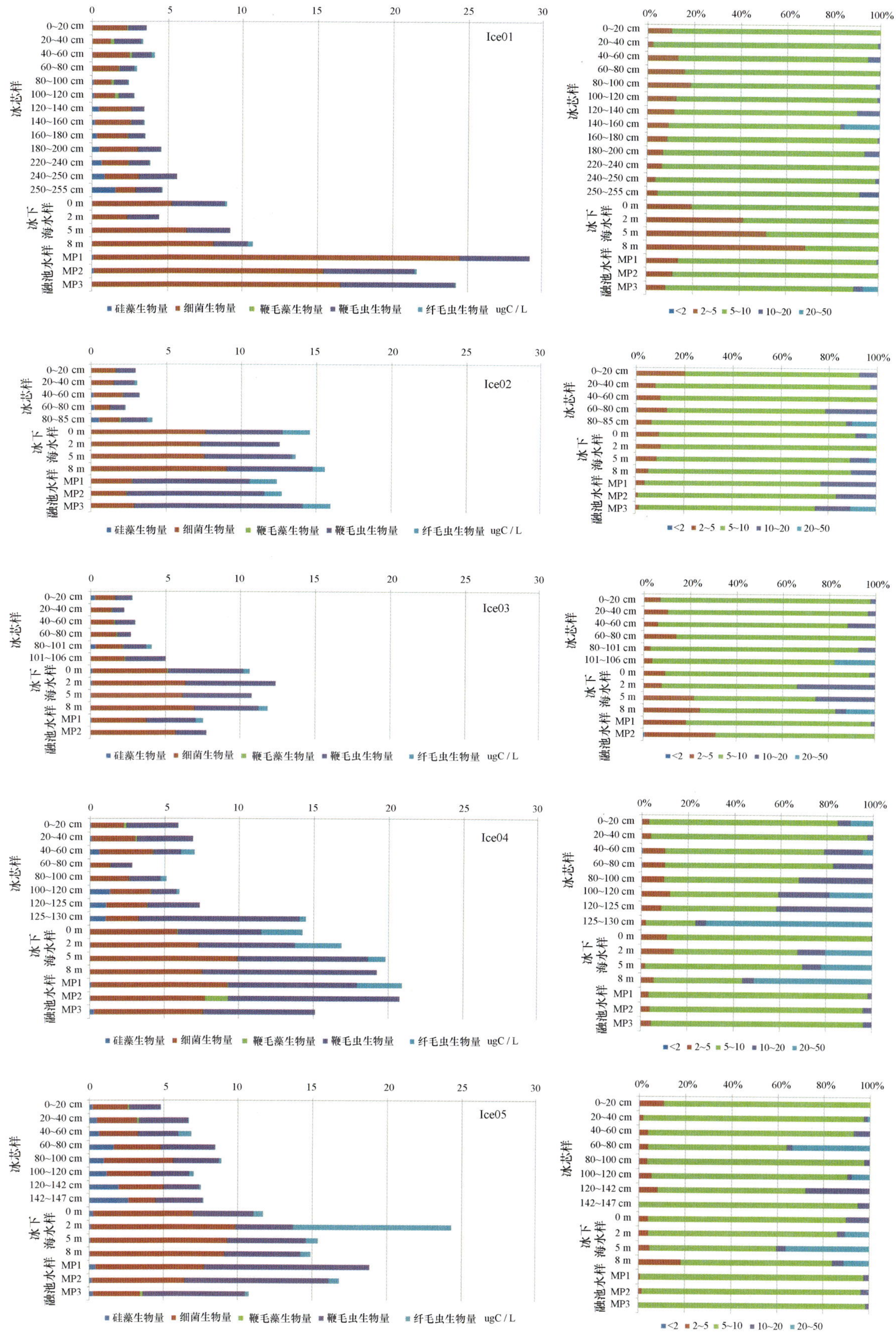


图5-170 各站位海冰各介质生物量组成和粒级结构

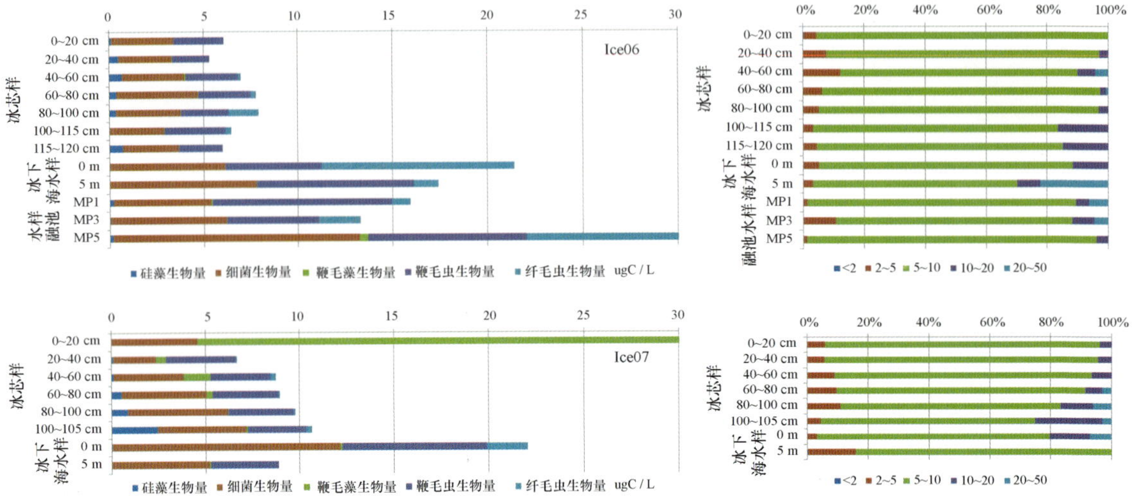


图 5－170　各站位海冰各介质生物量组成和粒级结构（续）

鞭毛虫的生物量分布上冰下海水中更高。从鞭毛虫粒级结构上来看，冰芯同样以 5 ~ 10 μm 为主，含量在 80% 以上。冰表 2 ~ 5 μm 相对含量更高而冰底小型鞭毛虫相对含量最高，因此随着冰芯向下延伸，生物粒级变大。冰下海水生物粒级组成和冰芯相反，随着深度增加，小粒级生物相对含量增加而大粒级生物相对含量减少。

ICE 04 站位表现出明显的多年冰生物分布模式。0 ~ 60 cm 随着冰芯向下延伸，冰芯生物量增加，鞭毛藻生物量减少而硅藻、纤毛虫生物量增加，表现出海冰生物当年冰在冰芯中的分布特征。60 ~ 130 cm 同样表现出随着海冰向下延伸，冰芯生物量和硅藻生物量增加的分布模式。由于硅藻主要分布在冰芯冰底，因此硅藻的分布可以作为判断是否多年冰冰芯的重要指标。ICE 04 站位冰下海水纤毛虫生物量较高且随深度增加而减少。此外融池 MP2 较高生物量的鞭毛藻存在。从粒级来看，由于冰芯为多年冰，10 μm 以上鞭毛虫生物量明显较其他站位所占比例高，尤其是冰底，20 μm 以上鞭毛虫生物量所占比例达 70% 以上。冰下海水中大粒级鞭毛虫生物量所占比例同样较其他站位高，且随深度增加，20 μm 以上鞭毛虫在总体中的比例增加明显。

ICE 05 站位冰芯同样是多年冰且上层冰芯厚度更厚，达到 100 cm 以上。这与站位所处纬度与海冰融化程度有关系。纬度越高海冰融化程度越低，上一年未融化的冰芯也就越厚，反映到冰芯厚度上就表现为是冰芯厚度的整体增加，随后是上层冰芯的厚度增加。在两层冰芯当中，冰芯生物量和硅藻生物量都随冰芯向下延伸而增加，而上层鞭毛藻生物量减少。此外 ICE 05 站位冰下 2 m 存在纤毛虫旺发现象，可能与该站位硅藻生物量较高有关系。从鞭毛虫粒级结构上来看，以 5 μm 以上为主，冰底几乎没有小于 5 μm 的存在。

ICE 06 站位同样为多年冰，上层冰芯厚度也在 100 cm 左右，而下层冰芯厚度只有 20 cm。冰芯各类型生物生物量分布规律和其他冰芯类似。该站位冰下海水纤毛虫高生物量出现在冰水界面附近，而融池 5 细菌生物量异常高。

ICE 07 站位由于有暴发了藻华的融池存在，冰表鞭毛藻生物量异常高，且几乎没有鞭毛虫的存在。表层以下冰芯，随着冰芯向下延伸，鞭毛藻生物量减少，冰芯生物量和硅藻生物量增加。

总体上来看，冰芯中以鞭毛藻和纤毛虫生物为主，分别占总生物量比例的37.5%和33.9%，辅以细菌（13.1%）、鞭毛虫（8.0%）和硅藻（7.5%）。而融池和冰下海水中，鞭毛藻和纤毛虫比例增加，硅藻比例增加，而鞭毛虫和细菌所占比例显著减少（图5－171、图5－172）。

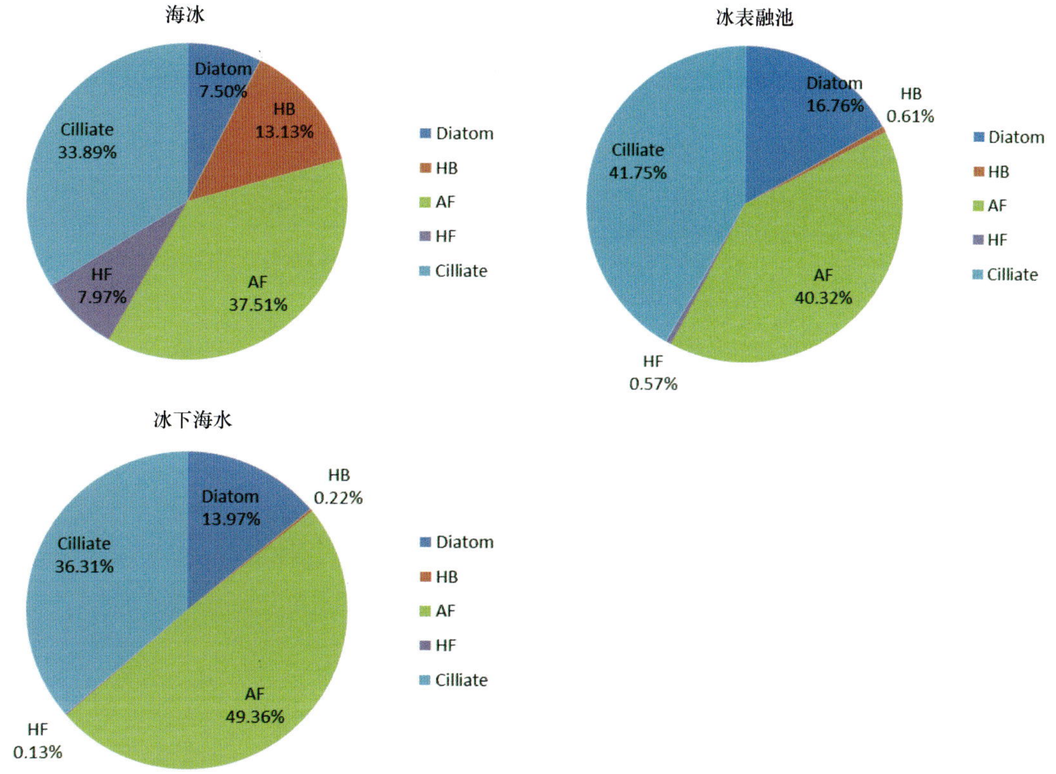


图5－171 海冰、冰表融池和冰下海水生物群落组成

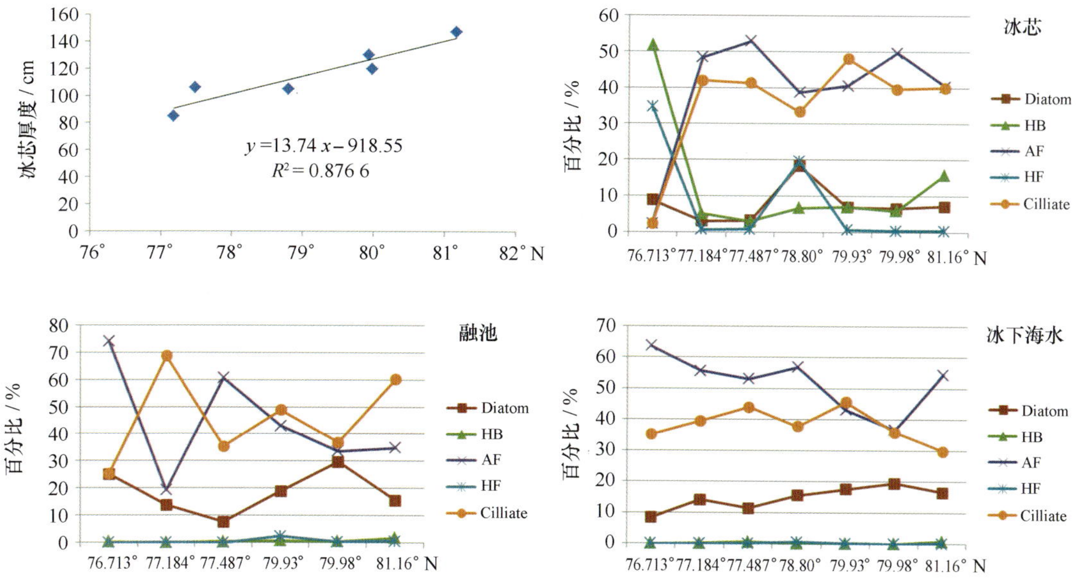


图5－172 海冰冰芯、冰表融池和冰下海水各类生物量随纬度变化

除 ICE 01 站位以外，海冰厚度随着纬度增加明显增加（$R^2=0.8766$），体现出北冰洋海冰分布的普遍规律，即纬度越高，海冰融化程度越低，海冰也越厚。而由于海冰的运动，导致海冰并不能严格遵从厚度随纬度的增加而增加的规律。由于较厚的海冰一般为多年冰，因此生物量相对较高。从海冰厚度和各类生物所占比例来看，随着海冰厚度的增加，硅藻含量增加，鞭毛藻生物量增加，而细菌和鞭毛虫生物量相对变化不大。这与海冰的融化程度有关系，海冰生物主要生存在海冰卤道当中，随着海冰的融化，自养类型的硅藻和鞭毛藻都很容易释放到海水当中，使得海冰中这两类生物的生物量和比例下降。而融池中的生物主要是鞭毛藻和纤毛虫，总体上来讲随着纬度的增加，冰表融池纤毛虫含量增加而鞭毛藻比例减少。硅藻不是融池生物量的主要组成部分，没有明显的随纬度而变化的规律。冰下海水各类生物的变化规律又不同，随着纬度的增加，海冰融化程度减少，更多的大粒级硅藻和纤毛虫能释放到海水当中，而自养鞭毛藻的相对含量却有明显减少。

## 5.1.6 底栖生物群落的分析与评价

普遍认为海洋生物群落对气候变化的响应是敏感的，与水层中寿命较短的浮游生物以及具有大范围移动能力的游泳动物相比，许多极地底栖生物具有相对缓慢的生长速度和较长的生命周期，使之受水柱生产力的年际变率和小规模波动的影响较小，因此，底栖生物对生态系统的潜在变化有很好的指示作用，气候效应引起的长期变化可在几年到几十年时间尺度上的底栖群落的变化中得到体现。

### 5.1.6.1 大型底栖生物①

1）第五次北极科考

（1）白令海

研究区域共获得大型底栖生物 85 种，隶属于 11 门 50 科，其中环节动物 17 科 33 种，节肢动物 11 科 19 种，软体动物 10 科 18 种，棘皮动物 3 科 4 种，其他动物 9 科 11 种（图 5 - 173）。研究区域大型底栖生物优势种有尖锥虫（*Scoloplos armiger*）、甘吻沙蚕（*Glycinde wireni*）、齿吻沙蚕（*Nephtys* sp.）、辐乳虫（*Axiothella rubrocincta*）、徽鳞虫（*Pholoe* sp.）、叶须虫（*Phyllodoce* sp.）、臭海蛹（*Travisia forbesii*）、四索沙蚕（*Lumbrineris tetraura*）等。

图 5 - 174 显示了底栖动物种类数的分布特征，整体来看白令海底栖生物物种较丰富，从水深分布来看，深海区物种较少，仅有 2 ~ 4 种，陆架区种类较丰富，总种数达 79 种。深海区以节肢动物和环节动物为主，北白令海陆架区以节肢动物和软体动物为主（图 5 - 175）。

白令海大型底栖生物平均密度为 110 ind./$m^2$，平均生物量为 66.62 g/$m^2$。密度以环节动物为主，环节动物平均密度为 93 ind./$m^2$，占该海域大型底栖生物总密度的 84.9%，棘皮动物密度所占比例最小，仅 0.9%（图 5 - 176）。生物量也以环节动物为主，环节动物平均生物量为 44.20 g/$m^2$，占该海域大型底栖生物总生物量的 78.3%，节肢动物所占比例最少，仅仅为 0.2%（图 5 - 177）。

① 本小节 5.1.6.1 中平面分布图所用坐标为 WGS 1984 North Pole 投影坐标。

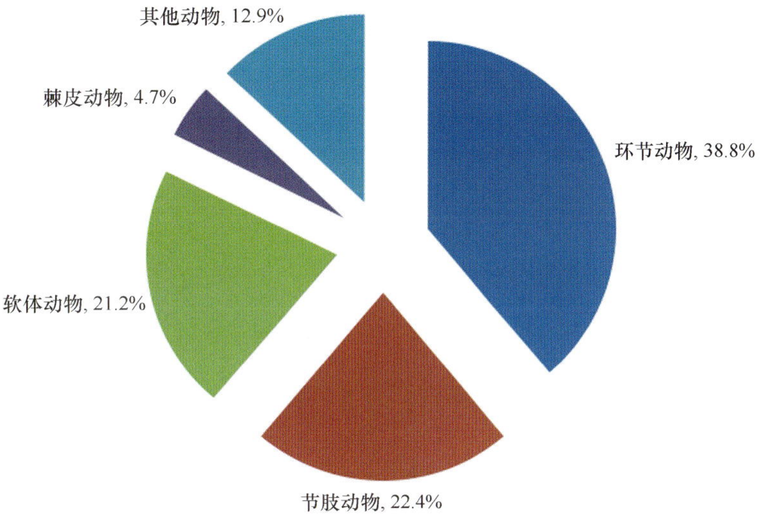


图 5-173 白令海不同类群大型底栖生物种类数

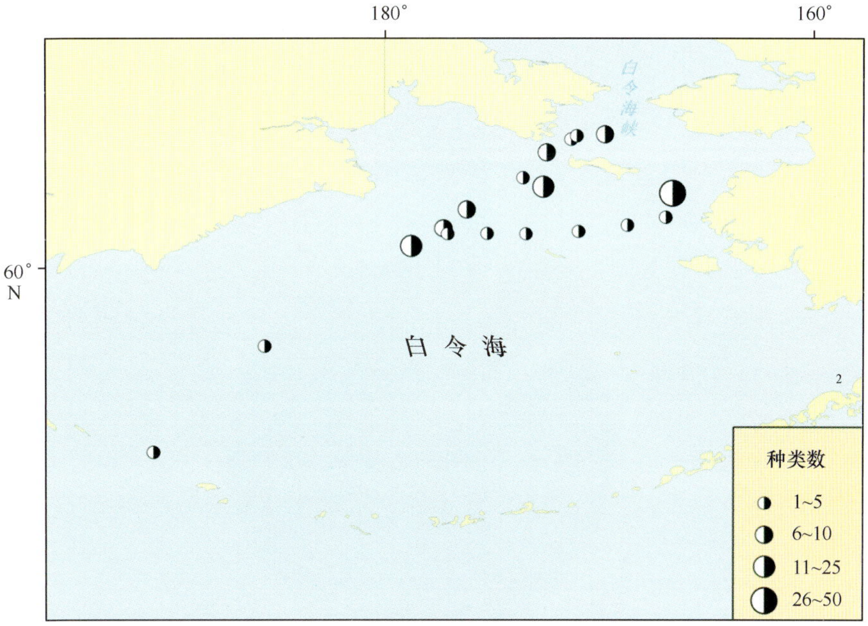


图 5-174 白令海大型底栖生物种类数空间分布

密度方面，深海区大型底栖生物平均密度（34 ind./$m^2$）低于陆架区密度（120 ind./$m^2$），陆架区密度最大站位达到 1 041 ind./$m^2$（图 5-178）。深海区密度主要以环节动物为主，其次为节肢动物，白令海峡北部陆架区密度主要以节肢动物和软体动物为主，而中部地区则以软体动物和棘皮动物占较大比例（图 5-179）。

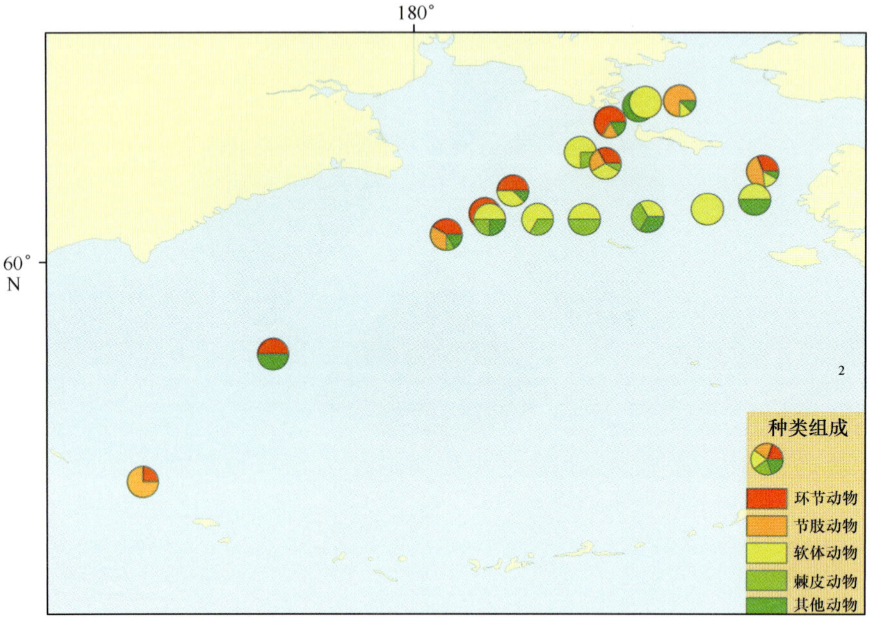


图 5-175　白令海不同类群大型底栖生物的空间分布

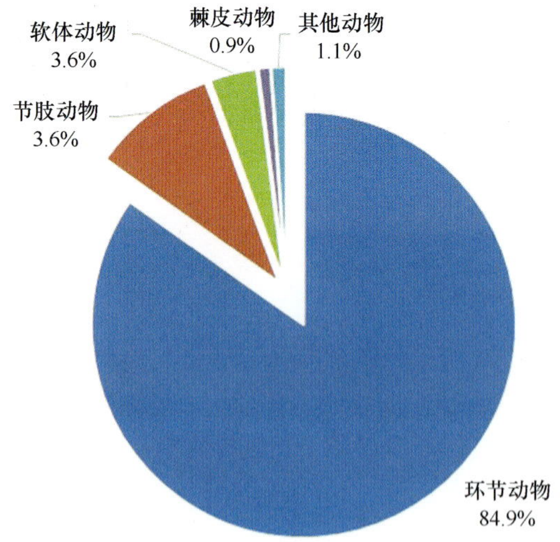


图 5-176　白令海不同类群大型底栖生物的密度百分比

生物量方面，深海区大型底栖生物生物量（0.85 g/m$^2$）远远低于陆架区生物量（1 015.86 g/m$^2$）（图 5-180）。各研究类群方面，深海区大型底栖生物主要以环节动物为主，而陆架区则以软体动物和其他动物为主，相对生物量具体分布特征见图 5-181。

各站位 Margalef 的物种丰富度指数（$d$）、Shannon-Wiener 多样性指数（$H$）、Pielou 均匀度（$J$）以及 Simpson 物种优势度（$D$）见表 5-18。由于 BL07 站、BL17 站、BN01 站、BS03 站和 BS04 站种类数较少，仅有 1~2 种，故没计算该站位的生物多样性值。物种丰富度

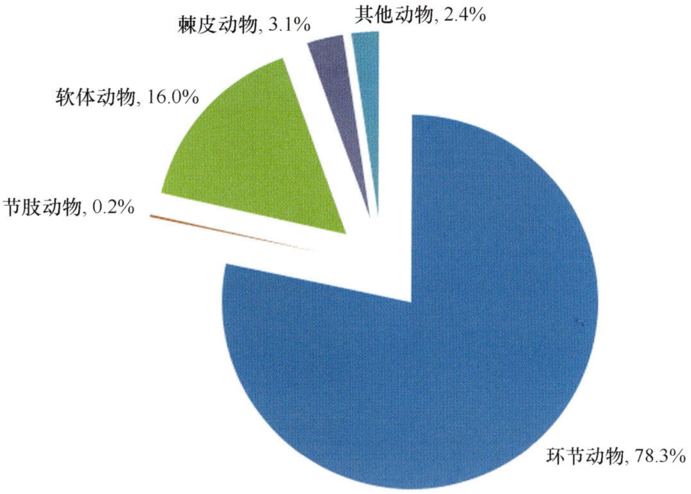


图 5-177 白令海不同类群大型底栖生物的生物量百分比

BM07 站位较高，BL03 最低。均匀度以 BM03 站位较高，BL03 最低。Shannon－Wiener 多样性指数 BM04 站位较高，BL03 最低。物种优势度 BL03 站位较高，BM04 最低。

深海区的物种丰富度指数（*d*）平均值（1.02）小于陆架区的平均值（1.58），而 Shannon－Wiener 多样性指数（*H*）则是深海区（0.88）远远小于陆架区（2.24）。

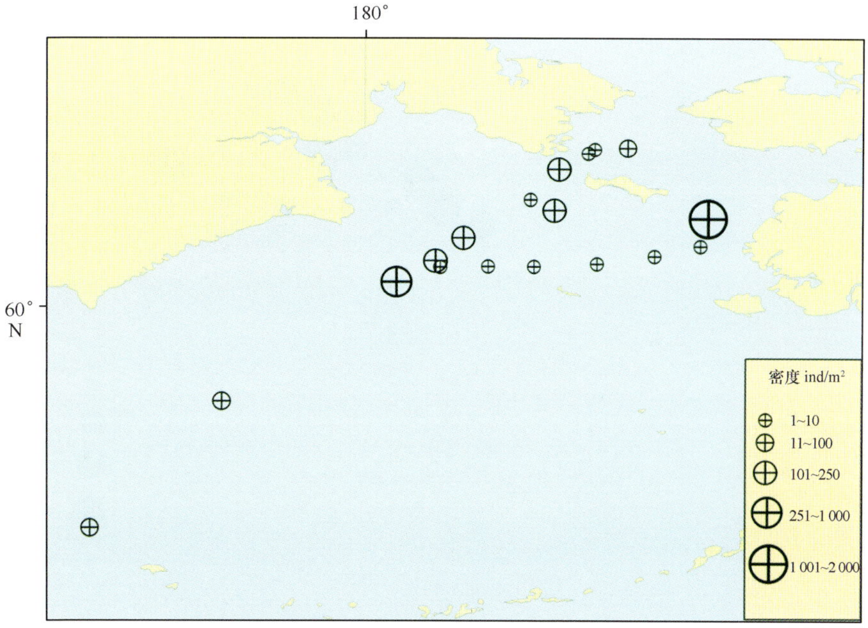


图 5-178 白令海大型底栖生物密度空间分布

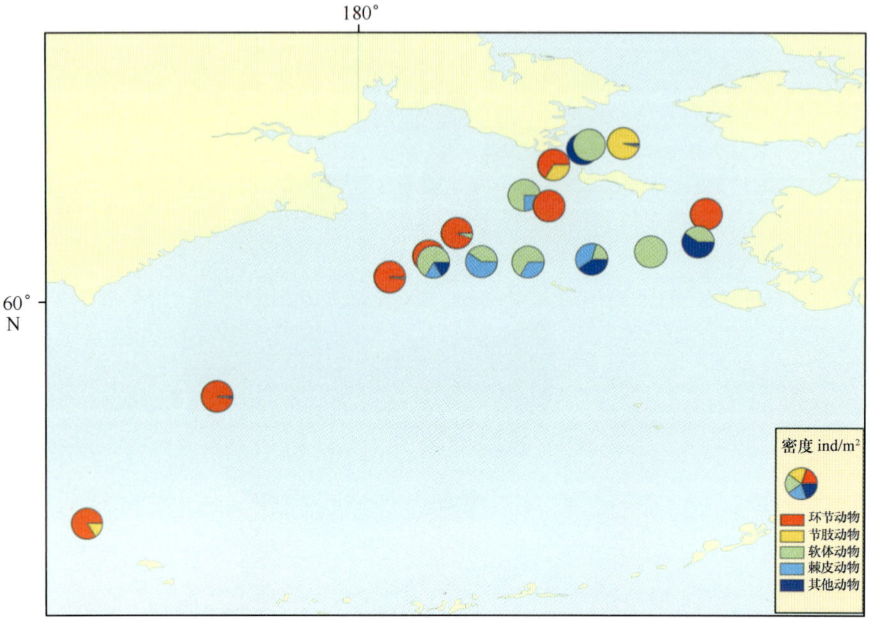


图 5－179　白令海大型底栖生物相对密度分布

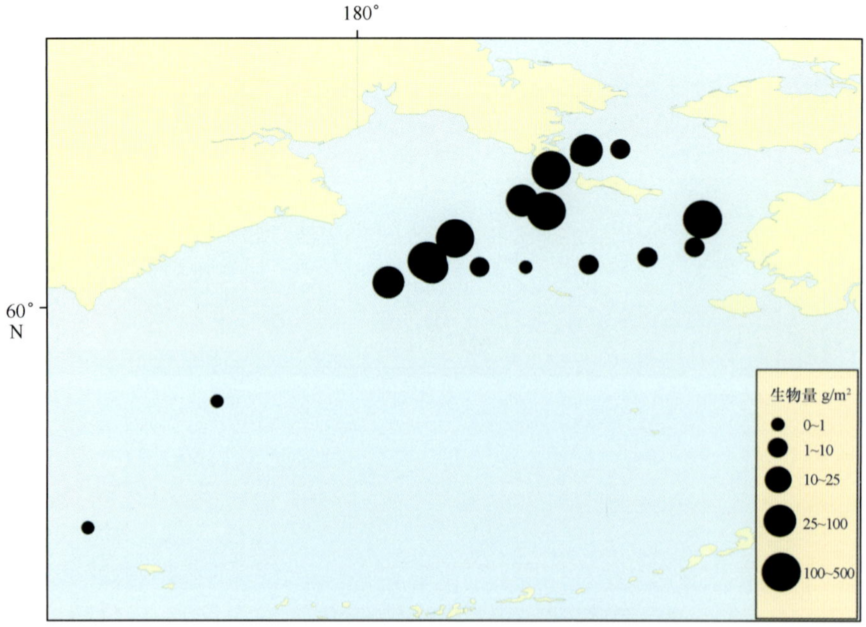


图 5－180　白令海大型底栖生物生物量空间分布

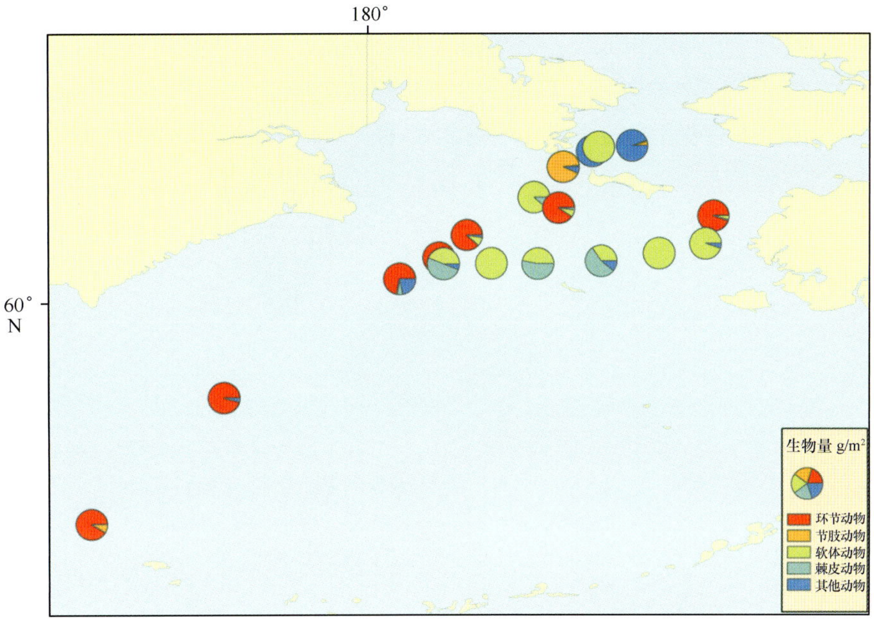


图 5－181　白令海大型底栖生物相对生物量分布

**表 5－18　白令海大型底栖生物各站位生物多样性**

| 站位 | *d* | *J* | *H* | *D* |
|---|---|---|---|---|
| BL03 | 1.02 | 0.44 | 0.88 | 0.72 |
| BL12 | 1.42 | 0.7 | 2.22 | 0.25 |
| BL13 | 1.03 | 0.85 | 2.21 | 0.25 |
| BL14 | 1.22 | 0.77 | 2.17 | 0.26 |
| BL16 | 1.12 | 0.92 | 1.46 | 0.39 |
| BM03 | 0.83 | 0.95 | 2.19 | 0.24 |
| BM04 | 2.18 | 0.86 | 2.98 | 0.14 |
| BM07 | 3.31 | 0.63 | 2.88 | 0.21 |
| BN04 | 1.49 | 0.65 | 1.82 | 0.4 |

（2）楚科奇海

研究区域共获得大型底栖生物103种，属于8门54科，其中环节动物25科61种，节肢动物11科17种，软体动物8科13种，棘皮动物4科6种，其他动物6科7种，该海域中，环节动物所占比例最大，达到38.8%，棘皮动物种类数所占比例最少，仅为4.7%（图5－182）。

研究区域大型底栖生物优势种有帕西菲卡独毛虫（*Tharyx pacifica*）、笔帽虫（*Pectinaria hyperborea*）、缩头竹节虫（*Maldane sarsi*）、囊叶齿吻沙蚕（*Nephtys caeca*）、丝异须虫（*Heteromastus filiformis*）、齿吻沙蚕（*Nephtys* sp.）、钙质白樱蛤（*Macoma calcarea*）和瘤海鞘（*Styela* sp.）等（见图5－183）。

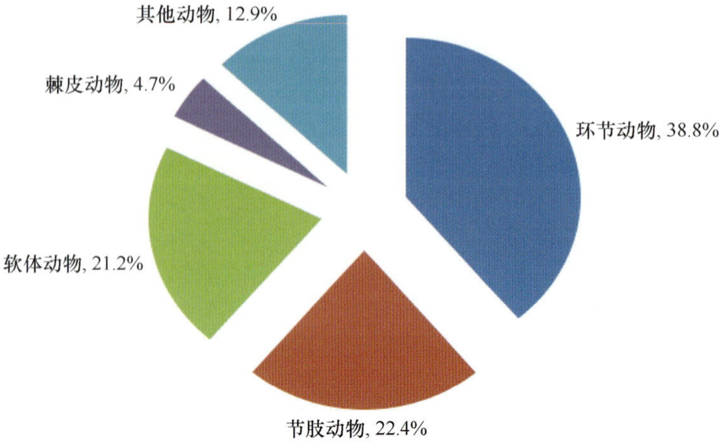


图 5－182　楚科奇海不同类群大型底栖生物种类数

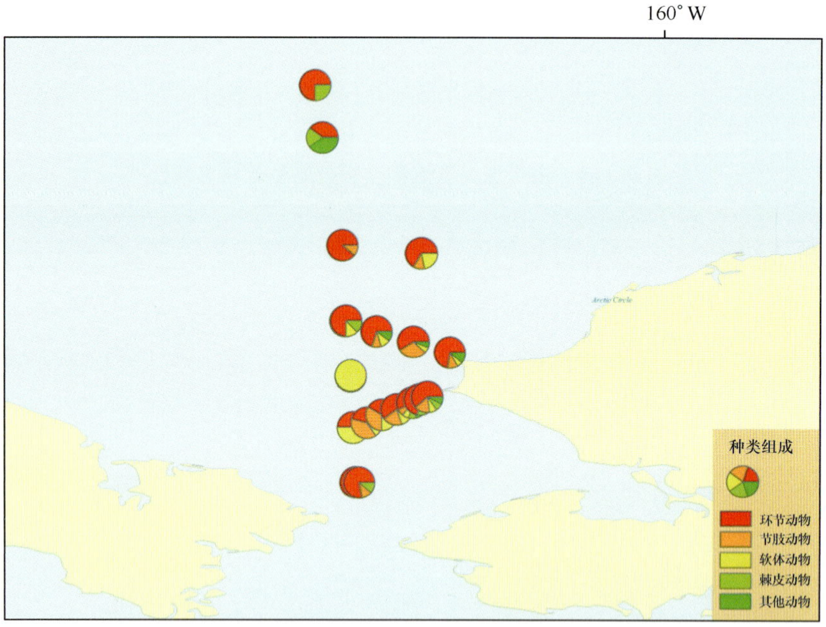


图 5－183　楚科奇海不同类群大型底栖生物的空间分布

图 5－184 显示了底栖生物种类数的分布特征，整体来看楚科奇海底栖动物物种较丰富，从水深分布来看，深海区物种较少，仅有 4 种，陆架区种类较丰富，总种数达 99 种。深海区以环节动物为主，其次是软体动物和其他动物，陆架区以环节动物和节肢动物为主（图 5－184）。

楚科奇海大型底栖生物平均密度为 222 ind. /$m^2$，平均生物量为 105.38 g/$m^2$。在该海域中环节动物的密度和生物量所占比例均最大，环节动物平均密度为 205 ind. /$m^2$，平均生物量为 66.34 g/$m^2$，密度占比为 91.9%，生物量则达到 63%；棘皮动物和其他动物所占密度比例则很小，仅仅为 0.4%；生物量中，节肢动物所占比例最小，为 0.5%（图 5－185、图 5－186）。

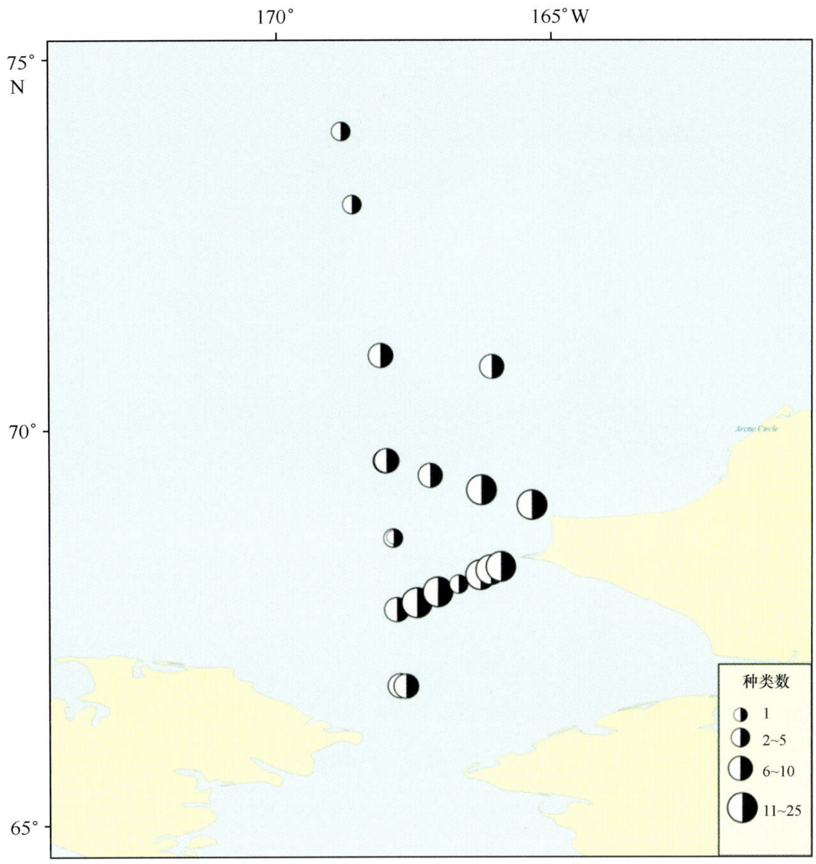


图 5-184　楚科奇海大型底栖生物种类数空间分布

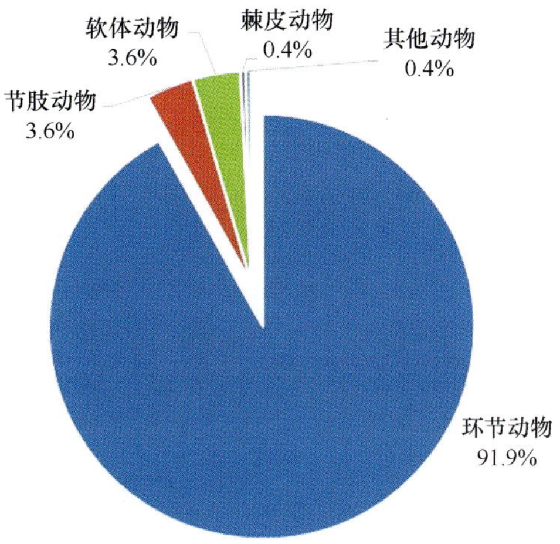


图 5-185　楚科奇海不同类群大型底栖生物的密度百分比

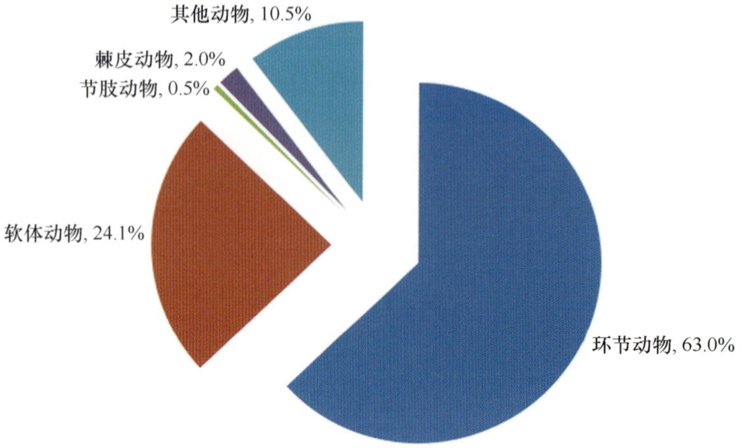


图 5－186　楚科奇海不同类群大型底栖生物的生物量百分比

深海区大型底栖生物平均密度为 65 ind./$m^2$；陆架区密度较大，最高达到 500 ind./$m^2$，密度大于 100 ind./$m^2$ 的站位达到 15 个（图 5－187）。深海区密度主要为环节动物为主，其次为其他动物，陆架区则以环节动物和软体动物为主（图 5－188）。

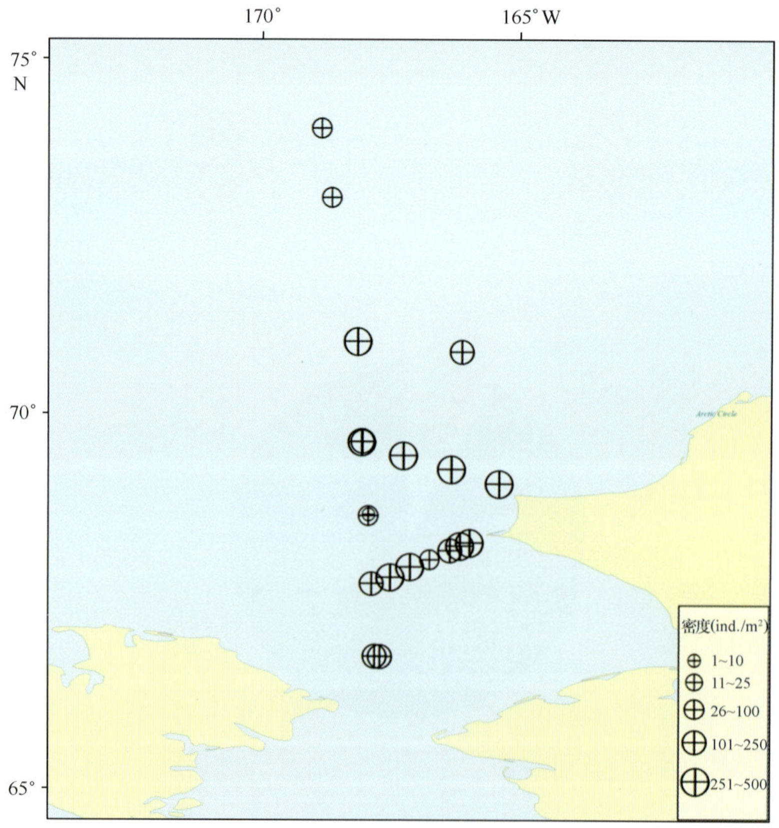


图 5－187　楚科奇海大型底栖生物密度空间分布

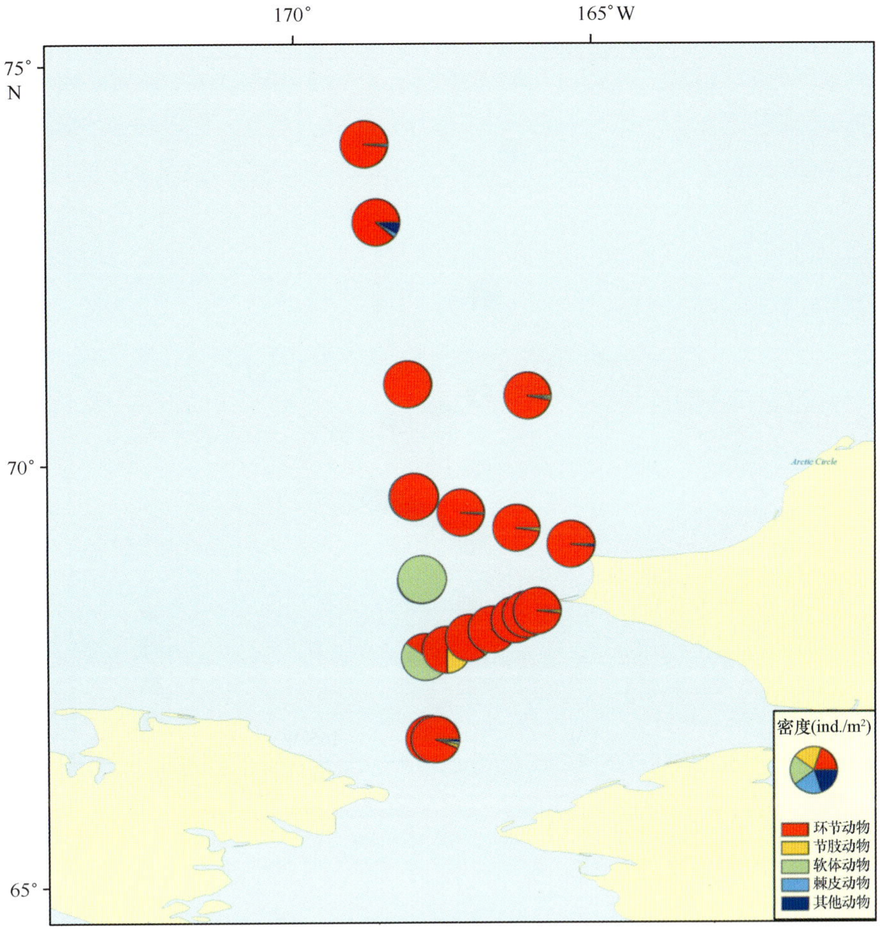


图5-188　楚科奇海大型底栖生物相对密度分布

深海区大型底栖生物生物量（22.49g/m²）远远低于陆架区平均生物量（109.32 g/m²），生物量最高站位达到492.38 g/m²（图5-189）。各研究类群方面，深海区大型底栖生物主要以环节动物和软体动物为主，陆架区则以环节动物为主，其次是软体动物和其他动物，相对生物量具体分布特征见图5-190。

各站位 Margalef 的物种丰富度指数（$d$）、Shannon-Wiener 多样性指数（$H$）、Pielou 均匀度（$J$）以及 Simpson 物种优势度（$D$）见表5-19。由于 C06 站和 SR05 站种类数较少，仅有1种，故没计算该站位的生物多样性值。物种丰富度 C05 站位较高，SR12 最低。均匀度 R03 站位较高，CC2 站最低。Shannon-Wiener 多样性指数 CC5 站位最高，高达3.78，SR011 最低。物种优势度 CC2 站位最高，C03 最低。

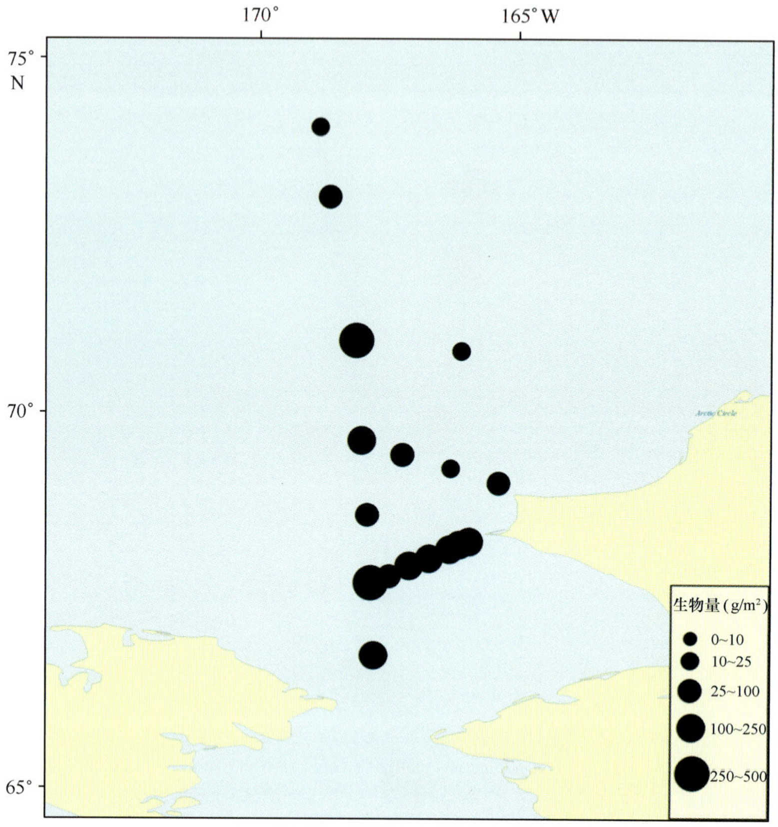


图 5－189　楚科奇海大型底栖生物生物量空间分布

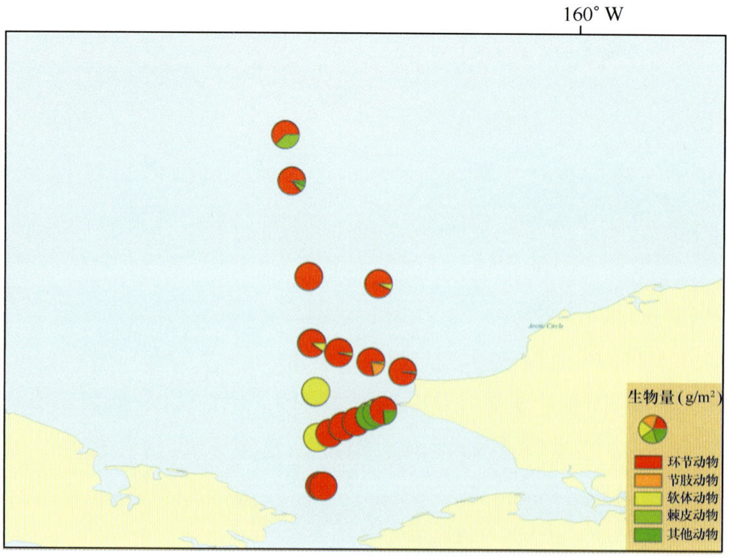


图 5－190　楚科奇海大型底栖生物相对生物量分布

**表 5-19 楚科奇海大型底栖生物各站位生物多样性**

| 站位 | *d* | *J* | *H* | *D* |
|---|---|---|---|---|
| CC1 | 2.02 | 0.79 | 2.91 | 0.16 |
| CC2 | 1.81 | 0.52 | 1.86 | 0.46 |
| CC3 | 0.99 | 0.71 | 1.64 | 0.40 |
| CC4 | 2.88 | 0.79 | 3.07 | 0.17 |
| CC5 | 2.92 | 0.91 | 3.78 | 0.08 |
| CC6 | 2.14 | 0.80 | 2.94 | 0.17 |
| C01 | 1.46 | 0.70 | 2.33 | 0.27 |
| C02 | 2.57 | 0.76 | 3.11 | 0.16 |
| C03 | 2.89 | 0.83 | 3.47 | 0.12 |
| C04 | 1.58 | 0.85 | 2.69 | 0.17 |
| C05 | 2.96 | 0.78 | 3.20 | 0.13 |
| R01 | 1.78 | 0.87 | 2.87 | 0.17 |
| R02 | 1.80 | 0.67 | 2.21 | 0.34 |
| R03 | 0.90 | 0.93 | 2.17 | 0.23 |
| R04 | 1.00 | 0.79 | 2.21 | 0.30 |
| R05 | 1.43 | 0.91 | 2.90 | 0.15 |
| SR07 | 1.29 | 0.80 | 2.41 | 0.22 |
| SR010 | 1.54 | 0.86 | 2.73 | 0.17 |
| SR011 | 1.12 | 0.67 | 1.56 | 0.40 |
| SR012 | 0.72 | 0.80 | 1.59 | 0.36 |

2）第六次北极科考

（1）白令海

研究区域共获得大型底栖生物126种，隶属于10门72科，各大门类按低等到高等，物种数如下：海绵动物2种，刺胞动物4种，纽形动物1种，环节动物56种，星虫动物1种，软体动物23种，节肢动物26种，腕足动物1种，棘皮动物10种，脊索动物2种（图5-191）。由此可见，环节动物、软体动物和节肢动物3个门类种类最为丰富，占总物种数的83.3%。

以密度计，研究区域大型底栖生物优势种为长锥虫（*Haploscoloplos elongatus*）、好斗埃蜚（*Ericthonius pugnax*）、冠角钩虾（*Ceradocus capensis*）、索沙蚕（*Lumbrineris* sp.）和独毛虫（*Tharyx* sp.）；以生物量计，研究区域大型底栖生物优势种为群体海葵（Zoanthidae und.）、网沟海胆（*Echinarachnius parma*）、卷栉盘海星（*Ctenodiscus crispatus*）和球海胆（*Strongylocentrotus* sp.）。

图5-192显示了底栖生物种类数的分布特征，整体来看，圣劳伦斯岛（St. Lawrence Island）以南的陆架区种类较丰富，种类数介于12~28种之间，平均每站约18种；该岛北侧的白令海峡区种类较少，调查站位的种类数介于3~21种之间，平均10种/站。南部陆架区种类组成均以环节动物为主，白令海峡区主要以节肢动物为主（图5-193）。

白令海大型底栖生物平均密度为362 ind./$m^2$，平均生物量为525.97g/$m^2$。密度组成以环

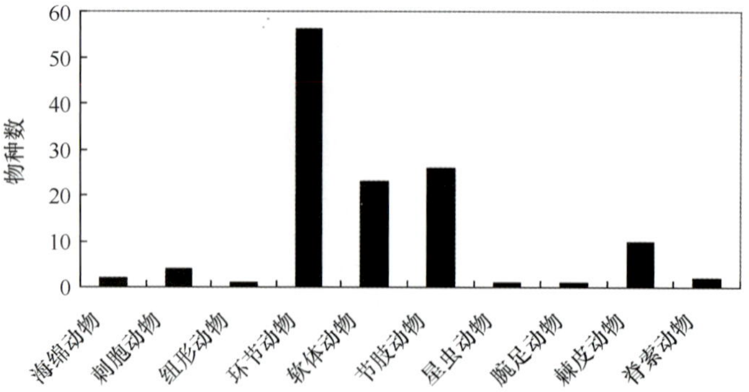


图 5－191　白令海不同类群大型底栖生物物种数

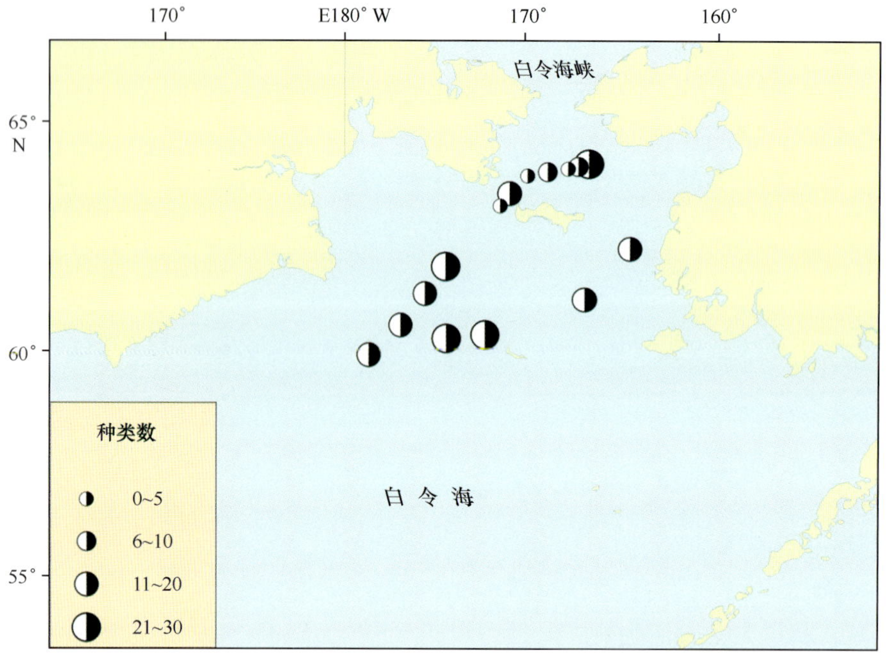


图 5－192　白令海大型底栖生物种类数空间分布

节动物为主，其平均密度为 207 ind. /m²，占该海域大型底栖生物总密度的 57. 3%，其次是节肢动物，平均密度为 84 ind. /m²，所占比例是 23. 3%；生物量以棘皮动物和其他动物为主，二者平均生物量分别为 186. 36 g/m² 和 267. 96 g/m²，各占总生物量的 35. 4% 和 50. 9%（图 5－194）。

密度方面，密度低值区主要位于白令海峡区（图 5－195），圣劳伦斯岛以南的陆架区平均密度为 480 ind. /m²，最高达到 1 380 ind. /m²，而以北的白令海峡区密度介于 16～1 032 ind. /m²之间，平均密度为 227 ind. /m²。白令海峡区密度组成以节肢动物为主，少数站位以棘皮动物为主，圣劳伦斯岛以南的陆架均以环节动物占较大比例（图 5－196）。

生物量方面，圣劳伦斯岛以南的陆架区平均生物量为 165. 26 g/m²，最高 495. 92 g/m²，最低为 5. 4 g/m²；白令海峡区平均生物量高于前者，其平均生物量为 938. 22 g/m²，14NB12 站最高可达 4 247. 80 g/m²（图 5－197）。各研究类群方面，南部陆架区生物量组成以环节动

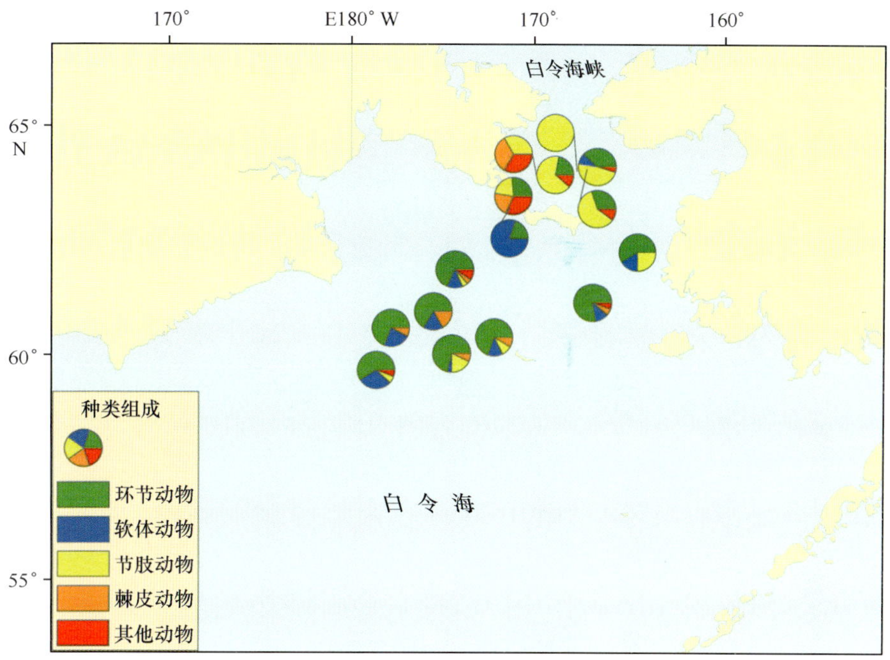


图5-193 白令海不同类群大型底栖生物的空间分布

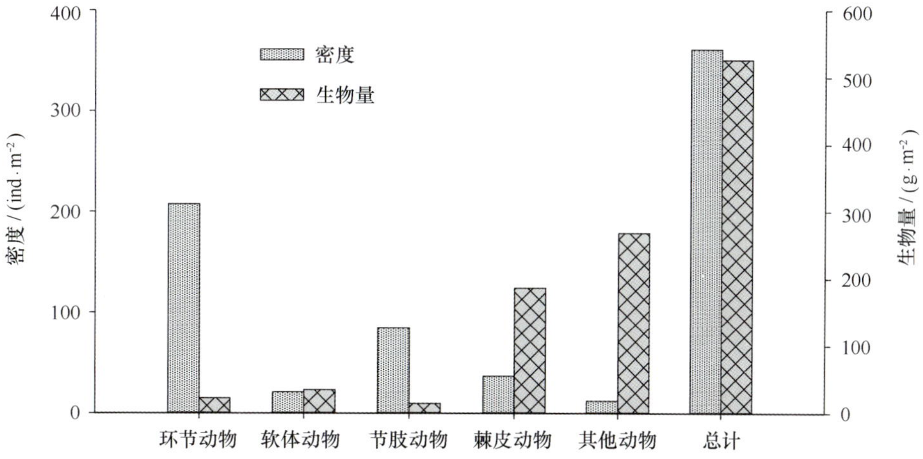


图5-194 白令海不同类群大型底栖生物的密度和生物量

物、软体动物和棘皮动物为主，白令海峡区则以棘皮动物和其他动物为主，相对生物量具体分布特征见图5-198。

各站位的Margalef物种丰富度指数（$d$）、Shannon-Wiener多样性指数（$H$）、Pielou均匀度（$J$）以及Simpson物种优势度（$D$）见表5-20。物种丰富度指数14NB02站最高，14BS02站最低。均匀度指数14B13站最高，14BS02站最低。Shannon-Wiener多样性指数14NB08站最高，14BS02站最低。物种优势度指数14BS02站最高，14NB05站最低。

圣劳伦斯岛以南陆架区的物种丰富度指数（$d$）平均值（2.90）高于白令海峡区的平均值（1.76），而Shannon-Wiener多样性指数（$H$）同样为南部陆架区（3.46）大于白令海峡区（1.85）。

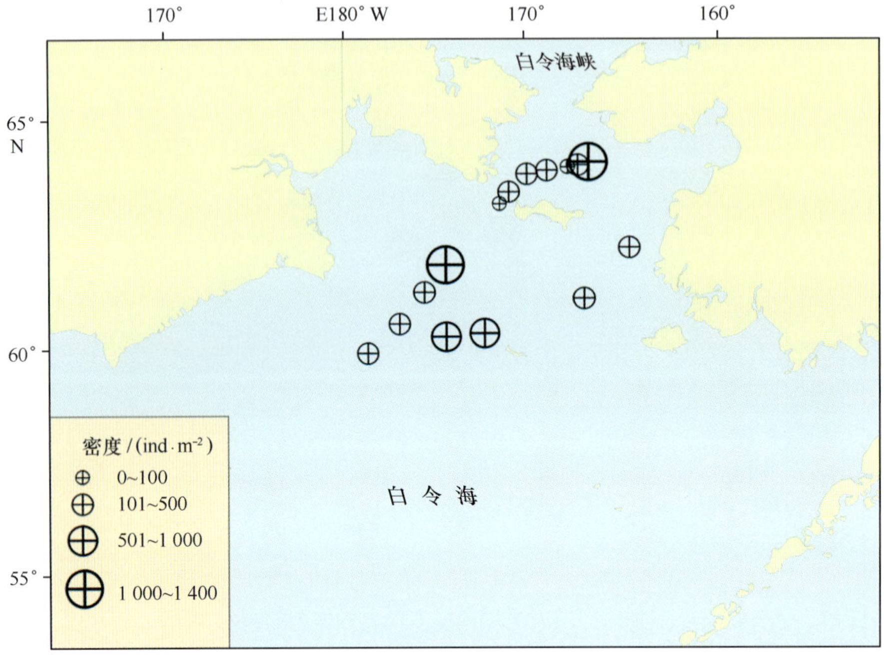


图 5-195　白令海大型底栖生物密度空间分布

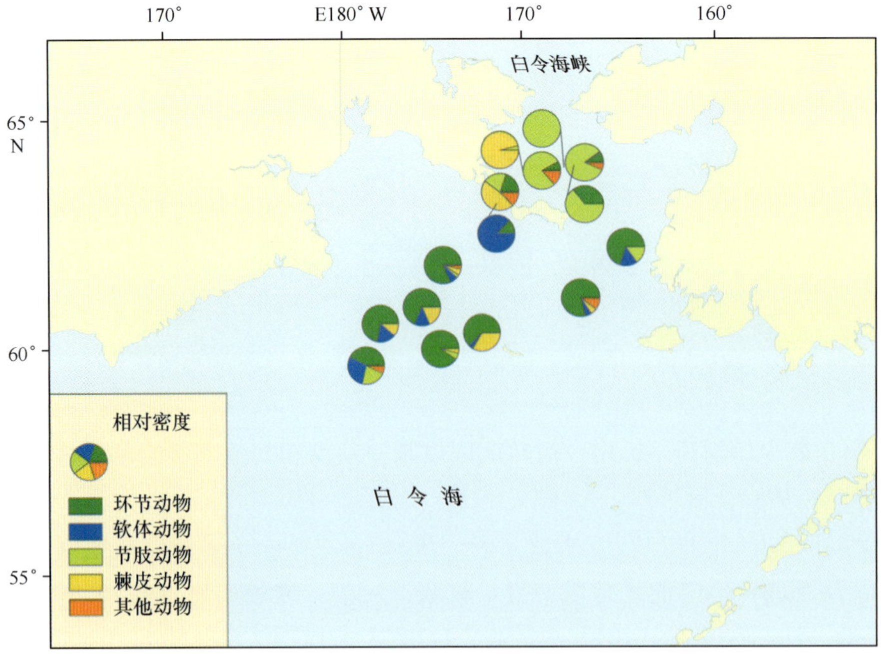


图 5-196　白令海大型底栖生物相对密度分布

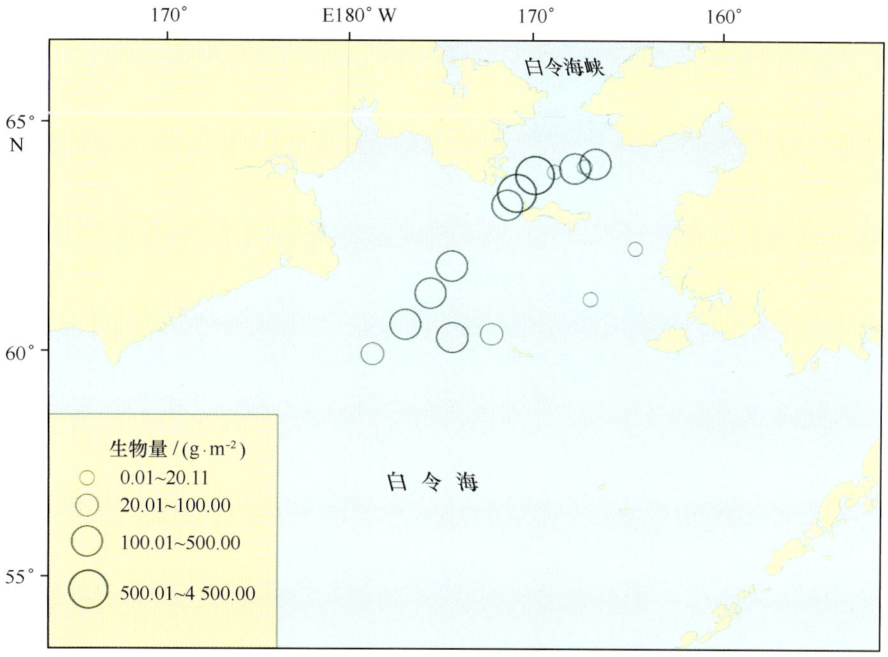


图 5-197 白令海大型底栖生物生物量空间分布

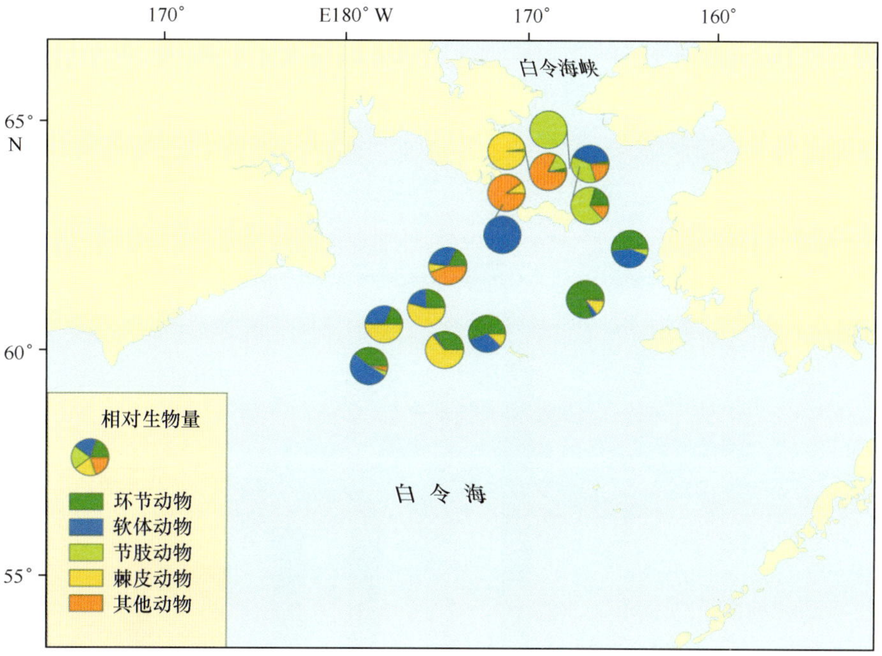


图 5-198 白令海大型底栖生物相对生物量分布

表 5－20　白令海大型底栖生物各站位生物多样性

| 站位 | *d* | *J* | *H* | *D* |
|---|---|---|---|---|
| 14NB02 | 4.03 | 0.72 | 3.47 | 0.17 |
| 14NB03 | 3.44 | 0.72 | 3.23 | 0.17 |
| 14NB05 | 3.38 | 0.95 | 3.96 | 0.07 |
| 14NB08 | 2.08 | 0.88 | 3.14 | 0.16 |
| 14B12 | 3.12 | 0.89 | 3.62 | 0.10 |
| 14B13 | 2.42 | 0.97 | 3.57 | 0.09 |
| 14B14 | 1.85 | 0.88 | 3.14 | 0.14 |
| 14B15 | 2.91 | 0.79 | 3.51 | 0.14 |
| 14NB11 | 1.15 | 0.86 | 2.00 | 0.29 |
| 14NB12 | 3.69 | 0.92 | 3.90 | 0.08 |
| 14BS02 | 0.43 | 0.29 | 0.46 | 0.86 |
| 14BS04 | 1.60 | 0.75 | 2.38 | 0.28 |
| 14BS06 | 0.72 | 0.95 | 1.50 | 0.33 |
| 14BS07 | 1.82 | 0.82 | 2.72 | 0.20 |
| 14BS08 | 2.88 | 0.68 | 3.01 | 0.20 |

（2）楚科奇海

研究区域共获得大型底栖生物 152 种，隶属于 10 门 78 科，各大门类按低等到高等，物种数如下：海绵动物 2 种，刺胞动物 4 种，纽形动物 4 种，环节动物 66 种，星虫动物 4 种，软体动物 30 种，节肢动物 25 种，腕足动物 1 种，棘皮动物 12 种，脊索动物 4 种（图 5－199）。由此可见，环节动物、软体动物和节肢动物 3 个门类种类最为丰富，占物种数的 79.6%。

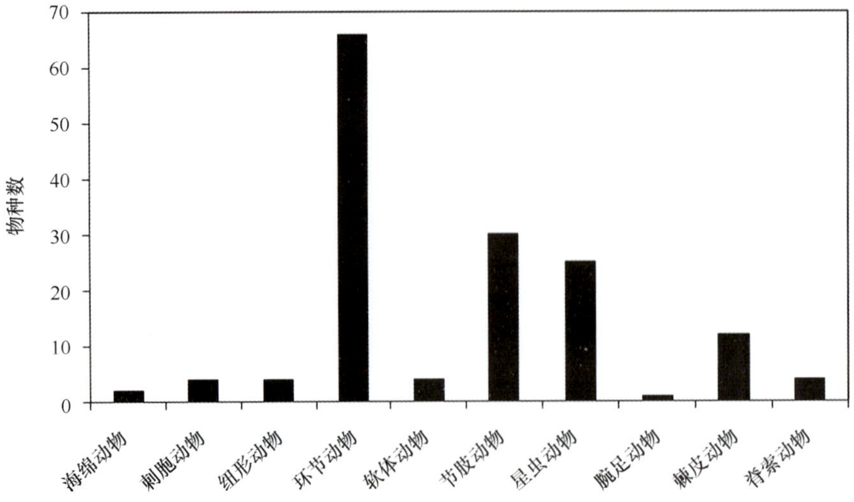


图 5－199　楚科奇海不同类群大型底栖生物种类数

以密度计，研究区域大型底栖生物优势种有二叉海钩虾（*Pontoporeia femorata*）、钙质白樱蛤、橄榄胡桃蛤（*Nucula tenuis*）、放射吻状蛤（*Nuculana pernula*）和巴林虫（*Barantolla* sp.）；以生物量计，优势种有钙质白樱蛤、网沟海胆、珠光戈芬星虫（*Golfingiamargaritacea*）、粗不仙女蛤（*Callista bervisiphonada*）、卷栉盘海星和冰岛红扇贝（*Chlamys islandicus erythrocomatus*）。

图5－200显示了楚科奇海底栖生物种类数的分布特征，整体来看，楚科奇海底栖生物物种较为丰富。从水深分布看，南部陆架区（＜200 m）种类数介于1种至39种之间，平均每站约20种；高纬深水区（＞200 m）种类较少，8个站位平均每站不到3种，站位的最高种类数为5种，有2个站位未采到生物样品。不论是南部陆架区还是高纬深水区，种类组成都以环节动物为主（图5－201）。

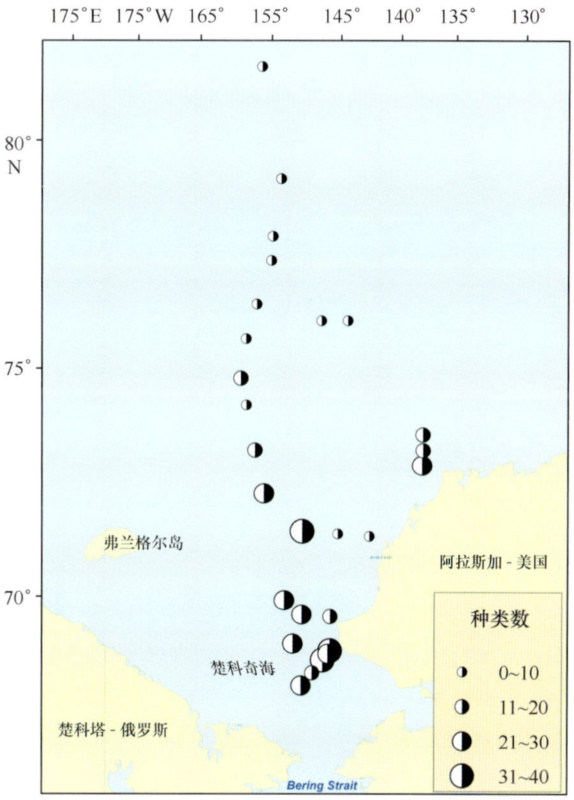


图5－200　楚科奇海大型底栖生物种类数空间分布

楚科奇海大型底栖生物平均密度为369 ind./m$^2$，平均生物量为390.73 g/m$^2$。密度组成以环节动物、软体动物和节肢动物为主，三者平均密度分别为114 ind./m$^2$、111 ind./m$^2$和100 ind./m$^2$，各占该海域大型底栖生物总密度的30.9%、30.1%和27.2%；生物量以软体动物为主，其平均生物量为269.17 g/m$^2$，占总生物量的68.9%，其次是棘皮动物，平均生物量为56.19 g/m$^2$，占总生物量的14.4%（图5－202）。其他动物的密度和生物量都不高，所占比例较小。

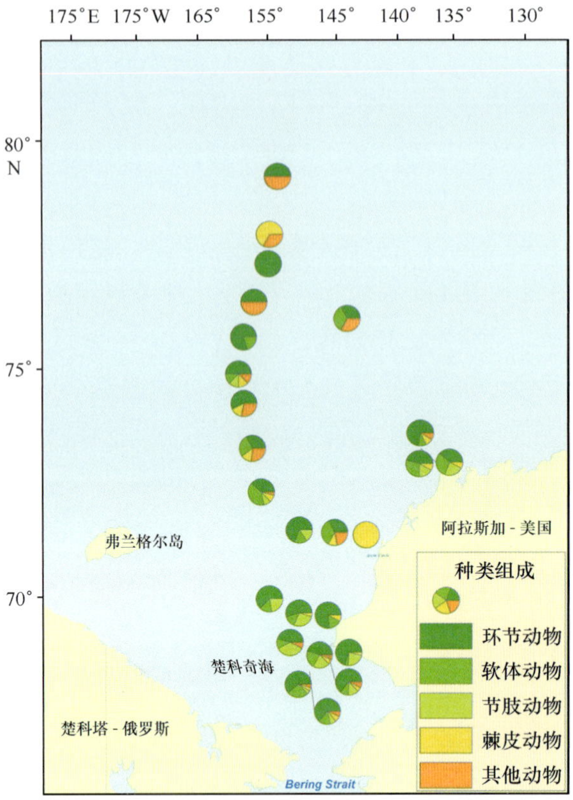


图 5 - 201 楚科奇海不同类群大型底栖生物的空间分布

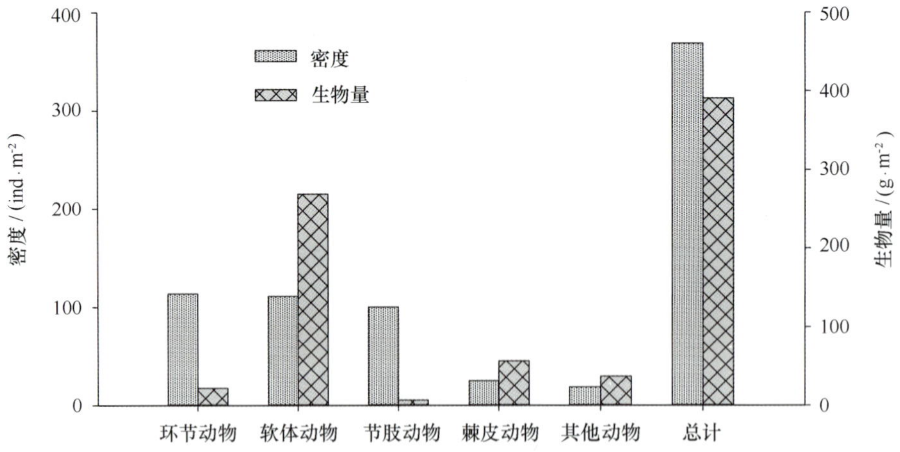


图 5 - 202 楚科奇海不同类群大型底栖生物的密度和生物量

密度方面，密度低值区主要位于高纬深海区（图 5 - 203），该区平均密度为 25 ind./$m^2$，最高密度位于 14R14 站，为 72 ind./$m^2$，其中两个站位没有生物栖息；南部陆架区平均密度为 513 ind./$m^2$，最高密度位于 14R02，达到 1 688 ind./$m^2$，最小密度位于 14R08，为 52 ind./$m^2$。高纬深海区密度组成以环节动物和其他动物为主，南部陆架区则主要以环节动物和软体动物为主，少数站位以棘皮动物为主（图 5 - 204）。

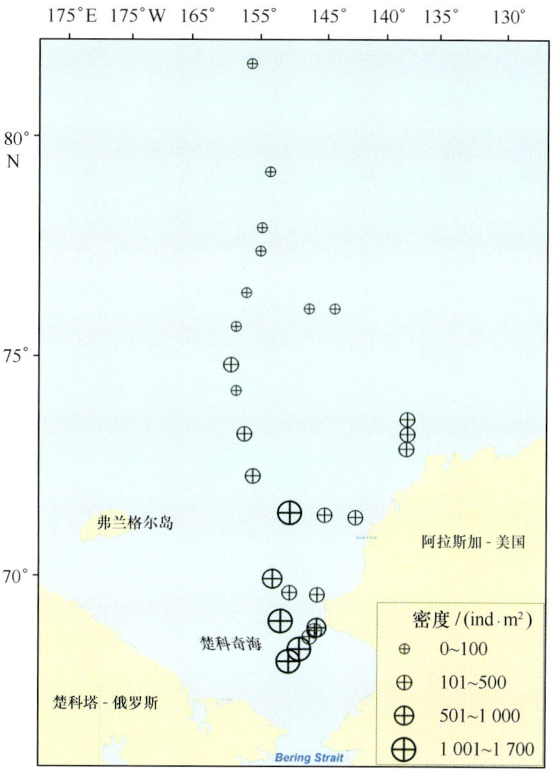


图 5－203　楚科奇海大型底栖生物密度空间分布

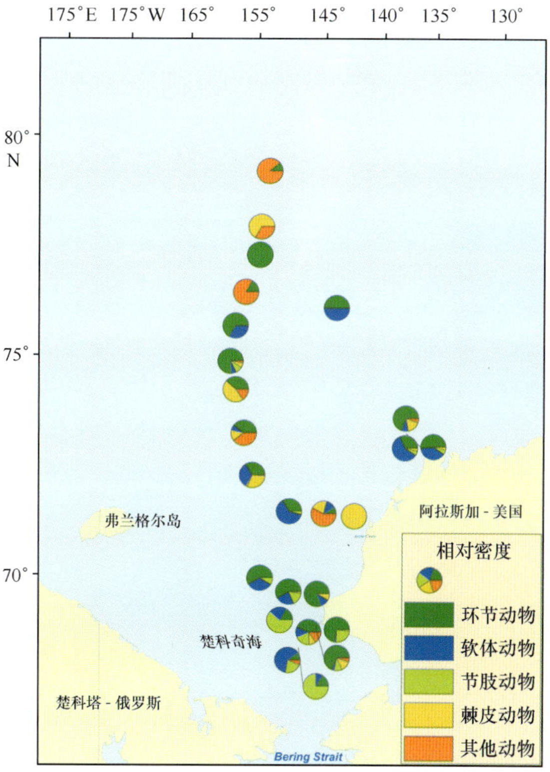


图 5－204　楚科奇海大型底栖生物相对密度分布

生物量方面，南部陆架区的平均生物量远高于高纬深海区（图5-205）。南部陆架区平均生物量为553.65 g/m²，最高生物量出现在14R02站，为5 566.64 g/m²，最小生物量位于14R09，为27.04 g/m²；高纬深海区平均生物量为3.78 g/m²，14R10站最高，为14.92 g/m²。各研究类群方面，南部陆架区生物量组成以软体动物和棘皮动物为主，高纬深海区各站的生物量组成变化较大，一般以其他动物为主，相对生物量具体分布特征见图5-206。

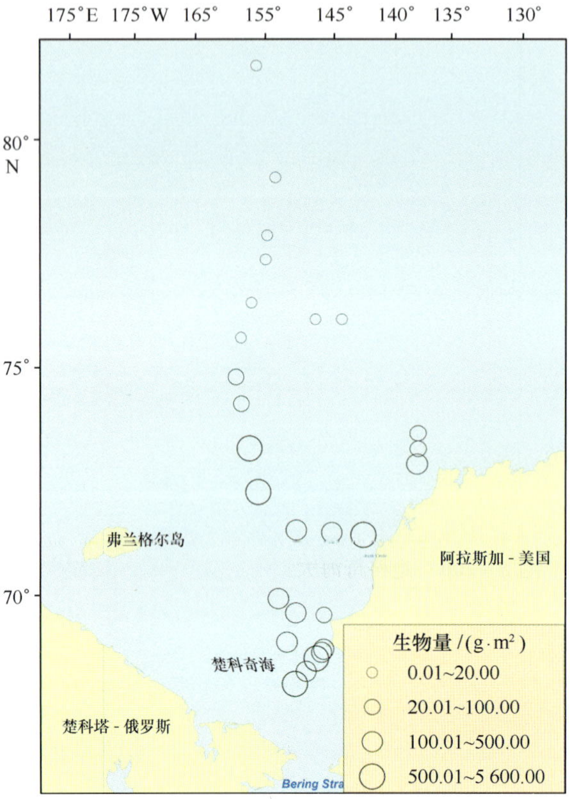


图5-205　楚科奇海大型底栖生物生物量空间分布

各站位的Margalef物种丰富度指数（*d*）、Shannon-Wiener多样性指数（*H*）、Pielou均匀度（*J*）以及Simpson物种优势度（*D*）见表5-21。由于14C06站、14C14站和14LIC03站种类数较少（≤1种），故没计算该站位的生物多样性值。物种丰富度指数14CC6站最高，14R14站最低。均匀度指数14C13、14R12和14SIC03站较高，数值为1.00；14CC2站最低，为0.39。Shannon-Wiener多样性指数14CC6站最高，为4.71；14R14站最低，为0.50。物种优势度指数14R14站最高，14CC4站最低。

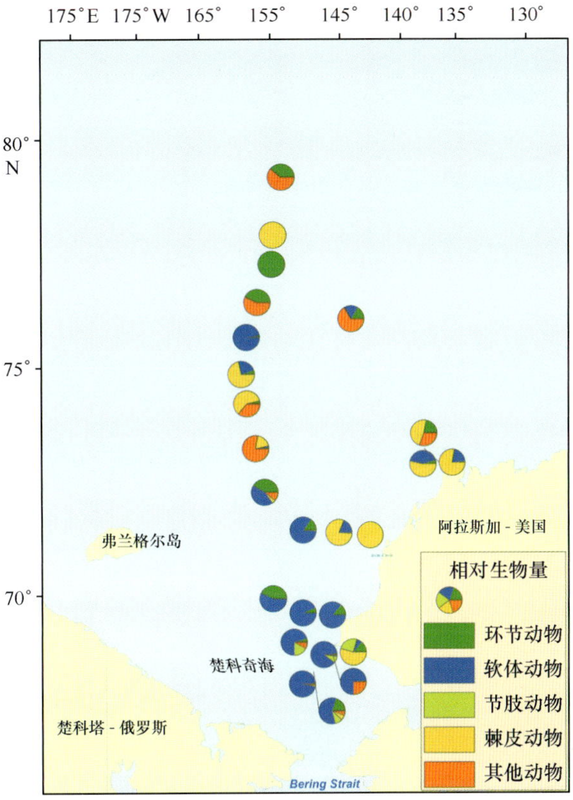


图 5-206 楚科奇海大型底栖生物相对生物量分布

**表 5-21 楚科奇海大型底栖生物各站位生物多样性**

| 站位 | *d* | *J* | *H* | *D* |
|---|---|---|---|---|
| 14CC2 | 1.78 | 0.39 | 1.49 | 0.56 |
| 14CC6 | 6.06 | 0.88 | 4.63 | 0.05 |
| 14C03 | 2.40 | 0.89 | 3.31 | 0.12 |
| 14CC5 | 4.84 | 0.91 | 4.30 | 0.07 |
| 14CC4 | 5.88 | 0.93 | 4.71 | 0.05 |
| 14R02 | 2.96 | 0.46 | 2.07 | 0.40 |
| 14R03 | 3.42 | 0.76 | 3.58 | 0.13 |
| 14R04 | 4.01 | 0.76 | 3.60 | 0.13 |
| 14C05 | 1.64 | 0.67 | 2.11 | 0.35 |
| 14C01 | 3.63 | 0.85 | 3.80 | 0.10 |
| 14C06 | — | — | — | — |
| 14R06 | 3.68 | 0.83 | 3.74 | 0.11 |
| 14C04 | 4.45 | 0.65 | 3.22 | 0.20 |
| 14R07 | 2.57 | 0.84 | 3.28 | 0.13 |
| 14R09 | 3.04 | 0.86 | 3.43 | 0.13 |
| 14R08 | 1.52 | 0.84 | 2.35 | 0.25 |
| 14S02 | 2.23 | 0.84 | 3.11 | 0.15 |

续表

| 站位 | $d$ | $J$ | $H$ | $D$ |
|---|---|---|---|---|
| 14S01 | 3.99 | 0.82 | 3.75 | 0.12 |
| 14S03 | 2.01 | 0.84 | 2.90 | 0.18 |
| 14C13 | 0.63 | 1.00 | 1.59 | 0.30 |
| 14C14 | — | — | — | — |
| 14R11 | 0.78 | 0.71 | 1.42 | 0.48 |
| 14R10 | 1.12 | 0.91 | 2.11 | 0.24 |
| 14R12 | 0.81 | 1.00 | 1.59 | 0.27 |
| 14SIC03 | 0.81 | 1.00 | 1.59 | 0.27 |
| 14R14 | 0.23 | 0.50 | 0.50 | 0.80 |
| 14LIC03 | — | — | — | — |

3）总结

（1）第一次北极科考

首次北极科考共取得16站的大型底栖生物样品，白令海和楚科奇海分别为3站和13站。已鉴定的大型底栖生物有92科164种，其中白令海68种，楚科奇海128种，环节动物、软体动物和节肢动物种数最多，占总种数的88.4%，三者构成白令海和楚科奇海大型底栖生物的主要优势类群。白令海的平均密度、生物量、丰富度（$d$）和多样性（$H$）分别为2 601 ind./$m^2$、67.85 g/$m^2$、4.44和4.23，楚科奇海的平均密度、生物量、丰富度和多样性分别为2 307 ind./$m^2$、155.86 g/$m^2$、2.87和3.06。主要优势种详见表5-22。

**表5-22　历次北极科考大型底栖生物的种数、数量、多样性及其主要优势种**

| 海区 | 航次 | 站位数 | 种数 | 密度/（ind.·$m^{-2}$） | 生物量/（g·$m^{-2}$） | 丰富度 $d$ | 多样性 $H$ | 优势种 |
|---|---|---|---|---|---|---|---|---|
| 白令海 | 一北 | 3 | 68 | 2601 | 67.85 | 4.44 | 4.23 | 脆索沙蚕（*Scoletoma fragilis*）、独毛虫（*Tharyx* sp.）、革囊星虫（*Phascolion* sp.）、户枢蛤（*Asthenothaerus* sp.）、滩拟猛钩虾（*Harpiniopsis vadiculus*）、萨氏真蛇尾（*Ophiura sarsii*）等 |
| | 四北 | 11 | 90 | 897 | 1097.38 | 2.04 | 2.15 | 脆索沙蚕、丝异须虫（*Heteromastus filiformis*）、尖锥虫（*Scoloplos armiger*）、厚鳃蚕（*Dasybranchethus fauveli*）、白毛虫（*Pilargis verrucosa*）、珠光戈芬星虫（*Golfingia margaritacea*）、螠虫（*Echiurus echiurus*）、钙质白樱蛤（*Macoma calcarea*）、平滑胡桃蛤（*Ennucula tenuis*）、太平洋方甲涟虫（*Eudorella pacifica*）、滩拟猛钩虾、松叶蟹（*Chionoecetes opilio*）、萨氏真蛇尾、网沟海胆（*Echinarachnius parma*）、卷栉盘海星（*Ctenodiscus crispatus*）等 |

续表

| 海区 | 航次 | 站位数 | 种数 | 密度/（ind.·$m^{-2}$） | 生物量/（g·$m^{-2}$） | 丰富度 *d* | 多样性 *H* | 优势种 |
|---|---|---|---|---|---|---|---|---|
| 白令海 | 五北 | 23 | 85 | 384 | 334.74 | 0.87 | 1.82 | 尖锥虫、甘吻沙蚕（*Glycinde wireni*）、齿吻沙蚕（*Nephtys* sp.）、辐乳虫（*Axiothella rubrocincta*）、徽鳞虫（*Pholoe* sp.）、叶须虫（*Phyllodoce* sp.）、臭海蛹（*Travisia forbesii*）、四索沙蚕（*Lumbrineris tetraura*）等 |
| 白令海 | 六北 | 15 | 126 | 362 | 525.97 | 2.37 | 2.91 | 群体海葵（*Zoanthidae* und.）、长锥虫（*Haploscoloplos elongatus*）、好斗埃蜚（*Ericthonius pugnax*）、索沙蚕（*Lumbrineris* sp.）、独毛虫（*Tharyx* sp.）、冠角钩虾（*Ceradocus capensis*）、网沟海胆、卷栉盘海星、球海胆（*Strongylocentrotus* sp.）等 |
| 楚科奇海 | 一北 | 13 | 128 | 2307 | 155.86 | 2.87 | 3.06 | 拟单指虫（*Cossurella* sp.）、缩头竹节虫（*Maldane sarsi*）、囊叶齿吻沙蚕（*Nephtys caeca*）、齿吻沙蚕、平滑胡桃蛤、鳞甲钩虾（*Lepidepecreum* sp.）等 |
| 楚科奇海 | 四北 | 45 | 140 | 591 | 477.93 | 1.39 | 1.74 | 丝异须虫、帕西菲卡独毛虫、囊叶齿吻沙蚕，脆索沙蚕，异齿短脊虫（*Asychis disparidentata*）、五岛短脊虫（*Asychis gotoi*）、沟栉虫（*Anobothrus gracilis*）、夜鳞虫（*Hesperonoe andriashevi*）、珠光戈芬星虫、云体星虫（*Nephasoma lilljeborgi*）、乳玉螺（*Euspira pallida*）、东京白樱蛤（*Macoma tokyoensis*）、圆盘黑肌蛤、平滑胡桃蛤、杏仁云母蛤（*Yoldia amygdalea*）、松叶蟹、网沟海胆、卷栉盘海星、结栉盖蛇尾（*Stegophiura nodosa*）、萨氏真蛇尾等 |
| 楚科奇海 | 五北 | 21 | 103 | 474 | 573.85 | 1.33 | 2.28 | 帕西菲卡独毛虫、笔帽虫（*Pectinaria hyperborea*）、缩头竹节虫、囊叶齿吻沙蚕、丝异须虫、齿吻沙蚕、钙质白樱蛤、瘤海鞘（*Styela* sp.）等 |
| 楚科奇海 | 六北 | 27 | 152 | 369 | 390.73 | 2.69 | 2.84 | 巴林虫（*Barantolla* sp.）、珠光戈芬星虫、钙质白樱蛤、橄榄胡桃蛤、放射吻状蛤、粗不仙女蛤（*Callista bervisiphonada*）、冰岛红扇贝（*Chlamys islandicus erythrocomatus*）、二叉海钩虾（*Pontoporeia femorata*）、网沟海胆、卷栉盘海星等 |

注：一北为中国第一次北极科考，四北为中国第四次北极科考，五北为中国第五次北极科考，六北为中国第六次北极科考。

附表 1　北极海域大型底栖生物种名录

| 中文种名 | 拉丁种名 | 白令海 | 楚科奇海 |
| --- | --- | --- | --- |
| **多孔动物** | **porifera** | | |
| — | *haliclona rufescens* | + | |
| 海绵 | *porifera* sp. | + | + |
| 苔海绵 | *tedania* sp. | + | |
| **刺胞动物** | **cnidaria** | | |
| 海葵 | actiniaria und. | + | + |
| 海葵 | actiniidae und. | | + |
| 敏捷海葵 | *actinothoe* sp. | + | |
| 侧花海葵 | *anthopleura* sp. | + | + |
| 蕨形角海葵 | *cerianthus filiformis* | | + |
| 刺柳珊瑚 | *echinogorgia* sp. | + | |
| 日本爱氏海葵 | *edwardsia japonica* | + | |
| 爱氏海葵 | *edwardsia* sp. | + | + |
| 软珊瑚 | *gersemia rubiformis* | + | + |
| 纵条肌海葵 | haliplanellidae und. | + | |
| 丛柳珊瑚 | plexauridae und. | | + |
| 原海鳃 | *protoptilum* sp. | | + |
| 筒水螅 | *tubularia* sp. | + | |
| 白沙箸 | *virgularia* sp. | + | |
| 群体海葵 | zoanthidae und. | + | |
| **纽形动物** | **nemertinea** | | |
| 沟纽虫 | *baseodiscus* sp. | | + |
| 脑纽虫 | *cerebratulus* sp. | + | + |
| 纽虫 | nemertinea und. | + | + |
| 细首纽虫 | *proephalothrix* sp. | | + |
| **曳鳃动物** | **priapulida** | | |
| 拟曳鳃虫 | *priapulopsis bicaudatus* | + | + |
| **环节动物** | **annelida** | | |
| 内卷齿蚕 | *aglaophamus agilis* | | + |
| 内卷齿蚕 | *aglaophamus malmgreni* | + | + |
| 内卷齿蚕 | *aglaophamus rubellus* | | + |
| 内卷齿蚕 | *aglaophamus* sp. | | + |
| 似蛰虫 | *amaeana* sp. | | + |
| 似蛰虫 | *amaeana trilobata* | | + |
| 双栉虫 | *ampharete acutifrons* | + | + |
| 栉虫 | ampharetidae und. | | + |
| 扇栉虫 | *amphicteis gunneri* | | + |
| — | *amphitrite cirrata* | | + |
| 须头虫 | *amphitrite* sp. | | + |

续表

| 中文种名 | 拉丁种名 | 白令海 | 楚科奇海 |
|---|---|---|---|
| 沟栉虫 | *anobothrus gracilis* | | + |
| 太平洋独毛虫 | *aphelochaeta pacifica* | + | + |
| 结节伪鳃虫 | *apistobranchus tullbergi* | + | + |
| 花索沙蚕 | arabellidae und. | + | + |
| — | *arcteobia anlicostiensis* | | + |
| — | *arcteobia spinelytris* | | + |
| 沙蠋 | *arenicola marina* | + | |
| 沙蠋 | arenicolidae und. | | + |
| — | *aricidea hartmanae* | + | |
| 诺氏独指虫 | *aricidea nolani* | + | + |
| 独指虫 | *aricidea* sp. | | + |
| 吻蛰虫 | *artacama proboscides* | + | + |
| 吻蛰虫 | *artacama* sp. | | + |
| 异齿短脊虫 | *asychis disparidentata* | + | + |
| 五岛短脊虫 | *asychis gotoi* | | + |
| 颈栉虫 | *auchenoplax crinita* | | + |
| — | *axiothella catenata* | + | + |
| 辐乳虫 | *axiothella rubrocincta* | + | + |
| 辐乳虫 | *axiothella* sp. | | + |
| 巴林虫 | *barantolla* sp. | + | + |
| 扇毛虫 | *brada inhabilis* | + | + |
| 肾扇虫 | *brada* sp. | + | + |
| 肾扇虫 | *brada villosa* | + | + |
| 小头虫 | *capitella capitata* | + | + |
| 小头虫 | *capitella* sp. | | + |
| 小头虫 | capitellidae und. | + | + |
| 刚鳃虫 | *chaetozone setosa* | + | + |
| 管缨虫 | *chone* sp. | | + |
| 丝鳃虫 | cirratulidae und. | + | |
| 笔帽虫 | *cistenides hyperborea* | | + |
| 襟节虫 | *clymenella* sp. | | + |
| 长须单指虫 | *cossura longocirrata* | | + |
| 拟单指虫 | *cossurella* sp. | + | + |
| 厚鳃蚕 | *dasybranchethus fauveli* | + | |
| 豆维虫 | dorvilleidae und. | | + |

续表

| 中文种名 | 拉丁种名 | 白令海 | 楚科奇海 |
|---|---|---|---|
| 刺裂虫 | *ehlersia* sp. | | + |
| — | *enipo tamarae* | + | + |
| — | *enipo tarasovi* | | + |
| — | *eteone barbata* | | + |
| — | *eteone foliosa* | + | |
| 双须虫 | *eteone longa* | + | + |
| 双须虫 | *eteone* sp. | | + |
| — | *eteone suecica* | | + |
| 真节虫 | *euclymene* sp. | + | |
| — | *flabelligera affinis* | + | |
| 扇毛虫 | flabelligeridae und. | + | + |
| — | *gattyana cf. amondseni* | + | + |
| — | *gattyana cirrosa* | | + |
| 格鳞虫 | *gattyana* sp. | | + |
| 头吻沙蚕 | *glycera capitata* | | + |
| 寡节甘吻沙蚕 | *glycinde gurjanovae* | + | + |
| 甘吻沙蚕 | *glycinde nordmanni* | | + |
| 甘吻沙蚕 | *glycinde* sp. | | + |
| 甘吻沙蚕 | *glycinde wireni* | + | + |
| 斑角吻沙蚕 | *goniada maculata* | + | + |
| 角吻沙蚕 | *goniada* sp. | | + |
| 角吻沙蚕 | goniadidae und. | | + |
| 长锥虫 | *haploscoloplos elongatus* | + | + |
| 哈鳞虫 | *harmothoe beringiana* | | + |
| 哈鳞虫 | *harmothoe cylindrica* | + | |
| 覆瓦哈鳞虫 | *harmothoe imbricata* | + | + |
| 哈鳞虫 | *harmothoe impar* | | + |
| 哈鳞虫 | *harmothoe* sp. | + | + |
| 半足沙蚕 | *hemipodus* sp. | | + |
| 隐鳞虫 | *hermadion nipponicus* | + | |
| 海女虫 | hesionidae und. | | + |
| 夜鳞虫 | *hesperonoe andriashevi* | | + |
| 丝异须虫 | *heteromastus filiformis* | + | + |
| 那不勒斯膜帽虫 | *lagis neapolitana* | + | + |
| — | *lagisca lamellifera* | + | |

续表

| 中文种名 | 拉丁种名 | 白令海 | 楚科奇海 |
|---|---|---|---|
| — | *lanassa nordenskjoldi* | | + |
| — | *lanassa* sp. | | + |
| 后指虫 | *laonice cf. sarsi* | | + |
| — | *laphania boecki* | | + |
| 滑蚓虫 | *leiocapitellides* sp. | + | |
| — | *levinsenia gracilis* | + | + |
| 扁蛰虫 | *loimia* sp. | | + |
| 索节虫亚科一种 | *lumbriclymeninae* sp. | | + |
| 台索沙蚕 | *lumbrineris amboinensis* | + | |
| 细索沙蚕 | *lumbrineris gracilis* | + | + |
| 异足索沙蚕 | *lumbrineris heteropoda* | | + |
| 日本索沙蚕 | *lumbrineris japonica* | + | + |
| 长叶索沙蚕 | *lumbrineris longifolia* | | + |
| 索沙蚕 | *lumbrineris* sp. | + | + |
| 四索沙蚕 | *lumbrineris tetraura* | + | + |
| — | *lysippe labiata* | + | + |
| 太平洋长手沙蚕 | *magelona pacifica* | + | + |
| 长手沙蚕 | *magelona* sp. | | + |
| — | *maldane cristata* | + | + |
| 缩头竹节虫 | *maldane sarsi* | + | + |
| 节节虫 | *maldane* sp. | | + |
| 竹节虫 | maldanidae und. | + | + |
| 中蚓虫 | *mediomastus ambiseta* | | + |
| 中蚓虫 | *mediomastus* sp. | | + |
| 米列虫 | *melinna cristata* | + | |
| — | *naineris* sp. | + | |
| — | *neoamphitrite* sp. | | + |
| 新蛰虫 | *neoleprea* sp. | | + |
| 无毛新中蚓虫 | *neomediomastus glabrus* | | + |
| 新中蚓虫 | *neomediomastus* sp. | + | |
| 囊叶齿吻沙蚕 | *nephtys caeca* | + | + |
| 毛齿吻沙蚕 | *nephtys ciliata* | + | + |
| — | *nephtys discors* | | + |
| — | *nephtys minuta* | + | + |
| 奇异齿吻沙蚕 | *nephtys paradoxa* | + | + |

续表

| 中文种名 | 拉丁种名 | 白令海 | 楚科奇海 |
|---|---|---|---|
| — | *nephtys picta* | | + |
| — | *nephtys rickettsi* | | + |
| 齿吻沙蚕 | *nephtys* sp. | + | + |
| 游沙蚕 | *nereis pelagica* | + | |
| 沙蚕 | *nereis* sp. | | + |
| 沙蚕 | *nereis zonata* | | + |
| — | *nicomache lumbricalis* | | + |
| — | *nicomache minor* | | + |
| — | *nicomache* sp. | + | |
| — | *nothria hyperborea* | | + |
| 背蚓虫 | *notomastus latericeus* | | + |
| 背蚓虫 | *notomastus* sp. | + | + |
| 背叶虫 | *notophyllum* sp. | | + |
| — | *notoproctus* sp. | | + |
| 蜈蚣欧努菲虫 | *onuphis geophiliformis* | | + |
| 欧努菲虫 | *onuphis* sp. | | + |
| 角海蛹 | *ophelina acuminata* | + | + |
| 角海蛹 | *ophelina* sp. | + | + |
| 蛇吻沙蚕 | *ophioglycera gigantea* | | + |
| 锥头虫 | orbiniidae und. | + | |
| 欧文虫 | *owenia fusiformis* | + | + |
| — | *paradiopatra striata* | + | + |
| 付栉虫 | *paramphicteis angustifolia* | + | |
| 异毛虫 | paraonidae und. | + | |
| 笔帽虫 | *pectinaria hyperborea* | + | + |
| 笔帽虫 | *pectinaria* sp. | + | |
| — | *petta pusilla* | | + |
| — | *pholoe longa* | + | + |
| 徽鳞虫 | *pholoe minuta* | + | + |
| 徽鳞虫 | *pholoe* sp. | + | + |
| — | *phyllochaetopterus claparedii* | + | |
| 格陵兰叶须虫 | *phyllodoce groenlandica* | + | + |
| 叶须虫 | *phyllodoce* sp. | + | + |
| 叶须虫科 | phyllodocidae und. | + | + |
| 白毛虫 | *pilargis verrucosa* | + | |

续表

| 中文种名 | 拉丁种名 | 白令海 | 楚科奇海 |
|---|---|---|---|
| 树蛰虫 | *pista* sp. | | + |
| — | *pista vinogradovii* | + | |
| 蛰虫 | *polycirrus eximius* | | + |
| 多须蛰虫 | *polycirrus* sp. | | + |
| 才女虫 | *polydora* sp. | | + |
| — | *polymnia frigonostoma* | + | |
| 多鳞虫 | polynoidae und. | + | + |
| 简毛拟节虫 | *praxillella gracilis* | + | + |
| 拟节虫 | *praxillella praetermissa* | + | + |
| 丝鳃稚齿虫 | *prionospio malmgreni* | + | + |
| 稚齿虫 | *prionospio* sp. | + | + |
| — | *rhodine loveni* | | + |
| 咽鼻稚虫 | *rhychospio* sp. | | + |
| 缨鳃虫 | sabellidae und. | + | + |
| 树栉虫 | *samytha sexcirrata* | | + |
| 梯额虫 | *scalibregma inflatum* | + | + |
| 脆索沙蚕 | *scoletoma fragilis* | + | + |
| — | *scoloplos acutus* | | + |
| 尖锥虫 | *scoloplos armiger* | + | + |
| — | *scoloplos fragilis* | | + |
| 尖锥虫 | *scoloplos schmitti* | | + |
| 尖锥虫 | *scoloplos* sp. | + | + |
| 花冈钩毛虫 | *sigambra hanaokai* | | + |
| — | *sphaerodorum minutum* | | + |
| 海稚虫 | spio cf. malmgreni | + | + |
| 翼鳞虫 | *spiochaetopterus typicus* | | + |
| 海稚虫 | spionidae und. | | + |
| 光稚虫 | *spiophanes bombyx* | + | |
| 不倒翁虫 | *sternaspis scutata* | + | + |
| — | *streblosome bairdi* | | + |
| 裂虫 | syllidae und. | + | + |
| 叉毛裂虫 | *syllis gracilis* | | + |
| — | *tachytrypane* sp. | | + |
| 背襟沙蚕 | *tambalagamia* sp. | + | |
| 蛰龙介虫 | terebellidae und. | + | + |

续表

| 中文种名 | 拉丁种名 | 白令海 | 楚科奇海 |
|---|---|---|---|
| 梳鳃虫 | *terebellides kobei* | + | + |
| 梳鳃虫 | *terebellides stroemii* | + | + |
| 独毛虫 | *tharyx* sp. | + | + |
| 臭海蛹 | *travisia forbesii* | + | + |
| — | *trochochaeta carica* | | + |
| 轮毛虫 | *trochochaeta multisetosa* | | + |
| 寡毛类 | oligochaeta und. | | + |
| 近颤蚓 | *tubificoides* sp. | | + |
| **星虫动物** | **sipuncula** | | |
| 梨体星虫 | *apionsoma* sp. | | + |
| 戈芬星虫 | *golfingia* sp. | + | + |
| 珠光戈芬星虫 | *golfingia margaritacea* | + | + |
| 普通戈芬星虫 | *golfingia vulgaris* | | + |
| 云体星虫 | *nephasoma lilljeborgi* | | + |
| 革囊星虫 | *phascolion* sp. | + | |
| 星虫 | sipunculidae und. | + | |
| **螠虫动物** | **echiura** | | |
| 螠虫 | echiuridae und. | + | + |
| 棘螠 | *urechis* sp. | | + |
| 螠虫 | *echiurus echiurus* | + | + |
| **软体动物** | **mollusca** | | |
| 分歧指纹蛤 | *acila castrensis* | + | |
| — | *admete couthouyi* | + | + |
| 腹螺 | *alvaria* sp. | | + |
| — | *amicula amiculata* | + | + |
| — | *amicula* sp. | + | |
| — | *arene* sp. | + | |
| 环纹爱神蛤 | *astarte polaris* | | + |
| 爱神蛤 | *astarte* sp. | + | |
| 户枢蛤 | *asthenothaerus* sp. | + | + |
| — | *atys sandersoni* | | + |
| 深海蚶 | *bathyarca* sp. | | + |
| — | *boreotrophon pacificus* | | + |
| — | *boreotrophon truncatus* | | + |
| 楔樱蛤 | *cadella* sp. | + | |

续表

| 中文种名 | 拉丁种名 | 白令海 | 楚科奇海 |
| --- | --- | --- | --- |
| 粗不仙女蛤 | *callista bervisiphonada* | | + |
| 帚形蛤 | *cardiomya* sp. | + | |
| 冰岛红扇贝 | *chlamys islandicus* | | + |
| 冰岛扁鸟蛤 | *clinocardium ciliatum* | | + |
| 朽叶蛤 | *coecella* sp. | + | + |
| 亲缘玉螺 | *cryptonatica affinis* | | + |
| 杯齿蛤 | *cyathodonta* sp. | | + |
| 密肋圆心蛤 | *cyclocardia crebricostata* | + | + |
| 粗肋圆心蛤 | *cyclocardia paucicostata* | | + |
| 粗纹蛤 | *cyclocardia* sp. | + | |
| — | *cylichna consobrina* | | + |
| — | *cylichna nucleola* | + | + |
| — | *cylichna* sp. | + | + |
| 侧扁隐海螂 | *cyptomya busoensis* | + | |
| 北极缝栖蛤 | *cyrtodaria kurriana* | + | + |
| 阿笛串双齿蛤 | *diplodonta aleutica* | + | + |
| 双齿蛤 | *diplodonta* sp. | + | |
| 平滑胡桃蛤 | *ennucula tenuis* | + | + |
| — | *euspira nana* | + | + |
| 乳玉螺 | *euspira pallida* | | + |
| — | *euspira* sp. | | + |
| 花瓣蛤 | *fronsella* sp. | | + |
| 滑顶薄壳鸟蛤 | *fulvia mutica* | | + |
| 薄壳鸟蛤 | *fulvia* sp. | + | |
| 光管蛾螺 | *latisipho hypolispus* | | + |
| 拟锉蛤 | *limopsis* sp. | | + |
| 波纹滑蛤 | *liocyma fluctuosa* | + | |
| 满月蛤 | *lucina* sp. | + | |
| 扁满月蛤 | *lucinoma* sp. | | + |
| 樱蛤 | *macoma balthica* | | + |
| 钙质白樱蛤 | *macoma calcarea* | + | + |
| 不洁白樱蛤 | *macoma inquinata* | | + |
| 米氏白樱蛤 | *macoma middenderffi* | + | |
| 莫斯特白樱蛤 | *macoma moesta* | + | + |
| 白樱蛤 | *macoma nipponica* | + | + |

续表

| 中文种名 | 拉丁种名 | 白令海 | 楚科奇海 |
|---|---|---|---|
| 白樱蛤 | *macoma* sp. | + | |
| 东京白樱蛤 | *macoma tokyoensis* | | + |
| 托氏白樱蛤 | *macoma torelli* | | + |
| 蛤蜊 | *mactra* sp. | + | |
| 色雷大云母蛤 | *megayoldia thraciaeformis* | + | |
| 蹄形偏顶蛤 | *modiolus modiolus* | + | |
| 偏顶蛤 | *modiolus* sp. | + | |
| 黑肌蛤 | *musculus nigrus* | + | |
| 圆盘黑肌蛤 | *musculus discors* | + | + |
| 光滑肌蛤 | *musculus laevigatus* | + | + |
| 海螂 | *mya* sp. | | + |
| — | *natica clausa* | + | + |
| 香螺 | *neptunea arthritica* | | + |
| 英丽香螺 | *neptunea heros* | | + |
| — | *neptunea ventricosa* | + | + |
| 橄榄胡桃蛤 | *nucula tenuis* | + | + |
| 小胡桃蛤 | *nucula paulula* | + | |
| 胡桃蛤 | *nucula* sp. | + | |
| 短吻壮蛤 | *nuculana pernula* | + | + |
| 吻状蛤 | *nuculana* sp. | + | + |
| — | *oenopota harpa* | | + |
| — | *onchidella* sp. | | + |
| 短吻蛤 | *periploma* sp. | | + |
| 梯形蛤 | *portlandia* sp. | | + |
| 小囊蛤 | *saccella* sp. | | + |
| 红蛤 | *scintilla* sp. | | + |
| 双带蛤 | *semele* sp. | | + |
| 微弱锯齿鸟蛤 | *serripes groenlandica* | | + |
| 拉氏锯齿鸟蛤 | *serripes laperousii* | + | + |
| 隆肋小阳螺 | *solariella varicosa* | + | + |
| — | *stenosemus albus* | + | + |
| 锥螺 | *tachyrhynchus erosus* | + | + |
| 锥螺属一种 | *tachyrhynchus* sp. | + | + |
| 理蛤 | *theora lata* | | + |
| 理蛤 | *theora* sp. | + | + |

续表

| 中文种名 | 拉丁种名 | 白令海 | 楚科奇海 |
|---|---|---|---|
| 薄索足蛤 | *thyasira tokunagaii* | + | + |
| 加拉斯加扁蛤 | *tridonta alaskaensis* |  | + |
| 北方扁形蛤 | *tridonta borealis* |  | + |
| 粗纹扁形蛤 | *tridonta filatovae* | + | + |
| 杏仁云母蛤 | *yoldia amygdalea* | + | + |
| 摺痕云母蛤 | *yoldia excavata* | + |  |
| 平锉云母蛤 | *yoldia limatula* | + | + |
| 云母蛤 | *yoldia* sp. | + | + |
| 色雷大云母蛤 | *yoldia thraciaeformis* | + |  |
| **节肢动物** | **arthopoda** |  |  |
| 壮叶指钩虾 | *aceroides latipes* |  | + |
| 短角双眼钩虾 | *ampelisca brevicornis* | + | + |
| 钩刺双眼钩虾 | *ampelisca eschrichti* | + | + |
| 叉尾双眼钩虾 | *ampelisca furcigera* |  | + |
| 双眼钩虾 | *ampelisca* sp. |  | + |
| 刀钩虾 | *aoroides* sp. | + |  |
| 宽尾栉水虱 | *asellus* sp. | + |  |
| 孔藤壶 | *balanus perforatus* | + |  |
| 藤壶 | *balanus* sp. | + | + |
| 卵圆涟虫 | *boddotriia ovali* | + |  |
| 格马沙钩虾 | *byblis gaimardii* | + | + |
| 日本沙钩虾 | *byblis japonicus* |  | + |
| 矮中刺钩虾 | *centromedon pumilus* | + | + |
| 盲中刺钩虾 | *centromedon typhlops* | + | + |
| 冠角钩虾 | *ceradocus capensis* | + | + |
| 角钩虾 | *ceradocus* sp. |  | + |
| 蛀木钩虾 | *chelura* sp. | + |  |
| 松叶蟹 | *chionoecetes opilio* | + | + |
| 异细螯寄居蟹 | *clibanarius inaequalis* | + | + |
| 下齿细螯寄居蟹 | *clibanarius infraspinatus* |  | + |
| 莫顿蜾蠃蜚 | *corophium mortonii* | + |  |
| 蜾蠃蜚 | *corophium* sp. | + | + |
| 三角柄蜾蠃蜚 | *corophium trigulapedarum* | + |  |
| 脊腹褐虾 | *crangon affimis* | + | + |
| 亚洲异针尾涟虫 | *diamorphostylis asiatica* | + | + |

续表

| 中文种名 | 拉丁种名 | 白令海 | 楚科奇海 |
|---|---|---|---|
| 果人针尾涟虫 | *diastylis nucella* | + | |
| 三叶针尾涟虫 | *diastylis tricincta* | + | + |
| 双齿孚蝣 | *ephemera* sp. | + | + |
| 好斗埃蜚 | *ericthonius pugnax* | + | |
| 毛钩虾 | *eriopisa* sp. | | + |
| 太平洋方甲涟虫 | *eudorella pacifica* | + | + |
| 亮钩虾 | *gammarus* sp. | + | |
| 拟钩虾 | *gammaropsis* sp. | + | + |
| 日本大螯蜚 | *grandidierella japonica* | + | + |
| 宽板弱双眼钩虾 | *haploops sibirica* | | + |
| 长足七腕虾 | *haptacarpus futilirostris* | + | |
| 美原猛钩虾 | *harpinia miharaensis* | + | + |
| 滩拟猛钩虾 | *harpiniopsis vadiculus* | + | + |
| 葛氏希泊钩虾 | *hippomedom gorbunovi* | | + |
| 太平洋希泊钩虾 | *hippomedom pacificus* | + | + |
| 玻璃钩虾 | *hyale* sp. | + | |
| 双弘互爱蟹 | *hyas coarctatus* | + | + |
| 细长涟虫 | *iphinoe tener* | + | + |
| 叶钩虾 | *jassa* sp. | | + |
| 六刺丽涟虫 | *lamprops hexaspinula* | + | |
| 鳞甲钩虾 | *lepidepecreum* sp. | | + |
| 细螯原足虫 | *leptochelia dubia* | + | |
| 东方尖额涟虫 | *leucon nasica orientalis* | + | + |
| 尖额涟虫 | *leucon* sp. | + | + |
| 利尔钩虾 | *liljeborgia* sp. | + | |
| 蜘蛛蟹 | *maja* sp. | | + |
| 美丽马尔他钩虾 | *melita amoena* | | + |
| 马尔他钩虾 | *melita* sp. | | + |
| 等角眉钩虾 | *metopa aequicornis* | + | + |
| 单眼钩虾 | *monoculodes* sp. | | + |
| 叶虾 | *nebalia* sp. | | + |
| 新异足虫 | *neotanais* sp. | + | + |
| 膨胀斗钩虾 | *nicippe* sp. | + | |
| 短肋藤壶 | *octomeris sulcata* | + | |
| 合眼钩虾 | *oedlcerina* sp. | + | |

续表

| 中文种名 | 拉丁种名 | 白令海 | 楚科奇海 |
|---|---|---|---|
| 壮弹钩虾 | *orchomenella pinguis* | + | + |
| 长额虾 | *pandalus borealis* | + | |
| 多眼近尖头钩虾 | *paraphoxus oculatus* | + | + |
| 富冈拟尖头钩虾 | *paraphoxus tomiokaensis* | + | + |
| 拟明钩虾 | *parhyalella* sp. | + | |
| 近合眼钩虾 | *paroediceros* sp. | + | |
| 夏威夷亮钩虾 | *photis hawaiensis* | + | + |
| 亮钩虾 | *photis* sp. | + | + |
| 霍氏尖头钩虾 | *phoxocephalus holbölli* | + | + |
| 海褐虾 | *pontocaris* sp. | + | |
| 极地蚤钩虾 | *pontoctates altamanimus* | | + |
| 蚤钩虾 | *pontoctates* sp. | | + |
| 二叉海钩虾 | *pontoporeia femorata* | + | + |
| 海钩虾 | *pontoporeia* sp. | | + |
| 关节毛板钩虾 | *priscillina armata* | + | |
| 短头戎 | *scina* sp. | + | + |
| 华眼钩虾 | *sinoediceros* sp. | + | + |
| 双齿小壮钩虾 | *socatnes bidenticulatus* | | + |
| 板钩虾 | *stenothoe* sp. | | + |
| 双尖鞭水虱 | *synidothea bicuspida* | | + |
| 日本遮头水虱 | *tecticeps japonicus* | + | |
| 棘刺合穴钩虾 | *tiron acanthurus* | | + |
| 合穴钩虾 | *tiron* sp. | + | |
| 霍氏丽钩虾 | *tryphosella horingi* | + | + |
| 尾钩虾 | *urothoe* sp. | + | + |
| **苔藓动物** | **bryozoa** | | |
| 草苔虫 | *bugula* sp. | + | + |
| 北极拟小孔苔虫 | *microporella arctica* | | + |
| **腕足动物** | **brachiopoda** | | |
| 康普贝 | *compages* sp. | + | + |
| 酸酱贝 | *terebratalia* sp. | | + |
| **棘皮动物** | **echinodermata** | | |
| 条板棘蛇尾 | *amphiodia craterodmeta* | | + |
| 三齿蛇尾 | *amphiodia* sp. | + | + |
| 双鳞蛇尾 | *amphipholis* sp. | + | |

续表

| 中文种名 | 拉丁种名 | 白令海 | 楚科奇海 |
|---|---|---|---|
| 普格双鳞蛇尾 | *amphipholis pugetana* | + | + |
| 双鳞蛇尾 | *amphipholis* sp. | | + |
| 阳遂足 | *amphiura* sp. | + | + |
| 楯海胆 | *clypeaster* sp. | | + |
| 卷栉盘海星 | *ctenodiscus crispatus* | + | + |
| 网沟海胆 | *echinarachnius parma* | + | + |
| 北极筐蛇尾 | *gorgonocephalus arcticus* | + | + |
| — | *kolga hyalina* | | + |
| — | laetmogonidae und. | | + |
| — | *leptasterias polaris* | | + |
| 棘蛇尾 | *ophiacantha* sp. | | + |
| 紫蛇尾 | *ophiopholis aculeata* | + | + |
| — | *ophiopus arcticus* | + | |
| 细栉真蛇尾 | *ophiura leptoctenia* | + | + |
| 萨氏真蛇尾 | *ophiura sarsii* | + | + |
| 真蛇尾 | *ophiura* sp. | + | + |
| 紫轮参 | *polycheira rufescens* | | + |
| 结栉盖蛇尾 | *stegophiura nodosa* | + | + |
| 球海胆 | *strongylocentrotus* sp. | + | + |
| **半索动物** | **hemichordata** | | |
| 柱头虫 | *balanoglossus* sp. | | + |
| **脊索动物** | **chordata** | | |
| — | *boltenia echinata* | | + |
| 龟甲海鞘 | *chelyosoma* sp. | | + |
| 中华哈特海鞘 | *hartmeyeria chinensis* | | + |
| 皮海鞘 | *molgula* sp. | + | |
| — | *pelonaia corrugata* | + | |
| 肱海鞘 | *pyura* sp. | | + |
| 海鞘 | ascidiacea und. | | + |
| 瘤海鞘 | *styela* sp. | | + |

—：表示暂无中文名。

（2）第四次北极科考

第四次北极科考共在北极海域布设 67 个站位的大型底栖生物取样，其中白令海和楚科奇海分别为 21 站（有效站位 11 个）和 46 站（有效站位 45 个）。白令海共获得大型底栖生物 9 门 90 种，其中环节动物 41 种，节肢动物和软体动物分别有 23 种和 16 种，棘皮动物和其他动物分别有3种和7种。整体来看白令海底栖动物物种较丰富，从水深分布来看，深海区物种较少，仅有1~2种，陆架区种类较丰富，总种数达87种。深海区以环节动物为主，北白令海陆架区以环节动物和节肢动物为主，白令海峡以节肢动物和软体动物为主，深海区主要为环节动物和其他动物。白令海大型底栖生物平均密度为897 ind./$m^2$，平均生物量为1 097.38 g/$m^2$。主要优势种详见表5-22。

楚科奇海共鉴定大型底栖生物140种，环节动物最多，有66种，节肢动物30种，软体动物25种，还有棘皮动物9种，其他动物10种。楚科奇海各站大型底栖生物的栖息密度介于96~3 600 ind./$m^2$之间，所有站位的平均密度为591 ind./$m^2$，密度的高值主要分布在楚科奇海南部和巴罗峡谷及阿拉斯加等近岸海域。所有站位的平均生物量为477.93 g/$m^2$。生物量的高值主要分布在楚科奇海南部和巴罗峡谷及阿拉斯加等近岸海域。主要优势种详见表5-22。

（3）第五次北极科考

第五次北极科考共在北极海域布设46个大型底栖生物取样站位，所获样品经鉴定共有大型底栖生物152种，其中白令海85种，楚科奇海103种。研究区域内大型底栖生物群落的空间分布极不均匀，各站栖息密度和生物量的差异性较大。白令海和楚科奇海的平均密度分别为384 ind./$m^2$和474 ind./$m^2$，白令海和楚科奇海的平均生物量分别为334.74 g/$m^2$和573.85 g/$m^2$。浅海陆架区的平均密度和生物量较高，陆坡区和海盆区较低。主要优势种详见表5-22。

（4）第六次北极科考

第六次北极科考定量采泥所获样品经鉴定共有大型底栖生物205种，其中白令海126种，楚科奇海152种。研究区域内大型底栖生物群落的空间分布极不均匀，各站栖息密度和生物量的差异性较大。白令海和楚科奇海的平均密度分别为362 ind./$m^2$和369 ind./$m^2$，白令海和楚科奇海的平均生物量分别为525.97 g/$m^2$和390.73 g/$m^2$。总的来说，浅水陆架区的平均密度和生物量较高，陆坡区和海盆区较低。主要优势种详见表5-22。

（5）总结

截至目前，从第一次、第四次、第五次和第六次北极科考所获的沉积物样品中共鉴定大型底栖生物14门440种，其中，环节动物最多，有194种，占总种数的44.1%，其次是软体动物（93种）和节肢动物（85种），三者是北极海域大型底栖生物的优势类群；另外，还有多孔动物3种，刺胞动物15种，纽形动物4种，曳鳃动物1种，星虫动物7种，螠虫动物3种，苔藓动物2种，腕足动物2种，棘皮动物22种，半索动物1种，脊索动物8种（见图5-207）。

该海域大型底栖生物以北方冷水种——广温性迁入种为主，而真正意义上的北极特有种较少，这与南大洋有着显著区别。常见的优势种主要有环节动物门的缩头竹节虫、尖锥虫、囊叶齿吻沙蚕、丝异须虫和脆索沙蚕等，星虫动物门的珠光戈芬星虫，软体动物门的钙质白樱蛤、平滑胡桃蛤和圆盘黑肌蛤等，节肢动物门的滩拟猛钩虾和松叶蟹等，棘皮动物门的萨氏真蛇尾、网沟海胆和卷栉盘海星等。

Bray-Curtis聚类分析显示大部分站位的大型底栖生物群落的相似性较低，Dieter认为北极底栖群落并非单一的典型的地方性群落，而是因空间异质性而存在着多种多样的群落结构类型，北极具有较短的地质年龄、不稳定的持续周期性振动的环境和不发达的生物地理隔离，

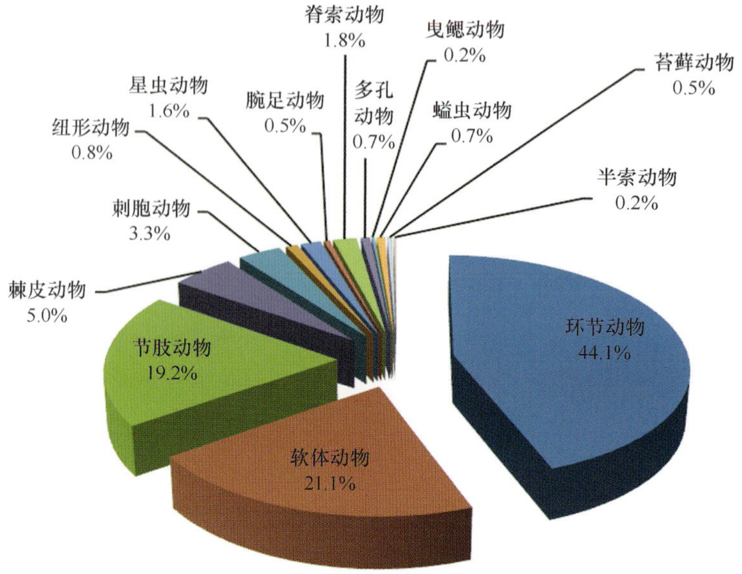


图 5－207　北极海域大型底栖生物种类百分比组成

从而使北极与北方其他海区有着相对强烈的物种交流。因此，北极底栖生物因空间异质性而呈现出多种多样的、斑块状分布的群落结构类型。

对白令海的陆架区、陆坡区和海盆区的生物量分析显示，大型底栖生物在白令海陆坡至陆架边缘处具有较高栖息密度和生物量，构成了“白令海绿带”；楚科奇海陆架区普遍具有较高的生物量，尤其是楚科奇海南部和东北部（Barrow Canyon 附近），而沿着陆架区—陆坡区—海盆区生物量急剧减少。Grebmeier 等学者认为富营养的太平洋温水以及激烈的水层－海底的耦合是影响北极底栖生物群落和生物量的关键因子。

在快速的全球变化背景下，这些数据的获得以及下一步对已有数据的挖掘和分析，将有利于我们进一步了解北极大型底栖生物的群落结构、生物多样性和次级生产力的时空分布，水层－海底耦合和空间异质性对大型底栖生物群落的影响，全球变暖和人类活动干扰背景下大型底栖生物的种群动态、海底生产进程及其对环境变化的响应。

### 5.1.6.2　小型底栖生物

1）第五次北极考察

（1）白令海

白令海 7 个小型底栖生物站位，共检出 7 个类群，分别为自由生活海洋线虫（Nematoda）、底栖桡足类（Copepoda）、多毛类（Polycheata）、动吻类（Kinorhyncha）、寡毛类（Oligochaeta）、原足类（Tanaidacea）和待定类群（Indet.）。线虫为丰度的最优势类群，占平均丰度比例的 99.29%，其余类群相对较少，多毛类为第二优势类群，但仅占 0.31%，桡足类为第三优势类群，占 0.21%（图 5－208）。

白令海 7 个站位的小型底栖生物的平均丰度为（1 445.92 ± 1201.16）ind. /10 $cm^2$，各站位之间相差较大，最高值出现在站位 BL16，为 3 245.05 ind. /10 $cm^2$，最低值为站位 BL03 的 1.51 ind. /10 $cm^2$。就丰度比例而言，在检出的 7 个类群中，线虫在 7 个站位都超过了 90%，

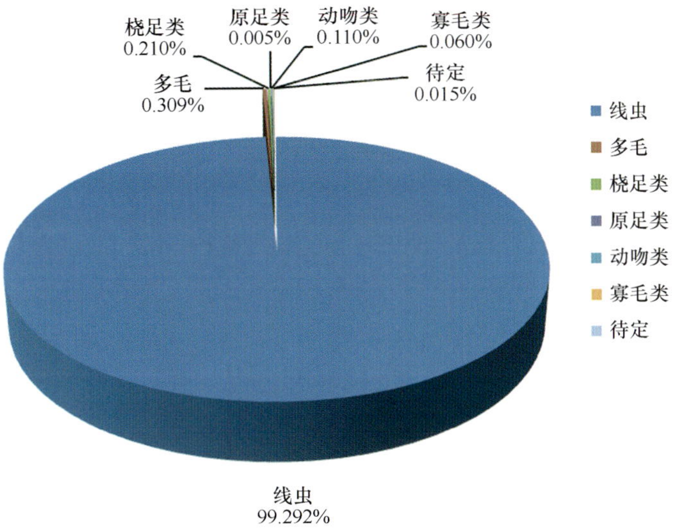


图 5－208 白令海各类群的平均丰度比例

甚至 BL03 站位和 BS02 站位仅检出线虫一个类群；多毛类和桡足类虽然比例较低，但分布较广，在三分之二的站位中均有检出且比例也较为接近（表 5－23）。

**表 5－23 白令海各站位中的类群丰度比例**

| 站位 | 线虫 | 多毛类 | 桡足类 | 原足类 | 动吻类 | 寡毛类 | 待定 | 总丰度 | 生物量 |
|---|---|---|---|---|---|---|---|---|---|
| BL03 | 100.00% | 0.00% | 0.00% | 0.00% | 0.00% | 0.00% | 0.00% | 1.51 | 0.61 |
| BL07 | 92.31% | 4.62% | 2.31% | 0.00% | 0.00% | 0.00% | 0.77% | 65.64 | 71.23 |
| BL13 | 99.45% | 0.20% | 0.33% | 0.02% | 0.00% | 0.00% | 0.00% | 2 584.63 | 1122.42 |
| BL16 | 98.85% | 0.39% | 0.20% | 0.00% | 0.34% | 0.19% | 0.03% | 3 245.05 | 1582.58 |
| BS02 | 100.00% | 0.00% | 0.00% | 0.00% | 0.00% | 0.00% | 0.00% | 1 269.34 | 507.74 |
| BS04 | 99.91% | 0.00% | 0.09% | 0.00% | 0.00% | 0.00% | 0.00% | 1 699.52 | 682.02 |
| BM04 | 98.91% | 0.84% | 0.24% | 0.00% | 0.00% | 0.00% | 0.00% | 1 255.71 | 650.91 |

注：丰度单位为 ind./10 $cm^2$，生物量单位为 μg · dwt/10 $cm^2$。

白令海 7 个小型底栖生物站位平均生物量和生产量为 659.64 ± 558.30 μg · dwt /10 $cm^2$ 和 5 936.79 ± 5 024.68 μg · dwt /（10 $cm^2$ · a），其中最低值与最高值出现的站位同丰度值一致，分别为 BL03 的 0.61 μg · dwt /10 $cm^2$ 和 5.45 μg · dwt /（10 $cm^2$ · a）以及 BL16 的 1 582.58 μg · dwt /10 $cm^2$ 和 14 243.19 μg · dwt /（10 $cm^2$ · a）（表 5－23）。不同站位的小型底栖动物的生物量和生产量与丰度的分布趋势相似（图 5－209）。

（2）楚科奇海

楚科奇海 11 个小型底栖生物站位，共检出 11 个类群，分别为自由生活海洋线虫（Nematoda）、底栖桡足类（Copepoda）、多毛类（Polycheata）、动吻类（Kinorhyncha）、蜱螨类（Acari）、涟虫类（Cumacea）、介形类（Ostracoda）、无节幼体（Nauplius）、双壳类（Bivalvia）、原足类（Tanaidacea）和待定类群（Indet.）。线虫为丰度的最优势类群，占平均丰

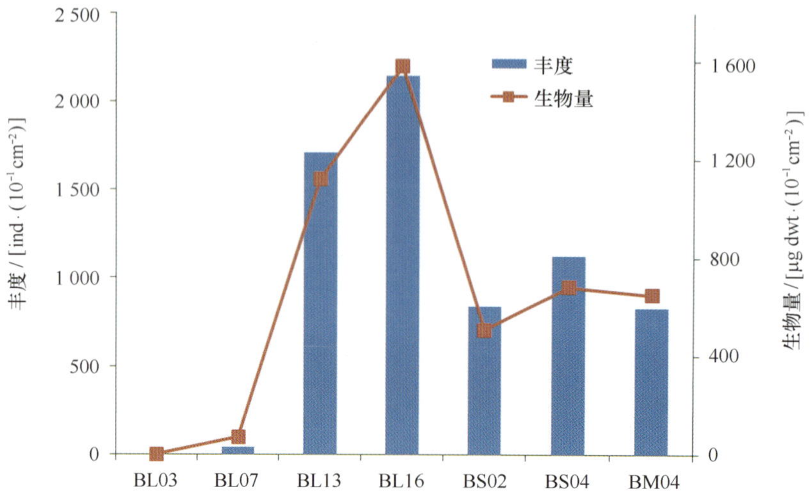


图 5-209　白令海各站位小型底栖动物丰度与生物量的关系

度比例的 95.59%，其余类群相对较少，其中桡足类为第二优势类群，占 1.16%，多毛类和无节幼体所占比例相同，为 1.11%，其余类群均未超过 1%（图 5-210）。

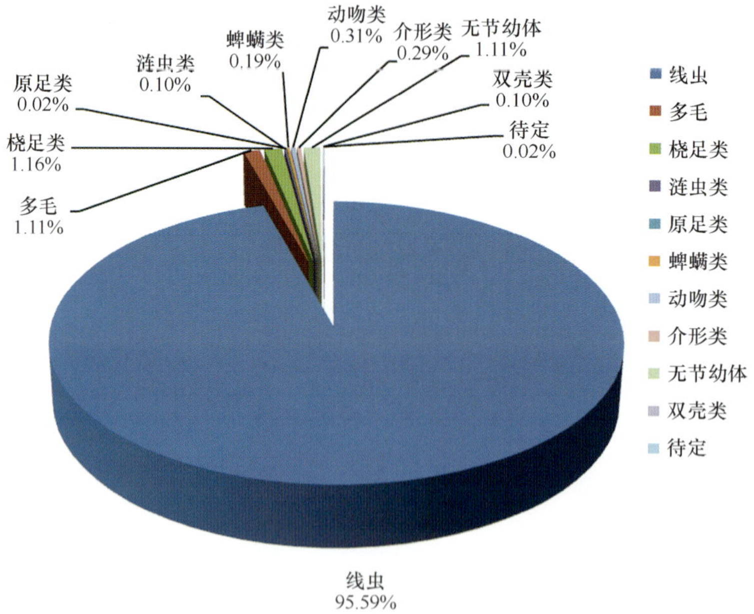


图 5-210　楚科奇海各类群的平均丰度比例

楚科奇海 11 个站位的小型底栖生物的平均丰度为（571.74 ± 530.18）ind./10 $cm^2$，最高值出现在站位 SR09，为 1 590.46 ind./10 $cm^2$，最低值为站位 SR12 的 46.96 ind./10 $cm^2$。就丰度比例而言，在检出的 11 个类群中，线虫在 10 个站位都超过了 90%，甚至 SR14 站位和 R03 站位仅检出线虫一个类群（表 5-24）。

表 5-24 楚科奇海各站位中的类群丰度比例

| 站位 | 线虫 | 多毛 | 桡足类 | 涟虫类 | 原足类 | 蜱螨类 | 动吻类 | 介形类 | 无节幼体 | 双壳类 | 待定 | 丰度 | 生物量 |
|---|---|---|---|---|---|---|---|---|---|---|---|---|---|
| SR03 | 93.06% | 0.58% | 6.36% | 0.00% | 0.00% | 0.00% | 0.00% | 0.00% | 0.00% | 0.00% | 0.00% | 262.05 | 149.75 |
| SR09 | 97.71% | 0.48% | 0.86% | 0.00% | 0.00% | 0.00% | 0.76% | 0.19% | 0.00% | 0.00% | 0.00% | 1590.46 | 856.03 |
| SR11 | 95.88% | 0.95% | 1.11% | 0.16% | 0.16% | 1.27% | 0.48% | 0.00% | 0.00% | 0.00% | 0.00% | 955.79 | 568.81 |
| SR12 | 93.55% | 3.23% | 3.23% | 0.00% | 0.00% | 0.00% | 0.00% | 0.00% | 0.00% | 0.00% | 0.00% | 46.96 | 41.59 |
| SR14 | 100.00% | 0.00% | 0.00% | 0.00% | 0.00% | 0.00% | 0.00% | 0.00% | 0.00% | 0.00% | 0.00% | 66.65 | 26.66 |
| R03 | 100.00% | 0.00% | 0.00% | 0.00% | 0.00% | 0.00% | 0.00% | 0.00% | 0.00% | 0.00% | 0.00% | 59.07 | 23.63 |
| R04 | 98.96% | 0.69% | 0.35% | 0.00% | 0.00% | 0.00% | 0.00% | 0.00% | 0.00% | 0.00% | 0.00% | 436.24 | 217.91 |
| C01 | 88.01% | 2.64% | 1.80% | 0.00% | 0.00% | 0.00% | 0.24% | 1.20% | 5.52% | 0.48% | 0.12% | 1263.28 | 1628.03 |
| C02 | 98.95% | 1.05% | 0.00% | 0.00% | 0.00% | 0.00% | 0.00% | 0.00% | 0.00% | 0.00% | 0.00% | 289.31 | 156.93 |
| CC3 | 98.69% | 0.33% | 0.49% | 0.49% | 0.00% | 0.00% | 0.00% | 0.00% | 0.00% | 0.00% | 0.00% | 928.53 | 433.33 |
| CC6 | 97.67% | 1.94% | 0.39% | 0.00% | 0.00% | 0.00% | 0.00% | 0.00% | 0.00% | 0.00% | 0.00% | 390.80 | 261.53 |

* 丰度单位为 ind./10 $cm^2$，生物量单位为 μg · dwt/10 $cm^2$。

楚科奇海 11 个小型底栖生物站位平均生物量和生产量为 396.75 ± 482.60 μg · dwt /10 $cm^2$和 3 570.71 ± 4 343.42 μg · dwt/（10 $cm^2$ · a)，其中最高值为 C01 的 1 628.03 μg · dwt / 10 $cm^2$和 14 652.26 μg · dwt /（10 $cm^2$ · a)，最低值出现在站位 R03，为 23.63 μg · dwt / 10 $cm^2$和 212.67 μg · dwt/（10 $cm^2$ · a）（表 5-24）。不同站位的小型底栖动物的生物量和生产量与丰度的分布趋势相似，但是在站位 C01 和 SR12 出现不同的分布特点（图 5-211），这与两个站位的类群组成有关。

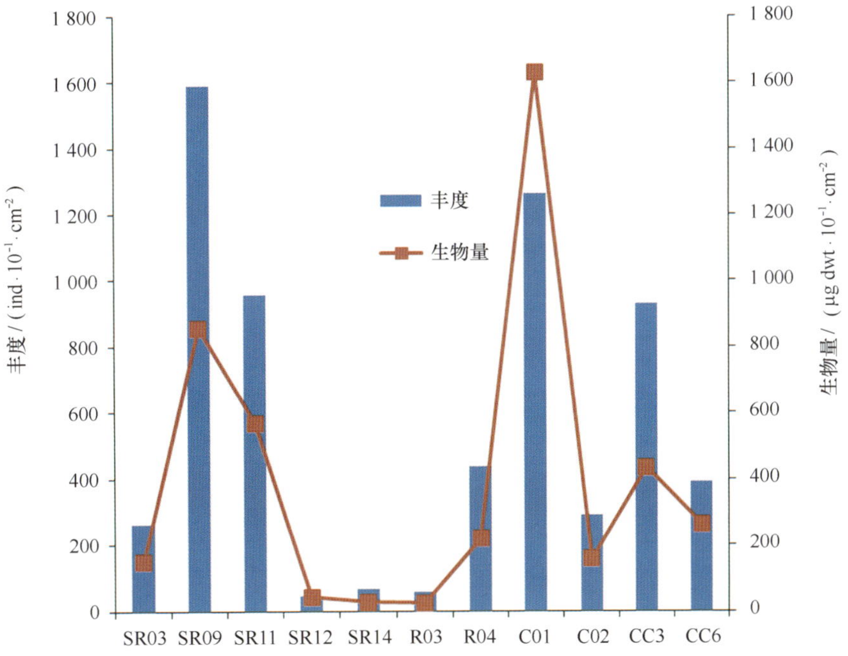


图 5-211 楚科奇海各站位小型底栖生物丰度与生物量的关系

（3）挪威海

挪威海 3 个小型底栖生物站位，共检出 5 个类群，分别为自由生活海洋线虫（Nematoda）、底栖桡足类（Copepoda）、多毛类（Polycheata）、动吻类（Kinorhyncha）和待定类群（Indet.）。线虫为丰度的最优势类群，占平均丰度比例的 96.78%，桡足类为第二优势类群，占 1.98%，其余类群均未超过 1%（图 5－212）。

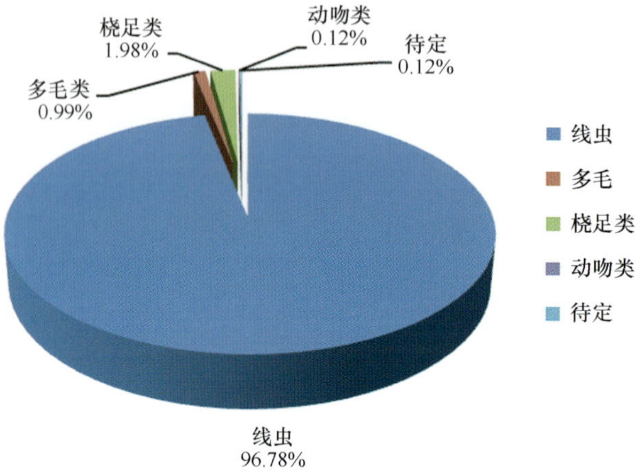


图 5－212　挪威海各类群的平均丰度比例

挪威海 3 个站位的小型底栖生物的平均丰度为 135.99 ± 113.86 ind./10 cm$^2$，最高值出现在站位 IS04，为 250.43 ind./10 cm$^2$，最低值为站位 AT06，为 22.72 ind./10 cm$^2$。就丰度比例而言，在检出的 5 个类群中，线虫在 3 个站位都超过了 96%（表 5－25）。

**表 5－25　挪威海各站位中的类群丰度比例**

| 站位 | 线虫 | 多毛 | 桡足类 | 动吻类 | 待定 | 丰度 | 生物量 |
|---|---|---|---|---|---|---|---|
| AT06 | 97.78% | 0.00% | 0.00% | 0.00% | 2.22% | 22.72 | 10.65 |
| BB04 | 97.38% | 0.37% | 2.25% | 0.00% | 0.00% | 134.81 | 65.21 |
| IS04 | 96.37% | 1.41% | 2.02% | 0.20% | 0.00% | 250.43 | 156.42 |

* 丰度单位为 ind./10cm$^2$，生物量单位为 μg · dwt/10cm$^2$。

挪威海 3 个小型底栖生物站位平均生物量和生产量为 77.42 ± 73.65 μg · dwt /10 cm$^2$ 和 696.87 ± 662.83 μg · dwt /（10 cm$^2$ · a），其中最高值为站位 IS04 的 156.42 μg · dwt /10 cm$^2$ 和 1 407.79 μg · dwt/（10 cm$^2$ · a），最低值出现在站位 AT06，为 10.65 μg · dwt /10 cm$^2$ 和 95.88 μg · dwt /（10 cm$^2$ · a）（表 5－25）。不同站位的小型底栖动物的生物量和生产量与丰度的分布趋势相似（图 5－213）。

（4）三个海区比较

第五次北极科学考察 21 个小型底栖动物站位，共检出 12 个类群，其中自由生活海洋线虫为丰度的最优势类群，占平均丰度比例的 97.85%，其余类群均很低（图 5－214）。

第五次北极科学考察的 21 个小型底栖动物站位平均水深为 773.82 m，平均丰度和平均生物量分别为 800.88 ± 903.04 ind./10 cm$^2$ 和 438.76 ± 498.13 μg · dwt /10 cm$^2$，不同海区的数值相差很大，其中白令海的平均丰度值和平均生物量最高，而挪威海平均水深最高，其平

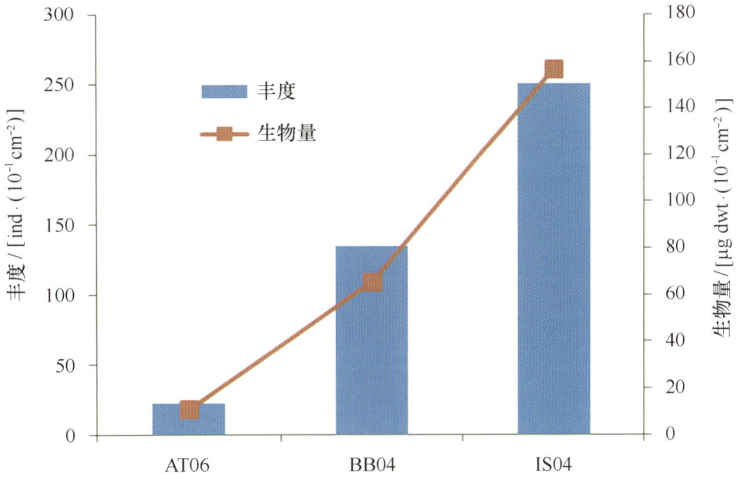


图5－213 挪威海各站位小型底栖生物丰度与生物量的关系

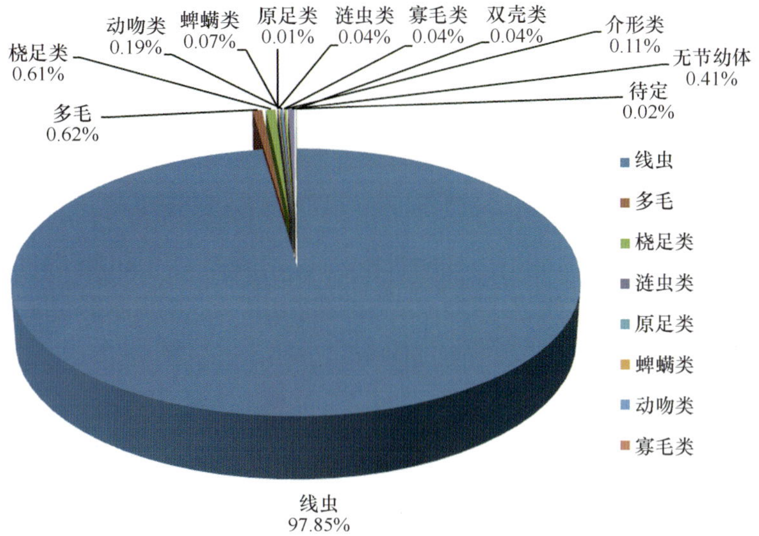


图5－214 第五次北极科学考察小型底栖生物丰度组成

均丰度和平均生物量均最低（表5－26）。楚科奇海的平均深度最低，其类群数最高，但平均丰度和平均生物量低于白令海。小型底栖动物的丰度与其分布的水深呈现随深度增加丰度减少的趋势，但是其线性关系相关性较低（图5－215）。

**表5－26 三个海区比较**

| 海区 | 采样平均深度/m | 平均丰度/（ind.·10⁻¹ cm⁻²） | 平均生物量/(μg·dwt·10⁻¹ cm⁻²) | 平均类群数/个 |
|---|---|---|---|---|
| 白令海 | 1110 | 1445.92±1201.16 | 659.64±558.30 | 2.9 |
| 楚科奇海 | 107.71 | 571.74±530.18 | 396.75±482.60 | 3.6 |
| 挪威海 | 2432 | 135.99±113.86 | 77.42±73.65 | 3 |

多样性指数如表5－27所示，站位BL03、BS02、SR14和R03仅有线虫一个类群，因此

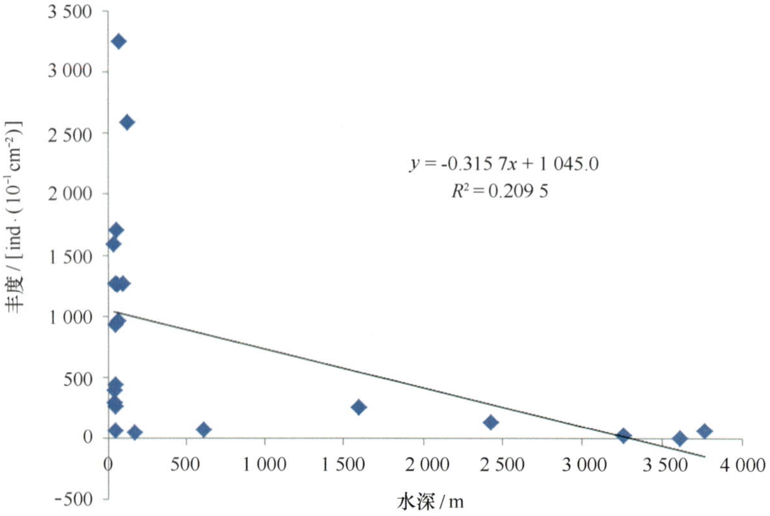


图 5－215　第五次北极科学考察小型底栖生物丰度与水深分布关系

不列入以下讨论。站位 CO1 的类群数、物种丰度指数、均匀度指数和多样性指数最高，相应的其优势度指数最低。虽然站位 BS04 的类群数同 AT06 和 CO2 一样为 2，但是其优势类群丰度所占比例较高，导致其优势度指数最高，物种丰度指数、均匀度指数和多样性指数最低。21 个站位整体分析来看，小型底栖动物群落的类群数较少，多样性指数偏低，优势类群明显。

**表 5－27　多样性指数**

| 站位 | $S$ | $d$ | $J'$ | $H'$（ln） | λ |
|---|---|---|---|---|---|
| BL03 | 1 | 0 | * * * * | 0 | 1 |
| BL07 | 4 | 0. 717 | 0. 245 4 | 0. 340 3 | 0. 854 8 |
| BL13 | 4 | 0. 381 8 | 0. 027 6 | 0. 038 26 | 0. 989 1 |
| BL16 | 6 | 0. 618 4 | 0. 0442 4 | 0. 079 26 | 0. 977 1 |
| BS02 | 1 | 0 | * * * * | 0 | 1 |
| BS04 | 2 | 0. 134 4 | 0. 010 32 | 0. 007 15 | 0. 998 2 |
| BM04 | 3 | 0. 280 3 | 0. 059 76 | 0. 065 65 | 0. 978 5 |
| AT06 | 2 | 0. 320 2 | 0. 153 7 | 0. 106 6 | 0. 956 5 |
| BB04 | 3 | 0. 407 8 | 0. 120 2 | 0. 132 1 | 0. 948 8 |
| IS04 | 4 | 0. 543 2 | 0. 134 9 | 0. 187 | 0. 929 3 |
| SR03 | 3 | 0. 359 2 | 0. 247 5 | 0. 271 9 | 0. 870 2 |
| SR09 | 5 | 0. 542 6 | 0. 085 71 | 0. 137 9 | 0. 955 |
| SR11 | 7 | 0. 874 3 | 0. 121 2 | 0. 235 8 | 0. 919 7 |
| SR12 | 3 | 0. 519 6 | 0. 258 4 | 0. 283 9 | 0. 877 2 |
| SR14 | 1 | 0 | * * * * | 0 | 1 |
| R03 | 1 | 0 | * * * * | 0 | 1 |
| R04 | 3 | 0. 329 | 0. 058 74 | 0. 064 54 | 0. 979 3 |
| CO1 | 8 | 0. 980 2 | 0. 260 4 | 0. 541 6 | 0. 778 8 |
| CO2 | 2 | 0. 176 4 | 0. 083 9 | 0. 058 16 | 0. 979 3 |
| CC3 | 4 | 0. 439 | 0. 060 39 | 0. 083 71 | 0. 974 1 |
| CC6 | 3 | 0. 335 1 | 0. 110 1 | 0. 120 9 | 0. 954 4 |

以小型底栖生物的丰度为数据矩阵，通过 primer 软件，构建 21 个站位的聚类分析图及多元标序（MDS）分析图（图 5－216，图 5－217）。因线虫优势度太高，在计算 Bray－Cutis 相似性系数矩阵时，对丰度做开平方处理，以降低过高的优势度对相似性指数的影响并增大其余类群在相似性指数中的比重。

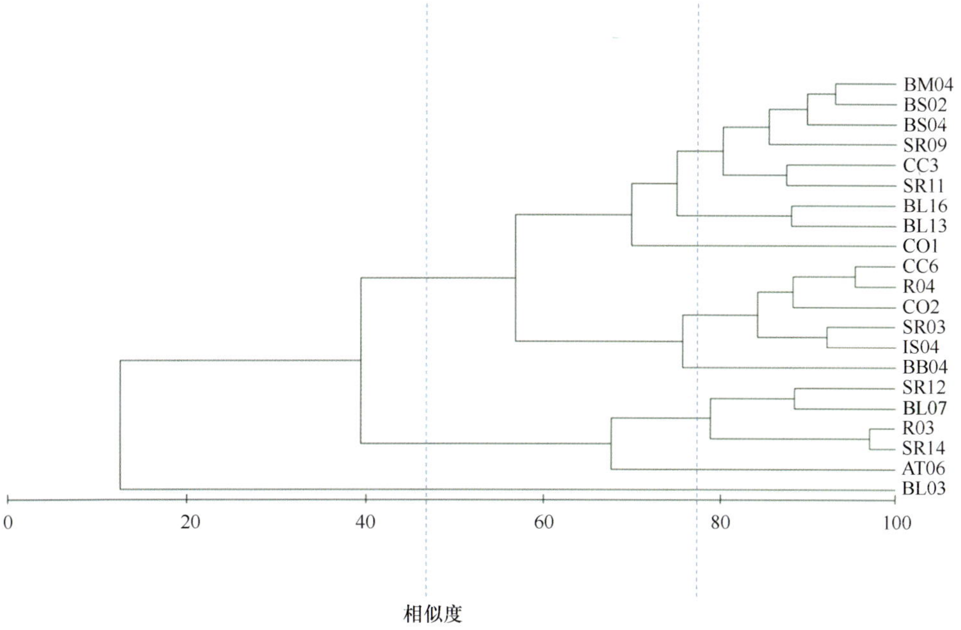


图 5－216　第五次北极科学考察小型底栖生物聚类分析

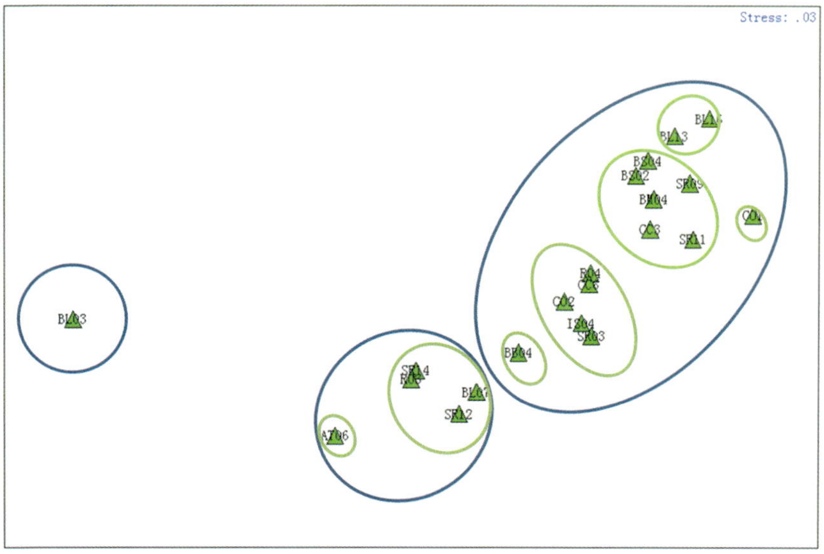


图 5－217　第五次北极科学考察小型底栖生物群落组成的 MDS 分析

对 21 个站位的小型底栖生物进行聚类分析以及 MDS 分析显示（图 5－216，图 5－217），采样点位于最南端的站位 BL03 表现出了明显的差异，可能与其水深以及采样质量有一定关系。挪威海的两个站位 AT06 和 BB04 与其余站位有所不同，但并未呈现明显的区域性的聚集。

2）第六次北极考察

（1）白令海

白令海 4 个小型底栖生物站位，共检出 5 个类群，分别为自由生活海洋线虫（Nematoda）、底栖桡足类（Copepoda）、多毛类（Polychaeta）、动吻类（Kinorhyncha）和原足类（Tanaidacea）。4 个站位中，线虫均为丰度的最优势类群，占平均丰度比例的 99.11%，其余类群的比例皆小于 1%，其中多毛类占 0.43%，桡足类占 0.22%（图 5－218）。

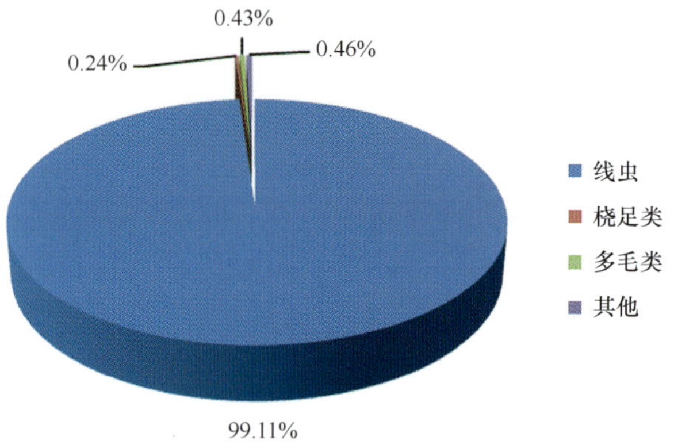


图 5－218　白令海小型底栖生物类群组成

各站位的类群比例如表 5－28 所示。

**表 5－28　各类群的丰度比例**

| 站位 | 线虫 | 桡足类 | 多毛类 | 其他 |
|---|---|---|---|---|
| 14B13 | 99.39% | 0.00% | 0.00% | 0.61% |
| 14B14 | 99.08% | 0.07% | 0.85% | 0.07% |
| 14B15 | 99.38% | 0.00% | 0.62% | 0.00% |
| 14NB01 | 98.58% | 0.90% | 0.26% | 1.16% |
| 平均值 | 99.11% | 0.24% | 0.43% | 0.46% |

白令海 4 个小型底栖生物站位皆分布在白令海北部略靠西侧的陆架区上，水深相近，平均为 111 m，小型底栖动物平均丰度为 1 378.78 ± 863.60 ind./10 $cm^2$，最高值出现在站位 14B14，为 2 143.34 ind./10 $cm^2$，邻近的站位 14B15 居第二位，丰度为 1 952.48 ind./10 $cm^2$。最低值出现在站位 14B13，仅有 246.90 ind./10$cm^2$，由于该站位的水深及地理位置与邻近的站位 14NB01 很相似，但两站的丰度差很多，翻阅现场采样记录得知 14B13 站位箱式采样器中的沉积物样品扰动较大，这应该是导致该站丰度偏低的原因（表 5－29）。

表 5-29 小型底栖生物的丰度与生物量

| 站位 | 纬度 | 经度 | 水深/m | 丰度/(ind.·$10^{-1}$ $cm^{-2}$) | 生物量/(μg·dwt·$10^{-1}$ $cm^{-2}$) |
|---|---|---|---|---|---|
| 14NB01 | 60.799 2°N | 177.268 3°W | 133 | 1 172.40 | 550.18 |
| 14B13 | 61.291 4°N | 177.500 3°W | 131 | 246.90 | 119.36 |
| 14B14 | 61.934 2°N | 176.350 3°W | 101 | 2 143.34 | 1 106.75 |
| 14B15 | 62.548 9°N | 175.275 6°W | 78 | 1 952.48 | 945.80 |
| 平均值 | 61.643 4°N | 176.598 6°W | 111 | 1 378.78 | 680.52 |

白令海4个小型底栖生物站位平均生物量为680.52 ±441.18 μg·dwt/10 $cm^2$，与丰度相似，生物量最高值仍出现在站位14B14，为1 106.75 μg·dwt/10 $cm^2$，最低值出现在沉积物样品扰动较大的站位14B13，仅为119.36 μg·dwt/10 $cm^2$（表5-29）。

垂直分布的分析结果表明，小型底栖生物分布于沉积物0~2cm、2~5 cm和5~10 cm的丰度比例为71.37%、21.78%和6.84%，表明在本研究中，表层0~5 cm芯样的取样效率高达93.16%（图5-219a）。占总丰度值99.11%的线虫的垂直分布与小型底栖生物的垂直分布极为类似，其他类群丰度太低且出现的几率太少，垂直分布特征不明显。

白令海4个站位的小型底栖动物中，83.87%的个体大小在65~250 μm范围内，其中在65~125 μm和125~250 μm范围内的个体数比例相近，分别占42.14%和41.74%；250~500 μm范围内的占9.75%，但不同站位间有所差异（图5-219b）。

白令海4个小型底栖生物站位，共检出5个类群，线虫均为丰度的最优势类群，占平均丰度比例的99.11%，其余类群的比例皆小于1%。

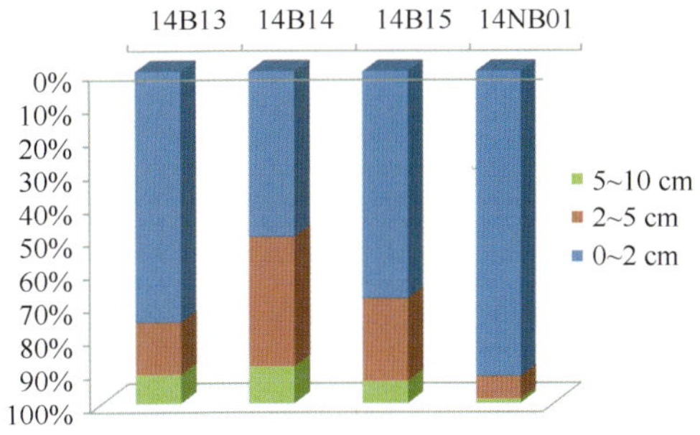


a. 垂直分布

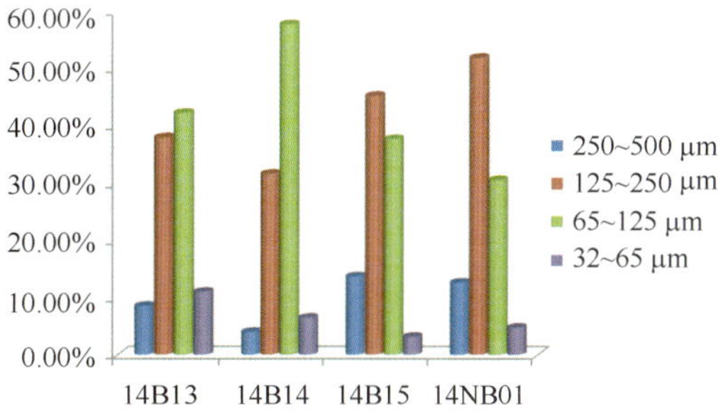


b. 个体大小

图5-219 垂直分布与个体大小组成

小型底栖生物平均丰度为1 378.78 ±863.60 ind./10 $cm^2$，平均生物量为680.52 ±441.18 μg·dwt/10 $cm^2$。最高值出现在站位14B14，为2 143.34 ind./10 $cm^2$和1 106.75 μg·dwt/10 $cm^2$，最低值出现在站位14B13，仅有246.90 ind./10 $cm^2$和119.36 μg·dwt/10 $cm^2$。

小型底栖动物表层0~5 cm芯样的取样效率93.16%。由于线虫的丰度占绝对优势，其垂直分布与小型底栖生物的垂直分布极为相似。83.87%的个体大小在65~250 μm范围内，但不同站位间有所差异。

（2）楚科奇海

楚科奇海17个小型底栖生物站位，共检出9个类群，分别为自由生活海洋线虫、底栖桡足类、多毛类、动吻类、寡毛类（Oligochaeta）、双壳类（Bivalvia）、等足类（Isopoda）、缓步类（Tardigrata）和待定类群（Indet.）。17个站位中，线虫均为丰度的最优势类群，占平均丰度比例的97.77%，多毛类为第二优势类群，占0.89%，桡足类为第三优势类群，占0.59%。此外，动吻类在少部分站位检出较多个体，为这些站位的第二或第三优势类群，如位于巴罗角附近海域的站位14S01有3.50%的个体为动吻类（图5－220），为该站的第二优势类群。

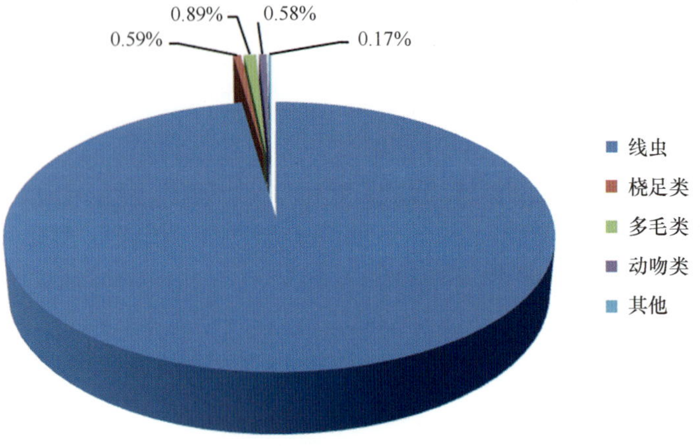


图5－220　楚科奇海的小型底栖生物类群组成

各站位的小型底栖生物类群的丰度比例如表5－30所示。

**表5－30　各类群的丰度比例**

| | 线虫 | 桡足类 | 多毛类 | 动吻类 | 其他 |
|---|---|---|---|---|---|
| 14S01 | 95.44% | 0.67% | 0.25% | 3.50% | 0.14% |
| 14S02 | 96.03% | 0.43% | 1.18% | 2.20% | 0.16% |
| 14S03 | 99.00% | 0.00% | 1.00% | 0.00% | 0.00% |
| 14C01 | 98.16% | 0.19% | 0.77% | 0.19% | 0.68% |
| 14C03 | 98.25% | 0.26% | 1.10% | 0.26% | 0.13% |
| 14C04 | 98.67% | 0.12% | 0.23% | 0.87% | 0.12% |
| 14CC2 | 100.00% | 0.00% | 0.00% | 0.00% | 0.00% |
| 14CC4 | 98.17% | 1.45% | 0.38% | 0.00% | 0.00% |
| 14CC6 | 98.37% | 0.00% | 1.63% | 0.00% | 0.00% |
| 14R02 | 99.03% | 0.00% | 0.91% | 0.00% | 0.06% |
| 14R03 | 96.31% | 3.51% | 0.13% | 0.03% | 0.01% |
| 14R04 | 97.45% | 0.46% | 1.91% | 0.00% | 0.18% |
| 14R05 | 96.99% | 1.65% | 0.29% | 0.87% | 0.19% |
| 14R06 | 96.12% | 0.66% | 1.99% | 1.12% | 0.10% |
| 14R07 | 97.82% | 0.20% | 1.85% | 0.07% | 0.07% |
| 14R08 | 97.15% | 0.36% | 1.42% | 0.71% | 0.36% |
| 14R09 | 99.05% | 0.00% | 0.00% | 0.00% | 0.95% |
| 平均值 | 97.77% | 0.59% | 0.89% | 0.58% | 0.19% |

楚科奇海17个小型底栖生物站位平均丰度为2 538.50 ± 2 569.73 ind./10 $cm^2$，最高值出现在白令海峡中部的14R03，为11 302.89 ind./10 $cm^2$，为我国历次北极考察的最高值。其次为位于巴罗角附近海域的14S01，为5 415.15 ind./10 $cm^2$，最低值出现在位于本海区纬度最高、水深最深的站位14R09，仅为159.05 ind./10 $cm^2$（表5-31）。

**表5-31 小型底栖生物的丰度与生物量**

| 站位 | 纬度 | 经度 | 水深/m | 丰度/（μg·dwt·$10^{-1}$ $cm^{-2}$） | 生物量/（μg·dwt·$10^{-1}$ $cm^{-2}$） |
|---|---|---|---|---|---|
| 14S01 | 71.610 6°N | 157.938 3°W | 64 | 5 415.15 | 2 801.70 |
| 14S02 | 71.908 9°N | 157.464 7°W | 72 | 2 826.48 | 1 717.06 |
| 14S03 | 72.237 5°N | 157.079 2°W | 169 | 454.42 | 243.57 |
| 14C01 | 69.226 9°N | 168.161 4°W | 50 | 1 564.71 | 899.48 |
| 14C03 | 69.037 5°N | 166.511 7°W | 32 | 2 334.19 | 1 343.62 |
| 14C04 | 71.013 3°N | 166.993 6°W | 45 | 2 609.87 | 1 192.42 |
| 14CC2 | 67.903 6°N | 168.274 2°W | 57 | 1 682.86 | 673.14 |
| 14CC4 | 68.130 0°N | 167.532 2°W | 49 | 2 406.90 | 1 137.23 |
| 14CC6 | 68.237 5°N | 167.150 0°W | 43 | 558.93 | 347.18 |
| 14R02 | 67.681 1°N | 169.021 7°W | 50 | 2 508.39 | 1 317.06 |
| 14R03 | 68.623 1°N | 169.053 3°W | 54 | 11 302.89 | 5 317.18 |
| 14R04 | 69.610 8°N | 169.013 6°W | 52 | 1 661.66 | 1 135.14 |
| 14R05 | 71.007 5°N | 168.996 4°W | 43 | 1 560.17 | 754.67 |
| 14R06 | 71.010 0°N | 168.957 8°W | 51 | 2 964.32 | 2 080.60 |
| 14R07 | 72.996 1°N | 168.969 7°W | 73 | 2 293.30 | 1 507.88 |
| 14R08 | 74.007 8°N | 168.975 0°W | 181 | 851.28 | 528.82 |
| 14R09 | 74.612 2°N | 168.960 6°W | 185 | 159.05 | 84.22 |
| 平均值 | 70.520 8°N | 166.414 9°W | 75 | 2 538.50 | 1 357.70 |

楚科奇海17个小型底栖生物站位平均生物量为1 357.70 ± 1 192.57 μg·dwt/10 $cm^2$，与丰度相似，生物量最高值仍出现在白令海峡中部的14R03，为5 317.18 μg·dwt/10 $cm^2$，也为我国历次北极考察的最高值。其次为位于巴罗角附近海域的14S01，为2 801.70 μg·dwt/10 $cm^2$，最低值出现在位于本海区纬度最高、水深最深的站位14R09，仅为84.22 μg·dwt/10 $cm^2$（表5-31）。此外，站位14B13、14CC2、14CC4和14CC6由于采集到的沉积物受到较大的扰动，表层沉积物有所损失，所得数值应该会比实际情况小。

垂直分布的分析结果表明，小型底栖生物分布于沉积物0~2 cm、2~5 cm和5~10 cm的丰度比例为59.07%、32.44%和8.50%，表明在本研究中，大部分小型底栖生物分布在表层0~2 cm内的沉积物中，表层0~5 cm芯样的取样效率高达91.50%（图5-221a）。占总丰度值97.77%的线虫的垂直分布与小型底栖生物的垂直分布极为类似，其他类群丰度太低且出现的几率太少，垂直分布特征不明显。

楚科奇海17个站位的小型底栖生物中，91.43%的个体大小在32~250 μm范围内，其中65 ~125 μm范围内的平均比例最高，占42.40%；125~250 μm范围内次之，占38.49%；

32 ~ 65 μm 范围内占 10.54%，但不同站位间有所差异（图 5 - 221b）。

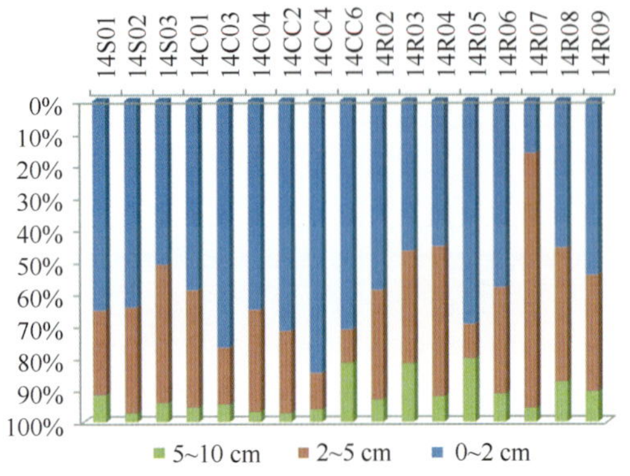


a. 垂直分布

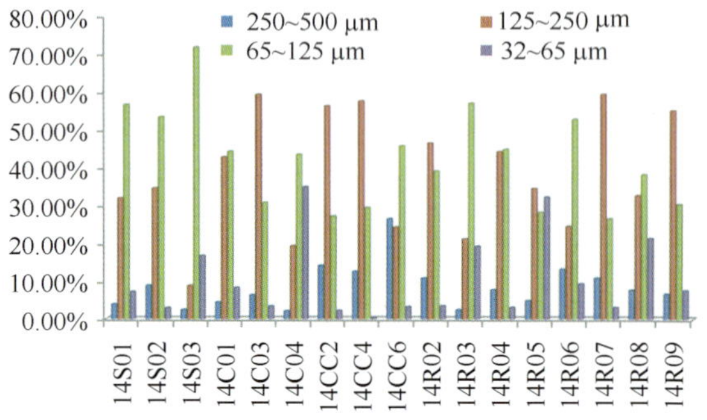


b. 个体大小

图 5 - 221　垂直分布与个体大小组成

楚科奇海 17 个小型底栖动物站位中，共检出 9 个类群，线虫为丰度的最优势类群，占平均丰度比例的 97.77%，其次为多毛类和桡足类，另有部分站位出现较多的动吻类，但除了线虫外，其余类群的平均丰度比例均未超过 1%。

小型底栖动物平均丰度为 2 538.50 ± 2 569.73 ind./10 $cm^2$，平均生物量为 1 357.70 ± 1 192.57 μg · dwt/10 $cm^2$，最高值均出现在白令海峡中部的站位 14R03，该站位的丰度和生物量值为我国历次北极考察检测到的最高值，分别为 11 302.89 ind./10 $cm^2$ 和 5 317.18 μg · dwt/10 $cm^2$。最低值均出现在位于本海区纬度最高、水深最深的站位 14R09。

大部分小型底栖动物分布在表层 0 ~ 2 cm 内的沉积物中，表层 0 ~ 5 cm 芯样的取样效率高达 91.50%。小型底栖动物 91.43% 的个体大小在 32 ~ 250 μm 范围内。

（3）北冰洋

北冰洋 9 个小型底栖动物站位，共检出 3 个类群，分别为自由生活海洋线虫、底栖桡足类和多毛类。9 个站位中，线虫均为丰度的最优势类群，占平均丰度比例的 98.94%，桡足类为第二优势类群，占 0.75%，多毛类为第三优势类群，占 0.31%（图 5 - 222）。

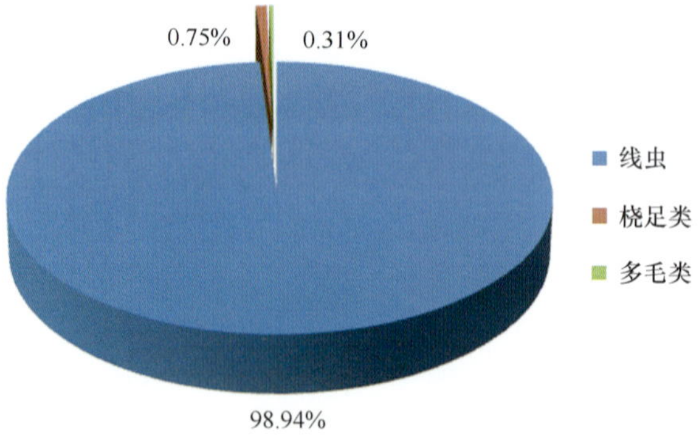


图 5 - 222　北冰洋的小型底栖生物类群组成

各站位的小型底栖生物类群的丰度比例如表 5 - 32 所示。

表5-32 各类群的丰度比例

| 站位 | 线虫 | 桡足类 | 多毛类 |
|---|---|---|---|
| 14LIC03 | 100.00% | 0.00% | 0.00% |
| 14SIC06 | 95.83% | 4.17% | 0.00% |
| 14SIC03 | 97.18% | 0.00% | 2.82% |
| 14R11 | 100.00% | 0.00% | 0.00% |
| 14R12 | 100.00% | 0.00% | 0.00% |
| 14R14 | 97.44% | 2.56% | 0.00% |
| 14C13 | 100.00% | 0.00% | 0.00% |
| 14C14 | 100.00% | 0.00% | 0.00% |
| 14C15 | 100.00% | 0.00% | 0.00% |
| 平均值 | 98.94% | 0.75% | 0.31% |

北冰洋9个小型底栖生物站位平均丰度为73.21 ±56.37 ind./10cm$^2$，最高值出现在位于楚科奇海台南部边缘的14R12，为165.11 ind./10 cm$^2$，附近的站位14R11和14SIC03分别具有第二和第三高值，分别为156.02 ind./10 cm$^2$和107.55 ind./10 cm$^2$。最低值出现在位于纬度最高的深水区站位14LIC03，仅为12.12 ind./10 cm$^2$，附近的站位14SIC06的丰度也很低（表5-33）。

表5-33 小型底栖动物的丰度与生物量

| 站位 | 经度 | 纬度 | 水深/m | 丰度/(ind. ·10$^{-1}$ cm$^{-2}$) | 生物量/(μg·dwt·10$^{-1}$ cm$^{-2}$) |
|---|---|---|---|---|---|
| 14LIC03 | 157.662 5°W | 81.077 8°N | 3 634.2 | 12.12 | 4.85 |
| 14SIC06 | 152.633 9°W | 79.975 6°N | 3 763 | 36.35 | 16.75 |
| 14SIC03 | 163.135 0°W | 77.485 8°N | 466.25 | 107.55 | 84.22 |
| 14R11 | 166.336 9°W | 76.140 6°N | 339 | 156.02 | 62.41 |
| 14R12 | 163.933 3°W | 76.988 9°N | 438 | 165.11 | 66.04 |
| 14R14 | 160.447 2°W | 78.637 8°N | 740.38 | 59.07 | 25.84 |
| 14C13 | 159.162 2°W | 75.200 8°N | 930.8 | 59.07 | 23.63 |
| 14C14 | 161.300 0°W | 75.395 8°N | 2 084.23 | 28.78 | 11.51 |
| 14C15 | 163.183 3°W | 75.611 1°N | 2 021.9 | 34.84 | 13.94 |
| 平均值 | 160.866 0°W | 77.390 5°N | 1 602 | 73.21 | 34.35 |

北冰洋9个小型底栖生物站位平均生物量为34.35 ±28.69 μg·dwt/10 cm$^2$，与丰度相似，生物量的最高值仍出现在位于楚科奇海台南部边缘，不过站位换成了14SIC03，为84.22 μg·dwt/10 cm$^2$，站位14R12和14R11分别为66.04 μg·dwt/10 cm$^2$和62.41 μg·dwt/10 cm$^2$。最低值出现在位于纬度最高的深水区站位14LIC03，仅为4.85 μg·dwt/10 cm$^2$，附近的站位14SIC06的生物量也很低（表5-33）。深水区站位的丰度与生物量皆比浅水区小得多。

垂直分布的分析结果表明，小型底栖生物分布于沉积物0~2 cm、2~5 cm和5~10 cm的丰度比例为57.08%、25.48%和17.43%，表明在本研究中，表层0~5 cm芯样的取样效率为82.57%（图5-223a）。占总丰度值98.94%的线虫的垂直分布与小型底栖生物的垂直分布极为类似，其他类群丰度太低且出现的几率太少，垂直分布特征不明显。

北冰洋 9 个站位的小型底栖生物中，98.21% 的个体大小在 32 ~ 250 μm 范围内，其中 32 ~ 65 μm 范围内的平均比例最高，占 45.77%；65 ~ 125 μm 范围内次之，占 41.26%；125 ~ 250 μm 范围内占 11.18%，但不同站位间有所差异（图 5 - 223b）。

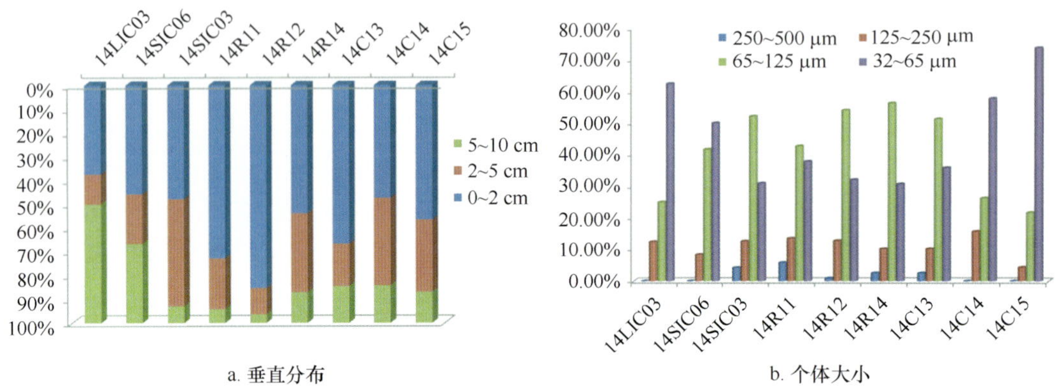


图 5 - 223　垂直分布与个体大小组成

北冰洋 9 个小型底栖动物站位中，共检出 3 个类群，线虫为丰度的最优势类群，占平均丰度比例的 98.94%，其余为桡足类和多毛类，但平均丰度比例均未超过 1%。

小型底栖动物平均丰度为 73.21 ± 56.37 ind./10 $cm^2$，平均生物量为 34.35 ± 28.69 μg · dwt/10 $cm^2$，最高值均出现在位于楚科奇海台南部边缘的 14R12，为 165.11 ind./10 $cm^2$，最低值均出现在位于纬度最高的深水区站位 14LIC03。

57.08% 的小型底栖生物分布在表层 0 ~ 2 cm 内的沉积物中，表层 0 ~ 5 cm 芯样的取样效率高达 82.57%。小型底栖动物 98.21% 的个体大小在 32 ~ 250 μm 范围内。由于线虫的丰度占绝对优势，其垂直分布与小型底栖生物的垂直分布极为相似。

（4）三个海区的比较

整体而言，第六次北极科学考察有 30 个小型底栖动物站位，共检出 13 个类群，其中自由生活海洋线虫为丰度的最优势类群，占平均丰度比例的 98.30%，其余类群均很低（图 5 - 224）。

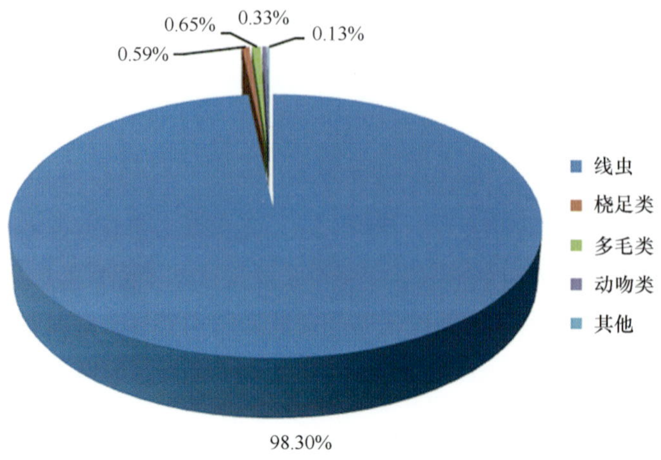


图 5 - 224　第六次北极科学考察小型底栖生物丰度组成

30个小型底栖生物站位平均水深为537.74 m，平均丰度和平均生物量分别为1 644.29 ± 2 228.41 ind./10 $cm^2$ 和870 ±1 102.35 μg · dwt /10 $cm^2$，不同海区的数值相差很大，其中楚科奇海的平均类群数、平均丰度值和平均生物量最高，而北冰洋平均水深最深，其平均类群数、平均丰度和平均生物量均最低（图5－225，表5－34）。小型底栖生物的丰度与其分布的水深呈现随深度增加丰度减少的趋势，但是其线性关系相关性较低（图5－226）。

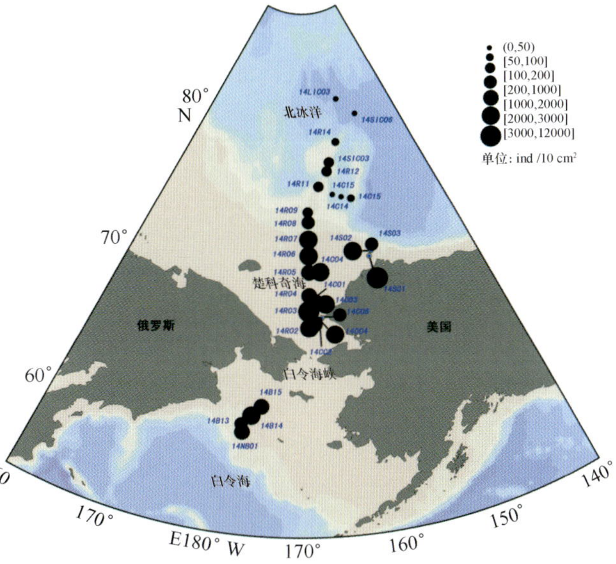


图5－225　第六次北极科学考察小型底栖生物丰度分布

**表5－34　三个海区比较**

| 海区 | 采样平均深度/m | 平均丰度/（ind. $10^{-1}cm^{-2}$） | 平均生物量/（μg · dwt · $10^{-1}$ $cm^{-2}$） | 平均类群数/个 |
|---|---|---|---|---|
| 白令海 | 111 | 1 378.78 ±747.90 | 680.52 ±382.08 | 3 |
| 楚科奇海 | 75 | 2 538.50 ±2 569.73 | 1 357.70 ±1 229.27 | 4.3 |
| 北冰洋 | 1 602 | 73.21 ±56.37 | 34.35 ±28.69 | 1.3 |

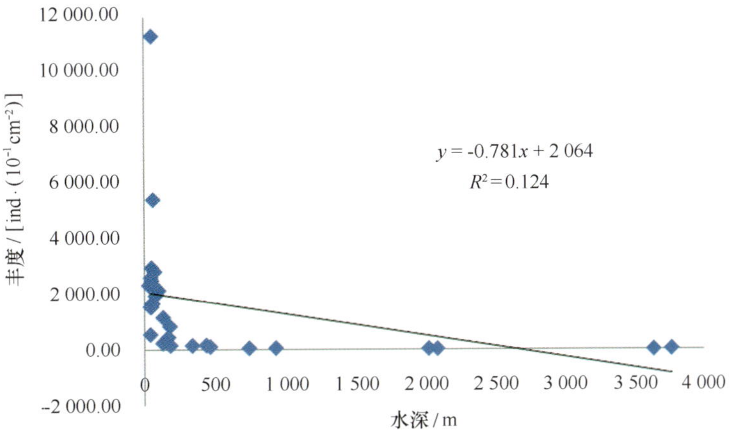


图5－226　第五次北极科学考察小型底栖生物丰度与水深分布关系

多样性指数如表 5－35 所示，楚科奇海的站位 14C01 的类群数最高，有 7 个，5 个类群以上的站位共有 12 个，但也有 14 个站位仅有一个或两个类群，特别是水深皆大于 300 m 的北冰洋站位。30 个站位的类群丰富度、类群均匀性及多样性程度皆普遍偏低，原因在于类群数较少，更重要的一点是第一优势类群的优势度太高，这也可以从表中的优势度指数皆大于 0.9 看出。从 30 个站位整体分析来看，小型底栖动物群落的类群数较少，多样性指数偏低，优势类群明显。

**表 5－35　多样性指数**

| 海区 | 站位 | $S$ | $d$ | $J'$ | $H'$（ln） | λ |
|---|---|---|---|---|---|---|
| 白令海 | 14B13 | 2 | 0.181 5 | 0.053 9 | 0.037 4 | 0.987 8 |
| | 14B14 | 3 | 0.260 8 | 0.049 8 | 0.054 7 | 0.981 8 |
| | 14B15 | 2 | 0.132 0 | 0.054 4 | 0.037 7 | 0.987 7 |
| | 14NB01 | 5 | 0.566 0 | 0.055 5 | 0.089 3 | 0.971 8 |
| 楚科奇海 | 14S01 | 6 | 0.581 6 | 0.123 0 | 0.220 3 | 0.912 1 |
| | 14S02 | 6 | 0.629 2 | 0.117 1 | 0.209 8 | 0.922 9 |
| | 14S03 | 2 | 0.163 4 | 0.080 8 | 0.056 0 | 0.980 2 |
| | 14C01 | 7 | 0.815 7 | 0.062 3 | 0.121 2 | 0.963 6 |
| | 14C03 | 5 | 0.515 8 | 0.066 3 | 0.106 6 | 0.965 4 |
| | 14C04 | 6 | 0.635 6 | 0.047 5 | 0.085 1 | 0.973 6 |
| | 14CC2 | 1 | 0.000 0 | * * * * | 0.000 0 | 1.000 0 |
| | 14CC4 | 3 | 0.256 9 | 0.091 4 | 0.100 5 | 0.964 0 |
| | 14CC6 | 2 | 0.158 1 | 0.119 9 | 0.083 1 | 0.968 0 |
| | 14R02 | 3 | 0.255 5 | 0.051 6 | 0.056 7 | 0.980 8 |
| | 14R03 | 5 | 0.428 6 | 0.103 2 | 0.166 0 | 0.928 9 |
| | 14R04 | 5 | 0.539 4 | 0.085 9 | 0.138 3 | 0.950 0 |
| | 14R05 | 5 | 0.544 0 | 0.104 3 | 0.167 9 | 0.941 0 |
| | 14R06 | 5 | 0.500 4 | 0.128 6 | 0.206 9 | 0.924 4 |
| | 14R07 | 5 | 0.516 9 | 0.072 9 | 0.117 4 | 0.957 2 |
| | 14R08 | 5 | 0.592 9 | 0.101 8 | 0.163 9 | 0.944 1 |
| | 14R09 | 2 | 0.197 3 | 0.077 6 | 0.053 8 | 0.981 0 |
| 北冰洋 | 14LIC03 | 1 | 0.000 0 | * * * * | 0.000 0 | 1.000 0 |
| | 14SIC06 | 2 | 0.278 3 | 0.249 9 | 0.173 2 | 0.917 9 |
| | 14SIC03 | 2 | 0.213 8 | 0.185 1 | 0.128 3 | 0.944 7 |
| | 14R11 | 1 | 0.000 0 | * * * * | 0.000 0 | 1.000 0 |
| | 14R12 | 1 | 0.000 0 | * * * * | 0.000 0 | 1.000 0 |
| | 14R14 | 2 | 0.245 2 | 0.172 0 | 0.119 2 | 0.949 2 |
| | 14C13 | 1 | 0.000 0 | * * * * | 0.000 0 | 1.000 0 |
| | 14C14 | 1 | 0.000 0 | * * * * | 0.000 0 | 1.000 0 |
| | 14C15 | 1 | 0.000 0 | * * * * | 0.000 0 | 1.000 0 |

“* * * *”指仅有 1 个类群，无法计算均匀度。

以小型底栖生物的丰度为数据矩阵，通过 primer 软件，构建 30 个站位的聚类分析图及多元标序（MDS）分析图（图 5-227）。因线虫优势度太高，在计算 Bray-Cutis 相似性系数矩阵时，对丰度做开平方处理，以降低过高的优势度对相似性指数的影响，并增大其余类群在相似性指数中的比重。

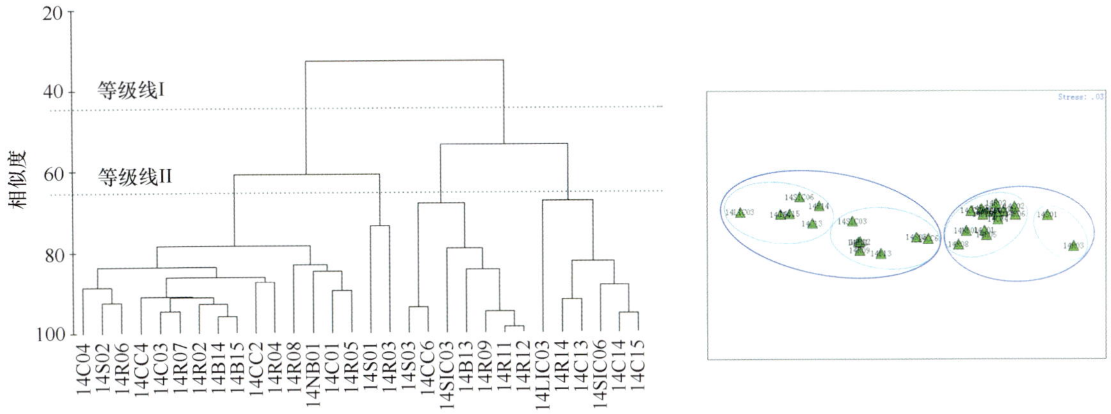


图 5-227 第五次北极科学考察小型底栖生物聚类分析（左图）和 MDS 分析（右图）

聚类分析以及 MDS 分析显示，在相似性系数（32.77，53.38）区间可以分成高丰度高类群数和低丰度低类群数的两个集群。前者包括了楚科奇海和白令海的绝大部分站位，其中的站位 14S01 和 14R03 可以另外作为一个以极高丰度为主要特征的组合，在相似性系数（60.90，73.49）区间独立出来。后一个集群包括了所有的北冰洋站位及白令海 1 个站位和楚科奇海 3 个站位，类群数皆不大于 2 个，丰度也非常低。该集群也还可以根据类群数和丰度在相似性系数（53.38，67.49）区间再次分成两个组合。

3）总结

中国第一次、第四次、第五次北极科学考察（后文分别简称为“一北”、“四北”、“五北”）也在白令海、楚科奇海以及北冰洋进行了小型底栖生物的取样工作，其取样方法与分析方法与本节基本一致（除了第一次北极科学考察）。第四次北极科学考察在白令海与楚科奇海进行了小型底栖生物的取样工作，其取样方法与分析方法与本节基本一致。大体上，历次考察的结果是相似的，即都呈现了明显的陆架和海盆分区现象，并且白令海陆架区、楚科奇海陆架区皆为高丰度的海区，小型底栖生物的资源量很高，白令海海盆及北冰洋的深水区和高纬海区则极为贫瘠。

历次北极科学考察中，小型底栖生物群落的差异主要体现在丰度值上（表 5-36）。除了楚科奇海在五北反映出较低的丰度值外，另外三次的结果都非常相近，平均丰度均在 2 600 ind./10 $cm^2$左右，但白令海陆架区、白令海海盆区和北冰洋则表现出逐渐降低的趋势。同时，类群数和多样性也有类似的表现。

**表 5-36 历次北极科学考察小型底栖动物多样性比较**

| 采样地点 | 采样年份 | *S* | *H'* | 小型底栖动物丰度/(ind. $10^{-1}$ $cm^{-2}$) | | 参考文献 |
|---|---|---|---|---|---|---|
| | | | | 丰度范围 | 平均值 | |
| 白令海陆架（六北） | 2014 | 3 | 0.054 8 | 246.90～2 143.34 | 1 378.78 | 六北研究报告（内部） |
| 白令海陆架（五北） | 2012 | 3.6 | 0.128 8 | 507.74～1 582.58 | 2 010.85 | 五北研究报告（内部） |

续表

| 采样地点 | 采样年份 | S | H' | 小型底栖动物丰度/(ind. $10^{-1}$ $cm^{-2}$) | | 参考文献 |
|---|---|---|---|---|---|---|
| | | | | 丰度范围 | 平均值 | |
| 白令海陆架(四北) | 2010 | 6 | 0.212 3 | 1 442.78 ~ 7 135.12 | 3 681.85 | 黄丁勇,待刊 |
| 白令海海盆(五北) | 2012 | 2.5 | 0.170 1 | 1.51 ~ 71.23 | 33.58 | 五北研究报告(内部) |
| 白令海海盆(四北) | 2010 | 4.5 | 0.734 4 | 56.04 ~ 146.93 | 101.49 | 黄丁勇,待刊 |
| 白令海海盆(一北) | 1999 | 16 | – | 685.2 ~ 761.5 | 723.35 | 林荣澄等 |
| 楚科奇海(六北) | 2014 | 4.3 | 0.120 8 | 159.04 ~ 11 302.89 | 2 538.50 | 六北研究报告(内部) |
| 楚科奇海(五北) | 2012 | 3.6 | 0.163 5 | 46.96 ~ 1 590.46 | 571.74 | 五北研究报告(内部) |
| 楚科奇海(四北) | 2010 | – | – | 1 217 ~ 4 868 | 2 640 | Lin et al. ,2014 |
| 楚科奇海(一北) | 1999 | 17.7 | – | 2 039.5 ~ 3 019.1 | 2 598.33 | 林荣澄等 |
| 北冰洋(六北) | 2014 | 1.3 | 0.046 7 | 12.12 ~ 165.11 | 73.21 | 六北研究报告(内部) |
| 北冰洋(四北)* | 2010 | – | – | 235.59 ~ 627.60 | 407 | Lin et al. ,2014 |
| 挪威海(五北) | 2012 | 3 | 0.141 9 | 22.72 ~ 250.43 | 135.99 | 五北研究报告(内部) |

注:四北的 M 断面属于深水区,将其划归北冰洋海区,包含 5 个站位:M02、M03、M05、M06 和 M07。

国际上的小型底栖生物研究海区在太平洋这一侧主要集中在波弗特海、拉普捷夫海和加拿大海盆，白令海、白令海峡以及楚科奇海的相关研究极为有限。历次北极科学考察的结果与其他海区的研究相比，深水区中的小型底栖动物的丰度值相近，但类群数相对较少，而浅水陆架区的丰度值则高于大部分海区，也远高于我国近岸，是具有丰富小型底栖动物资源的大陆架海区（表 5 – 37）。

**表 5 – 37　世界其他海区的小型底栖生物多样性**

| 采样地点 | 采样年份 | S | H' | 小型底栖动物丰度 (ind. /10 $cm^2$) | 参考文献 |
|---|---|---|---|---|---|
| 挪威海 | 1979 | 4.5 | – | 9 ~ 1 158 | Dinet |
| 叶尔马克高原和南森海盆 | 1997 | – | – | 95 ~ 1 902 | Soltwedel et al. |
| 拉普捷夫海 | 1993 | – | – | 418 ~ 2 683 | Vanaverbeke et al. |
| 中北冰洋 | 1996 | – | – | 16 ~ 100 | Schewe & Soltwedel |
| 巴伦支海、南森海盆 | 1980 | 6.3 | – | 1 143 ~ 4 339<br>233 ~ 1 358 | Pfannkuche & Thiel |
| 波弗特海 | 2003, 2004 | 5.8 | – | 230 ~ 5 000 | Bessiere et al. |
| 东北太平洋蒙特里深海扇 | 1989—1996 | – | – | 7.87 ~ 9.01 | Drazen et al. |
| 太平洋中国多金属结核合同区 | 2003 | 6.5 | 1.024 4 | 3.5 ~ 23.3 | 邹丽珍 |
| 阿拉伯海 | 1995 | 5.6 | – | 109 ~ 320 | Sommer et al. |
| 山东南部沿海 | 2006 | 7.5 | 0.747 4 | 396.26 ~ 946.81 | 吴绍渊等 |
| 南黄海 | 2003—2004 | 20 | 2.765 ~ 4.12 | 954 ~ 1 186 | 张艳等 |
| 台湾海峡 | 2006—2007 | 5.8 | 0.523 8 | 2.27 ~ 1 198.91 | 张玉红 |
| 西南太平洋劳盆地 | 2007 | 7.3 | 1.218 7 | 10.29 ~ 29.86 | 黄丁勇 |
| 南极罗斯海 | 1994—1995 | 6.3 | – | 192.0 ~ 1 191.2 | Fabiano et al. |

### 5.1.6.3 底栖鱼类

1）第五次北极考察

（1）种类组成和分布

本次考察31个站位拖网共记录游泳动物种类33种，隶属于8目12科23属（软骨鱼类1种），其中鲉形目种类最多，有12种，占36.4%；其次为鲈形目和鲽形目，均有7种，占21.2%；其余5目种类较少（表5－38）。

**表5－38 第五次北极考察游泳动物种类组成**

| 纲 | 目 | 科 | 属 | 种 |
|---|---|---|---|---|
| 软骨鱼纲 | 鳐形目 | 1 | 1 | 1 |
| 硬骨鱼纲 | 胡瓜鱼目 | 1 | 1 | 1 |
| | 仙女鱼目 | 1 | 1 | 1 |
| | 鳕形目 | 1 | 2 | 3 |
| | 鲈形目 | 2 | 5 | 7 |
| | 鲉形目 | 4 | 9 | 12 |
| | 鲽形目 | 1 | 3 | 7 |
| 软体动物 | 八腕目 | 1 | 1 | 1 |

就站位分布来看，本次调查进行的31个站位的拖网作业中，有5个站位没有出现游泳动物，其余26个站位中，种类最多的是R03号站，有10种，BM03、BL18、BS05、BN08、SR03和SR05站有5～8种，其余站位有1～4种。出现率最高的种类是费氏狮子鱼，在12个站位有发现，出现率为38.7%；其次为北极鳕，在10个站位有出现，出现率32.3%；其他出现率较高的种类还有粗壮拟庸鲽（29.0%）、裸棘杜父鱼（29.0%）、北极单鳍八角鱼（22.6%）等。就海区而言，白令海共出现种类28种，楚科奇海共出现种类13种，两个海区共有种类8种，为斑鳍北鲉、北极单鳍八角鱼、北极鳕、粗壮拟庸鲽、费氏狮子鱼、棘头床杜父鱼、裸棘杜父鱼、太平洋毛鳞鱼等（图5－228，表5－39）。

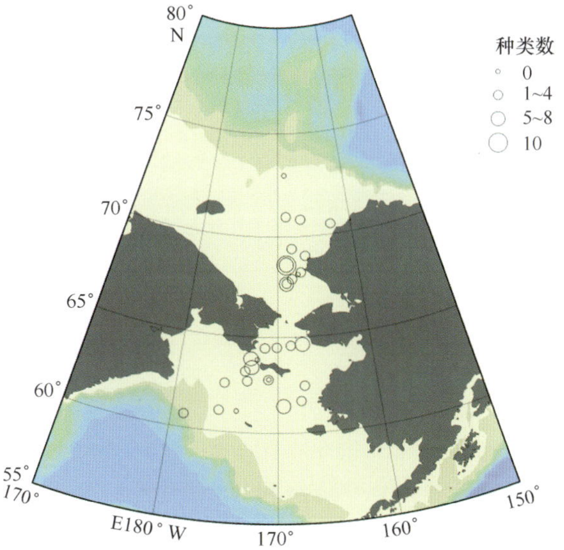


图5－228 底栖鱼类种类数分布

表 5－39　白令海、楚科奇海渔获物种类组成

| 目 | 科 | 属 | 种类 | 拉丁名 | 白令海 | 楚科奇海 |
|---|---|---|---|---|---|---|
| 鳐目 | 鳐科 | 深海鳐属 | 斯氏深海鳐 | *Bathyraja smirnovi* | ○ | |
| 胡瓜鱼目 | 胡瓜鱼科 | 毛鳞鱼属 | 太平洋毛鳞鱼 | *Mallotus villosus* | ○ | ○ |
| 仙女鱼目 | 裸蜥鱼科 | 大梭蜥鱼属 | 大西洋大梭蜥鱼 | *Magnisudis atlantica* | ○ | |
| 鳕形目 | 鳕科 | 极鳕属 | 北极鳕 | *Arctogadus glacialis* | ○ | ○ |
| | | 鳕属 | 太平洋鳕 | *Gadus macrocephalus* | ○ | |
| | | | 大西洋鳕 | *Gadus morhua* | ○ | |
| 鲈形目 | 线鳚科 | 北鳚属 | 斑鳍北鳚 | *Lumpenus fabricii* | ○ | ○ |
| | | 细鳚属 | 斑细鳚 | *Leptoclinus maculates* | | ○ |
| | | 蛇线鳚属 | 四线蛇线鳚 | *Eumesogrammus praecisus* | ○ | |
| | 绵鳚科 | 裸鳚鼠 | 裸鳚属 1 | *Gymnelus* sp1. | ○ | |
| | | | 裸鳚属 2 | *Gymnelus* sp2. | ○ | |
| | | | 裸鳚属 3 | *Gymnelus* sp3. | ○ | |
| | | 狼绵鳚属 | 紫斑狼绵鳚 | *Lycodes raridens* | | ○ |
| 鲉形目 | 狮子鱼科 | 狮子鱼属 | 费氏狮子鱼 | *Liparis fabricii* | ○ | ○ |
| | | | 细尾狮子鱼 | *Liparis gibbus* | | ○ |
| | | | 石纹狮子鱼 | *Liparis marmoratus* | ○ | |
| | 棘皮油鱼科 | 帆鳍杜父鱼属 | 暗色帆鳍杜父鱼 | *Nautichthys pribilovius* | ○ | |
| | 八角鱼科 | 单鳍八角鱼属 | 北极单鳍八角鱼 | *Aspidophoroides olrikii* | ○ | ○ |
| | 杜父鱼科 | 床杜父鱼属 | 棘头床杜父鱼 | *Myoxocephalus polyacanthocephalus* | ○ | ○ |
| | | | 浅色床杜父鱼 | Myoxocephalus *jaok* | ○ | |
| | | 杂鳞杜父鱼属 | 横带杂鳞杜父鱼 | *Hemilepidotus papilio* | | ○ |
| | | 裸棘杜父鱼属 | 裸棘杜父鱼 | *Gymnocanthus tricuspis* | ○ | ○ |
| | | 强棘杜父鱼属 | 强棘杜父鱼 | *Enophrys diceraus* | ○ | |
| | | 杜父鱼属 | 西刺杜父鱼 | *Cottus kazika* | ○ | |
| | | 冰杜父鱼属 | 项棘冰杜父鱼 | *Icelus spatula* | ○ | |
| 鲽形目 | 鲽科 | 双线鲽属 | 北爱尔兰双线鲽 | *Lepidopsetta polyxystra* | | ○ |
| | | | 双线鲽 | *Lepidopsetta bilineata* | ○ | |
| | | 拟庸鲽属 | 粗壮拟庸鲽 | *Hippoglossoides robustus* | ○ | ○ |
| | | 鲽属 | 东白令海刺黄盖鲽 | *Pleuronectes asper* | ○ | |
| | | | 花点黄盖鲽 | *Pleuronectes punctatissimus* | ○ | |
| | | | 黄腹鲽 | *Pleuronectes quadrituberculatus* | ○ | |
| | | | 栉鳞鲽 | *Pleuronectes sakhalinensis* | ○ | |
| 八腕目 | 章鱼科 | 蛸属 | 蛸 | *Octopus* sp. | ○ | |

（2）数量组成和分布

31 个网次的拖网作业共渔获游泳动物 554 尾、27.748 kg，从单个种类看，裸棘杜父鱼尾数最多，有 132 尾，占 23.8%，其次是北极鳕和粗壮拟庸鲽，分别占 9.2% 和 8.6%，其他种类都在 5% 以下（图 5－229）。从目级水平来看，鲉形目尾数最多，有 208 尾，占 37.5%，其次是鲽形目和鲈形目，分别占 11.4% 和 9.6%。

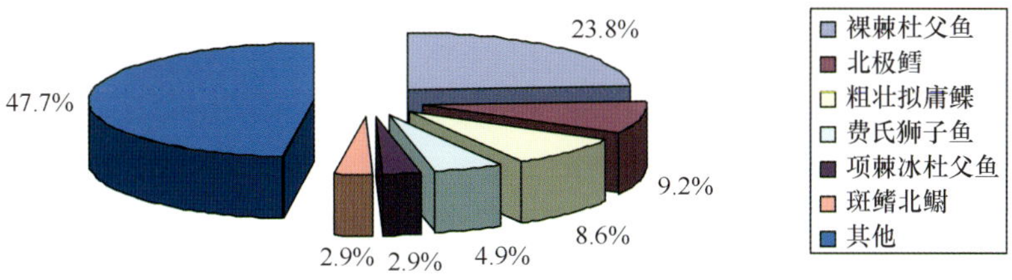


图5－229 游泳动物尾数组成

从生物量上来看，浅色床杜父鱼占比例最大，达66.8%，只有1尾大型个体，重量达16.943 kg，体长为43 cm；除浅色床杜父鱼外，其他种类中比例最高的是裸棘杜父鱼，占其他种类重量的12.0%，其次为东白令海刺黄盖鲽和粗壮拟庸鲽，分别占12.5%和11.2%（图5－230）。

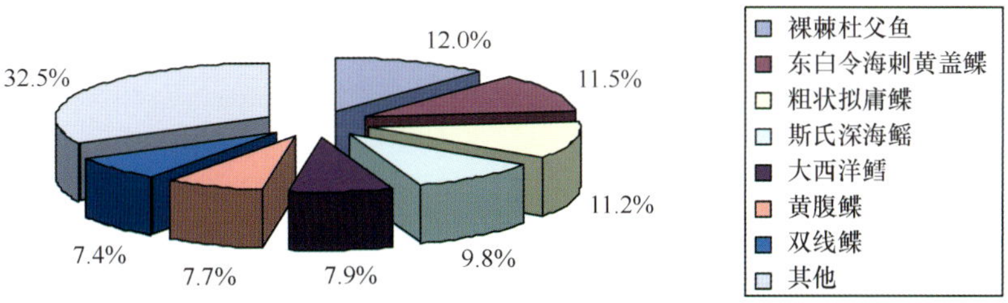


图5－230 游泳动物生物量组成（除去浅色床杜父鱼）

分海区来看，白令海尾数优势种为裸棘杜父鱼、粗壮拟庸鲽、费氏狮子鱼、项棘冰杜父鱼，所占比例都在10%以上；生物量优势种为东白令海刺黄盖鲽、斯氏深海鳐、大西洋鳕等，所占比例在10%以上。楚科奇海则是以裸棘杜父鱼、粗壮拟庸鲽和北极鳕，生物量和尾数所占比例都较高（表5－40）。

**表5－40 各海区优势种**

| 海区 | 种类 | 生物量所占比例/% | 尾数所占比例/% |
|---|---|---|---|
| 白令海 | 裸棘杜父鱼 | 5.1 | 21.0 |
| | 粗壮拟庸鲽 | 8.2 | 13.0 |
| | 费氏狮子鱼 | 1.7 | 11.6 |
| | 项棘冰杜父鱼 | 0.9 | 11.6 |
| | 棘头床杜父鱼 | 7.4 | 5.8 |
| | 北极单鳍八角鱼 | 0.2 | 5.8 |
| | 东白令海刺黄盖鲽 | 14.8 | 2.9 |
| | 黄腹鲽 | 9.9 | 1.4 |
| | 斯氏深海鳐 | 12.6 | 0.7 |
| | 大西洋鳕 | 10.2 | 0.7 |
| | 双线鲽 | 9.6 | 0.7 |
| | 太平洋鲱 | 9.1 | 0.7 |

续表

| 海区 | 种类 | 生物量所占比例/% | 尾数所占比例/% |
| --- | --- | --- | --- |
| 楚科奇海 | 裸棘杜父鱼 | 35.1 | 44.5 |
| | 粗壮拟庸鲽 | 23.5 | 13.3 |
| | 北极鳕 | 17.2 | 16.1 |
| | 费氏狮子鱼 | 6.3 | 5.0 |
| | 斑细鳚 | 6.0 | 6.4 |
| | 斑鳍北鳚 | 5.1 | 6.9 |

游泳动物数量从站位分布来看，SR03 站位尾数最多，有 232 尾，占航次渔获尾数的 41.9%，主要种类是裸棘杜父鱼、斑鳍北鳚和粗壮拟庸鲽；其他站位的数量都在 100 尾以下（图 5－231）。

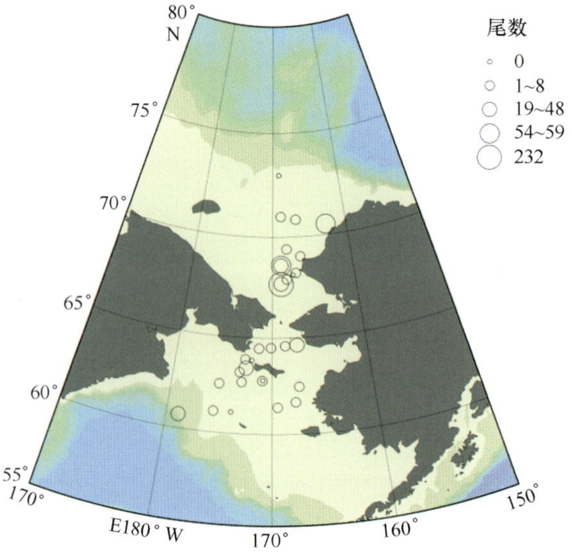


图 5－231　游泳动物尾数分布（ind./h）

从生物量分布来看，BM07 只有 1 尾个体较大的浅色床杜父鱼，生物量达 16.943 kg，其他站位以 SR03 最高，为 3.284 kg，BN08、BL18 和 BS05 站位也都超过了 1 kg，主要种类分别为大西洋鳕、粗壮拟庸鲽和东白令海刺黄盖鲽（图 5－232）。

（3）多样性特征

根据鱼类尾数组成计算不同站位鱼类生物 Shannon－Wiener 多样性指数范围为 0～1.70，平均为 0.63；Margalef’s 物种丰富度指数范围为 0～2.79，平均为 1.27；Pielou’s 均匀度指数范围为0～1.96，平均为 0.50（表 5－41）。从不同水域来看，白令海水域的 Shannon－Wiener多样性水平较楚科奇海水域的 Shannon－Wiener 多样性水平，而物种丰富度水平较高，且白令海水域各站位的 Shannon－Wiener 多样性指数和物种丰富度指数波动较大。而均匀度水平则为楚科奇海水域较高，白令海水域较低。这与四北的调查结果及一般情况下物种的分布规律即低纬度海域的物种多样性要高于高纬度海域不同，这可能与白令海渔获物中的大个体的出现降低了该海域的均匀度有关，本次调查的整体多样性水平略低于四北调查的结果，可能与四北调查采用了多种调查网具，所获渔获物更为丰富有关。本次调查中，多样性高值

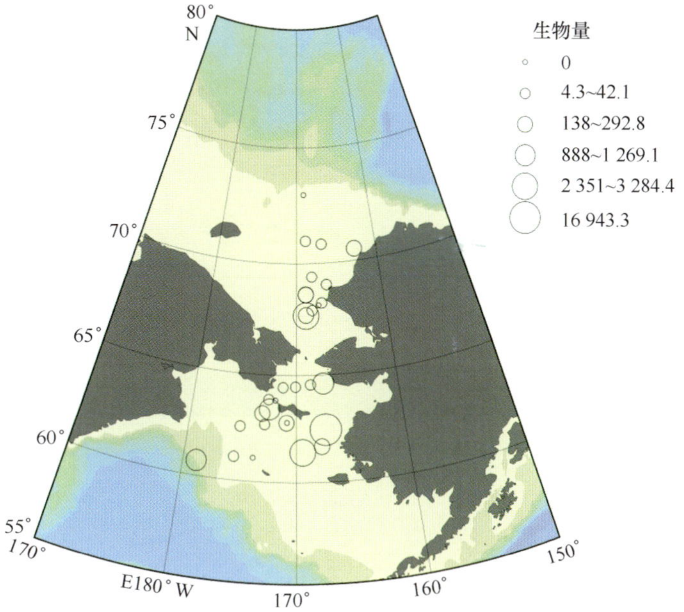


图 5-232 游泳动物生物量分布（g/h）

区大多在白令海峡区域，其较高的多样性指数和物种丰富度指数很可能与其作为白令海与楚科奇海唯一的水交换通道有关。

**表 5-41 白令海与楚科奇海渔获物多样性指数**

| 区域 | 多样性指数 $H'$ | | 物种丰富度指数 $D$ | | 均匀度指数 $J'$ | |
|---|---|---|---|---|---|---|
| | 范围 | 平均 | 范围 | 平均 | 范围 | 平均 |
| 总站位 | 0～1.70 | 0.63 | 0～2.79 | 1.27 | 0～0.96 | 0.50 |
| 白令海 | 0～1.41 | 0.52 | 0～2.79 | 1.36 | 0～0.90 | 0.47 |
| 楚科奇海 | 0～1.70 | 0.78 | 0～2.62 | 1.15 | 0～0.96 | 0.53 |

2）第六次北极考察

（1）种类组成

本次考察36个站位拖网共记录游泳动物种类37种，隶属于4目9科22属，其中鲉形目种类最多，有19种，占51.35%，其次为鲈形目和鲽形目，分别有11种和6种，占29.72%和16.22%，剩下1种为鳕形目（表5-42）。

**表 5-42 第六次北极考察游泳动物种类组成**

| 纲 | 目 | 科 | 属 | 种 |
|---|---|---|---|---|
| 硬骨鱼纲 | 鳕形目 | 1 | 1 | 1 |
| | 鲈形目 | 3 | 6 | 11 |
| | 鲉形目 | 4 | 11 | 19 |
| | 鲽形目 | 1 | 4 | 6 |

就站位分布来看，本次调查进行的36个站位的拖网作业中，有11个站位没有出现游泳动物，其余25个站位中，种类最多的是R03站位，有10种，BS13、BS06、C06、C03、B15、

R02、AD01、BS04、B12、BS08、C01 和 NB09 站位有 5 ~ 9 种，其余站位为 1 ~ 4 种（表 5 - 43）。出现率最高的种类是费氏狮子鱼，在 17 个站位有发现，出现率为 47.2%，其次为粗壮拟庸鲽，在 16 个站位有出现，出现率 44.4%，其他出现率较高的种类还有东方裸棘杜父鱼（30.6%）、北鳕（25.0%）、北极单鳍八角鱼（22.2%）等。就海区而言，白令海共出现种类 30 种，楚科奇海共出现种类 19 种，两个海区共有种 12 种，为北鳕、中间弧线鳚、斑细鳚、半花裸鳚、枝条狼绵鳚、项棘冰杜父鱼、横带杂鳞杜父鱼、东方裸棘杜父鱼、北极单鳍八角鱼、格林兰狮子鱼、费氏狮子鱼、粗壮拟庸鲽。

**表 5 - 43　白令海、楚科奇海渔获物种类组成**

| 目 | 科 | 属 | 种 | 拉丁名 | 白令海 | 楚科奇海 |
|---|---|---|---|---|---|---|
| 鳕形目 | 鳕科 | 北鳕属 | 北鳕 | *Boreogadus saida* | ○ | ○ |
| 鲈形目 | 玉筋鱼科 | 玉筋鱼属 | 六斑玉筋鱼 | *Ammotydes haxapterus* | ○ | |
| | 线鳚科 | 弧线鳚属 | 中间弧线鳚 | *Anisarchus medius* | ○ | ○ |
| | | 细鳚属 | 斑细鳚 | *Leptoclinus maculatns* | ○ | ○ |
| | | 北鳚属 | 斑鳍北鳚 | *Leptoclinus maculates* | | ○ |
| | 绵鳚科 | 裸鳚属 | 半花裸鳚 | *Gymnelus hemifasciatus* | ○ | ○ |
| | | 狼绵鳚属 | 枝条狼绵鳚 | *Lycodes palearis* | ○ | ○ |
| | | | 鳞腹狼绵鳚 | *Lycodes squamiventer* | ○ | |
| | | | 田中狼绵鳚 | *Lycodes tanakae* | ○ | |
| | | | 紫斑狼绵鳚 | *Lycodes raridens* | ○ | |
| | | | 逆背狼绵鳚 | *Gymnelus retrodorsails* | ○ | |
| | | | 狼绵鳚 sp. | *Lycodes* sp. | ○ | |
| 鲉形目 | 杜父鱼科 | 冰杜父鱼属 | 锯棘冰杜父鱼 | *Icelus spiniger* | | ○ |
| | | | 项棘冰杜父鱼 | *Icelus spatula* | ○ | ○ |
| | | 杂鳞杜父鱼属 | 大棘鳞杜父鱼 | *Hemilepidotus spinosus* | | ○ |
| | | | 横带杂鳞杜父鱼 | *Hemilepidotus papilio* | ○ | ○ |
| | | 床杜父鱼属 | 短角床杜父鱼 | *Myoxocephalus scorpius* | ○ | |
| | | | 床杜父鱼属 | *Myoxocephalus* sp. | ○ | |
| | | 裸棘杜父鱼属 | 东方裸棘杜父鱼 | *Gymnocanthus tricuspis* | ○ | ○ |
| | | 强棘杜父鱼属 | 强棘杜父鱼 | *Enophrys diceraus* | ○ | |
| | 隐棘杜父鱼科 | 软杜父鱼属 | 金氏软杜父鱼 | *Malacocottus kincaidi* | | ○ |
| | 八角鱼科 | 单鳍八角鱼属 | 单鳍八角鱼 | *Aspidophoroides olrikii* | ○ | ○ |
| | | 细八角鱼属 | 颌须细八角鱼 | *Leptagonus decagonus* | ○ | |
| | | 足沟鱼属 | 鲟形足沟鱼 | *Podothecus acipeneserinus* | ○ | |
| | 狮子鱼科 | 狮子鱼属 | 格林兰狮子鱼 | *Liparis tunicatus* | ○ | ○ |
| | | | 费氏狮子鱼 | *Liparis fabricii* | ○ | ○ |
| | | | 奥霍狮子鱼 | *Liparis ochotensis* | | ○ |
| | | | 细纹狮子鱼 | *Liparis tanakae* | | ○ |
| | | | 狮子鱼属 | *Lipavis* sp. | | ○ |
| | | 短吻狮子鱼属 | 林氏短吻狮子鱼 | *Careproctus reinhardti* | ○ | |
| | | | 缘边短吻狮子鱼 | *Careproctus marginatus kido* | ○ | |

续表

| 目 | 科 | 属 | 种 | 拉丁名 | 白令海 | 楚科奇海 |
|---|---|---|---|---|---|---|
| 鲽形目 | 鲽科 | 拟庸鲽属 | 粗壮拟庸鲽 | *Hippoglossoides robustus* | ○ | ○ |
| | | | 太平洋拟庸鲽 | *Hippoglossoides elassodon* | ○ | |
| | | 双线鲽属 | 多耙双线鲽 | *Lepidopsetta Polyxystra* | ○ | |
| | | | 双线鲽 | *Lepidopsetta bilineata* | ○ | |
| | | 鲽属 | 黄腹鲽 | *Pleuronectes quadrituberculatus* | ○ | |
| | | 黄盖鲽属 | 东白令海刺黄盖鲽 | *Limanda aspera* | ○ | |

(2) 数量组成和分布

36个网次的拖网作业共渔获游泳动物2 635尾、39.2469kg，从单个种类看，东方裸棘杜父鱼尾数最多，有633尾，占24.0%，其次是粗壮拟庸鲽，占22.2%。从目级水平来看，鲉形目尾数最多，达1 506尾，占57.2%，其次是鲽形目和鲈形目，分别占24.4%和10.8%（图5-233）。

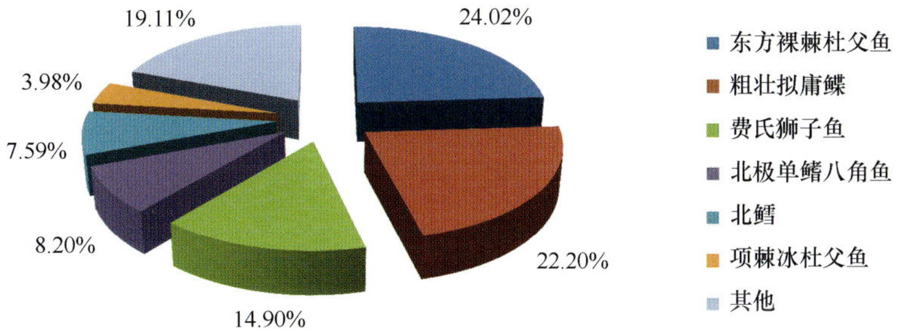


图5-233 游泳动物尾数组成

从生物量上来看，东方裸棘杜父鱼占比例最大，达16.7%，其次为费氏狮子鱼和粗壮拟庸鲽，分别占12.8%和12.1%。此外，所占比例超过10%的还有双线鲽，占10.8%（图5-234）。

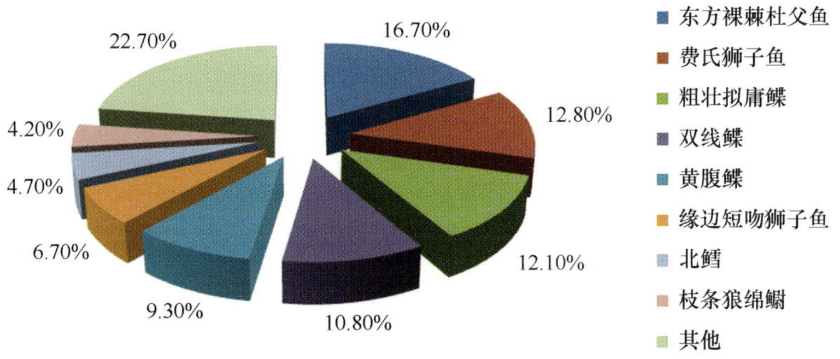


图5-234 游泳动物生物量组成

分海区来看，白令海尾数优势种为东方裸棘杜父鱼、费氏狮子鱼、粗壮拟庸鲽、北极单鳍八角鱼，所占比例都在10%以上；生物量优势种为东方裸棘杜父鱼、双线鲽、黄腹鲽，所占比例在10%以上。楚科奇海则是以粗壮拟庸鲽、费氏狮子鱼、东方裸棘杜父鱼和北鳕，生物量和尾数所占比例都较高（表5-44）。

**表 5 - 44　各海区优势种**

| 海区 | 种类 | 生物量所占比例/% | 尾数所占比例/% |
|---|---|---|---|
| 白令海 | 东方裸棘杜父鱼 | 16.6 | 23.5 |
| | 费氏狮子鱼 | 9.4 | 21.4 |
| | 粗壮拟庸鲽 | 7.6 | 15.6 |
| | 北极单鳍八角鱼 | 1.0 | 12.0 |
| | 项棘冰杜父鱼 | 3.2 | 8.0 |
| | 黄腹鲽 | 12.6 | 0.6 |
| | 双线鲽 | 14.7 | 0.47 |
| | 缘边短吻狮子鱼 | 9.2 | 0.16 |
| 楚科奇海 | 粗壮拟庸鲽 | 24.5 | 28.3 |
| | 东方裸棘杜父鱼 | 17.1 | 24.5 |
| | 北鳕 | 17.2 | 14.3 |
| | 费氏狮子鱼 | 22.2 | 8.9 |
| | 斑鳍北鳚 | 2.9 | 5.3 |
| | 枝条狼绵鳚 | 5.1 | 0.88 |
| | 斑细鳚 | 2.4 | 5.0 |

游泳动物数量从站位分布来看，R03 站位尾数最多，有 416 尾，占航次渔获尾数的 15.8%，主要种类是粗壮拟庸鲽、费氏狮子鱼、北鳕、斑细鳚；其次为 BS08 站位，有 402 尾，占总尾数的 15.3%，主要种类为东方裸棘杜父鱼和费氏狮子鱼，其余站位的数量都在 300 尾以下。

从生物量分布来看，BS08 站位生物量最高为 9.325 2 kg，其余依次为 NB09、AD01 站位，分别为 5.712 2 kg 和 4.909 2 kg，主要种类为费氏狮子鱼、黄腹鲽、东白令海刺盖鲽、短角床狮子鱼等。

（3）多样性特征

根据鱼类尾数组成计算不同站位鱼类生物 Shannon - Wiener 多样性指数范围为 0 ~ 1.86，平均为 1.07；Margalef's 物种丰富度指数范围为 0 ~ 2.49，平均为 1.35；Pielou's 均匀度指数范围为 0 ~ 1.52，平均为 0.79。从不同水域来看，白令海水域的 Shannon - Wiener 多样性水平、物种丰富度水平和均匀度水平均略高于楚科奇海域的该指数水平（表 5 - 45）。

**表 5 - 45　白令海与楚科奇海渔获物多样性指数**

| 区域 | 多样性指数 $H'$ | | 物种丰富度指数 $D$ | | 均匀度指数 $J'$ | |
|---|---|---|---|---|---|---|
| | 范围 | 平均 | 范围 | 平均 | 范围 | 平均 |
| 总站位 | 0 ~ 1.86 | 1.09 | 0 ~ 2.49 | 1.37 | 0 ~ 0.96 | 0.77 |
| 白令海 | 0.64 ~ 1.79 | 1.22 | 0.90 ~ 2.49 | 1.59 | 0.55 ~ 0.96 | 0.79 |
| 楚科奇海 | 0 ~ 1.86 | 0.97 | 0 ~ 2.23 | 1.14 | 0 ~ 0.96 | 0.74 |

3）总结

我国从2010年第四次北极科学考察开始在北极海域进行底栖鱼类的现场考察，目前为止已经进行了三个航次的考察。总体来看，三个航次共记录鱼类9目67种，包括软骨鱼类2种、硬骨鱼类65种，其中四北航次为41种，隶属于7目14科31属；五北航次记录鱼类7目11科22属32种；六北航次记录鱼类37种，隶属于4目9科22属（陈永俊等，2013）。三个航次出现的鱼类中以鲉形目出现种类最多，为30种（44.78%），其次为鲈形目18种（26.87%），鲽形目9种（13.43%），鳕形目4种（5.97%），鳐形目2种（2.99%），巨口鱼目、鲱形目、胡瓜鱼目、仙女鱼目各1种（1.49%）。

就不同海区而言，白令海水域共鉴定出鱼类54种，楚科奇海水域共鉴定出鱼类40种，两个海区共有种鱼类有27种，分别为太平洋毛鳞鱼（*Mallotus villosus*）、北极鳕（*Arctogadus glacialis*）、北鳕（*Boreogadus saida*）、半花裸鳚（*Gymnelus hemifasciatus*）、枝条狼绵鳚（*Lycodes palearis*）、北极狼绵鳚（*Lycodes polaris*）、紫斑狼绵鳚（*Lycodes raridens*）、半裸狼绵鳚（*Lycodes semimudus*）、中间弧线鳚（*Anisarchus medius*）、斑细鳚（*Leptoclinus maculatus*）、斑鳍北鳚（*Lumpenus fabricii*）、北极胶八角鱼（*Ulcina olrikii*）、强棘杜父鱼（*Enophrys diceraus*）、东方裸棘杜父鱼（*Gymnocanthus tricuspis*）、项棘冰杜父鱼（*Icelus spatula*）、横带杂鳞杜父鱼（*Hemilepidotus papilio*）、短角床杜父鱼（*Myoxocephalus scorpius*）、棘头床杜父鱼（*Myoxocephalus polyacanthocephalus*）、暗色帆鳍杜父鱼（*Nautichthys pribilovius*）、林氏短吻狮子鱼（*Careproctus reinhardti*）、蝌蚪狮子鱼（*Liparis fabricii*）、细尾狮子鱼（*Liparis gibbus*）、奥霍狮子鱼（*Liparis ochotensis*）、格陵兰狮子鱼（*Liparis tunicata*）、粗壮拟庸鲽（*Hippoglossoides robustus*）、东白令海刺黄盖鲽（*Limanda aspera*）和北爱尔兰双线鲽（*Lepidopsetta polyxystra*）。有近67.50%在楚科奇海出现的种类在白令海也都有分布（表5－46）。

**表5－46 调查海域鱼类种类组成**

| 纲 | 目 | 种名 | 白令海 | | | 楚科奇海 | | |
|---|---|---|---|---|---|---|---|---|
| | | | 四北 | 五北 | 六北 | 四北 | 五北 | 六北 |
| 软骨鱼纲 Chondrichthyes | 鳐形目 Rajiformes | 鳐科 Rajidae | | | | | | |
| | | 尾棘深海鳐 *Bathyraja parmifera* | ○ | | | | | |
| | | 斯氏深海鳐 *Bathyraja smirnovi* | | ○ | | | | |
| 硬骨鱼纲 Osteichthyes | 巨口鱼目 Stomiiformes | 巨口鱼科 Stomiidae | | | | | | |
| | | 马康氏蝰鱼 *Chauliodus macouni* | ○ | | | | | |
| | 鲱形目 Clupeiformes | 鲱科 Clupeidae | | | | | | |
| | | 太平洋鲱 *Clupea pallasii* | ○ | | | | | |
| | 胡瓜鱼目 Osmerforms | 胡瓜鱼科 Osmeridae | | | | | | |
| | | 太平洋毛鳞鱼 *Mallotus villosus* | | ○ | | | ○ | |
| | 仙女鱼目 Aulopiformes | 裸蜥鱼科 Paralepididae | | | | | | |
| | | 大西洋大梭蜥鱼 *Magnisudis atlantica* | | ○ | | | | |

续表

| 纲 | 目 | 种名 | 白令海 | | | 楚科奇海 | | |
|---|---|---|---|---|---|---|---|---|
| | | | 四北 | 五北 | 六北 | 四北 | 五北 | 六北 |
| 硬骨鱼纲 Osteichthyes | 鳕形目 Gadiformes | 鳕科 Gadidae | | | | | | |
| | | 北极鳕 *Arctogadus glacialis* | | ○ | | ○ | ○ | |
| | | 北鳕 *Boreogadus saida* | ○ | | ○ | ○ | | ○ |
| | | 太平洋鳕 *Gadus macrocephalus* | | ○ | | | | |
| | | 大西洋鳕 *Gadus morhua* | | ○ | | | | |
| | 鲈形目 Perciformes | 玉筋鱼科 Ammodytidae | | | | | | |
| | | 六斑玉筋鱼 *Ammodytes hexapterus* | ○ | | ○ | | | |
| | | 绵鳚科 Zoarcidae | | | | | | |
| | | 半花裸鳚 *Gymnelus hemifasciatus* | ○ | | | ○ | | |
| | | 阿氏狼绵鳚 *Lycodes adolfi* | | | | ○ | | |
| | | 黏狼绵鳚 *Lycodes mucosus* | ○ | | | | | |
| | | 枝条狼绵鳚 *Lycodes palearis* | ○ | | ○ | | | ○ |
| | | 北极狼绵鳚 *Lycodes polaris* | ○ | | | ○ | | |
| | | 紫斑狼绵鳚 *Lycodes raridens* | ○ | | ○ | ○ | ○ | |
| | | 逆背狼绵鳚 *Gymnelus retrodorsails* | | | ○ | | | |
| | | 鳞腹狼绵鳚 *Lycodes squamiventer* | | | ○ | | | |
| | | 田中狼绵鳚 *Lycodes tanakae* | | | ○ | | | |
| | | 箭狼绵鳚 *Lycodes Sagittarius* | | | | ○ | | |
| | | 半裸狼绵鳚 *Lycodes seminudus* | | | ○ | ○ | | ○ |
| | | 狼绵鳚属 *Lycodes* sp. | | | ○ | | | |
| | | 线鳚科 Stichaeidae | | | | | | |
| | | 中间弧线鳚 *Anisarchus medius* | ○ | | ○ | ○ | | ○ |
| | | 四线蛇线鳚 *Eumesogrammus praecisus* | ○ | ○ | | | | |
| | | 斑细鳚 *Leptoclinus maculatus* | ○ | | ○ | | ○ | ○ |
| | | 斑鳍北鳚 *Lumpenus fabricii* | ○ | ○ | | ○ | ○ | ○ |
| | | 北极单线鳚 *Stichaeus punctatus* | | | | ○ | | |

续表

| 纲 | 目 | 种名 | 白令海 | | | 楚科奇海 | | |
|---|---|---|---|---|---|---|---|---|
| | | | 四北 | 五北 | 六北 | 四北 | 五北 | 六北 |
| 硬骨鱼纲 Osteichthyes | 鲉形目 Scorpaeniformes | 八角鱼科 Agonidae | | | | | | |
| | | 北极胶八角鱼 *Ulcina olrikii* | ○ | ○ | ○ | ○ | ○ | ○ |
| | | 颌须细八角鱼 *Leptagonus decagonus* | | | ○ | | | |
| | | 鲟形足沟鱼 *Podothecus acipeneserinus* | | | ○ | | | |
| | | 杜父鱼科 Cottidae | | | | | | |
| | | 大西洋杜父鱼 *Artediellus atlanticus* | | | | ○ | | |
| | | 粗糙钩杜父鱼 *Artediellus scaber* | | | | ○ | | |
| | | 强棘杜父鱼 *Enophrys diceraus* | ○ | ○ | ○ | ○ | | |
| | | 东方裸棘杜父鱼 *Gymnocanthus tricuspis* | ○ | ○ | ○ | ○ | ○ | ○ |
| | | 横带杂鳞杜父鱼 *Hemilepidotus papilio* | ○ | | ○ | | ○ | ○ |
| | | 大棘鳞杜父鱼 *Hemilepidotus spinosus* | | | | | | ○ |
| | | 项棘冰杜父鱼 *Icelus spatula* | ○ | ○ | ○ | | | ○ |
| | | 锯棘冰杜父鱼 *Icelus spiniger* | | | | | | ○ |
| | | 西刺杜父鱼 *Cottus kazika* | | ○ | | | | |
| | | 短角床杜父鱼 *Myoxocephalus scorpius* | ○ | | ○ | ○ | | |
| | | 棘头床杜父鱼 *Myoxocephalus polyacanthocephalus* | | ○ | | | ○ | |
| | | 浅色床杜父鱼 *Myoxocephalus jaok* | | ○ | | | | |
| | | 床杜父鱼属 *Myoxocephalus* sp. | | | ○ | | | |
| | | 平氏鲉杜父鱼 *Triglops pingeli* | ○ | | | | | |
| | | 圆鳍鱼科 Cyclopteridae | | | | | | |
| | | 眶刺狮子鱼 *Eumicrotremus orbis* | ○ | | | | | |
| | | 棘皮油鱼科 Hemitripteridae | | | | | | |
| | | 暗色帆鳍杜父鱼 *Nautichthys pribilovius* | | ○ | | ○ | | |
| | | 狮子鱼科 Liparidae | | | | | | |
| | | 林氏短吻狮子鱼 *Careproctus reinhardti* | ○ | | | ○ | | ○ |
| | | 缘边短吻狮子鱼 *Careproctus marginatus kido* | | | | | | ○ |
| | | 蝌蚪狮子鱼 *Liparis fabricii* | ○ | ○ | ○ | ○ | ○ | ○ |
| | | 细尾狮子鱼 *Liparis gibbus* | ○ | | | | ○ | |
| | | 石纹狮子鱼 *Liparis marmoratus* | | ○ | | | | |
| | | 奥霍狮子鱼 *Liparis ochotensis* | ○ | | | | | ○ |
| | | 细纹狮子鱼 *Liparis tanakae* | | | | | | ○ |
| | | 格陵兰狮子鱼 *Liparis tunicata* | ○ | | ○ | | | ○ |
| | | 狮子鱼属 *Lipavis* sp. | | | | | | ○ |
| | | 隐棘杜父鱼科 Psychrolutidae | | | | | | |
| | | 极地拟杜父鱼 *Cottunculus microps* | | | | ○ | | |
| | | 金氏软杜父鱼 *Malacocottus kincaidi* | | | | | | ○ |

续表

| 纲 | 目 | 种名 | 白令海 | | | 楚科奇海 | | |
|---|---|---|---|---|---|---|---|---|
| | | | 四北 | 五北 | 六北 | 四北 | 五北 | 六北 |
| 硬骨鱼纲 Osteichthyes | 鲽形目 Pleuronecti-formes | 鲽科 Pleuronectidae | | | | | | |
| | | 粗壮拟庸鲽 *Hippoglossoides robustus* | ○ | ○ | ○ | ○ | ○ | ○ |
| | | 太平洋拟庸鲽 *Hippoglossoides elassodon* | | | ○ | | | |
| | | 北爱尔兰双线鲽 *Lepidopsetta polyxystra* | ○ | | ○ | | ○ | |
| | | 双线鲽 *Lepidopsetta bilineata* | | ○ | ○ | | | |
| | | 东白令海刺黄盖鲽 *Limanda aspera* | ○ | ○ | ○ | ○ | | |
| | | 花点黄盖鲽 *Pleuronectes punctatissimus* | | ○ | | | | |
| | | 栉鳞鲽 *Pleuronectes sakhalinensis* | | ○ | | | | |
| | | 黄腹鲽 *Pleuronectes quadrituberculatus* | ○ | | ○ | | | |
| | | 马舌鲽 *Reinhardtius hippoglossoides* | | | | ○ | | |

三次调查鱼类优势种类组成情况有所不同，四北调查中渔获物以粗壮拟庸鲽、北鳕、短角床杜父鱼、斑鳍北鳚和粗糙钩杜父鱼（*Artediellus scaber*）在尾数上占优势，渔获物数量均占5%以上，分别占15.6%、14.6%、11.7%、8.2%和5.2%（表5-47）。其中，白令海水域以粗壮拟庸鲽、斑鳍北鳚、北鳕、枝条狼绵鳚（*Lycodes palearis*）、东白令海刺黄盖鲽和蚪蚪狮子鱼在尾数上占优势；楚科奇海水域则以短角床杜父鱼、北鳕、粗糙钩杜父鱼、半裸狼绵鳚（*Lycodes seminudus*）和东方裸棘杜父鱼在尾数上占优势。而“五北”航次，白令海优势种类为东方裸棘杜父鱼、粗壮拟庸鲽、蚪蚪狮子鱼、项棘冰杜父鱼等种类，楚科奇海与白令海主要优势种类组成相似，所不同的是在楚科奇海北极鳕的数量大为增加。“六北”航次的调查结果与“五北”相似，造成这种差异的原因可能是两次调查站位的水深范围有所差异，特别是在楚科奇海，“五北”和“六北”的调查站位大部分集中在陆架浅水区，水深不超过70 m，而在“四北”调查中，楚科奇海的站位水深范围为30～626 m（Lin et al.，2014），调查水深差异较大，导致“五北”和“六北”调查中深水种类如狼绵鳚属等数量较少，而以东方裸棘杜父鱼和粗壮拟庸鲽为代表的浅水种类大量出现。此外，两次调查采样方式的不同以及在种类组成相近的站位投入的捕捞努力量不同也可能是造成这种差异的原因之一。“四北”航次采用了三角拖网、阿氏拖网、法氏拖网等采样方法，且在圣劳伦斯岛附近进行了多次拖网，造成一些种类的总量较大，如在NB08站位附近进行的两次拖网中，斑鳍北鳚的大量出现，使得其成为“四北”调查中白令海的优势种类。总体上来看，粗壮拟庸鲽和东方裸棘杜父鱼是调查海域分布范围最广且数量较大的主要种类。此外，从三个航次优势种类的比较还可以看出，鱼类的种类组成应该与水深有很大关系，且楚科奇海陆架浅水区的鱼类种类组成与白令海相似。

表 5-47　调查海域鱼类优势种类组成

| 区域 | 优势种 | “四北”尾数所占比例（%）（>5%） | “五北”尾数所占比例（%）（>5%） | “六北”尾数所占比例（%）（>5%） |
|---|---|---|---|---|
| 总站位 | 粗壮拟庸鲽（*Hippoglossoides robustus*） | 15.6 | 9.2 | 22.2 |
| | 北鳕（*Boreogadus saida*） | 14.6 | / | 7.59 |
| | 北极鳕（*Arctogadus glacialis*） | / | 8.7 | / |
| | 东方裸棘杜父鱼（*Gymnocanthus tricuspis*） | / | 23.8 | 24.02 |
| | 短角床杜父鱼（*Myoxocephalus scorpius*） | 11.7 | / | / |
| | 斑鳍北鳚（*Lumpenus fabricii*） | 8.2 | / | / |
| | 北极单鳍胶八角鱼（*Aspidophoroides olrikii*） | | | 8.2 |
| | 蝌蚪狮子鱼（*Liparis fabricii*） | | | 14.9 |
| | 粗糙钩杜父鱼（*Artediellus scaber*） | 5.2 | / | / |
| 白令海 | 粗壮拟庸鲽（*Hippoglossoides robustus*） | 25.5 | 13 | 15.6 |
| | 东方裸棘杜父鱼（*Gymnocanthus tricuspis*） | / | 21 | 23.5 |
| | 棘头床杜父鱼（*Myoxocephalus polycanthocephalus*） | / | 5.8 | / |
| | 北极单鳍胶八角鱼（*Aspidophoroides olrikii*） | / | 5.8 | 12 |
| | 斑鳍北鳚（*Lumpenus fabricii*） | 13.5 | / | / |
| | 北鳕（*Boreogadus saida*） | 11.5 | / | / |
| | 枝条狼绵鳚（*Lycodes palearis*） | 7.3 | / | / |
| | 项棘冰杜父鱼（*Icelus spatula*） | / | 11.6 | 8 |
| | 东白令海刺黄盖鲽（*Limanda aspera*） | 7 | / | / |
| | 蝌蚪狮子鱼（*Liparis fabricii*） | 6 | 11.6 | 21.4 |
| 楚科奇海 | 短角床杜父鱼（*Myoxocephalus scorpius*） | 23.5 | / | |
| | 东方裸棘杜父鱼（*Gymnocanthus tricuspis*） | 7.3 | 44.5 | 24.5 |
| | 粗壮拟庸鲽（*Hippoglossoides robustus*） | / | 13.3 | 28.3 |
| | 北极鳕（*Arctogadus glacialis*） | / | 16.1 | / |
| | 蝌蚪狮子鱼（*Liparis fabricii*） | / | 5 | 8.9 |
| | 斑鳍北鳚（*Lumpenus fabricii*） | / | 6.9 | 5.3 |
| | 斑细鳚（*Leptoclinus maculates*） | / | 6.4 | 5 |
| | 北鳕（*Boreogadus saida*） | 18.7 | / | 14.3 |
| | 粗糙钩杜父鱼（*Artediellus scaber*） | 12.2 | / | / |
| | 半裸狼绵鳚（*Lycodes seminudus*） | 10.5 | / | / |

鱼类群落是由拥有相似的生态学特征以及相近的时空分布范围的种类共同组成的（Cowan et al.，1993），是在不同鱼类种群相互联系及其所处环境因子的长期综合影响和适应过程中逐渐形成的。此次调查海区地处北极和亚北极中高纬度地区，白令海南部与太平洋相通，两者之间的水交换畅通无阻，白令海夏季表层水温常处于8℃以下，北白令海陆架夏季底层冷水核心区最低温度多年平均值为-1.61℃；楚科奇海南部通过白令海峡与白令海相连通，水文特征深受太平洋上层水系的影响，北部则受北极冰盖融冰结冰低温水的影响，并由弗拉姆海峡及加拿大群岛间的水道与北大西洋入流水相通。由此，白令海与楚科奇海水域的鱼类

种类组成既有北太平洋鱼类区系和北冰洋鱼类区系的区系特征，又与北大西洋海区的鱼类区系相关联，构成了这一海区独特的鱼类种类组成特点。

在对此次鱼类生物全球地理分布资料进行整合的过程中，发现某些鱼类的出现站位点有超越之前文献资料中记录的分布区域的现象，在“四北”航次中林氏短吻狮子鱼、蝌蚪狮子鱼是属于北大西洋—北冰洋区系的物种，而此次在白令海陆架 B14 站位捕获到 1 尾林氏短吻狮子鱼，在 B14 等 12 个白令海站点中渔获到了 42 尾蝌蚪狮子鱼，两鱼种都极大地偏离了原本已知的分布区域，而尾棘深海鳐（*Bathyraja parmifera*）原本是属于北太平洋区系的物种，此次调查，尾棘深海鳐成鱼在靠近圣劳伦斯岛的北白令海陆架上有所渔获，而在楚科奇海陆坡 M06 和 M07 站点上却发现了尾棘深海鳐的鱼卵。马舌鲽的主要分布区是白令海东部陆架区和圣罗伦斯湾，此次仅在楚科奇海陆坡 M07 站点有所发现，在白令海陆架等其他区域并无发现。这说明原本栖息于北太平洋或者北冰洋—北大西洋的土著鱼类，由于环境、气候的改变，正在逐渐改变自己的栖息地范围，出现不同程度的扩散现象。此外，包括马康氏蝰鱼、奥霍狮子鱼（*Liparis ochotensis*）、北爱尔兰双线鲽（*Lepidopsetta polyxystra*）在内的 3 种北太平洋区系的鱼类物种和紫斑狼绵鳚、粗壮拟庸鲽在内的 2 种北太平洋—西北冰洋区系的鱼类物种，在此次调查中的渔获地点都接近其已知地理分布的最北端。“五北”航次中也有紫斑狼绵鳚和粗壮拟庸鲽出现范围更加靠北的现象，而北爱尔兰双线鲽已经越过白令海峡出现在了楚科奇南部海域。

从调查海域鱼类 Shannon – Wiener 多样性指数和物种丰富度指数分布来看，白令海鱼类物种多样性比楚科奇海的多样性高，呈现南高北低的特点，这与王雪辉等和陈国宝等对中国各海域鱼类多样性指数比较后得出的结果一致，即低纬度海域的物种多样性要高于高纬度海域。对比中国黄海海域、日本东北部海域、东北太平洋圣胡安岛海域和阿拉斯加湾东南部海域生物多样性指数，此次调查海域鱼类 Shannon – Wiener 多样性指数要低于圣胡安岛、阿拉斯加湾东南海域和黄海海域，但稍高于日本东北部海域，物种丰富度也较圣胡安岛与黄海海域低。此外，白令海峡 Shannon – Wiener 多样性指数（1.60）也低于同属于海峡类型的台湾海峡（2.47）。由此可见，白令海与楚科奇海海域的多样性水平并不高。

鱼类生物多样性高低的影响因素是多样的，除了与地理位置有密切关系外，主要原因在于过度捕捞，如我国的黄海与东海海域，由于渔业资源的不合理开发，多样性指数、渔获物的单位捕捞努力量渔获量（CPUE）呈下降趋势，优质的经济性种类被小型、低质的鱼类所取代，出现资源衰退的现象。白令海与楚科奇海三种主要鳕科经济鱼类同样面临着过度捕捞、资源衰退的困境。近年来，环境、气候的变化也逐渐成为影响海区资源状况的重要因子。白令海东部陆架区是全球渔业最高产的海区之一，狭鳕、大头鳕（*Gadus macrocephalus*）等资源丰富，白令海公海海域也是我国远洋渔业的场所之一，但是，目前该区域渔业资源也出现了衰退等问题。为此，美国海洋渔业署（NMFS）从 20 世纪 60 年代开始就对东白令海进行综合性渔业调查并制定总允许渔获量（TAC）计划，北太平洋渔业管理委员会（NPFMC）也于 2008 年开始每年派出调查船进入楚科奇海和波弗特海进行渔业资源调查（表 5 – 48）。

表 5－48 鱼类多样性指数对比

| 海区 | 多样性指数 $H'$ | 物种丰富度指数 $D$ |
| --- | --- | --- |
| 圣胡安岛 | 1.34 | 6.20 |
| 阿拉斯加湾东南 | 1.42 | — |
| 黄海海区 | 1.56 | 1.87 |
| 日本东北部海域 | 1.13 | — |
| 白令海与楚科奇海 | 0.63～1.21 | 1.27～1.48 |

## 5.1.7 大型藻类的分析与评价

### 5.1.7.1 大型底栖海藻调查

1）第五次北极科考

第五次北极科考共采集到3株海藻样品，代号分别为 AE5－8，AE5－9 和 AE5－12；其中 AE5－8，AE5－9 采自站位 BL18（63°25.399′N，172°37.050′W），AE5－12 采自站位 ISO03（67°14.851′N，19°1.202′W）（图 5－235）。

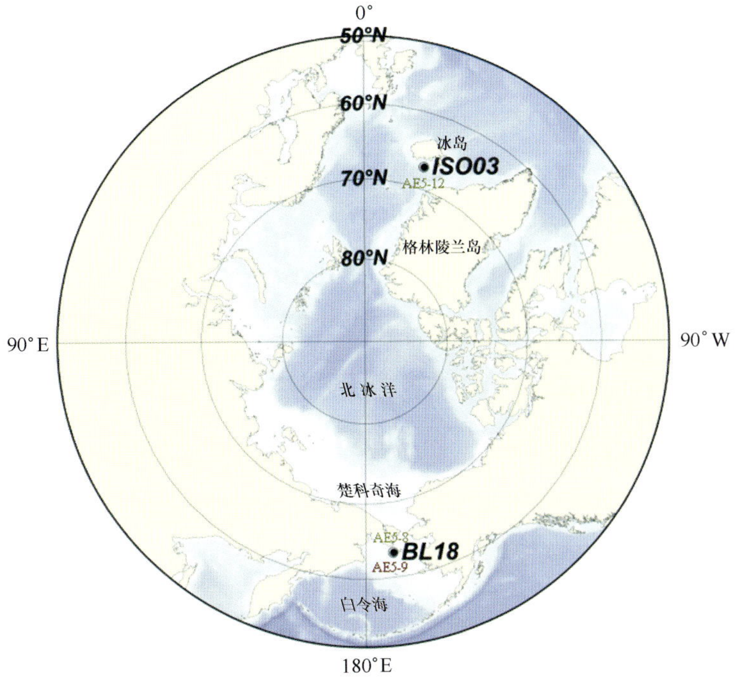


图 5－235 第五次北极科考采集到底栖海藻样品的站位

（1）孔叶藻 *Agarum clathratum* AE5－8

孔叶藻属于常见褐藻，广泛分布在从北太平洋到北大西洋西海岸以及北冰洋在内的冷水海域（Silva，1991）（图 5－236）。孔叶藻 *Agarum* Dumort.（Dumortier，1822）属于海带目多肋藻科，这一科的其他3个属分别为：多肋藻属 *Costaria* Grev.，网肋藻属 *Dictyoneurum* Rupr. 和菊石昆布属 *Thalassiophyllum* Postels & Rupr.（Lane & al.，2006）。目前常见的孔叶藻包括3个物种：孔叶藻 *A. clathratum* Dumort.（Dumortier，1822），流苏孔叶藻 *A. fimbriatum* Harv.（Harvey，1862）和大治孔叶藻 *A. oharaense* Yamada（Yamada，1961）。*A. clathratum* 最初被 Gmelin 在1768年命名为 *Fucus Agarum*。后来在1826年被 Bory 更名为 *A. cribrosum*。最近在 Silva 的建议下 *A. cribrosum* Bory 被更名为 *A. clathratum*（Boo et al.，2011）。作为分布于水深10～30 cm 潮下带的重要生物类群，孔叶藻藻床为海胆等海洋无脊椎动物提供了摄食和生存的环境，对维持生态平衡有着非常重要的作用（Gagnon & al.，2005）。

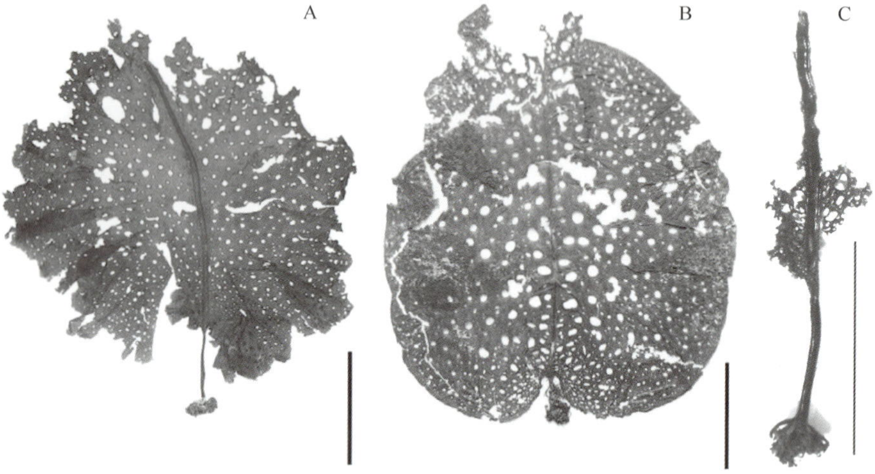


图5－236　孔叶藻形态比较

A：*Agarum clathratum*，堪察加半岛阿瓦恰入口，水深6 m处，2009年7月26日；B：*A. clathratum* ssp. *yakishiriense*，在江陵，韩国泗川，潮下带，2009年5月20日；C：AE5－8，白令海海域50 m水深拖网，2012年7月16日；图上标尺为10 cm

①形态学分析

第五次北极科考采集到的孔叶藻AE5－8形态如图5－236C所示，藻株长约25 cm，孔叶藻通常是在水深30 m以内，附着生长。我们是在50 m左右水深处拖网采集到的漂浮样品，可能在采集前藻体已经受到一定的破坏，叶片不完整。Boo等（2011）根据形态和DNA条形码序列的差异，将 *A. clathratum* 分为2个亚种（图5－236），*A. clathratum* subsp. *clathratum* 和 *A. clathratum* subsp. *Yakishiriense*。AE5－8在叶柄形态、附着器的发生方式等都与 *A. clathratum* subsp. *Clathratum* 一致，明显有别于 *A. clathratum* subsp. *Yakishiriense*（表5－49）。

**表5－49　*A. clathratum*、*A. clathratum* subsp. *Yakishiriense* 和 AE5－8的形态学比较**

| 样品种类 | *A. clathratum* Dumort.（1822） | *A. clathratum* ssp. *yakishiriense* Yamada ex G. H. Boo & P. C. Silva | AE5－8 |
|---|---|---|---|
| 叶片大小（长×宽） | （15～80）cm×（30～40）cm | （15～30）cm×（15～20）cm | 25 cm×4 cm |
| 叶片形状 | 叶片薄，通常是卷曲折叠的，有泡状结构，边缘呈圆锯齿状 | 折叠，近基部呈卷轴状 | 叶片卷曲折叠，不完整 |

续表

| 样品种类 | *A. clathratum* Dumort.（1822） | *A. clathratum* ssp. *yakishiriense* Yamada ex G. H. Boo & P. C. Silva | AE5－8 |
|---|---|---|---|
| 叶片大小（长×宽） | （15～80）cm×（30～40）cm | （15～30）cm×（15～20）cm | 25 cm×4 cm |
| 叶柄 | 上端扁平，底部呈圆柱状，最长可达30 cm，通常长度小于10 cm | 扁平状，宽，没有圆柱形 | 上端扁平，底部呈圆柱状，长约9 cm |
| 叶中脉 | 厚，大约1.5 cm宽 | 0.2～0.6 cm宽 | 约0.6 cm宽 |
| 附着器 | 短、厚或细长，从最底端发生 | 细长、纤维化，从叶柄的两边发生 | 短、厚，从最底端发生 |
| 分布 | 日本、俄罗斯、阿拉斯加到华盛顿，加拿大到美国纽约 | 韩国、日本、俄罗斯 | 北极白令海 |

② DNA条形码序列分析

克隆并测序了AE5－8的18S rRNA、ITS（包括ITS1 5.8S ITS2）基因序列（图5－237）。长度为1 722 bps的AE5－8的18S rRNA基因与GenBank中提交的*A. clathratum*的序列相似性最高，仅有2个碱基的差异（627：C－T，1127：A－G）。

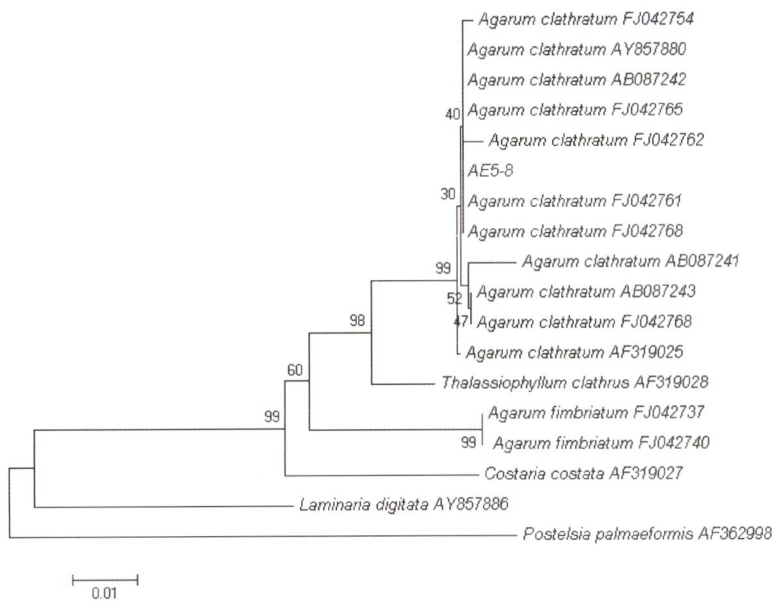


图5－237　利用ITS序列构建的系统树

由于ITS的变异度较高，可以很好地用于褐藻某些属的种间鉴定（Daniel and Saunders，2009）。利用ITS序列构建的系统树表明，多肋藻科物种聚类为一个大簇，其中AE5－8与所有孔叶藻聚类为一个稳定的分支，明显有别于流苏孔叶藻和其他多肋藻目物种（图5－238）。

在以往对孔叶藻物种的DNA条形码分析中研究的最为详细的是Boo等（2011）。他们利用ITS2、cox1、cox3和RuBisCO spacer等条形码标记，分析了来自日本、韩国、美国、加拿大等不同地区的130株孔叶藻属（包括少量其他多肋藻属）物种的系统进化关系。几种条形码标记中，在*A. clathratum*种内遗传距离从高到低依次为：ITS2／RuBisCO spacer／*cox*1/*cox*3

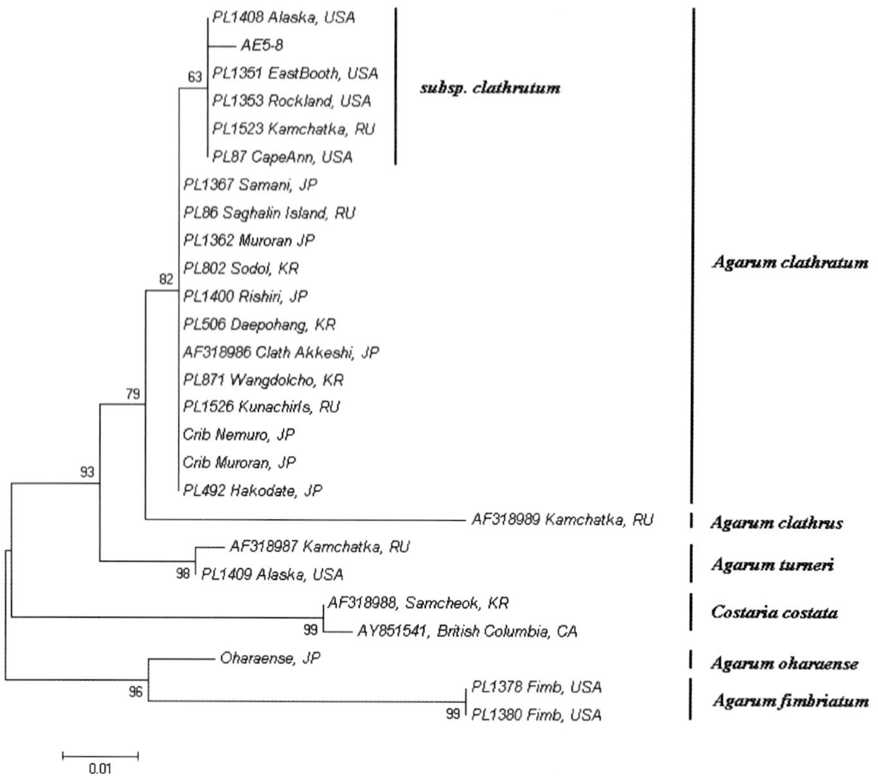


图 5－238　根据 RuBisCO spacer 序列构建的系统树

分别为 0.25/0.20/0.09/0.09，即 ITS2 最适用于 *A. clathratum* 种内鉴定。参照 Boo 等构建的孔叶藻 ITS2 系统树中（图 5－239），北极孔叶藻 AE5－8 聚类在 *A. clathratum* subsp. *Clathratum* 分支中，在这一分支中也包括另外一株来自白令海的孔叶藻（AB087244），其 ITS2 序列与 AE5－8 的相似性为 100%。根据 RuBisCO spacer 序列构建的系统树中，AE5－8 也同样聚类在 *A. clathratum* subsp. *Clathratum* 分支，这与形态鉴定的结果一致，因此可以判定北极孔叶藻为 *A. clathratum* subsp. *Clathratum*。该亚种的分布非常广泛，从北大西洋的美国沿海、加拿大沿海到北冰洋，通过白令海峡到北太平洋的日本沿海都有分布（Lindstrom，2001）。

（2）复羽新翼藻 *Neoptilota asplenioides* AE5－9

样品采自白令海海域（63°25.399′N，172°37.050′W），在水深 50 m 处，拖网获得。经形态学和 DNA 序列分析，认定其分类地位如下：红藻门（Rhodophyta），真红藻纲（Florideophyceae），仙菜目（Ceramiales），软毛藻科（Wrangeliaceae），新翼藻属（*Neoptilota*）。

①形态鉴定 AE5－9

形态（见图 5－240）：藻体红褐色，高约 20 cm，扁平复叉状分枝，边缘有锯齿，具中肋，固着器未见。

② DNA 条形码序列分析

根据 18S rRNA 基因构建的系统树（图 5－241），AE5－9 与紫枝藻、翼藻等聚类为一个稳定的分支，AE5－9 与复羽新翼藻 *Neoptilota asplenioides* 的亲缘关系最近。

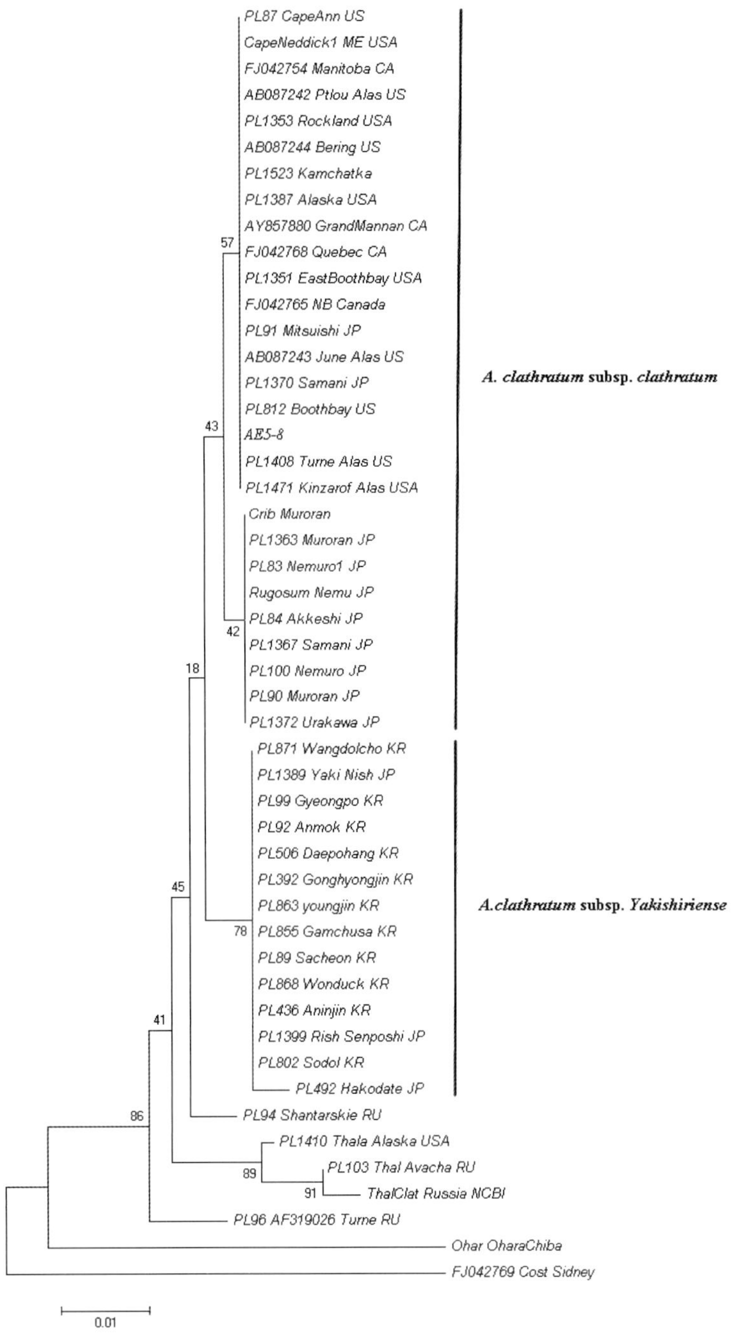


图5-239　利用ITS2序列构建的孔叶藻系统树

与根据18SrDNA序列构建的系统树一致，rbcL系统树（图5-242）表明AE5-9与复羽新翼藻的亲缘关系最近，与同一属的*N. densa*和*N. hypnoides*的遗传距离则较远，因此可以推断AE5-9为复羽新翼藻。

COX2-3间隔序列在红藻的石花菜目、江蓠目、紫球藻目等种质鉴定中应用广泛，可以说是这些物种种间鉴定的最适条形码，但是在仙菜目物种中相关研究还较少，未在GenBank中找到与AE5-9亲缘关系较近的物种的COX2-3序列（图5-243）。

图 5-240　样品 AE5-9 的形态结构

1. 正常形态；2. 在 20×光镜下的结构

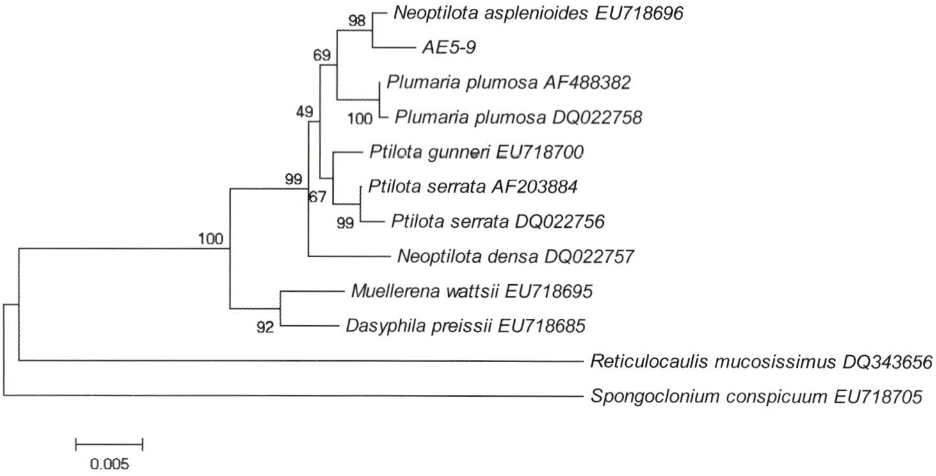


图 5-241　利用 18S rDNA 序列构建的系统树

（3）瘤状囊叶藻 *Ascophyllum nodosum* AE5-12

瘤状囊叶藻 *Ascophyllum nodosum*（L.）Le Jolis 是属于褐藻门，墨角藻科（Fucaceae），是囊叶藻属（*Ascophyllum*）的唯一种，分布在北大西洋沿岸的潮下带或岩石海滩的常见种，从北极加拿大、格陵兰岛、冰岛和挪威北部向南到 42°N 的葡萄牙和纽约长岛。夏季的海水表层温度限定了这一物种的南端分布线（Lüning，1990）。而在北太平洋沿岸则鲜见分布（South & Tittley，1986）。藻体为雌雄异体，生长速度较慢（0.5%/a），但是生长周期长，可以达到 10~15 年。生殖期在春季。囊叶藻分枝上以一定间隔规则地分布着卵形气囊，囊叶藻分枝长度可达 2 m，附着在岩石上生长。囊叶藻的某些变种则适应漂浮生长。

瘤状囊叶藻具有较高的经济价值，含有丰富的蛋白质、矿物质，是天然优质营养素来源。除了应用于饲料或肥料等产品外，亦可以生物技术萃取出褐藻胶等更具保健价值的成分。国外已有厂商从中萃取出一种独特的多酚成分 phlorotannins，phlorotannins 分子结构与陆生植物

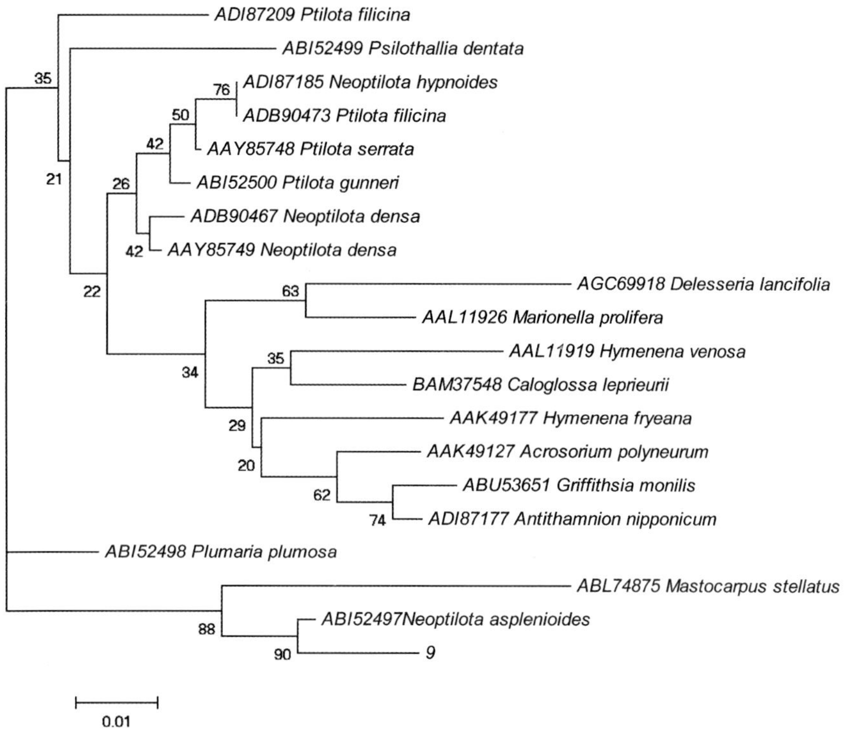


图 5 – 242 利用 rbcL 序列构建的系统树

的多酚结构大不相同，具有特殊的生物活性，例如通过抑制淀粉酶和脂肪酶的活性，降低身体对食物中热量的吸收，辅助维持良好体重。

和其他墨角藻属物种一样，囊叶藻藻床为种类繁多的潮间带生物提供庇护所和栖息地（Pavia et al.，1999a，b）。其分布丰度和/或分布范围的任何变动将对岩石海岸生态系统产生显著的影响。研究报道发现，在欧洲和北美，沿海岸潮间带分布的各种无脊椎动物和海藻，包括囊叶藻的这些变化与夏季海水表面温度升高有密切的联系（Helmuth et al.，2006；Lima et al.，2007）。

在第五次北极科考过程中，我们在冰岛北部格陵兰海（67°14.851′N，19°1.202′W）拖网采集到了一株瘤状囊叶藻 AE5 – 12，对其进行了分子鉴定（图 5 – 244）。

①形态

采集到的藻体不完整，呈褐色。主干约有 20 cm 长，有 5 个分枝，主干与分枝粗细差异不大。每隔一定距离有囊泡状结构，囊泡壁厚中空。藻体表面附着生长着大量的水螅（*Obelia* sp.）（图 5 – 245）。

② DNA 条形码序列分析

克隆并测序了北极囊叶藻的部分 COI 基因序列，与其他褐藻门物种进行比较，构建的系统树可以看出，AE5 – 12 与瘤状囊叶藻亲缘关系最近，与墨角藻（*Fucus*）、茸藻（*Durvillaea*）等墨角藻科物种聚类为一个独立的分支（图 5 – 246），可以认定 AE5 – 12 为瘤状囊叶藻。

Serraǒ 等（1999）利用 ITS2 序列，对大西洋海域不同来源的墨角藻科物种进行系统进化分析，参照其数据构建的系统树发现，AE5 – 12 作为唯一的一株来自冰岛格陵兰海的囊叶藻，

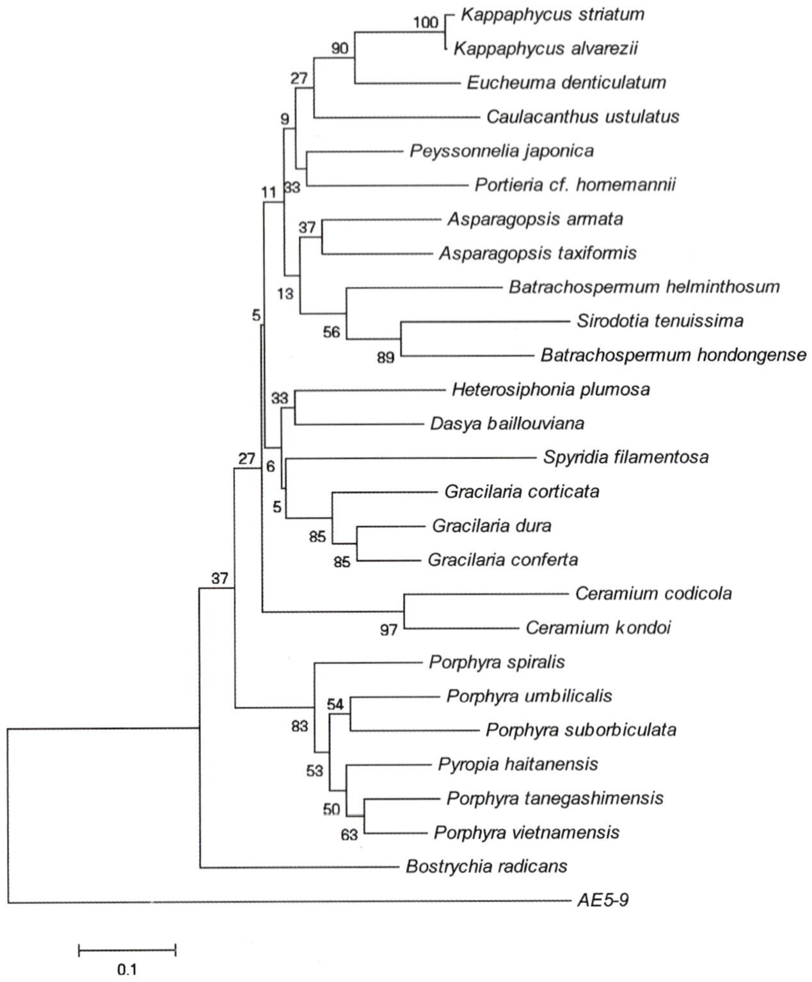


图 5-243　利用 COX2-3 序列构建的系统树

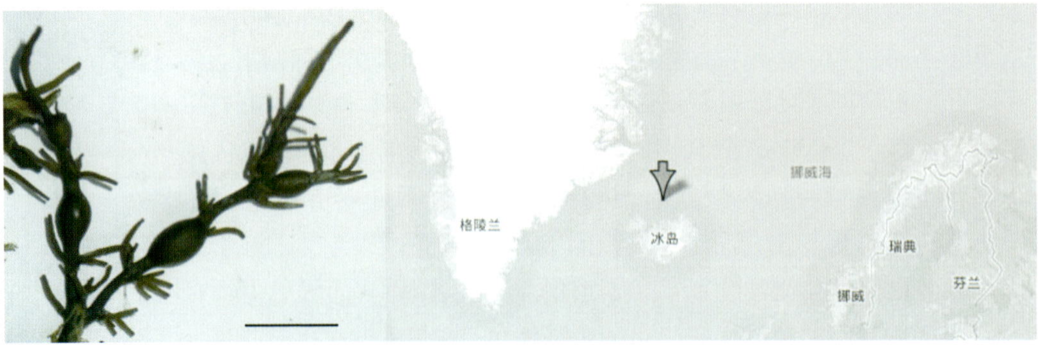


图 5-244　样品采集地点

与来自北海、白海、美国和欧洲大西洋沿岸不同来源的囊叶藻聚类为一个分支（图 5-247），在比对的 649 个核苷酸序列中，与亲缘关系最近的个体仅有 1 个碱基的差异。

Olsen 等（2010）分析了囊叶藻主要分布区域的 28 个群体、1 300 个个体的 2 个线粒体位点 IGS（intergenic spacer）和 trnW（tRNAW）基因，发现所测序的瘤状囊叶藻根据 IGS 基因可分为 8 个不同的单倍体基因型（h1-h8），根据 trnW 基因可分为 2 种单倍体基因型（L 和

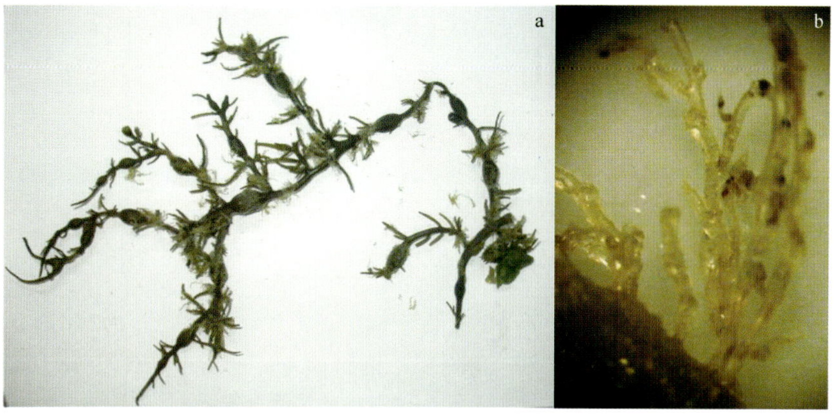


图 5-245 AE5-12 的形态（a）及其体表附着的水螅的显微结构（b）

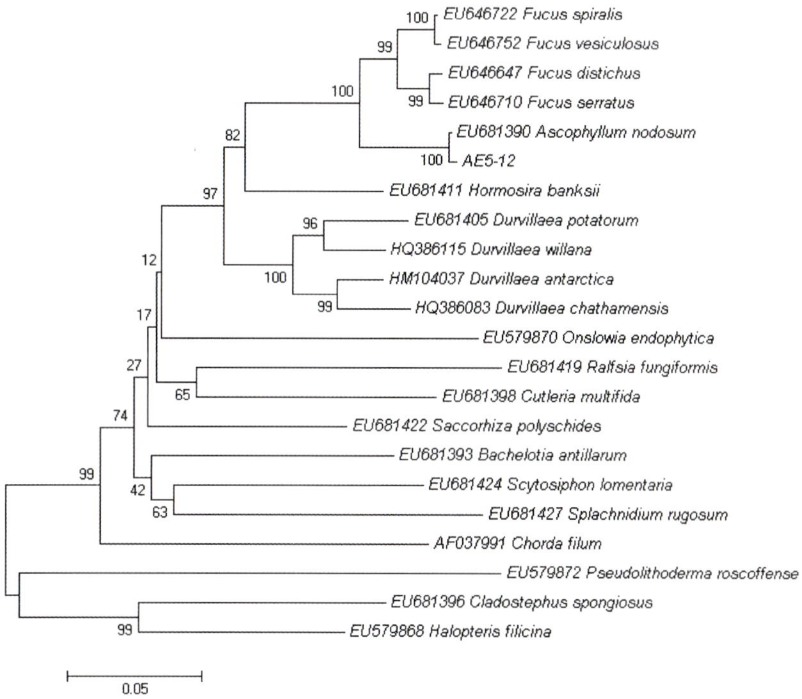


图 5-246 基于线粒体 COI 基因构建的系统树

S)。其中来自冰岛群体的采样地点为 65°39′N，27°21′W。这一群体中测序的 27 株藻体的 Mt-IGS 序列包括基因型 h1 和 h2。24 株藻体的 Mt-trnW 基因型包括 L 和 S 型。为避免测序误差，我们同一种基因选取了 2 个克隆进行测序，结果发现，AE5-12 的 Mt-IGS 基因型属于 h1 型，trnW 基因型与 L 型相近，但是有 1 个碱基的差异（图 5-248），表明 AE5-12 在基因型上可能有别于 Olsen 等（2010）所检测的 28 个自然群体中的 1 300 个囊叶藻个体，这种差异存在的原因以及其意义还需要更多样本的诠释。

2）第六次北极科考

第六次北极科学考察共采集形态较为完整的大型海藻 4 株，分别命名为 AE6-1，AE6-2，AE6-3 和 AE6-4。另外还采集到 1 块海藻组织碎片，命名为 AE6-5。其中，AE6-1 采

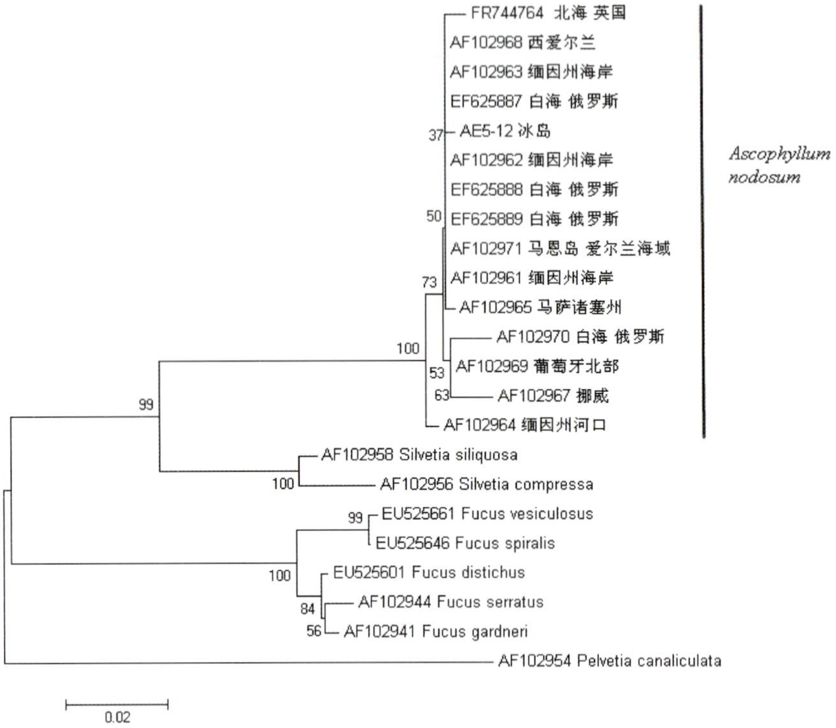


图 5－247 基于 ITS2 序列构建的系统树

自站位 AD01（62°09′37″N，173°52′59″W），AE6－2、AE6－3 和 AE6－5 采自站位 NB01（60°48′25″N，177°13′55″W），AE6－4 来自站位 BS06（64°21′22″N，168°58′12″W）（图 5－249）。

（1）复羽新翼藻 *Neoptilota asplenioides* AE6－1，AE6－2

复羽新翼藻属于红藻门（Rhodophyta），真红藻亚纲（Florideophycidae），仙菜目（Ceramiales），新翼藻属（*Neoptilota*）。新翼藻属中目前公认的有 4 个种：*N. asplenioides*（Esper）Kylin ex Scagel，Garbary，Golden & Hawkes，*N. californica*（Ruprecht ex Harvey）Kylin，*N. densa*（C. Agardh）Kylin ex I. A. Abbott & Hollenberg，*N. hypnoides*（Harvey）Kylin ex I. A. Abbott & Hollenberg。复羽新翼藻的曾用名包括：复羽海头红 *Plocamium asplenoides*（Esper）J. V. Lamouroux，复羽墨角藻 *Fucus asplenioides* Esper 1804 和复羽翼藻 *Ptilota asplenoides*（Esper）C. Agardh 1822。

①分布

北美：阿拉斯加（Saunders，1901；Lindstrom，1977；Scagel et al.，1989；Wynne & Heine，1992；Lindeberg & Lindstrom，2010）、英属哥伦比亚（Scagel et al.，1989），华盛顿（Scagel et al.，1989）。亚洲：堪察加半岛（Vozzhinskaja，1965；Selivanova & Zhigadlova，2009），科曼多尔群岛（Selivanova & Zhigadlova，1997），日本（Segawa，1981；Yoshida，Nakajima & Nakata，1990），俄罗斯远东（Perestenko，1980；Perestenko，1994；Selivanova，2002）。

②形态描述

藻体呈复羽状，鲜红或暗红色，不规则分支，羽片状叶片。固着器盘形。分枝基部扁平，

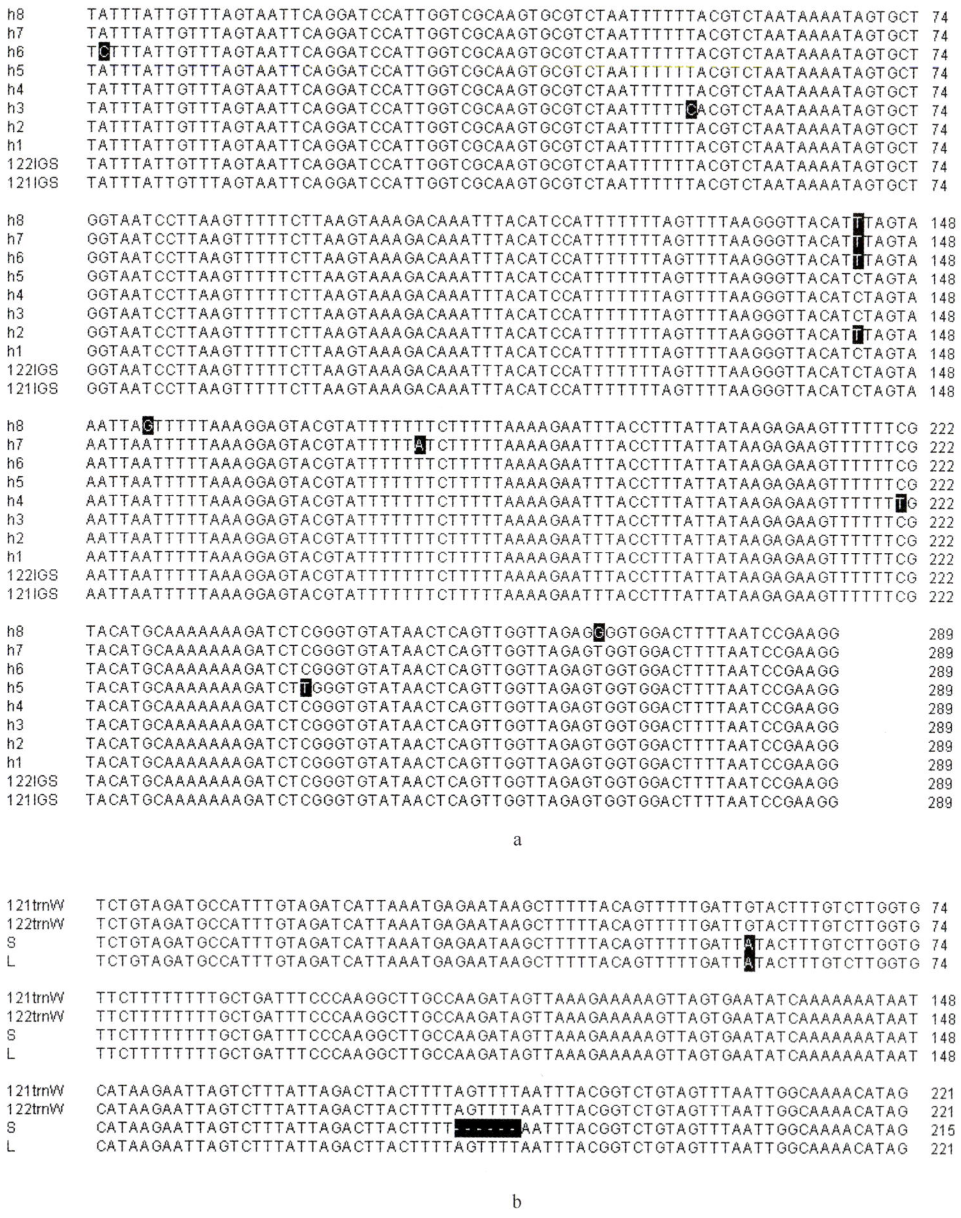

图5-248 瘤状囊叶藻不同单倍体基因型的序列比较 a：Mt-IGS，b：Mt-trnW

对生。其中一个分枝短，具齿状边缘，不形成副枝。另一个分枝可形成长的未分化的副枝或囊果。藻体长度可达到40 cm。

③生长环境

附生于低潮带的岩石或大型海藻上。

样品AE6-1在白令海海域（62°09′37″N，173°52′59″W）水深62 m处，拖网获得。株高约22 cm，分枝密集，未见附着基，藻体呈暗红色，具有囊果和未分化的副枝（图5-250）。

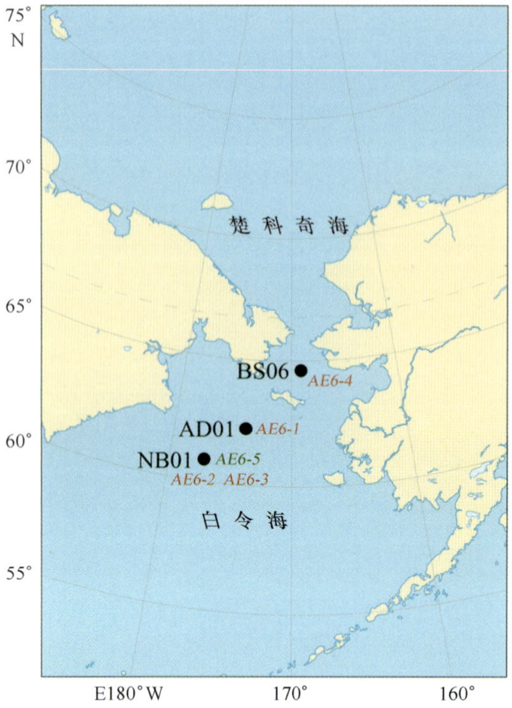


图 5－249　第六次北极科考样品采集的站位

图 5－250　AE6－1 的藻体形态、其枝端的囊果结构和未分化的副枝

AE6－2 在白令海海域（60°48′25″N，177°13′55″W）水深 132 m 处拖网获得。株高约 15 cm，藻体呈深红色，有 2 种不同的叶片结构，一种为扁平叶状，锯齿状边缘，另一种为正常的羽状分枝（图 5－251）。

图 5－251　AE6－2 的形态

（2）锯齿翼藻 *Ptilota serrata* AE6－3

锯齿翼藻属于红藻门（Rhodophyta），真红藻亚纲（Florideophycidae），仙菜目（Ceramiales），翼藻属（*Ptilota*）。翼藻属中目前公认的有 4 个种：*P. filicina* J. Agardh，*P. gunneri* P. C. Silva，Maggs & L. M. Irvine，*P. phacelocarpoides* A. D. Zinova 和 *P. serrata* Kützing。另外还包括 40 个亚种。

①形态描述

藻体直立，藻枝扁平状，在同一平面具有分枝。无限生长枝（主枝）具有互生或对生的羽状分枝，通常单侧枝条比其对生侧枝条更加复杂和发达。主枝的顶端细胞沿横向或稍倾斜的细胞板纵向分裂。侧枝由 2 个对生的侧枝原基生长发育而成，侧枝的髓部细胞由主枝顶端细胞分裂形成的子细胞开始发育，生长为短枝和长枝。其他侧枝细胞分化为皮层组织。因此短枝与长枝均有由侧枝原基发育而成的皮层组织，靠近髓部的皮层细胞较大，而外侧的细胞较小。

短枝可分化发育成具有繁殖能力的小枝，在其顶部形成产孢丛。产孢丛被丝状体包围覆盖，大部分产孢丛细胞发育为果孢子囊。四分孢子囊分裂为四面体状，在有柄或无柄的短枝边缘发育而成的小枝顶部形成。

②生长环境

附生于潮下带的岩石、藻体或动物上。

③分布

北极：斯瓦尔巴群岛（Fredriksen & Kile，2012），白海（Smirnova & Mikhailova，2013；

Garbary & Tarakhovskaya, 2013），加拿大北极地区（Lee, 1980），法罗群岛（Irvine, 1982; Nielsen & Gunnarsson, 2001），挪威（Rueness, 1997; Rueness, 2010），冰岛（Caram & Jónsson, 1972），斯堪的纳维亚（Athanasiadis, 1996），斯匹次卑尔根岛（Vinogradova, 1995; Rueness, 2010），格陵兰岛（Pedersen, 2011），阿拉斯加（Lindeberg & Lindstrom, 2010），堪察加半岛（Selivanova & Zhigadlova, 2009），科曼多尔群岛（Selivanova & Zhigadlova, 1997），俄罗斯远东地区（Selivanova, 2002），韩国（Lee & Kang, 2001）和日本等（Segawa, 1981）。

④样品

AE6 – 3 在白令海海域（60°48′25″N, 177°13′55″W），水深 132 m 处拖网获得。株高约 6 cm，藻体呈暗红色，羽状分枝，分枝基部可见带短柄的果孢子囊。带圆盘状附着基（图 2 – 252）。

图 5 – 252　AE6 – 3 的形态和果孢子囊

鉴于复羽新翼藻和锯齿翼藻亲缘关系较近，均属于仙菜目，我们将样品 AE6 – 1、AE6 – 2 和 AE6 – 3 一起构建了系统树，进行分子鉴定。

⑤ DNA 条形码分析

在利用 18S rRNA 序列构建的仙菜目红藻的系统树进化树中（图 5 – 253），AE6 – 3 与锯齿翼藻聚类为一个稳定的分支，AE6 – 1、AE6 – 2 和五北样品 AE5 – 9 与复羽新翼藻聚类为一个稳定的分支。

通过 COI 构建的系统树（图 5 – 254）可以看出，AE6 – 3 与锯齿翼藻聚类在一起，AE6 – 1 和 AE6 – 2 以及 AE5 – 9 的 COI 序列完全一致，但是因为 NCBI 数据库中没有复羽新翼藻的 COI 序列，所以它们单独聚类为一个独立的分支，明显有别于密枝新翼藻（*N. densa*）和另外 2 株未定种的新翼藻属海藻。

（3）果突截形藻 *Coccotylus truncatus* AE6 – 4

果突截形藻属于红藻门（Rhodophyta），真红藻亚纲（Florideophycidae），杉藻目（Gigartinales），育叶藻科（Phyllophoraceae），果突藻属（*Coccotylus*）。果突藻属目前公认的种有 4 个，*C. brodiei*（Turner）Kützing，*C. hartzii*（Rosenvinge）L. Le Gall & G. W. Saunders，*C. orientalis*（A. D. Zinova & Makienko）Perestenko，*C. truncatus*（Pallas）M. J. Wynne & J. N. Heine。此外还有 6 个亚种。

①形态描述

藻体暗红至紫红色，亚软骨质。二叉分枝式，基部呈线状，往上分支逐渐呈扁平状。可

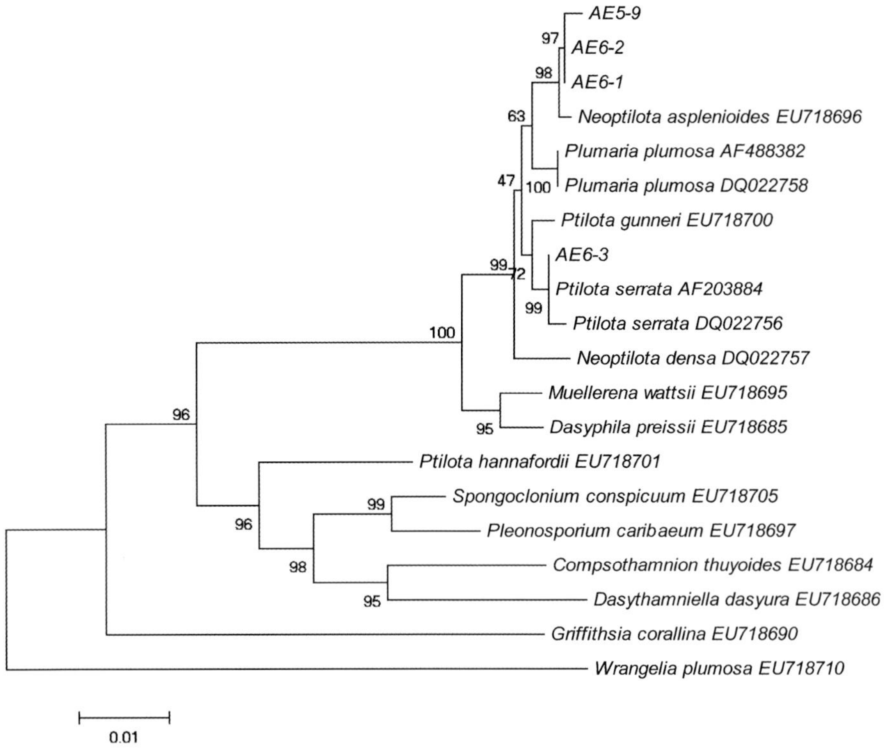


图5－253 基于18S rRNA序列构建的系统树

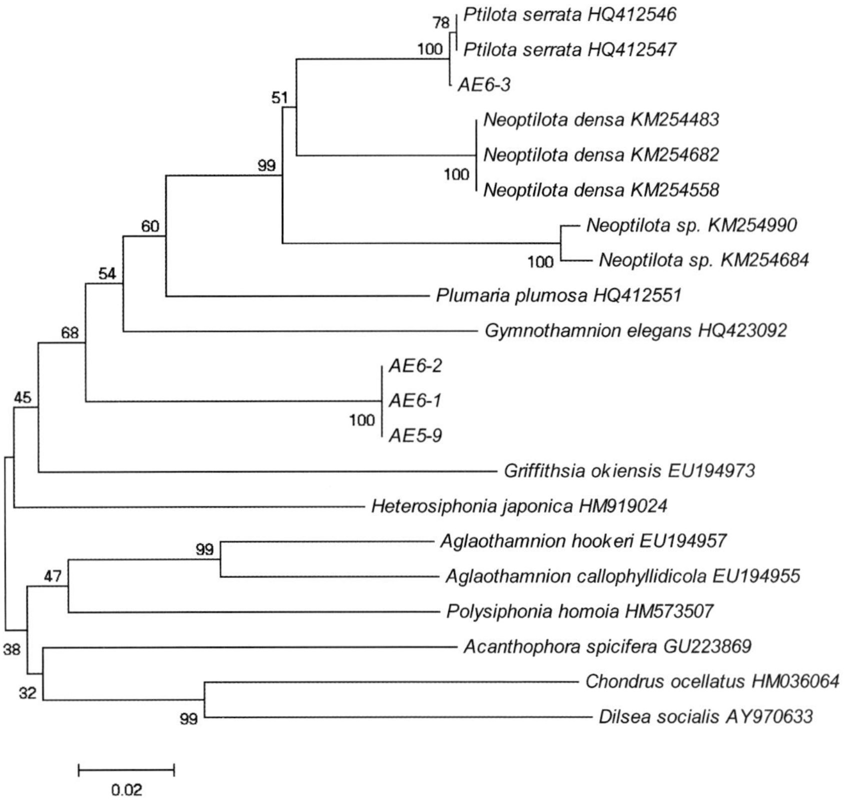


图5－254 基于COI序列构建的系统树

在雌性个体的分支顶端发现具有短柄的生殖结构（图 5 - 255）。

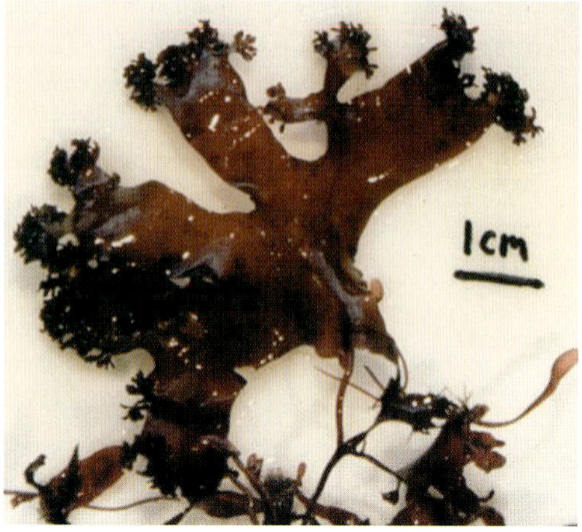


图 5 - 255　果突截形藻典型藻株的形态

引自：http：//omp. gso. uri. edu/ompweb/doee/biota/algae/rhodo/cocco1. htm

②分布情况

北极：斯瓦尔巴群岛（Hop et al. , 2012；Fredriksen et al. , 2014），白海（Smirnova & Mikhailova，2013；Garbary & Tarakhovskaya，2013）。

欧洲：波罗的海（Nielsen et al. , 1995），黑海（Milchakova，2011），英国（Hardy & Guiry，2003），保加利亚（Temniskova，Stoyneva & Kirjakov，2008），丹麦（Larsen & Sand - Jensen，2006），法罗群岛（Nielsen & Gunnarsson，2001），法国（Anon，2012），爱尔兰（Morton，1994；Guiry，2012），挪威（Rueness，1997；Husa，Steem & Sjøtun，2014），罗马尼亚（Caraus，2012），斯堪的纳维亚（Athanasiadis，1996），西班牙（Conde et al. , 1996；Cires Rodriguez & Cuesta Moliner，2010），瑞典（Tolstoy & Österlund，2003），土耳其（Taskin et al. , 2008）。

大西洋群岛：亚速尔群岛（Neto，1994），格陵兰岛（Pedersen，2011）。

北美：阿拉斯加（Wynne & Heine，1992），缅因州（Mathieson et al. , 2001），新布鲁斯维克（Bates et al. , 2005），爱德华王子岛（Le Gall & Saunders，2010）。

亚洲：俄罗斯远东（Perestenko，1994；Selivanova，2002）

③ AE6 - 4

AE6 - 4 在白令海海域（64°21′22″N，168°58′12″W），水深 40 m 处拖网获得。采集站位为 BS06。株高约 7 cm。藻体呈深红色，扁平状叶片，叶片基部较细，向上逐渐变得宽扁，在初级叶片顶端产生多个新的分枝叶片。藻体未见附着基，叶片顶端呈截形，有果孢子囊（图 5 - 256）。

基于 COI 序列构建的系统树，表明 AE6 - 4 与其他果突截形藻聚类到一起（图 5 - 257），因此认为其为果突截形藻。

（4）孔叶藻 *A. clathratum* AE6 - 5

样品 AE6 - 5 在白令海海域（60°48′25″N，177°13′55″W），水深 132 m 处拖网获得。图 5 - 258 为孔叶藻体的部分叶片。

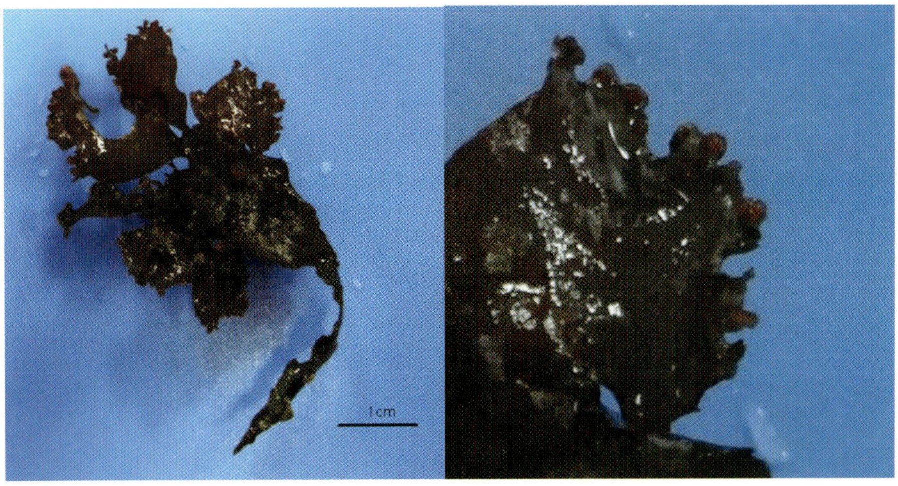


图5－256 样品AE6－4的形态和位于其叶片顶端的果胞四分孢子囊

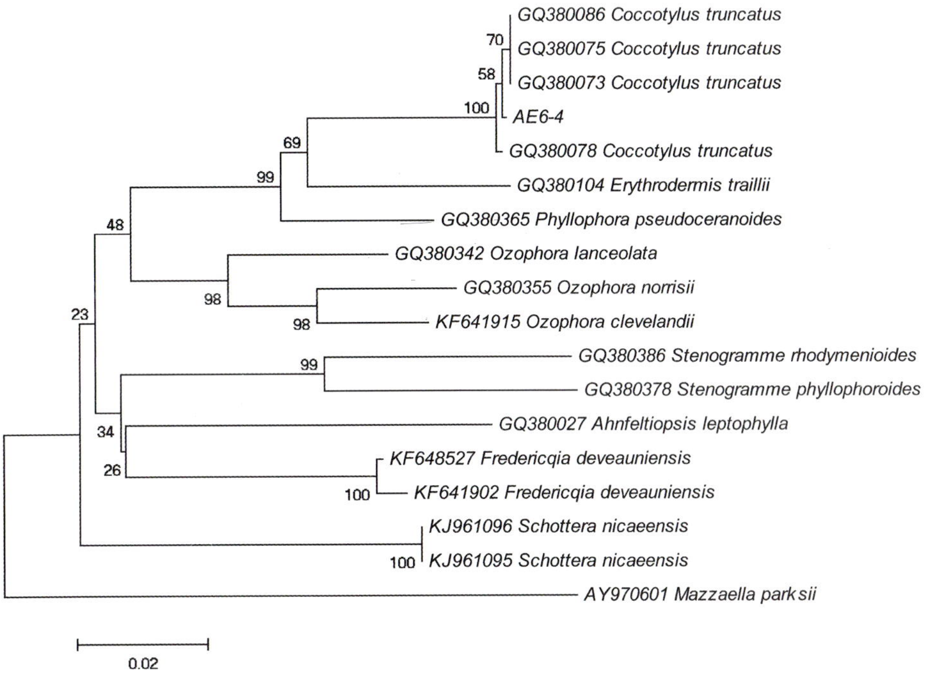


图5－257 基于COI序列构建的系统树

利用ITS序列构建的系统树表明，AE6－5与第五次北极科考样品AE5－8一样，与所有孔叶藻聚类为一个稳定的分支，明显有别于流苏孔叶藻和其他多肋藻目物种（图5－259）。

第五次北极科考和第六次北极科考中，采集到的大型海藻样品数量都非常有限，分别是3株和5株。究其原因，一方面是由于北极科考中大部分的站位设置都在深水区，水深光照不足，通常不适于藻类的生长。而浅水区（＜100 m）的站位底质多为泥沙质，大型海藻通常在岩石基底的海区附着生长，这两个方面成为采集到的大型底栖海藻样品量少的主要原因。另一方面，采用底拖网的方式采集底栖海藻也不是特别适宜，因为底栖海藻紧紧附着生长在底质上，拖网很难将其拉扯下来。因为北冰洋水温较低，采用潜水采集的方式也不现实。以

图 5 - 258　孔叶藻碎片 AE6 - 5 的形态

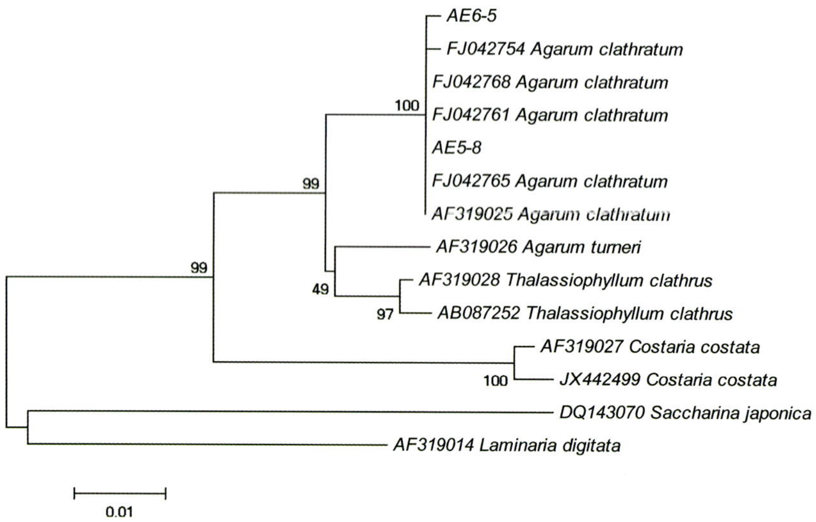


图 5 - 259　基于 ITS 序列构建的系统树

后的调查航次中可以尝试在拖网后面挂一张加吊坠的丝网，较细的丝线可以缠住海藻藻体，或许可以增加采集样品的数量。

尽管数量有限，但是两次北极科考所采集到样品的重复性很高，在白令海海域都采集到了孔叶藻和复羽新翼藻，它们均属于这一海域的常见种。

（3）文献报道北极地区大型海藻的种类和分布情况

北极地区的海藻主要来源于大西洋和太平洋，少见的几种北极本土物种包括：褐藻梗状楚科奇藻（*Chukchia pedicellata*），内叶楚科奇藻（*C. endophytica*），冰河点叶藻（*Punctaria glacialis*），轮生宽管藻（*Platysiphon verticillatus*），红藻石斑藻（*Petrocelis polygyna*），绿藻顶管藻（*Acrosiphonia incurve*）。其他分布在北极地区的生物量较大的非本土种海藻主要包括褐藻海带（*Saccharina latissima*），孔叶藻（*Agarum clathratum*），刺酸藻（*Desmarestia aculeate*），长囊水云（*Ectocarpus siliculosus*），红藻北极多管藻（*Polyshiphonia arctica*），齿海藻（*Odonthalia dentate*），绿藻肠浒苔（*Ulva intestinalis*）等。

根据 Wulff 等（2011）的报道，在北极，海藻资源最丰富的是斯瓦尔巴特群岛，大约有70种，其次是加拿大北极地区（主要是巴芬湾），有55种。俄罗斯的北极地区因为多为沙泥底质，缺少海藻附着生长的礁石，因此海藻资源较为贫瘠，同样从南到北，东格陵兰岛的种质资源也是逐渐减少。格陵兰岛最南端的海藻群落较为丰富（Pedersen，1976）。在阿拉斯加的波弗特海大陆架，加拿大北极群岛以西，只有15种大型海藻的记录。

截至2015年，在藻类数据库（http：//www. algaebase. com）中记载的分布在北极的大型海藻共有256种，其中，斯瓦尔巴特群岛有114种，白海有83种，加拿大北极地区有74种，阿拉斯加有12种，俄罗斯北极地区有6种，俄罗斯新地岛有4种，另外还有2种来自巴伦支海（表5－50）。

**表5－50 北极地区大型海藻名录及其分布（整理自 http：//www. algaebase. com）**

| 大型海藻种类 | 地理分布 |
|---|---|
| *Chukchia pedicellata* R. T. Wilce，P. M. Pedersen & S. Sekida | 阿拉斯加（北极） |
| *Erythrodermis traillii*（Holmes ex Batters）Guiry & Garbary | 阿拉斯加（北极） |
| *Peyssonnelia squamaria*（S. G. Gmelin）Decaisne | 阿拉斯加（北极） |
| *Phyllophora pseudoceranoïdes*（S. G. Gmelin）Newroth & A. R. A. Taylor | 阿拉斯加（北极） |
| *Fragilariopsis reginae－jahniae* Witkowski，Lange－Bertalot & Metzeltin | 阿拉斯加（北极）、巴伦支海、加拿大（北极）、挪威、斯瓦尔巴特群岛 |
| *Peyssonnelia rosenvingei* F. Schmitz | 阿拉斯加（北极）、加拿大（北极） |
| *Leptophytum foecundum*（Kjellman）Adey | 阿拉斯加（北极）、加拿大（北极）、俄罗斯新地岛、俄罗斯（北极） |
| *Laminaria solidungula* J. Agardh | 阿拉斯加（北极）、加拿大（北极）、斯瓦尔巴特群岛 |
| *Phaeostroma pustulosum* Kuckuck | 阿拉斯加（北极）、加拿大（北极）、斯瓦尔巴特群岛 |
| *Phycodry srubens*（Linnaeus）Batters | 阿拉斯加（北极）、加拿大（北极）、斯瓦尔巴特群岛、白海 |
| *Coccotylus truncatus*（Pallas）M. J. Wynne & J. N. Heine | 阿拉斯加（北极）、加拿大（北极）、斯瓦尔巴特群岛、白海 |
| *Chordaria chordaeformis*（Kjellman）H. Kawai & S. －H. Kim | 阿拉斯加（北极），俄罗斯（北极） |
| *Pyramimona splurioculata* Butcher | 北冰洋、加拿大（北极） |
| *Membranoptera fabriciana*（Lyngbye）M. J. Wynne & G. W. Saunders | 巴伦支海 |
| *Agarum clathratum* Dumortier | 加拿大（北极） |
| *Alaria pylaiei*（Bory de Saint－Vincent）Greville | 加拿大（北极） |
| *Arthrochae tepenetrans* Rosenvinge | 加拿大（北极） |
| *Asperococcus fistulosus*（Hudson）W. J. Hooker | 加拿大（北极） |
| *Blidingiam arginata*（J. Agardh）P. J. L. Dangeard ex Bliding | 加拿大（北极） |
| *Blidingia ramifera*（Bliding）Garbary & L. B. Barkhouse | 加拿大（北极） |
| *Bolbocoleon piliferum* N. Pringsheim | 加拿大（北极） |
| *Bryopsis plumosa*（Hudson）C. Agardh | 加拿大（北极） |
| *Ceramium diaphanum*（Lightfoot）Roth | 加拿大（北极） |

续表

| 大型海藻种类 | 地理分布 |
|---|---|
| *Chlorochytrium dermatocolax* Reinke | 加拿大（北极） |
| *Chukchia endophytica* （S. Lund） R. T. Wilce, P. M. Pedersen & S. Sekida | 加拿大（北极） |
| *Clathromorphum compactum* （Kjellman） Foslie | 加拿大（北极） |
| *Coccotylus hartzii* （Rosenvinge） L. Le Gall & G. W. Saunders | 加拿大（北极） |
| *Coilodesme bulligera* Strömfelt | 加拿大（北极） |
| *Colaconema hallandicum* （Kylin） Afonso – Carillo, Sanson, Sangil & Diaz – Villa | 加拿大（北极） |
| *Dermatocelis laminariae* Rosenvinge | 加拿大（北极） |
| *Desmarestia aculeata* （Linnaeus） J. V. Lamouroux | 加拿大（北极） |
| *Dilsea socialis* （Postels & Ruprecht） Perestenko | 加拿大（北极） |
| *Erythrocladia irregularis* Rosenvinge | 加拿大（北极） |
| *Erythrocladia polystromatica* P. J. L. Dangeard | 加拿大（北极） |
| *Erythrotrichia carnea* （Dillwyn） J. Agardh | 加拿大（北极） |
| *Fucuse dentatus* Bachelot de la Pylaie | 加拿大（北极） |
| *Gloeocystis scopulorum* Hansgirg | 加拿大（北极） |
| *Gomonti apolyrhiza* （Lagerheim） Bornet & Flahault | 加拿大（北极） |
| *Haemescharia polygyna* Kjellman | 加拿大（北极） |
| *Halopteris scoparia* （Linnaeus） Sauvageau | 加拿大（北极） |
| *Haptolina hirta* （Manton） Edvardsen & Eikrem | 加拿大（北极） |
| *Hincksia ovata* （Kjellman） P. C. Silva | 加拿大（北极） |
| *Islandinium minutum* （R. Harland & Reid） M. J. Head, R. Harland & J. Matthiessen | 加拿大（北极） |
| *Kallymenia schmitzii* De Toni | 加拿大（北极） |
| *Laminaria nigripes* J. Agardh | 加拿大（北极） |
| *Leptophytum laeve* W. H. Adey | 加拿大（北极） |
| *Lithoderma fatiscens* Areschoug | 加拿大（北极） |
| *Membranoptera alata* （Hudson） Stackhouse | 加拿大（北极） |
| *Membranoptera denticulata* （Montagne） Kylin | 加拿大（北极） |
| *Microspongium globosum* Reinke | 加拿大（北极） |
| *Microspongium stilophorae* （P. L. Crouan & H. M. Crouan） Cormaci & G. Furnari | 加拿大（北极） |
| *Monostroma grevillei* var. *arcticum* （Wittrock） Rosenvinge | 加拿大（北极） |
| *Myrionema strangulans* Greville | 加拿大（北极） |
| *Ochlochaete hystrix* Thwaites | 加拿大（北极） |
| *Ostreobium quekettii* Bornet & Flahault | 加拿大（北极） |
| *Pantoneura angustissima* （Turner） Kylin | 加拿大（北极） |
| *Pantoneura fabriciana* （Lyngbye） M. J. Wynne | 加拿大（北极） |
| *Peyssonnelia johanseni* M. A. Howe | 加拿大（北极） |

续表

| 大型海藻种类 | 地理分布 |
| --- | --- |
| *Phaeostroma parasiticum* Børgesen | 加拿大（北极） |
| *Phycocelis foecunda* Strömfelt | 加拿大（北极） |
| *Phymatolithon calcareum* （Pallas） W. H. Adey & D. L. McKibbin | 加拿大（北极） |
| *Phymatolithon laevigatum* （Foslie） Foslie | 加拿大（北极） |
| *Placoneis clementis* （Grunow） E. J. Cox | 加拿大（北极） |
| *Pleurocladia lacustris* A. Braun | 加拿大（北极） |
| *Pogotrichum filiforme* Reinke | 加拿大（北极） |
| *Pseudendoclonium fucicola* （Rosenvinge） R. Nielsen | 加拿大（北极） |
| *Pseudendoclonium submarinum* Wille | 加拿大（北极） |
| *Pseudohaptolina arctica* Edvardsen & Eikrem | 加拿大（北极） |
| *Pseudopringsheimia confluens* （Rosenvinge） Wille | 加拿大（北极） |
| *Punctaria glacialis* Rosenvinge | 加拿大（北极） |
| *Pyramimonas aurita* N. Daugbjerg | 加拿大（北极） |
| *Pyramimonas dichotoma* N. Daugbjerg | 加拿大（北极） |
| *Pyramimonas igloolikensis* N. Daugbjerg | 加拿大（北极） |
| *Pyramimonas nansenii* Braarud | 加拿大（北极） |
| *Pyramimonas quadrifolia* N. Daugbjerg | 加拿大（北极） |
| *Ralfsia fungiformis* （Gunnerus） Setchell & N. L. Gardner | 加拿大（北极） |
| *Ralfsia ovata* Rosenvinge | 加拿大（北极） |
| *Rhodophysema elegans* （P. L. Crouan & H. M. Crouan ex J. Agardh） P. S. Dixon | 加拿大（北极） |
| *Rhodophysemopsis hyperborea* （Rosenvinge） Masuda | 加拿大（北极） |
| *Rosenvingiella polyrhiza* （Rosenvinge） P. C. Silva | 加拿大（北极） |
| *Saccharina groenlandica* （Rosenvinge） C. E. Lane, C. Mayes, Druehl & G. W. Saunders | 加拿大（北极） |
| *Saccharina longicruris* （Bachelot de la Pylaie） Kuntze | 加拿大（北极） |
| *Scagelia americana* （Harvey） Athanasiadis | 加拿大（北极） |
| *Sorapion kjellmanii* （Wille） Rosenvinge | 加拿大（北极） |
| *Sphacelaria arctica* Harvey | 加拿大（北极） |
| *Sphacelaria cirrosa* （Roth） C. Agardh | 加拿大（北极） |
| *Spongomorpha hystrix* Strömfelt | 加拿大（北极） |
| *Symphyocarpus strangulans* Rosenvinge | 加拿大（北极） |
| *Ulothrix laetevirens* （Harvey） Collins | 加拿大（北极） |
| *Ulva lactuca* Linnaeus | 加拿大（北极） |
| *Ulva rigida* C. Agardh | 加拿大（北极） |
| *Ulva riaobscura* var. *blyttii* （Areschoug） Bliding | 加拿大（北极） |
| *Ulvella leptochaete* （Huber） R. Nielsen, C. J. O'Kelly & B. Wysor | 加拿大（北极） |
| *Ulvella viridis* （Reinke） R. Nielsen, C. J. O'Kelly & B. Wysor | 加拿大（北极） |
| *Urospora wormskioldii* （Mertens ex Hornemann） Rosenvinge | 加拿大（北极） |

续表

| 大型海藻种类 | 地理分布 |
|---|---|
| *Wildemania amplissima* (Kjellman) Foslie | 加拿大（北极）、挪威、斯瓦尔巴特群岛、白海 |
| *Alaria esculenta* (Linnaeus) Greville | 加拿大（北极）、俄罗斯（北极）、斯瓦尔巴特群岛 |
| *Craspedopleura kryophila* (Cleve) M. Poulin | 加拿大（北极）、俄罗斯（北极）、斯瓦尔巴特群岛 |
| *Fimbrifolium dichotomum* (Lepechin) G. I. Hansen | 加拿大（北极）、俄罗斯（北极）、白海 |
| *Acrochaetium parvulum* (Kylin) Hoyt | 加拿大（北极）、斯瓦尔巴特群岛 |
| *Chaetomorpha linum* (O. F. Müller) Kützing | 加拿大（北极）、斯瓦尔巴特群岛 |
| *Devaleraea ramentacea* (Linnaeus) Guiry | 加拿大（北极）、斯瓦尔巴特群岛 |
| *Epicladia flustrae* Reinke | 加拿大（北极）、斯瓦尔巴特群岛 |
| *Fucus evanescens* C. Agardh | 加拿大（北极）、斯瓦尔巴特群岛 |
| *Isthmopleasphae rophora* (Carmichael) Gobi | 加拿大（北极）、斯瓦尔巴特群岛 |
| *Kornmannia leptoderma* (Kjellman) Bliding | 加拿大（北极）、斯瓦尔巴特群岛 |
| *Laminariocolax tomentosoides* (Farlow) Kylin | 加拿大（北极）、斯瓦尔巴特群岛 |
| *Leptonematella fasciculata* (Reinke) P. C. Silva | 加拿大（北极）、斯瓦尔巴特群岛 |
| *Omphalophyllum ulvaceum* Rosenvinge | 加拿大（北极）、斯瓦尔巴特群岛 |
| *Protohalopterisra dicans* (Dillwyn) Draisma, Prud'homme & H. Kawai | 加拿大（北极）、斯瓦尔巴特群岛 |
| *Pseudolithoderma rosenvingei* (Waern) S. Lund | 加拿大（北极）、斯瓦尔巴特群岛 |
| *Pseudothrix groenlandica* (J. Agardh) Hanic & S. C. Lindstrom | 加拿大（北极）、斯瓦尔巴特群岛 |
| *Punctaria tenuissima* (C. Agardh) Greville | 加拿大（北极）、斯瓦尔巴特群岛 |
| *Rhodophysema kjellmanii* G. W. Saunders & Clayden | 加拿大（北极）、斯瓦尔巴特群岛 |
| *Saccorhiza dermatodea* (Bachelot de la Pylaie) J. Agardh | 加拿大（北极）、斯瓦尔巴特群岛 |
| *Scagelothamnion pusillum* (Ruprecht) Athanasiadis | 加拿大（北极）、斯瓦尔巴特群岛 |
| *Stragularia clavata* (Harvey) G. Hamel | 加拿大（北极）、斯瓦尔巴特群岛 |
| *Turnerella pennyi* (Harvey) F. Schmitz | 加拿大（北极）、斯瓦尔巴特群岛 |
| *Ulvaria obscura* (Kützing) P. Gayral ex C. Bliding | 加拿大（北极）、斯瓦尔巴特群岛 |
| *Wildemania miniata* (C. Agardh) Foslie | 加拿大（北极）、斯瓦尔巴特群岛 |
| *Acrosiphonia arcta* (Dillwyn) Gain | 加拿大（北极）、斯瓦尔巴特群岛、白海 |
| *Battersia arctica* (Harvey) Draisma, Prud'homme & H. Kawai | 加拿大（北极）、斯瓦尔巴特群岛、白海 |
| *Blidingia minima* (Nägeli ex Kützing) Kylin | 加拿大（北极）、斯瓦尔巴特群岛、白海 |
| *Chaetomorpha melagonium* (F. Weber & Mohr) Kützing | 加拿大（北极）、斯瓦尔巴特群岛、白海 |
| *Chaetopteris plumosa* (Lyngbye) Kützing | 加拿大（北极）、斯瓦尔巴特群岛、白海 |
| *Chorda filum* (Linnaeus) Stackhouse | 加拿大（北极）、斯瓦尔巴特群岛、白海 |
| *Chorda riaflagelliformis* (O. F. Müller) C. Agardh | 加拿大（北极）、斯瓦尔巴特群岛、白海 |
| *Desmarestia viridis* (O. F. Müller) J. V. Lamouroux | 加拿大（北极）、斯瓦尔巴特群岛、白海 |
| *Dictyosiphon foeniculaceus* (Hudson) Greville | 加拿大（北极）、斯瓦尔巴特群岛、白海 |
| *Ectocarpus fasciculatus* Harvey | 加拿大（北极）、斯瓦尔巴特群岛、白海 |
| *Ectocarpus siliculosus* (Dillwyn) Lyngbye | 加拿大（北极）、斯瓦尔巴特群岛、白海 |
| *Elachista fucicola* (Velley) Areschoug | 加拿大（北极）、斯瓦尔巴特群岛、白海 |
| *Eudesme virescens* (Carmichael ex Berkeley) J. Agardh | 加拿大（北极）、斯瓦尔巴特群岛、白海 |
| *Euthora cristata* (C. Agardh) J. Agardh | 加拿大（北极）、斯瓦尔巴特群岛、白海 |

续表

| 大型海藻种类 | 地理分布 |
|---|---|
| *Fucus distichus* Linnaeus | 加拿大（北极）、斯瓦尔巴特群岛、白海 |
| *Graniae florescens*（J. Agardh）Kylin | 加拿大（北极）、斯瓦尔巴特群岛、白海 |
| *Halosiphon tomentosus*（Lyngbye）Jaasund | 加拿大（北极）、斯瓦尔巴特群岛、白海 |
| *Haplospora globosa* Kjellman | 加拿大（北极）、斯瓦尔巴特群岛、白海 |
| *Hildenbrandia rubra*（Sommerfelt）Meneghini | 加拿大（北极）、斯瓦尔巴特群岛、白海 |
| *Laminaria digitata*（Hudson）J. V. Lamouroux | 加拿大（北极）、斯瓦尔巴特群岛、白海 |
| *Laminariocolax aecidioides*（Rosenvinge）A. F. Peters | 加拿大（北极）、斯瓦尔巴特群岛、白海 |
| *Lithothamnion glaciale* Kjellman | 加拿大（北极）、斯瓦尔巴特群岛、白海 |
| *Meiodiscus spetsbergensis*（Kjellman）G. W. Saunders & McLachlan | 加拿大（北极）、斯瓦尔巴特群岛、白海 |
| *Odonthalia dentata*（Linnaeus）Lyngbye | 加拿大（北极）、斯瓦尔巴特群岛、白海 |
| *Palmaria palmata*（Linnaeus）Weber & Mohr | 加拿大（北极）、斯瓦尔巴特群岛、白海 |
| *Petalonia fascia*（O. F. Müller）Kuntze | 加拿大（北极）、斯瓦尔巴特群岛、白海 |
| *Polysiphonia arctica* J. Agardh | 加拿大（北极）、斯瓦尔巴特群岛、白海 |
| *Polysiphonia stricta*（Dillwyn）Greville | 加拿大（北极）、斯瓦尔巴特群岛、白海 |
| *Pseudolithoderma extensum*（P. L. Crouan & H. M. Crouan）S. Lund | 加拿大（北极）、斯瓦尔巴特群岛、白海 |
| *Ptilota serrata* Kützing | 加拿大（北极）、斯瓦尔巴特群岛、白海 |
| *Punctaria plantaginea*（Roth）Greville | 加拿大（北极）、斯瓦尔巴特群岛、白海 |
| *Pylaiella littoralis*（Linnaeus）Kjellman | 加拿大（北极）、斯瓦尔巴特群岛、白海 |
| *Rhizoclonium riparium*（Roth）Harvey | 加拿大（北极）、斯瓦尔巴特群岛、白海 |
| *Rhodochorton purpureum*（Lightfoot）Rosenvinge | 加拿大（北极）、斯瓦尔巴特群岛、白海 |
| *Rhodomelacon fervoides*（Hudson）P. C. Silva | 加拿大（北极）、斯瓦尔巴特群岛、白海 |
| *Rhodomela lycopodioides*（Linnaeus）C. Agardh | 加拿大（北极）、斯瓦尔巴特群岛、白海 |
| *Saccharina latissima*（Linnaeus）C. E. Lane, C. Mayes, Druehl & G. W. Saunders | 加拿大（北极）、斯瓦尔巴特群岛、白海 |
| *Scagelia pylaisaei*（Montagne）M. J. Wynne | 加拿大（北极）、斯瓦尔巴特群岛、白海 |
| *Scytosiphon lomentaria*（Lyngbye）Link | 加拿大（北极）、斯瓦尔巴特群岛、白海 |
| *Stictyosiphon tortilis*（Gobi）Reinke | 加拿大（北极）、斯瓦尔巴特群岛、白海 |
| *Ulothrix flacca*（Dillwyn）Thuret | 加拿大（北极）、斯瓦尔巴特群岛、白海 |
| *Ulothrix implexa*（Kützing）Kützing | 加拿大（北极）、斯瓦尔巴特群岛、白海 |
| *Ulva prolifera* O. F. Müller | 加拿大（北极）、斯瓦尔巴特群岛、白海 |
| *Ulvella repens*（Pringsheim）R. Nielsen, C. J. O'Kelly & B. Wysor | 加拿大（北极）、斯瓦尔巴特群岛、白海 |
| *Ulvella scutata*（Reinke）R. Nielsen, C. J. O'Kelly & B. Wysor | 加拿大（北极）、斯瓦尔巴特群岛、白海 |
| *Urospora penicilliformis*（Roth）Areschoug | 加拿大（北极）、斯瓦尔巴特群岛、白海 |
| *Ahnfeltia plicata*（Hudson）E. M. Fries | 加拿大（北极）、白海 |
| *Ascophyllum nodosum*（Linnaeus）Le Jolis | 加拿大（北极）、白海 |
| *Capsosiphon fulvescens*（C. Agardh）Setchell & N. L. Gardner | 加拿大（北极）、白海 |
| *Ceramium virgatum* Roth | 加拿大（北极）、白海 |
| *Cladophora sericea*（Hudson）Kützing | 加拿大（北极）、白海 |
| *Dumontia contorta*（S. G. Gmelin）Ruprecht | 加拿大（北极）、白海 |

续表

| 大型海藻种类 | 地理分布 |
| --- | --- |
| *Fucus vesiculosus* Linnaeus | 加拿大（北极）、白海 |
| *Harveyella mirabilis*（Reinsch）F. Schmitz & Reinke | 加拿大（北极）、白海 |
| *Hecatonema terminale*（Kützing）Kylin | 加拿大（北极）、白海 |
| *Monostroma grevillei*（Thuret）Wittrock | 加拿大（北极）、白海 |
| *Percursaria percursa*（C. Agardh）Rosenvinge | 加拿大（北极）、白海 |
| *Polyides rotunda*（Hudson）Gaillon | 加拿大（北极）、白海 |
| *Porphyraum bilicalis* Kützing | 加拿大（北极）、白海 |
| *Ralfsia verrucosa*（Areschoug）Areschoug | 加拿大（北极）、白海 |
| *Desmarestia inanis* Postels & Ruprecht | 俄罗斯新地岛 |
| *Leptophytum jenneborgii* Athanasiadis | 俄罗斯新地岛 |
| *Leptophytum arcticum*（Kjellman）Athanasiadis | 俄罗斯新地岛、俄罗斯（北极） |
| *Alaria elliptica* Kjellman | 俄罗斯（北极） |
| *Alaria oblonga* Kjellman | 俄罗斯（北极） |
| *Dudresnaya verticillata*（Withering）Le Jolis | 俄罗斯（北极） |
| *Acrosiphonia flagellata* Kjellman | 斯瓦尔巴特群岛 |
| *Acrosiphonia incurva* Kjellman | 斯瓦尔巴特群岛 |
| *Acrosiphonia sonderi*（Kützing）Kornmann | 斯瓦尔巴特群岛 |
| *Chroococcus minor*（Kützing）Nägeli | 斯瓦尔巴特群岛 |
| *Climacosorus mediterraneus* Sauvageau | 斯瓦尔巴特群岛 |
| *Cocconeis costata* Gregory | 斯瓦尔巴特群岛 |
| *Cocconeis placentula* Ehrenberg | 斯瓦尔巴特群岛 |
| *Cocconeis scutellum* Ehrenberg | 斯瓦尔巴特群岛 |
| *Cylindrotheca gracilis*（Brébisson ex Kützing）Grunow | 斯瓦尔巴特群岛 |
| *Cymodocea angustata* Ostenfeld | 斯瓦尔巴特群岛 |
| *Delamarea attenuata*（Kjellman）Rosenvinge | 斯瓦尔巴特群岛 |
| *Dichothrix gypsophila* Bornet & Flahault | 斯瓦尔巴特群岛 |
| *Diploneis didyma*（Ehrenberg）Ehrenberg | 斯瓦尔巴特群岛 |
| *Diploneis elliptica*（Kützing）Cleve | 斯瓦尔巴特群岛 |
| *Diploneis ovalis*（Hilse）Cleve | 斯瓦尔巴特群岛 |
| *Gloeocaps abiformis* Ercegovic | 斯瓦尔巴特群岛 |
| *Johanseninema constrictum*（Szafer）Hasler, Dvorák & Poulícková | 斯瓦尔巴特群岛 |
| *Litosiphon laminariae*（Lyngbye）Harvey | 斯瓦尔巴特群岛 |
| *Merismopedia glauca*（Ehrenberg）Kützing | 斯瓦尔巴特群岛 |
| *Merismopedia punctata* Meyen | 斯瓦尔巴特群岛 |
| *Merismopedia tenuissima* Lemmermann | 斯瓦尔巴特群岛 |
| *Mikrosyphar polysiphoniae* Kuckuck | 斯瓦尔巴特群岛 |
| *Myrionema corunnae* Sauvageau | 斯瓦尔巴特群岛 |
| *Nostocminutis simum* Kützing ex Bornet & Flahault | 斯瓦尔巴特群岛 |
| *Petroderma maculiforme*（Wollny）Kuckuck | 斯瓦尔巴特群岛 |

续表

| 大型海藻种类 | 地理分布 |
| --- | --- |
| *Phaeocystis pouchetii* (Hariot) Lagerheim | 斯瓦尔巴特群岛 |
| *Phormidium ambiguum* Gomont | 斯瓦尔巴特群岛 |
| *Phormidium priestleyi* F. E. Fritsch | 斯瓦尔巴特群岛 |
| *Phymatolithon tenue* (Rosenvinge) Düwel & Wegeberg | 斯瓦尔巴特群岛 |
| *Phymatolithon tenuissimum* (Foslie) W. H. Adey | 斯瓦尔巴特群岛 |
| *Pogotrichum filiforme* Reinke | 斯瓦尔巴特群岛 |
| *Polysiphonia elongata* (Hudson) Sprengel | 斯瓦尔巴特群岛 |
| *Saundersella simplex* (De A. Saunders) Kylin | 斯瓦尔巴特群岛 |
| *Syncoryne reinkei* R. Nielsen & P. M. Pedersen | 斯瓦尔巴特群岛 |
| *Urosporae longata* (Rosenvinge) Hagem | 斯瓦尔巴特群岛 |
| *Desmarestia aculeata* (Linnaeus) J. V. Lamouroux | 斯瓦尔巴特群岛、俄罗斯(北极)、白海 |
| *Antithamnionella floccosa* (O. F. Müller) Whittick | 斯瓦尔巴特群岛、白海 |
| *Cystoclonium purpureum* (Hudson) Batters | 斯瓦尔巴特群岛、白海 |
| *Dictyosiphon chordaria* Areschoug | 斯瓦尔巴特群岛、白海 |
| *Eugomontia sacculata* Kornmann | 斯瓦尔巴特群岛、白海 |
| *Petalonia zosterifolia* (Reinke) Kuntze | 斯瓦尔巴特群岛、白海 |
| *Polysiphonia fucoides* (Hudson) Greville | 斯瓦尔巴特群岛、白海 |
| *Ptilota gunneri* P. C. Silva, Maggs & L. M. Irvine | 斯瓦尔巴特群岛、白海 |
| *Pylaiella varia* Kjellman | 斯瓦尔巴特群岛、白海 |
| *Rubrointrusam embranacea* (Magnus) S. L. Clayden & G. W. Saunders | 斯瓦尔巴特群岛、白海 |
| *Spongomorpha aeruginosa* (Linnaeus) Hoek | 斯瓦尔巴特群岛、白海 |
| *Acrochaetium secundatum* (Lyngbye) Nägeli | 白海 |
| *Ceramium deslongchampsii* Chauvin ex Duby | 白海 |
| *Chaetomorpha ligustica* (Kützing) Kützing | 白海 |
| *Chaetomorpha tortuosa* (Dillwyn) Kleen | 白海 |
| *Cladophora fracta* (O. F. Müller ex Vahl) Kützing | 白海 |
| *Cladophora glomerata* (Linnaeus) Kützing | 白海 |
| *Cladophora pachyderma* (Kjellman) Brand | 白海 |
| *Cladophora rupestris* (Linnaeus) Kützing | 白海 |
| *Colaconema daviesii* (Dillwyn) Stegenga | 白海 |
| *Corallina officinalis* Linnaeus | 白海 |
| *Derbesia marina* (Lyngbye) Solier | 白海 |
| *Fimbrifolium dichotomum* (Lepechin) G. I. Hansen | 白海 |
| *Fucus serratus* Linnaeus | 白海 |
| *Furcellaria lumbricalis* (Hudson) J. V. Lamouroux | 白海 |
| *Haemescharia hennedyi* (Harvey) K. L. Vinogradova & T. Yacovleva | 白海 |
| *Leathesia marina* (Lyngbye) Decaisne | 白海 |
| *Mesogloia vermiculata* (Smith) S. F. Gray | 白海 |
| *Pelvetia canaliculata* (Linnaeus) Decaisne & Thuret | 白海 |

续表

| 大型海藻种类 | 地理分布 |
| --- | --- |
| *Phycodrys rossica* (E. S. Sinova) A. D. Zinova | 白海 |
| *Plumaria plumosa* (Hudson) Kuntze | 白海 |
| *Sphaerotrichia divaricata* (C. Agardh) Kylin | 白海 |
| *Stictyosiphon laxus* (J. Agardh) Athanasiadis | 白海 |
| *Ulva intestinalis* Linnaeus | 白海 |
| *Ulvella wittrockii* (Wille) R. Nielsen, C. J. O'Kelly & B. Wysor | 白海 |

4）全球气候变暖对北极大型海藻的影响

（1）北极大型海藻对环境因子的适应特征

北极地区有强烈的季节性变化的光照节律，整个冬季海冰的覆盖更加强化了这一现象。经过数月的黑暗，藻类突然暴露在海冰融化后的高光强下。与此同时，强烈的紫外线辐射（紫外线）穿透水层，从而对藻类生长和群落结构造成显著影响。在潮间带，温度和盐度的波动是非常大的。海冰的冲刷可以进一步影响潮间带藻类的生长和附着。极地是受全球气候变化影响最严重的地区，冰川退缩，温度升高，将给极地生态系统带来未知的影响。

在极地地区，光照对海藻的影响，不仅与季节性的光可用性有关，而且还表现随着海水深度的增加，光照强度明显降低，从而最终影响海藻的垂直分布。潮下带的环境波动较小，可以为多年生海藻提供一个较潮间带更加稳定的栖息地。光照强度成为潮下带海藻分布的首要制约因素。极地藻类完成生活史需要的光强要明显低于其温带近缘种海藻。极地海藻的光合效率高，呼吸速率低，光合作用的饱和点（$E_k$）和补偿点（$E_c$）均较低。$E_k$ 值的范围为 3～100 mmol photons/（$m^2$·s），$E_c$ 值的范围为 <1～15 mmol photons/（$m^2$·s），通常都低于其温带的近缘物种的相关值。Hsat 值代表达到光饱和点的日照时间，表示达到每日代谢碳平衡所需要的光照量，可以用于指示海藻在深水中生存的能力。在70°N 的阿拉斯加的波弗特海生长的 *Laminaria solidungula* 在1986年的总 Hsat 为148 h，相当于每日 Hsat 仅为3 h。

紫外线辐射也被视为影响海藻垂直带状分布的关键因素之一（Karsten et al.，2011）。UV－B 辐射破坏各种细胞结构和生物学过程，例如 DNA 结构和光合作用。虽然这种伤害是可修复的，生物体也有适当的保护机制应对这种损伤，但结果仍会造成生物体的生长或生殖能力受损。海藻最容易受到紫外线辐射伤害的生活史阶段是孢子体世代。野外试验表明，决定北极海藻垂直分布的上限因素之一就是其孢子体对紫外线的敏感性。

北极海藻对极地较低的海水温度有很强的适应能力，本土种 *Laminaria solidungula* 孢子体的最适生长温度为5～10℃，最高生存温度（UST）为16℃。其配子体的 UST 为20℃。红藻 *Devaleraea ramentacea* 的生长温度为10℃，USTs 为18～20℃。海藻对低温的适应性还体现在为其光合作用最适温度较低，而呼吸作用的最适温度则相对较高。卑尔根群岛的 *Alaria esculenta*，*Laminaria digitata* 和 *Saccharina latissima* 光合作用的最适温度7～13℃，而呼吸作用的最适温度则较高。极地藻类的光合作用与呼吸作用比（*P*: *R*）在低温下较高，随着生长温度升高而降低。高 *P*: *R* 比是其在低温下保持较高生长速率的原因，也是决定其地理分布关键的因素。北极北大西洋物种在南端分布的界线是由最高生长温度的上限和配子发育的周期决定的。在西大西洋限制其分布的关键因素是夏季高温，而东大西洋则是冬季温度影响其繁殖。

与此相关的例子包括 *Laminaria digitata*，*Chorda filum* 和 *Halosiphon tomentosus*。

在北半球冰河时代，大西洋大型海藻的分布面积急剧减少，在北部的分布区域受到大面积存在的冰川的限制，而在南部，10～15℃冬季等温线则成为其最南端的繁殖的界线。这可能是目前西北大西洋海藻群落分布贫瘠的主要原因。与之不同的是，在北太平洋冷水区的海藻群落则较为繁茂。冰河时代的温度下降，使得极地物种的分布范围扩大，在后期有些品种甚至越过赤道，在南半球存活下来。

（2）气候变暖对北极大型海藻分布的影响

纵观地球历史，气候伴随着温度，大气中的二氧化碳浓度和其他温室气体的含量在不断发生变化。众所周知，气候影响物种的生物地理分布模式是直接因素。在过去的一个世纪，全球变暖约为0.8℃。最近几十年来，北极气候同样呈现变暖趋势，而且相对于中低纬度地区更为明显，每月温度异常可以达到3～4℃。温度是控制海藻物种地理分布界限的最重要的非生物学因素，原则上，海藻在某些海域的存在是由其生命周期各个阶段的生理耐受温度来决定的，同时也会受到温度和光照时间的协同影响。依据目前和未来海洋等温线的全球变化模型，可以探讨在气候变暖的情况下海藻植物区系在全球范围内的预期变化。

目前，北极地区最南端的生物学界线是夏季等温线在9～10℃。由于冬季气温变暖，北极地区海冰厚度和空间分布迅速下降。从20世纪70年代末到90年代末，海冰以每十年以1.5%～2%的速度在缩减。可以预计在21世纪末北极的夏季可能完全没有冰层的覆盖。海冰覆盖面积的减少必将导致现有的海藻种类定植到新的栖息地。特别是近极区的俄罗斯大陆周围的岩石岛屿，以及科拉半岛、斯匹次卑尔根、格陵兰（巴芬湾和格陵兰海）和加拿大北极群岛的岩石的海岸线将经历温和的环境条件，从而可以为原来生长在温带海域的海藻提供新的栖息地。

随着北极浅水生物群落受到的海冰相关胁迫的减少，一些原来分布在潮下带的多年生海藻，分布区域会向潮间带延伸，从而使得这一地区生物量和生物多样性都有所增加。另一方面，冰川融水的流入会降低海水盐度，而其中裹挟的大量沉积物会增加海水的浊度，降低透光率，这可能会导致海藻最深分布界限的上移。尽管这种上移的程度可能会由于北极上空臭氧洞的出现，导致紫外辐射强度的增强而有所降低。从1988年到2008年，斯瓦尔巴特群岛岩石海岸海藻的生物量和覆盖度已经有了明显的增加。

在北极，伴随着气温的升高以及海冰厚度和覆盖面积的减少，尽管目前还没有发现“新”的海藻种类的分布，但在未来这是可以预期的。

## 5.1.8 资源种类的分析与评价

### 5.1.8.1 北极海洋沉积物高抗氧化活性菌株的筛选及其多样性分析

通过过氧化氢耐受性实验对北极海洋沉积物中具有高抗氧化活性的菌株进行初筛，通过其对DPPH（1，1－二苯基－2－三硝基苯肼）自由基、羟自由基和超氧阴离子清除能力的测定，进一步验证其抗氧化能力；并对其进行了分子鉴定与系统发育分析。根据过氧化氢耐受性实验，从145株供测菌株中筛选出25株对过氧化氢具有较强耐受性的抗氧化活性菌株，占总供测菌株的17.2%；其对DPPH自由基、羟自由基和超氧阴离子均具有较强的清除能力，可分别高达84.82%、88.89%和45.73%。基于16S rRNA基因的分子鉴定与系统发育分析表明，筛选出的25株活性菌株多样性较高，分别属于细菌域的5个纲，15个属，20个种；其中以γ-Proteobactria纲的菌株数量最多。北极海域的海洋沉积物中存在着丰富的具抗氧化活性的菌株资源，将为了解极地微生物的抗氧胁迫机制及极地来源的新型生物活性物质的研发打下一定的基础。

1）抗氧化活性菌株的筛选结果

根据$H_2O_2$耐受性实验，对实验室保存的145株北极海洋沉积物细菌进行了抗氧化活性菌株的筛选。以OD（实验组）/OD（对照组）×%＞60%作为菌株具有强抗氧化性的依据，共筛选出25株具有高$H_2O_2$耐受性的菌株（表5-51）。可以看出，筛选到的活性菌株的OD（实验组）/OD（对照组）值为62.63%～140%；值得指出的是，1 mmol/L $H_2O_2$似乎对菌株563和720-2的生长具有一定的促进作用，其原因值得进一步研究。25株抗氧化活性菌株分离自12个站位中，水深从19 m至3 540 m不等，由此可见，在北极海洋沉积物这一特殊生境中，广泛分布着抗氧化细菌。

**表5-51　$H_2O_2$耐受实验结果及采样信息**

| 菌株 | OD（实验组）/OD（对照组） | 站位 | 经纬度 | 水深/m |
|---|---|---|---|---|
| 630 | 100.00% | BL09 | 59°21.607′N，178°45.162′E | 3 540 |
| 657 | 86.21% | BM05 | 62°48.296′N，170°54.797′W | 36.3 |
| 583 | 91.67% | BS02 | 61°7.491′N，175°32.470′W | 91.1 |
| 645 | 97.96% | BS03 | 61°7.245′N，173°51.350′W | 69.7 |
| 642-2 | 76.62% | BS03 | 61°7.245′N，173°51.350′W | 69.7 |
| 621 | 75.29% | BS04 | 61°11.873′N，171°34.617′W | 48.5 |
| 624 | 91.64% | BS04 | 61°11.873′N，171°34.617′W | 48.5 |
| 563 | 140.00% | BS06 | 61°41.182′N，167°43.049′W | 19 |
| 741 | 98.27% | ICE-4 | 85°00.023′N，145°14.339′E | 2 860 |
| 594 | 89.78% | ICE-5 | 86°4.817′N，158°44.492′E | 3 180 |
| 614 | 71.68% | ICE-5 | 86°4.817′N，158°44.492′E | 3 180 |
| 567 | 63.96% | M06 | 75°13.620′N，172°11.418′W | 491 |
| 569 | 97.69% | M06 | 75°13.620′N，172°11.418′W | 491 |
| 763-1 | 82.85% | MA01 | 82°1.864′N，178°57.578′W | 2 295 |
| 720-2 | 106.38% | SR01 | 66°43.063′N，168°58.568′W | 34 |
| 632 | 84.15% | SR01 | 66°43.063′N，168°58.568′W | 34 |
| 541 | 66.05% | SR05 | 68°36.906′N，168°54.599′W | 44.7 |
| 544-1 | 62.63% | SR05 | 68°36.906′N，168°54.599′W | 44.7 |
| 697 | 76.00% | SR11 | 72°59.920′N，168°58.568′W | 64.9 |
| 701 | 63.25% | SR11 | 72°59.920′N，168°58.568′W | 64.9 |
| 695-2 | 72.58% | SR11 | 72°59.920′N，168°58.568′W | 64.9 |
| 694 | 82.43% | SR11 | 72°59.920′N，168°58.568′W | 64.9 |
| 528 | 63.84% | SR14 | 78°0.588′N，168°58.642′W | 609 |
| 532-2 | 60.74% | SR14 | 78°0.588′N，168°58.642′W | 609 |
| R | 98.94% | IS-2 | 62°17.849′N，19°24.347′W | 1 636.5 |

25株活性菌株对DPPH自由基、羟自由基（HO·）和超氧自由基的清除能力如表5-52

所示。可以看出，25 株活性菌株对 DPPH 自由基有着不同的清除效率，清除率为 25.18% ~ 84.82% 不等；其中以菌株 563 的清除率最高，可达 84.82%。25 株活性菌株对 HO· 也具有较强的清除能力，清除率在 65.90% ~ 88.89% 之间；其中菌株 567 的清除能力最强，可达 88.89%。通过邻苯三酚自氧化法测定活性菌株的超氧自由基清除能力的研究结果也表明，25 株菌株均对其有着一定的清除作用，但清除能力相对较弱，清除率为 11.14% ~ 45.73%；其中以菌株 763 - 1 超氧自由基的清除率最高，可达 45.73%。

**表 5 - 52　25 株活性菌株对自由基清除能力的测定**

| 菌株 | DPPH 自由基清除率/% | 羟自由基清除率/% | 超氧自由基清除率/% |
|---|---|---|---|
| R | 42.16 | 68.41 | 35.87 |
| 583 | 62.95 | 82.57 | 42.23 |
| 720 - 2 | 27.98 | 73.76 | 40.83 |
| 632 | 31.94 | 65.9 | 32.89 |
| 697 | 41.92 | 80.85 | 16.27 |
| 701 | 42.04 | 70.51 | 41.05 |
| 695 - 2 | 49.19 | 81.56 | 11.14 |
| 621 | 40.62 | 78.17 | 30.69 |
| 594 | 25.18 | 83.05 | 30.17 |
| 614 | 51.56 | 79.15 | 30.17 |
| 645 | 70.86 | 79.15 | 31.58 |
| 567 | 56.82 | 88.89 | 43.14 |
| 642 - 2 | 26.59 | 76.71 | 38.31 |
| 541 | 44.30 | 83.45 | 31.77 |
| 563 | 84.82 | 70.57 | 42.72 |
| 741 | 32.42 | 82.45 | 14.98 |
| 569 | 25.18 | 80.14 | 37.39 |
| 657 | 53.68 | 77.38 | 37.89 |
| 624 | 76.90 | 81.47 | 39.24 |
| 630 | 83.64 | 78.96 | 45.48 |
| 528 | 64.86 | 84.22 | 14.76 |
| 532 - 2 | 50.00 | 83.64 | 34.80 |
| 544 - 1 | 54.99 | 73.82 | 32.65 |
| 763 - 1 | 42.04 | 83.05 | 45.73 |
| 694 | 44.06 | 67.91 | 34.13 |

总体来说，菌株 563 对 DPPH 自由基、羟自由基（HO·）和超氧自由基都具有较好的清除作用，清除率分别为 84.82%、70.57% 和 42.72%；菌株 630 对 3 种自由基也都具有较好的清除作用，清除率分别为 83.64%、78.96% 和 45.48%。菌株 563 和 630 的抗氧化特性值得进一步研究。

2）活性菌株的系统发育分析

对25株抗氧化活性菌株的16S rRNA基因序列采用BioEdit软件进行序列比对，然后利用MEGA 4.0软件的邻接法（Neighbor-Joining，NJ），构建25株抗氧化菌株及其同源性较高的模式菌株的系统发育树，结果如图5-260所示。可以看出，筛选到的抗氧化活性菌株有着丰富的种类多样性。从纲水平上来说，25株活性菌株分属于细菌域的5个纲，其中有14株属于γ-Proteobactria纲，占总菌株的56%，为优势种群；4株属于α-Proteobacteria纲，占16%；4株属于Actinobacteria_ c纲，占16%；有2株属于Bacilli纲，占总菌数的8%；还有1株属于Flavobacteria纲，占4%。从属水平上来说，25株细菌分属于15个属，其中假交替单胞菌属（*Pseudoalteromonas*）含4株菌，其次为盐细菌属（*Salinibacterium*），含有3株菌。种水平上来说，25株细菌分属于20个种，多样性丰富。

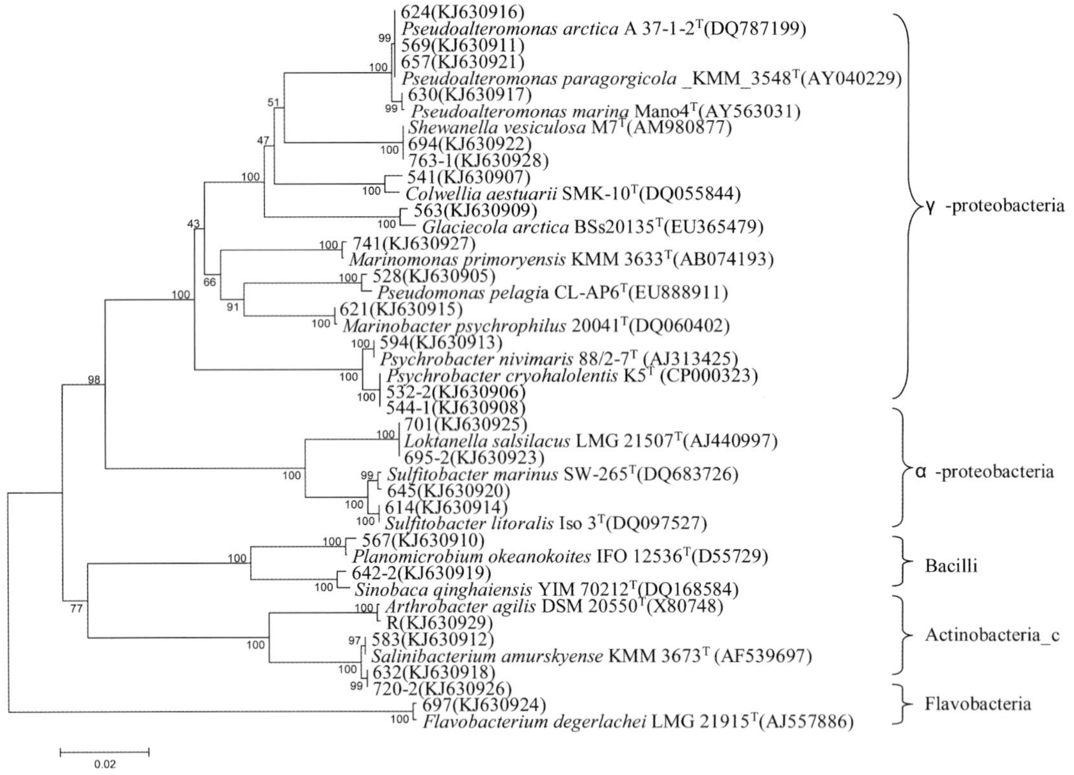


图5-260　基于16S rRNA基因序列的具有抗氧化活性菌株的系统发育树

3）讨论

极地微生物不仅要适应低温，也需要抵御其他胁迫条件如紫外辐射等。为了在极端环境中得以生存，这些微生物必然形成不同的抗氧化系统去抵抗由活性氧引起的氧化胁迫。本研究通过对来自北极深海沉积物中的145株菌株进行抗氧化性菌株的筛选，获得了25株具有抗氧化性较强的菌株；并采用DPPH自由基、羟自由基和超氧自由基清除能力实验综合评价了其抗氧化能力。由表5-52可知，三组实验从多个角度对菌株抗氧化性能进行了测试，结果也表明，对$H_2O_2$具有较强耐受性的活性菌株，对DPPH自由基、羟自由基和超氧自由基均有着一定的清除能力，但对三者的清除能力没有必然联系，不存在线性关系。

目前，对抗氧化菌株的筛选及其生物活性物质的研究主要集中于乳酸杆菌，如张凤敏等从传统发酵食品中筛选出两株对过氧化氢耐受能力较强的乳酸菌，并研究了其对 DPPH 自由基和羟自由基的清除能力，表明这两株乳酸菌对 DPPH 自由基和羟自由基都具有一定的清除能力。海洋抗氧化菌株的研究主要集中于真菌，如陈霞等对 8 株来源于东海海洋的真菌提取物进行了抗氧化和抗肿瘤活性筛选，表明海洋真菌是潜在的活性代谢产物的重要来源。在极地微生物方面，则多集中于色素的抗氧化研究，如 Daniela 等对从南极土地杆菌属细菌 *Pedobacter* sp. 中提取的混合色素进行抗氧化能力的检测，表明这些色素具有极强的抗氧化能力。本研究样品取自具有强烈促氧化作用的北极生态系统，筛选到的抗氧化活性菌株的 DPPH 自由基清除率的范围为 25.18% ~ 84.82%，羟自由基（HO·）清除率在 65.90% ~ 88.89%；而张凤敏等文献对筛选出的两株高抗氧化活性乳酸菌对 DPPH 自由基和羟自由基（HO·）清除率最高仅分别为 37.18% 和 10%。由此可见，本实验获得的活性菌株清除 DPPH 自由基和清除羟自由基能力更强。

研究结果表明，在极地海洋沉积物这一特殊的生境，广泛分布着抗氧化活性菌株，且其种类多样。从 145 株北极海洋沉积物微生物中分离到 25 株抗氧化活性菌株，比例可达 17.2%；对 25 株活性菌株的分子鉴定与系统发育表明，γ-Proteobacteria 细菌数量最多，含 14 株，占总分离菌数的 56%，物种多样性也最为丰富，含有 12 个种，占所有种的 60%。其次有 4 株属于 α-Proteobacteria 纲，数量占总分离菌数的 16%，分属于 3 个种，占所有种比例达到 15%；Actinobacteria_ c 纲筛选得到 4 株，放线菌与人类关系密切，目前广泛应用的抗生素约 70% 是各种放线菌所产生。一些特殊的放线菌还能产生各种酶制剂、维生素和有机酸等。因此对于北极地区放线菌次级代谢产物的研究具有重大的理论意义和应用价值。

极地特殊的环境条件造就了极地微生物特殊的生物学特征及竞争优势，栖息于极地的细菌，为了适应恶劣的环境条件，必须采用独特的生存策略来获得生存优势，这使其将成为研究低温生物学的良好试验材料及新型活性物质的重要的潜在来源。有关极地微生物的资源勘探与代谢活性产物研发，已成为国际微生物学领域研究的热点之一。本研究表明，北极蕴含着强抗氧化的细菌种质资源，并具有极好的多样性和丰富性。本研究所获结果有助于人们认识和开发北极这一特殊海域的抗氧化微生物资源，加速海洋微生物抗氧化活性物质的开发利用。

### 5.1.8.2 高抗氧化活性菌株 *Pseudoalteromonas* sp. A2 的基因组学研究

菌株 *Pseudoalteromonas* sp. A2 分离自北极浮冰区的表层海水（86°48.196′N，120°21.017′E），对 $H_2O_2$ 的耐受性结果如图 5-261 所示。可以看出，菌株 A2 对 $H_2O_2$ 具有较强的耐受性，在 1 mmol/L $H_2O_2$ 时，菌株 A2 的生长基本不受影响；在 2 mmol/L $H_2O_2$ 时，菌株 A2 的生长延迟期增加，但到 2 d 时，其生长情况与对照相比基本一致。

菌株 *Pseudoalteromonas* sp. A2 的基因组（精细图）长度为 4 170 731 bp，G+C 含量为 40.13%，包含 59 contigs（Contig N 50 214 730 bp）。该菌株的基因组含有 3 703 个 ORF，平均基因长度为 984 bp。而且，在基因组中发现了 161 个转运 20 个氨基酸的 tRNA 基因和 1 个 16S rRNA 的操纵子。基因组原始序列已提交 DDBJ/EMBL/GenBank，注册号为 JPMC00000000（图 5-262）。

### 5.1.8.3 氧胁迫（$H_2O_2$）条件下菌株 *Pseudoalteromonas* sp. A2 的转录学研究

用转录组测序以获得菌株 *Pseudoalteromonas* sp. A2 适应由 $H_2O_2$ 引起的氧胁迫条件下的关

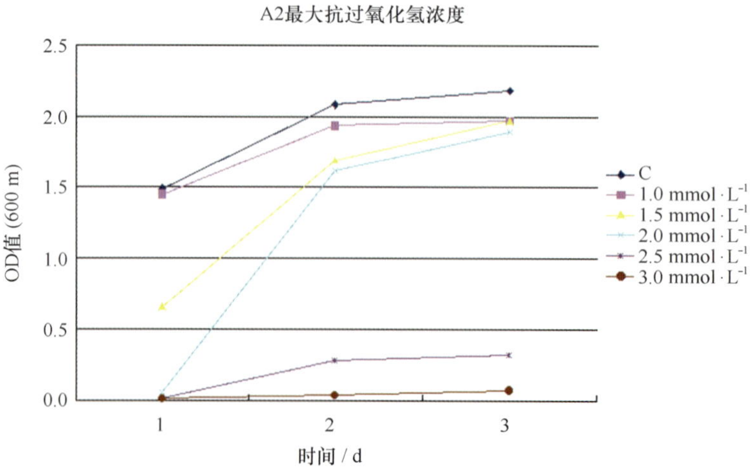


图 5－261　不同浓度在 $H_2O_2$ 对菌株 A2 生长的影响

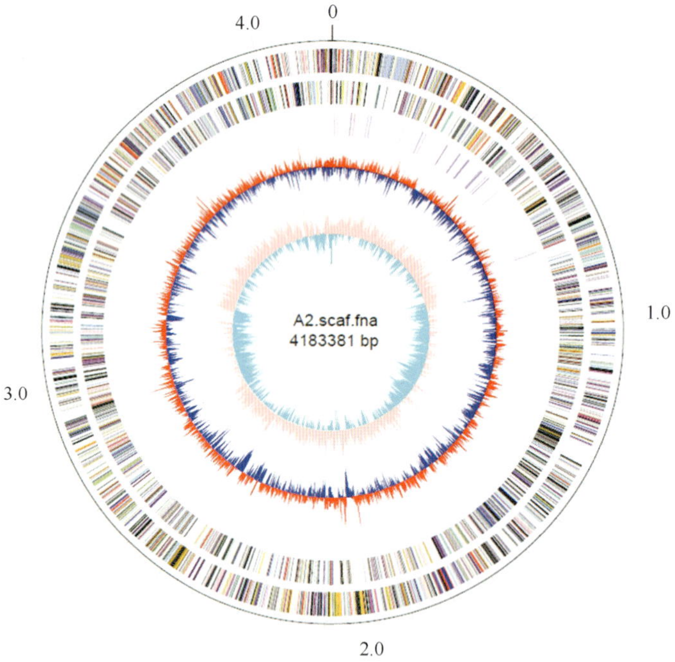


图 5－262　菌株 A2 的基因组图（精细图）

键功能基因。转录组的比较分析表明，与对照组相比，1 mmol/L $H_2O_2$ 的氧胁迫可引起菌株 A2 转录组的很大变化，包括 109 基因的显著上调和 109 个基因的显著下调。差异表达基因的功能分类表明，生物粘附（biological adhesion）、生物学过程的负调节（negative regulation of biological process）、酶调节子活性（enzyme regulator activity）、蛋白结合转录因子（protein binding transcription factor activity）、结构分子活性（structural molecular activity）中的绝大多数基因上调，而多细胞生物过程（multicellular organismal process）、细胞外结构（extracellular region）下调。值得指出的是，15 个鞭毛相关基因和 4 个冷激蛋白基因显著上调；同时，9 个细胞色素/细胞色素氧化酶基因、5 个 TonB－dependent receptor 基因显著下调。然而，经 GO 分析表明，具有抗氧化活性的 18 个基因的表达差异明显。

（1）测序结果分析

使用 SeqPrep 和 Sickle 软件，去除转录组原始测序数据中的接头序列、质量值小于 20 的低质量序列、含“N”序列和舍弃去接头序列及质量修剪后长度小于 20 bp 的序列后，1 mmol/L $H_2O_2$处理组和对照组的菌株 A2 转录组的高质量序列（clean data）为：14914718 序列 1 474 538 455 bp，14502658 序列 with 1 431 094 281 bp，与参考基因组的 mapping 比率分别为 98.00% 和 97.67%，用于转录组整体质量评估的核糖体 RNA 污染率评估仅为 1.24% 和 1.56%。

（2）转录组的 GO 分析

本次测序共得到有 GO 注释的序列 2 819 条，按照生物学过程、细胞组分和分子功能三方面分别对其进行了分析（图 5 – 263）。结果表明，在生物学过程方面，有 1 795 条序列编码的蛋白参与细胞过程，数量最多；次之为有 1 776 条序列编码的蛋白参与新陈代谢过程。在细胞组分方面，有 920 条序列编码的蛋白参与了细胞的构成；有 920 条序列编码的蛋白参与了细胞部分的构成；601 条序列编码的蛋白参与了膜的构成，数量较多。在分子功能方面，有 1 600 条序列编码的蛋白具有催化活性，数量最多；其次有 1 205 条序列编码的蛋白具有结合作用；值得指出的是，有 18 条基因编码的蛋白具有抗氧化活性。

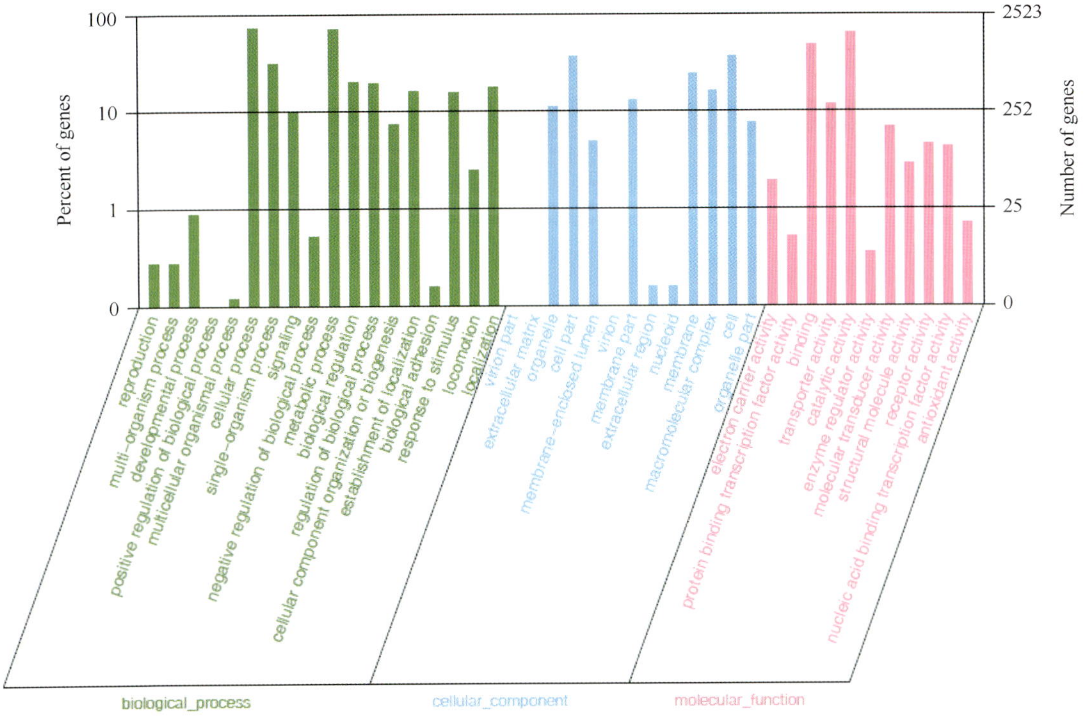


图 5 – 263　GO 功能分类图

（3）转录组的差异表达分析

研究结果表明，经 GO 分析规律为同一分类单元的基因具有不同的表达特征。值得指出的是，归属于生物粘附、生物学过程的负调节、酶调节子活性、蛋白结合转录因子活性和结构分子活性的绝大部分基因的表达为上调，而归属于多细胞生物学过程和细胞外域的绝大部分基因的表达则为下调（图 5 – 264）。

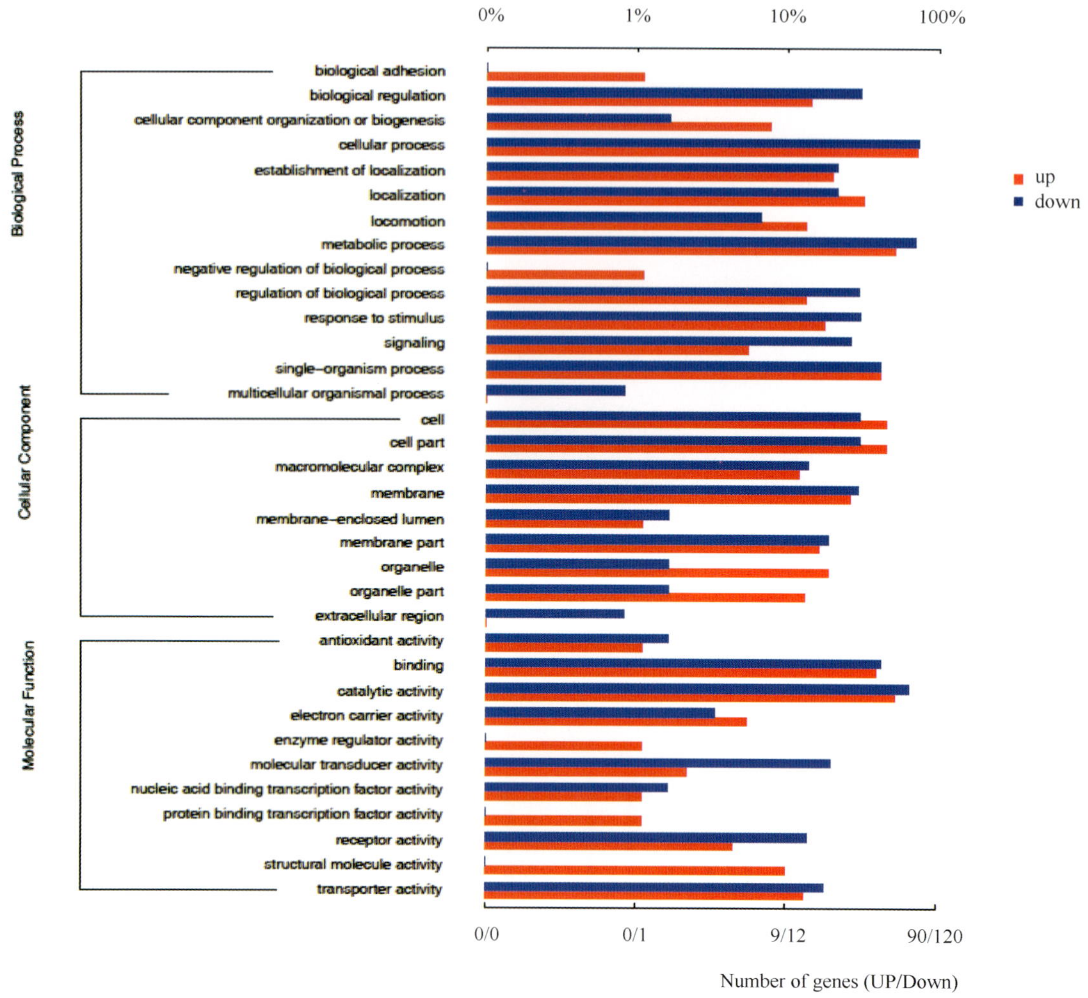


图 5－264　上下调基因 GO 注释柱形图

GO 分析归类为具有抗氧化活性的 18 个基因的表达特征如表 5－53 所示。可以看出，在 1 mmol/L $H_2O_2$胁迫条件下，只有 1 个基因（orf02206，thioredoxin reductase）的表达显著上调，而 2 个众所周知的氧胁迫酶基因（orf00565，iron superoxide dismutase 和 orf01871，catalase）的表达为不显著上调，其 $\log_2 F$（I/C）＝1.28 和 0.44，为达到 $\log_2 F$（I/C）≥2 的显著性标准。而且，基因（orf02526，catalase/peroxidase HPI，a well－known oxidative stress enzyme）a 和（orf1086，alkyl hydroperoxide reductase subunit C，one of ubiquitous peroxiredoxins that confer resistance to oxidative stress）为显著性下调。

**表 5－53　GO 分析具有抗氧化活性的基因的表达特征**

| gene_ id | $\log_2$FC（I/C） | NR_ tophit_ description |
|---|---|---|
| orf02206 | 2.88 | thioredoxin reductase，FAD/NAD（P）－binding protein |
| orf00193 | 1.88 | thioredoxin peroxidase |
| orf00565 | 1.28 | iron superoxide dismutase |
| orf03473 | 0.58 | glutathione peroxidase |
| orf01871 | 0.44 | catalase |

续表

| gene_ id | $log_2FC$ (I/C) | NR_ tophit_ description |
|---|---|---|
| orf01741 | 0.41 | glutathione reductase |
| orf02706 | 0.41 | peroxiredoxin AhpC/Tsa |
| orf01840 | 0.27 | glutathione peroxidase |
| orf02717 | 0.25 | hypothetical protein PSM_ A2697 |
| orf01086 | -2.35 | alkyl hydroperoxide reductase subunit C |
| orf02526 | -2.18 | catalase/peroxidase HPI |
| orf01085 | -1.50 | NADH dehydrogenase |
| orf00605 | -1.30 | Glutathione peroxidase |
| orf00480 | -1.15 | thioredoxin - dependent thiol peroxidase |
| orf01241 | -0.96 | peroxiredoxin |
| orf01333 | -0.51 | catalase hpi |
| orf00868 | -0.20 | catalase - related protein |
| orf00558 | -0.01 | thiol peroxidase |

基因差异表达的可视化图（Volcano 图）如图 5－265 所示。可以看出，有 109 条基因的表达显著上调，174 条基因的表达显著下调（$log_2F$ (I/C) ≥2）。然而，在氧胁迫条件下菌株 A2 中的绝大多数基因（3420/3703，92.6%）的表达变化并不显著。

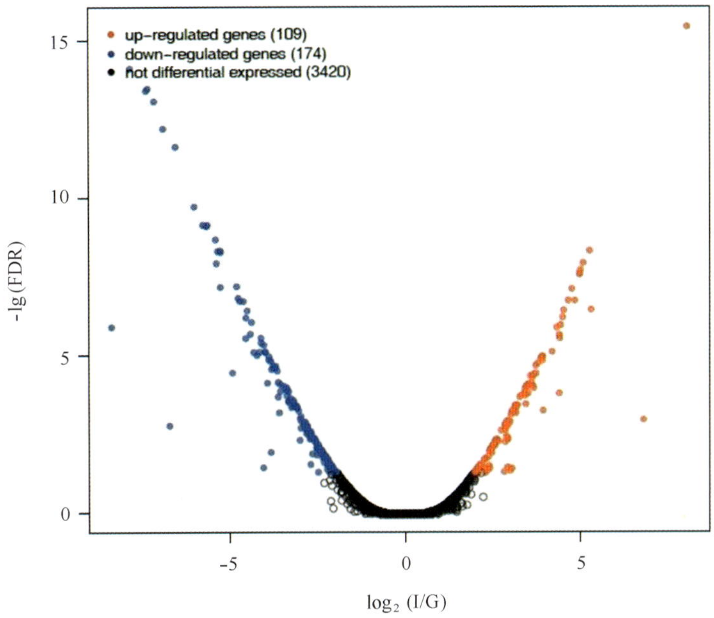


图 5－265 $H_2O_2$胁迫下菌株 A2 基因差异表达的 Volcano 图

部分功能已知的显著性差异表达的基因如表 5－54 所示。在显著上调的基因中，有 18 条基因与鞭毛相关，占总显著上调基因的 14%；8 条与氧胁迫相关的基因，包括 glutaredoxin、thioredoxin 和 thioredoxin reductase 也被发现；而且，发现了 4 条与热激蛋白相关的基因。在显著下调的基因中，发现了 9 条与细胞色素和细胞色素 C 相关的基因，5 条与 TonB－dependent receptor 相关的基因。

**表 5-54 部分功能已知的显著性差异表达的基因**

| gene_ id | $log_2 FC$ (I/C) | NR_ tophit_ description |
|---|---|---|
| orf03016 | 5.3 | flagellar motor switch protein FliN |
| orf03005 | 5.1 | flagellin |
| orf02999 | 4.8 | lateral flagellar L-ring protein, LfgH |
| orf03002 | 4.6 | lateral flagellar hook-associated protein |
| orf02998 | 4.5 | flagellar basal-body rod FlgG |
| orf03000 | 4.4 | FlgIL |
| orf03001 | 4.4 | flagellar protein |
| orf03015 | 4.4 | flagellar motor switch protein FliM |
| orf03018 | 4.4 | flagellar biosynthetic protein FliQ |
| orf03003 | 4.3 | lateral flagellar hook-associated protein, LfgL |
| orf02997 | 3.9 | FlgFL |
| orf02996 | 3.8 | flagellar hook protein FlgE |
| orf03017 | 3.7 | flagellar biosynthesis protein FliP |
| orf02993 | 3.5 | flagellar basal body rod protein FlgB |
| orf02994 | 3.4 | Flagellar basal body rod protein FlgC |
| orf03020 | 2.9 | flagellar biosynthesis protein FlhB |
| orf03021 | 2.8 | flagellar biosynthesis protein FlhA |
| orf03007 | 2.6 | flagellar biosynthesis protein FliS |
| orf00994 | 3.6 | chaperone protein dnaK (heat shock protein 70) |
| orf00556 | 3.1 | heat shock protein 90 |
| orf02858 | 3.0 | molecular chaperone GroEL |
| orf02857 | 3.0 | molecular chaperone GroES |
| orf01094 | 3.5 | oxidoreductase |
| orf00244 | 3.4 | oxidoreductase |
| orf02008 | 3.3 | thioredoxin-like protein |
| orf01272 | 3.0 | glutathione S-transferase |
| orf02206 | 2.9 | thioredoxin reductase, FAD/NAD (P) -binding protein |
| orf02743 | 2.8 | glutaredoxin |
| orf02605 | 2.4 | glutathione synthetase |
| orf03530 | 2.1 | thioredoxin |
| orf03376 | -6.0 | cytochrome B559 subunit alpha |
| orf03379 | -5.8 | cytochrome c oxidase subunit III |
| orf03378 | -5.4 | cytochrome C oxidase assembly protein |
| orf03377 | -5.3 | cytochrome oxidase subunit I |
| orf03382 | -4.7 | cytochrome oxidase assembly protein |
| orf01410 | -2.8 | cytochrome C biogenesis protein CcmH |
| orf00309 | -2.7 | cytochrome BD oxidase subunit II |
| orf02528 | -2.7 | cytochrome c oxidase, subunit I |

续表

| gene_ id | $\log_2$FC (I/C) | NR_ tophit_ description |
|---|---|---|
| orf02061 | -2.1 | cytochrome C |
| orf03039 | -3.7 | TonB - dependent receptor |
| orf02274 | -3.2 | TonB - dependent receptor |
| orf01043 | -3.1 | TonB - denpendent receptor |
| orf02775 | -2.6 | TonB - dependent receptor |
| orf02943 | -2.1 | TonB - dependent receptor |

(4) 转录组的 COG 分析

2 819 条基因经 COG 分析归类为 22 个功能单位（functional categories），109 条基因显著上调，174 条基因显著下调（表5-55）。

**表 5-55 氧胁迫下菌株 A2 转录组的 COG 分析**

| Type | functional_ categories | COG | upregulation | downregulation |
|---|---|---|---|---|
| information storage and processing | [A] RNA processing and modification | 1 | / | / |
| | [B] Chromatin structure and dynamics | 2 | 1 | |
| | [J] Translation, ribosomal structure and biogenesis | 178 | 2 | 1 |
| | [K] Transcription | 183 | / | 3 |
| | [L] Replication, recombination and repair | 186 | / | 3 |
| cellular processes and signaling | [D] Cell cycle control, cell division, chromosome partitioning | 30 | / | / |
| | [M] Cell wall/membrane/envelope biogenesis | 168 | 6 | 3 |
| | [N] Cell motility | 97 | 9 | / |
| | [O] Posttranslational modification, protein turnover, chaperones | 136 | 14 | 7 |
| | [T] Signal transduction mechanisms | 190 | 3 | 16 |
| | [U] Intracellular trafficking, secretion, and vesicular transport | 87 | 2 | / |
| | [V] Defense mechanisms | 44 | 1 | 1 |
| metabolism | [C] Energy production and conversion | 164 | 11 | 10 |
| | [E] Amino acid transport and metabolism | 246 | 4 | 17 |
| | [F] Nucleotide transport and metabolism | 59 | / | / |
| | [G] Carbohydrate transport and metabolism | 101 | 3 | 7 |
| | [H] Coenzyme transport and metabolism | 105 | 4 | 4 |
| | [I] Lipid transport and metabolism | 82 | / | 1 |
| | [P] Inorganic ion transport and metabolism | 167 | 5 | 12 |
| | [Q] Secondary metabolites biosynthesis, transport and catabolism | 51 | / | 1 |
| poorly characterized | [R] General function prediction only | 310 | 29 | 41 |
| | [S] Function unknown | 232 | 15 | 47 |

在显著上调的基因中，有 29 条基因为仅有功能预测，15 条基因为功能未知，数量较多，分别占显著上调基因总数的 26.6% 和 13.8%。在功能已知的基因中，14 条基因与翻译后修饰、蛋白质折叠和分子伴侣相关。

在显著下调的基因中，仅有功能预测和功能未知的基因数量也较多，分别占显著下调基因总数的23.6% 和27.0%。在功能已知的基因中，与氨基酸转运与代谢、信号转换机制相关的基因数量较多，分别包括17条和16条基因。

## 5.2 主要成果总结

通过对专项开展期间两次北极现场考察数据的分析和总结，结合历史资料和国内外研究进展，对北极海洋生物多样性和生态系统特点有了进一步的认识和新的发现，总结如下。

白令海和挪威海均以Pico级份叶绿素占优，叶绿素偏低，这可能与这些海域受大洋水控制、营养盐较低有关。在挪威海，叶绿素和初级生产力受中尺度涡的影响非常明显。在楚科奇海台区，我们发现浮游植物的垂向分布存在一个较快的动态过程，没有稳定的SCM层，高叶绿素值几乎在各个水层都可能出现。这可能是因为浮游植物旺发后，Net级份占优导致浮游植物不断沉降，因此在各个水层中都有可能观测到叶绿素的高值。历次北极科考的资料中，均有站位存在底层浮游植物极高值，这一现象也印证了浮游植物沉降的存在。这可能是北冰洋“食物脉冲”的一种表现形式：真光层深而混合层浅，营养盐能够快速补充刺激浮游植物旺发，上层浮游植物所产生的有机物迅速向底层输出，进而导致底栖生物的高生物量，对底层生态系统可能具有重要意义。

在该海域微微型浮游生物的分布明显受到水团和水流的影响，阿拉斯加沿岸流的西扩可能会增加北冰洋细菌丰度，同时将聚球藻输送到更高纬度。在楚科奇海共发现变形菌门（Proteobacteria）、拟杆菌门（Bacteroidetes）、蓝细菌门（Cyanobacteria）、放线菌门（Actinobacteria）等15个门的43个目的细菌类群，其中变形门菌为优势菌群。同时，随着海冰退缩，表层水温上升，微微型真核浮游植物丰度高值区将向北推进。白令海及楚科奇海中的微型及微微型浮游植物中均是硅藻占优势，而优势度随着纬度的增加而降低；微型浮游植物中的定鞭金藻及微微型浮游植物中的青绿藻也均具有相当优势。楚科奇海主要微微型真核浮游生物优势种包括微胞藻属（*Micromonas*）、金藻属（*Poterioochromonas*）、角毛藻属（*Chaetoceros*）和环沟藻属（*Gyrodinium*），还有隐球菌属（*Cryptococcus*）和海洋丝足虫属（*Cryothecomonas*）。随着北冰洋环境的进一步变暖及营养盐限制的进一步增强，微胞藻属的优势地位将更加明显。

冰表融池生物量整体较低，细菌平均占总生物量的55%，异养鞭毛虫平均占36%，自养类群仅占9%，融池中异养类群占绝对优势。北冰洋中心区冰表融池硅藻主要以小型脆杆藻（>20 μm）占优，环境条件变化使得纤毛虫减少，在融池中并未发现。浮冰生物群落生物量较低，浮冰平均生物量仅为105.85 mg·C/$m^2$。细菌是浮冰内部的最主要类群，其次是硅藻，二者在北极海冰食物链中处于重要地位。冰下水柱柱总生物量整体较低，细菌为冰下水柱群落的主要类群（64%），其次是鞭毛虫（18%），藻类所占比例较低，异养类群的主要食物来源是浮游细菌，由此可见微食物环可能在北极食物链中有重要作用。

楚科奇海浮游动物群落的年际变化趋势存在地理差异，而这种差异与浮游动物群落结构有关。北部深水区以桡足类为主的群落，在海冰快速消退的年份丰度明显更高。在南部和中部的陆架群落，浮游动物总丰度年际变化范围更大，而且有海冰覆盖范围关系不明显。在这两个群落里，桡足类丰度呈增加的趋势，但是藤壶幼体丰度变化范围较大。楚科奇海浮游动物群落最大的特点是存在极高丰度的底栖动物浮游幼体。本研究首次发现，这些阶段性浮游动物与终生浮游类群之间存在负相关性，即以藤壶幼体为代表的底栖动物浮游幼体丰度较高时，以桡足类为代表的终生浮游生活类群丰度较低。这一发现应该在预测陆架生态系统对海冰消退的响应时得到重视。马卡诺夫海盆和楚科奇深海平原浮游动物在上层分布密集而在深层比较稀少。两个调查海区浮游动物种类组成相似，在垂直分布上差异主要在于500～1 000 m水层，马卡诺夫海盆站位丰度在22.7～92.6 ind./$m^3$之间，而楚科奇深海平原只有1.6 ind./$m^3$。深海区浮游动物垂直分布的地理差异与颗粒有机物沉积通量的空间异质性相一致。我们推测类似地理差异产生的原因在于楚科奇深海平原数量较多的极北哲水蚤，它们在春季融冰前就上升到表层摄食冰藻，显著降低了有机物的垂直通量。

总结我国历次北极考察，大型底栖生物共记录种类约440种，小型底栖生物7个类群、鱼类67种。北极底栖生物因空间异质性而呈现出多种多样的、斑块状分布的群落结构类型。对白令海的陆架区、陆坡区和海盆区的生物量分析显示，大型底栖生物在白令海陆坡至陆架边缘处具有较高栖息密度和生物量，构成了“白令海绿带”；楚科奇海陆架区普遍具有较高的生物量，尤其是楚科奇海南部和东北部（Barrow Canyon附近），而沿着陆架区—陆坡区—海盆区生物量急剧减少。Grebmeier等学者认为富营养的太平洋温水以及激烈的水层-海底的耦合是影响北极底栖生物群落和生物量的关键因子。小型底栖生物呈现了明显的陆架和海盆分区现象，并且白令海陆架区、楚科奇海陆架区皆为高丰度的海区，小型底栖动物的资源量很高，白令海海盆及北冰洋的深水区和高纬海区则极为贫瘠。白令海与楚科奇海水域的鱼类种类组成既有北太平洋鱼类区系和北冰洋鱼类区系的区系特征，又与北大西洋海区的鱼类区系相关联，构成了这一海区独特的鱼类种类组成特点。总体上来看，粗壮拟庸鲽和东方裸棘杜父鱼是调查海域分布范围最广且数量较大的主要种类。此外，从三个航次优势种类的比较还可以看出，鱼类的种类组成应该与水深有很大关系，且楚科奇陆架浅水区的鱼类种类组成与白令海相似。此外，在对此次鱼类生物全球地理分布资料进行整合的过程中，发现某些鱼类的出现站位点有超越之前文献资料中记录的分布区域的现象。

此外，在专项考察期间，分别从第五次和第六次北极科考海洋沉积物样品中分离到了6株潜在的细菌新种。对第五次和第六次北极科学考察采集到的大型海藻样品进行了形态学描述和DNA条形码分析。研究填补了我国目前在北极地区有关大型底栖海藻研究记录的空白。

# 第 6 章　北极海洋生物和生态考察的经验与建议

## 6.1　考察取得的重要成果

围绕海洋生态系统对北极海冰快速变化的响应这一重要科学目标，在专项开展期间对白令海、楚科奇海台及海盆区和北极大西洋扇区进行了海洋生物生态综合调查，实现了从浮游到底栖，从自养到异养，从大的鱼类到极小的肉眼看不见的病毒，从海冰、海水到沉积物等各种介质中生存的生物的全方位调查，为全面探讨北冰洋生态系统群落结构组成、生物量和生物多样性、主要指示物种的分布、群落结构变异以及叶绿素含量和各粒级初级生产力进行系统的全面调查。

通过两次现场考察，获得了丰富的样品和现场数据，汇编完成了“北极海域海洋生物和生态考察数据集”，涵盖了叶绿素和初级生产力、微生物、海冰生物、微微型浮游生物、大中型浮游生物、底栖生物和大型藻类等各营养层次海洋生物的第一手数据资料。同时还完成了《北极常见海洋生物形态图鉴和物种名录》的编撰，为我国对北极海洋生物研究的持续和深入开展打下基础。

通过对现场考察数据的深入分析，共完成研究论文 17 篇（含 2 篇接受，1 篇在审），专利 2 个（附件六），进一步加深对北极海洋生物多样性及海洋生态系统对环境快速变化的响应的现象及机制的认识。

总体来说，通过“北极海域海洋生物和生态考察”专题的开展，获得了大量宝贵的样品和观测数据，培养了一批稳定的北极海洋生物与生态科学研究队伍，为我国北极海洋生态系统研究的持续深入开展，阐明在北极海冰快速变化的大背景下，北极海洋生物多样性现状及其对海洋环境各要素变化的响应机制，预测北极海洋生态系统的变化奠定了基础。

## 6.2　海洋生物和生态考察对专项的贡献

北极是对全球变化响应与反馈最为敏感、全球气候变化影响最为明显的区域。最近几十年北冰洋夏季冰区面积在不断缩小，2012 年北极海冰面积达到有历史记录以来的最低点。北极海冰环境的变化从根本上改变了北极食物链的结构和输送途径，从而对北极海洋生态系统造成重大影响。

近几十年来，北极发生了被称之为“Unammi”的快速变化，陆地气温升高，表层海水温度升高，海冰退缩并且厚度减少，大西洋水、太平洋水影响范围增大并且北冰洋中层水变暖，地表径流增加和海冰融化导致北冰洋表层盐度降低。这些变化都将给北冰洋生态系统带来深远影响。在认识海洋生态系统变化机制方面，浮游植物叶绿素和初级生产力是必不可少的基础参数。叶绿素和初级生产力代表着主要初级生产者的生物量和光合作用固碳能力，是海洋生态系食物网结构与功能的基础环节，它们不仅表示海洋有机物的最初来源，同时也表征着海洋浮游植物将大气中$CO_2$向海洋中转化的能力，也是维系鳕鱼、三文鱼等重要生物资源的物质基础。了解北极周边海域生物和初级生产力的分布和调控机制，对认识全球碳循环、评估北极资源潜力具有重要意义。浮游植物作为衔接地球化学与生物过程，是海洋食物网的起点，环境的变化往往较快地作用于浮游植物等生产者，然后沿食物链向上传递，进而影响整个生态系统；另一方面，浮游植物通过初级生产吸收大量$CO_2$，促使碳从大气向海洋转移，形成所谓“生物泵”效应，对碳循环的影响也至关重要。北冰洋的大型底栖具有新陈代谢速率低、寿命长、生物量大的特点，是北极大型哺乳动物的主要食物来源。小型底栖动物收集消化沉降的上层生产力和生物量，在海底微食物网能量传递中具有关键作用，同时它还是海洋环境变化的重要指示生物。浮游动物则是链接北冰洋经典食物链和微型食物网的关键种类，其种群结构和生物量直接关系到北冰洋广大海域渔获量和小型生物的种群结构和生物量。而小型和微型浮游生物是北冰洋微食环的重要组成者，它们一方面是生态系统中的主要分解者，而另一方面又可直接利用海水中的有机溶解物（DOM），使其转化为颗粒物，从而完成二次生产，在生态系统物质循环和能量流动中起着重要作用，作为北冰洋特别是北冰洋中心区域主要种类，在北冰洋生态系统中将扮演着越来越重要的角色。不同微生物在不同海域中的生态重要性不同，对北冰洋微生物多样性进行调查与评估，对于了解极地生态系统的C、N、Si等元素的地球化学循环同样具有重要的意义。

开展北极海洋生物和生态考察，对于在北极环境快速变化背景下，了解生态系统的结构和功能现状，预测生态系统和海洋生物资源未来的变化趋势，具有重要意义。另外，通过考察掌握北极海洋生物多样性和生态环境第一手资料，了解海洋生物多样性和生态环境变化及其对全球变化的响应和反馈，揭示北极在全球气候环境变化中的地位和作用，提高我国应对气候变化的能力，同时为开展北极生物资源的潜力评估提供背景资料。

## 6.3 考察的经验

### 6.3.1 顶层设计严谨

“十二五”极地专项特别是第五次和第六次北极科学考察均取得圆满成功，关键在于国家海洋局极地考察办公室的精心组织。每次调查之前，极地考察办公室或项目专项办公室均从顶层设计开始，充分总结和吸取以往北极考察的经验，并经充分论证和优化，且有针对性地对国际上关注的北极快速变化及其生态系统响应等北极科学前沿和热点问题，凝练科学目标，进行项目科考和研究内容的合理组织，科考方案的针对性和可靠性较强。

### 6.3.2 强化质量控制和管理

强化考察目标、考察内容的科学性论证，规范考察内容，科学设计考察程序，严格执行考察计划，并将计量管理落实到各个航次的考察工作中，从航前的人员培训、仪器设备计量认证、现场采样的组织管理和操作规范到样品数据的收集、登记、保存、运输和分析等各个环节进行质量控制和管理，保障样品和数据的可靠性。

### 6.3.3 各单位优势互补并积极开展国际交流

围绕北极海洋生物与生态领域的科学问题和考察目标，在项目启动伊始，精心组织考察队伍，整合国内海洋单位的研究力量，组织经验丰富的考察队伍，各单位优势互补，同时进一步开展国际合作，与国外科学家加强了现场交流，建立了密切的合作关系，进一步提高我国北极海洋生物与生态领域的研究水平。

我国的北极科学考察是一项针对性、综合性、多学科交叉、多部门、多单位人员参加的系统性考察，因此，在现场考察实施过程中，采取了根据作业领域和专业特点，统筹安排作业时间，组织进行科学交流，使得各专业的考察都能顺利实施，同时深化了对北极环境交叉学科科学问题的认识。

### 6.3.4 后勤保障有力

由于北极科学考察的特殊性，气候条件多变，冰情复杂，环境艰苦，因此后勤保障对现场考察的成功实施就显得尤为重要，“雪龙”船、气象保障、实验室保障、通信保障等部门通力合作，最大限度地满足了考察的需要，保障了科学考察的顺利实施。

## 6.4 考察中存在的主要问题及原因分析

第五次北极科考和第六次北极科考都是综合性的科学考察，因此，对某些专业而言，其站位布设覆盖范围、重复性、采样方式及样品分配方面还不能充分满足研究需求。具体表现如下。

（1）底栖生物的采样中，由于诸多因素及底质条件的限制，底栖生物调查水深范围较窄，尤其是三角拖网多集中于 300 m 以内，还不能充分了解调查海域底栖生物多样性特征，楚科奇海个别站位水深虽有 300 ~ 450 m，但浮冰的冰层较厚增加了作业难度。因此，目前的研究仍有局限性。

（2）由于生物专业、化学专业和海洋地质专业等均需要沉积物样品，因此，每个航次的沉积物样品分配均偏紧，能够分给底栖生物专业定量采样面积往往仅为 1/16 $m^2$，且无法获取重复样，这对于深入开展底栖生物研究增加了一定的困难。

（3）采集到的大型海藻样品数量都非常有限，第五次和第六次北极科考分别采集到 3 株和 5 株。究其原因一方面是由于北极科考中大部分的站位设置都在深水区，水深光照不足，通常不适于藻类的生长，而浅水区（ < 100 m）的站位底质多为泥沙质，大型海藻通常在岩石基底的海区附着生长，成为采集到大型底栖海藻样品量少的主要原因。另一方面，采用底拖网的方式采集底栖海藻也不是特别适宜，因为底栖海藻紧紧附着生长在底质上，拖网很难将其拉扯下来，使得该专业工作的开展难度较大。

（4）为研究生态系统特别是生物群落结构年际变化及其规律性，生物调查偏好重复站位的调查，但由于航次任务和作业实际情况的需要，每个航次调查站位的重复性差，无法做到与以往站位完全重叠，给长期变化的研究和评价带来困难。

## 6.5 对未来北极科学考察的建议

为更好地组织开展北极海洋生物生态考察，推进北极研究，我们建议：

（1）继续加强顶层设计，围绕科学问题设计考察站位，拓展海洋生物调查覆盖范围，兼顾重点区域的重复性和连续性。如底栖生物采样可以考虑增设在白令海和楚科奇海有400～500 m水深的站位，最好能做两条从陆架到深海盆地的断面，一条在白令海，一条在海冰覆盖的加拿大盆地，讨论有无海冰覆盖下水深变化对底栖生物的影响。此外，我国北极观测范围横跨近20个纬度，包含了HNLC海区、陆架水华区、沿岸带、海盆区等多种海域，其中由于水团的地理分布造成了显著的生物地球化学差异，进而形成不同的亚区。从历次观测的结果上看，不同生境的中心和边缘差异较大，且生境的范围存在季节波动，因此，不考虑生境，简单对历年航次结果进行平均会严重影响时间序列数据的可靠性和可比性。这一问题也意味着，将重点站位布设在典型生境的中心而非边缘是十分必要的。这需要物理、化学、生物等多学科的联合研究和研讨，从而确立典型生境，对历史资料进行再分析，并优化今后的观测方案。

（2）改进采样方式，保障获得的样品数量和丰富性。如沉积物的采样可以考虑使用多箱式采泥器，底拖网后面挂一张加吊坠的丝网，较细的丝线可以缠住海藻藻体，或许可以增加采集样品的数量。走航工作也亟待加强。目前，北极科考路线和时间较为稳定，这为开展走航观测提供了便利。应当考虑加强走航HPLC和FRRF的观测，积累浮游植物群落和光合作用的资料。同时建议加装船舷侧的摄像装置、光学探头，以捕捉水色光谱和水母等海洋生物信息，这些资料虽然现在少有人关心，但对于遥感和鱼类等学科，却是难得的宝贵信息。

（3）加强北极现场科学考察实施计划的前期组织和各学科间的协调，针对具体科学问题开展考察，增强北极现场考察实施计划的科学性和针对性。当前，北极航次时间紧任务重，航次协调会重在协调船时和作业项目，科学家们很少坐在一起讨论专业和学科间的协同，这对之后的成果产出有一定影响。因此建议在今后航次中，在进一步深化科学问题的基础上，根据学科和关注海域来划分航段，每一个航段有一个主导专业并设置对应的首席科学家助理，集中优势兵力，来解决对应的科学问题，提高成果的质量和产出。

（4）加强生物过程的观测和研究，当前气候变化和海洋酸化等重大问题对海洋生物领域研究提出新的要求和挑战。学界正逐渐认识到，单纯的航次调查结果更近似于一个“快照”，很难反映海洋变化的过程；另外，不同尺度的“过程”上，调控机制很可能是不一致的。因此，有必要把现有研究按研究尺度来进行分区，设计对应的模拟实验和长期观测站位，来分析生物群落对气候和酸化等变化过程的响应和受控机制。

（5）培养稳定的北极海洋生物和生态领域研究队伍，鼓励并吸引科学家参与北极科学研究工作，提高北极考察科学产出。

（6）加强国际合作及学科间的交流，促进分工协作和数据共享，拓展我国北极研究领域及深度。

# 参考文献

黄丁勇. 2010. 西南太平洋劳盆地与西南印度洋中脊深海热液区底栖动物初探 [D]. 厦门：国家海洋局第三海洋研究所.

陈永俊，林龙山，廖运志，等. 2013. 白令海和楚科奇海鱼类种类组成及其对生态环境变化的响应 [J]. 海洋学报，35 (2)：113 - 125.

吴绍渊，慕芳红. 2009. 山东南部沿海冬季小型底栖生物的初步研究 [J]. 海洋与湖沼，40 (6)：682 - 691.

张艳，张志南，黄勇，等. 2007. 南黄海冬季小型底栖生物丰度和生物量 [J]. 应用生态学报，18 (2)：411 - 419.

张玉红. 2009. 台湾海峡及邻近海域小型底栖动物密度和生物量研究 [D]. 厦门：厦门大学.

邹丽珍. 2006. 中国合同区小型底栖动物及其深海沉积物中 18SrDNA 基因多样性研究 [D]. 厦门：国家海洋局第三海洋研究所.

Ashjian C J, Braund S R, Campbell R G, et al. 2010. Climate variability, oceanography, bowhead whale distribution, and Iñupiat subsistence whaling near Barrow, Alaska [J]. Arctic, 179 - 194.

Berline L, Spitz Y H, Ashjian C J, et al. 2008. Euphausiid transport in the western Arctic Ocean [J].

Bessiere A, Nozais C, Brugel S, et al. 2007. Metazoan meiofauna dynamics and pelagic - benthic coupling in the Southeastern Beaufort Sea, Arctic Ocean [J]. Polar Biology, 30 (9): 1123 - 1135.

Boo G H, Lindstrom S C, Klochkova N G, et al. 2011. Taxonomy and biogeography of Agarum and Thalassiophyllum (Laminariales, Phaeophyceae) based on sequences of nuclear, mitochondrial, and plastid markers [J]. Taxon, 60 (3): 831 - 840.

Brownlee I, Fairclough A, Paxman A J. 2012. The potential health effects of seaweed extracts. In: Haupage, editor. Seeweed: Ecology, Nutrient Composition and Medical Uses [M]. New York: 119 - 136.

Clare A S, Walker G, Holland D L, et al. 1984. Nature of the barnacle hatching substance and the role of dopamine in the egg hatching process [J]. Advances in invertebrate reproduction, 3: 569.

Clare A S, Walker G. 1986. Further studies on the control of the hatching process in Balanus balanoides (L.) [J]. Journal of experimental marine biology and ecology, 97 (3): 295 - 304.

Dient A. 1997. A quantitative survey of meiobenthos in the deep Norwegian Sea [J]. Ambio, Special Report, 6: 75 - 77.

Drazen JC, Baldwin RJ and Smith Jr KL. 1998. Sediment community response to a temporally varying food supply at an abyssal station in the NE pacific [J]. Deep - Sea Research Part II: Topical Studies in Oceanography, 45 (4 - 5): 893 - 913.

Fabiano M and Danovaro R. 1999. Meiofauna distribution and mesoscale variability in two sites of the Ross Sea (Antarctica) with contrasting food supply [J]. Polar Biol, 22: 115 - 123.

Falkowski P G and Raven J A. 2007. Aquatic Photosynthesis [M]. Second Editions. Princeton University Press, Princeton, New Jersey. 483pp.

Gagnon P, Johnson L E, Himmelman J H. 2005. Kelp patch dynamics in the face of intense herbivory: Stability of Agarum clathratum (Phaeophyta) stands and associated flora on sea urchin barrens [J]. J. Phycol, 41: 498 - 505.

Grebmeier J M, Cooper L W, Feder H M, et al. 2009. Ecosystem dynamics of the Pacific – influenced Northern Bering and Chukchi Seas in the Amerasian Arctic [J]. Progress in Oceanography, 71: 331 –361.

Helmuth B, Mieszkowska N, Moore P, et al. 2006. Living on the edge of two changing worlds: forecasting the responses of rocky intertidal ecosystems to climate change [J]. Annual Review of Ecology, Evolution, and Systematics, 37, 373 –404.

Hopcroft R R, Hariharan P, Questel J, et al. 2014. Oceanographic assessment of the planktonic communities in the northeastern Chukchi Sea. Report for Survey year 2012. Chukchi Sea Environmental Program.

Hopcroft R R, Kosobokova K N, Pinchuk A. 2010. Zooplankton community patterns in the Chukchi Sea during summer 2004. Deep Sea Res. II, 57: 27 –39.

Ingham M C. 1972. WEBSEC –70, An ecological survey in the eastern Chukchi Sea, September – October 1970 [J]. U. S. Coast Gurad Oceanographic Report, Unit 12: 71 – 206.

Lin L S, Chen Y J, Liao Y Z, et al. 2014. Composition of fish species in the Bering and Chukchi Seas and their responses to changes in the ecological environment [J]. Acta Oceanologica Sinica, 33 (6): 63 –73.

Lin R C, Huang D Y, Guo Y Q, et al. 2014. Abundance and distribution of meiofauna in the Chukchi Sea [J]. Acta Oceanologica Sinica, 33 (6): 90 –94.

Lima F P, Ribeiro P A, Queiroz N, et al. 2007. Do distributional shifts of northern and southern species of algae match the warming pattern? [J] Global Change Biology, 13: 1 –13.

Lindstrom S C. 2001. The Bering Strait connection: dispersal and speciation in boreal macroalgae [J]. Journal of Biogeography, 28 (2): 243 –251.

Lüning K, Yarish C, Kirkman H. 1990. Seaweeds: their environment, biogeography, and ecophysiology [M]. John Wiley & Sons.

Matsuno K, Yamaguchi A, Hirawake T, et al. 2011. Year – to – year changes of the mesozooplankton community in the Chukchi Sea during summers of 1991, 1992 and 2007, 2008. Polar Biology, 34: 1349 –1360.

Olsen J L, Zechman F W, Hoarau G, et al. 2010. The phylogeographic architecture of the fucoid seaweed Ascophyllum nodosum: an intertidal "marine tree" and survivor of more than one glacial – interglacial cycle [J]. Journal of Biogeography, 37 (5): 842 –856.

Pavia H, Carr H, Åberg P. 1999. Feeding preferences and habitat selection of three crustacean mesoherbivores inhabiting the brown seaweed Ascophyllum nodosum and its epiphytes [J]. Journal of Experimental Marine Biology and Ecology, 236: 15 –32.

Pedersen PM. 1976. Marine, benthic algae from southernmost Greenland [J]. Meddr Grønland, 3: 1 – 80, 7 plates.

Pfannkuche O and Thiel H. 1987. Meiobenthic stocks and benthic activity on the NE – Svalbard Shelf and in the Nansen Basin [J]. Polar Biol, 7: 253 –266.

Pickart R S, Pratt L J, Torres D J, et al. 2010. Evolution and dynamics of the flow through Herald Canyon in the western Chukchi Sea [J]. Deep – Sea Research II, 57: 5 –26.

Schewel and Soltwedel T. 1998. Deep – sea meiobenthos of the central Arctic Ocean: distribution patterns and size – structure under extreme oligotrophic conditions [J]. VIE ET MILIEU, 49 (2/3): 79 –92.

Serrão E A, Alice L A, Brawley S H. 1999. Evolution of the Fucaceae (Phaeophyceae) inferred from nrDNA – ITS [J]. Journal of Phycology, 35: 382 –394.

Silva P C. 1991. Nomenclatural remarks on Agarum (Laminariaceae, Phaeophyceae) [J]. Jap. J. Phycol, 39: 217 –221.

Soltwedel T, Mokievsky V and Schewe I. 2000. Benthic activity and biomass on the Yermak Plateau and adjacent deep - sea regions, northwest of Svalbard [J]. Deep - Sea Research I, 47: 1761 - 1785.

Sommer S, Pfannkuche O. 2000, Metazoan meiofauna of the deep Arabian Sea: standing stocks, size spectra and regional variability in relation to monsoon induced enhanced sedimentation regimes of particulate organic matter [J]. Deep - Sea Research Part II: Topical Studies in Oceanography, 47 (14): 2957 - 2977.

South G R, Tittley I. 1986. A checklist and distributional index of benthic marine algae of the North Atlantic Ocean [M]. Huntsman Marine Laboratory, St Andrews, New Brunswick and The British Museum of Natural History, London, 76pp.

Vanaverbeke J, Arbizu P M, Dahms H U, et al. 1997. The Metazoan meiobenthos along a depth gradient in the Arctic Laptev Sea with special attention to nematode communities [J]. Polar Biology, 18 (6): 391 - 401.

Weingartner T, Dobbins E, Danielson S, et al. 2013. Hydrographic variability over the northeastern Chukchi Sea shelf in summer - fall 2008 - 2010 [J]. Continental Shelf Research, 67: 5 - 22.

Wulff A, Iken K, Quartino ML, Al - Handal A, Wiencke C, 2011. Clayton MN Biodiversity, biogeography and zonation of marine benthic micro - and macroalgae in the Arctic and Antarctic [M]. In: Wiencke C (ed) Biology of polar benthic algae. De Gruyter, Berlin, 23 - 52.

# 附件一　北极科学考察生物生态各要素作业站位表

附表 1－1　中国第五次北极科学考察海洋生物与生态考察站位

| 序号 | 站位 | 日期 | 经度 °E | 纬度 °N | 水深/m | 叶绿素a | 初级生产力 | 微型和微微型浮游生物 | 海冰生物 | 微生物（沉积物） | 浮游生物 | | 小型底栖 | 大型底栖 | | 大型藻类 | 底栖鱼类 |
|---|---|---|---|---|---|---|---|---|---|---|---|---|---|---|---|---|---|
| | | | | | | | | | | | 垂直拖网 | 多联网 | | 采泥 | 拖网 | | |
| 1 | 12OS02 | 2012－07－7 | 152.13 | 49.38 | 1 509 | | | | | √ | | | | | | | |
| 2 | 12BL01 | 2012－07－10 | 169.38 | 52.71 | 5 870 | √ | | √ | | | √ | | | | | | |
| 3 | 12BL02 | 2012－07－11 | 169.95 | 53.33 | 1 948 | √ | | √ | | | √ | | | √ | | | |
| 4 | 12BL03 | 2012－07－11 | 170.72 | 53.98 | 3 592 | √ | | √ | | √ | | √ | √ | √ | | | |
| 5 | 12BL04 | 2012－07－12 | 171.39 | 54.59 | 3 899 | √ | | √ | | √ | √ | | | | | | |
| 6 | 12BL05 | 2012－07－12 | 172.27 | 55.26 | 3 880 | √ | | √ | | | | | | | | | |
| 7 | 12BL06 | 2012－07－12 | 173.69 | 56.33 | 3 843 | √ | | √ | | | √ | | | | | | |
| 8 | 12BL07 | 2012－07－13 | 175.12 | 57.40 | 3 771 | √ | | √ | | √ | √ | | √ | √ | | | |
| 9 | 12BL08 | 2012－07－13 | 177.63 | 58.78 | 3 739 | √ | | √ | | | | √ | | | | | |
| 10 | 12BL09 | 2012－07－14 | 178.78 | 59.35 | 3 536 | √ | | √ | | √ | | | | | | | |
| 11 | 12BL10 | 2012－07－14 | 179.99 | 60.04 | 2 635 | √ | | √ | | √ | √ | | | | | | |
| 12 | 12BL11 | 2012－07－14 | 180.48 | 60.30 | 1 061 | √ | | √ | | | | √ | | | | | |
| 13 | 12BL12 | 2012－07－14 | 181.15 | 60.69 | 225 | √ | | √ | | √ | | | | √ | √ | √ | √ |
| 14 | 12BL13 | 2012－07－15 | 182.52 | 61.29 | 125 | √ | | √ | | √ | | | √ | √ | | | |

续表

| 序号 | 站位 | 日期 | 经度 °E | 纬度 °N | 水深/m | 叶绿素a | 初级生产力 | 微型和微微型浮游生物 | 海冰生物 | 微生物（沉积物） | 浮游生物 | | 小型底栖 | 大型底栖 | | 大型藻类 | 底栖鱼类 |
|---|---|---|---|---|---|---|---|---|---|---|---|---|---|---|---|---|---|
| | | | | | | | | | | | 垂直拖网 | 多联网 | | 采泥 | 拖网 | | |
| 15 | 12BL14 | 2012-07-15 | 183.58 | 61.93 | 95 | √ | √ | √ | | √ | √ | | | √ | | | |
| 16 | 12BL15 | 2012-07-16 | 184.70 | 62.54 | 74 | √ | | √ | | √ | √ | | | | √ | √ | √ |
| 17 | 12BL16 | 2012-07-16 | 186.11 | 63.01 | 68 | √ | | √ | | √ | | | √ | √ | | | |
| 18 | 12BL17 | 2012-07-16 | 186.74 | 63.21 | 64 | | | | | | | | | | √ | √ | √ |
| 19 | 12BL18 | 2012-07-16 | 187.38 | 63.42 | 55 | | | | | | | | | | √ | √ | √ |
| 20 | 12BM01 | 2012-07-16 | 187.50 | 63.46 | 49 | √ | | √ | | √ | √ | | | | | | |
| 21 | 12BM02 | 2012-07-16 | 187.35 | 63.77 | 51 | √ | | √ | | | | | | | | | |
| 22 | 12BM03 | 2012-07-16 | 187.25 | 63.87 | 55 | √ | | √ | | | √ | | | √ | √ | √ | √ |
| 23 | 12BN01 | 2012-07-16 | 188.31 | 64.31 | 45 | √ | | √ | | | | | | √ | | | |
| 24 | 12BN02 | 2012-07-16 | 188.61 | 64.43 | 34 | √ | √ | √ | | | | | | √ | √ | √ | √ |
| 25 | 12BN03 | 2012-07-17 | 189.20 | 64.47 | 37 | √ | | √ | | | √ | | | √ | | | |
| 26 | 12BN04 | 2012-07-17 | 189.88 | 64.48 | 36 | √ | | √ | | √ | | | | √ | √ | √ | √ |
| 27 | 12BN05 | 2012-07-17 | 190.60 | 64.51 | 33 | √ | | √ | | √ | √ | | | | | | |
| 28 | 12BN06 | 2012-07-17 | 191.30 | 64.55 | 37 | √ | | √ | | √ | √ | | | | √ | √ | √ |
| 29 | 12BN07 | 2012-07-17 | 191.92 | 64.58 | 27 | √ | | √ | | √ | | | | | | | |
| 30 | 12BN08 | 2012-07-17 | 192.54 | 64.61 | 22 | √ | | √ | | √ | | | | | √ | √ | √ |
| 31 | 12C01 | 2012-07-19 | 191.84 | 69.41 | 45 | √ | | √ | | √ | √ | | √ | √ | √ | √ | √ |
| 32 | 12C02 | 2012-07-19 | 192.68 | 69.23 | 41 | √ | | √ | | | √ | | √ | √ | | | |
| 33 | 12C03 | 2012-07-19 | 193.51 | 69.03 | 26 | √ | | √ | | √ | √ | | √ | √ | √ | √ | √ |
| 34 | 12C04 | 2012-07-20 | 193.11 | 70.84 | 39 | √ | | √ | | | √ | | √ | √ | √ | | √ |
| 35 | 12C05 | 2012-07-20 | 195.16 | 70.67 | 43 | √ | | √ | | | √ | | | | | | |
| 36 | 12C06 | 2012-07-19 | 197.24 | 70.52 | 29 | √ | √ | √ | | √ | √ | | | | √ | √ | √ |
| 37 | 12CC1 | 2012-07-18 | 191.39 | 67.77 | 43 | √ | | √ | | √ | | | | √ | | | |
| 38 | 12CC2 | 2012-07-18 | 191.77 | 67.91 | 51 | √ | | √ | | √ | √ | | √ | √ | √ | √ | √ |

续表

| 序号 | 站位 | 日期 | 经度<br>°E | 纬度<br>°N | 水深/<br>m | 叶绿素a | 初级生产力 | 微型和微微型浮游生物 | 海冰生物 | 微生物（沉积物） | 浮游生物 | | 小型底栖 | 大型底栖 | | 大型藻类 | 底栖鱼类 |
|---|---|---|---|---|---|---|---|---|---|---|---|---|---|---|---|---|---|
| | | | | | | | | | | | 垂直拖网 | 多联网 | | 采泥 | 拖网 | | |
| 39 | 12CC3 | 2012－07－18 | 192.13 | 68.01 | 46 | √ | | √ | | | | | √ | √ | | | |
| 40 | 12CC4 | 2012－07－18 | 192.50 | 68.13 | 42 | √ | | √ | | √ | √ | | √ | √ | √ | √ | √ |
| 41 | 12CC5 | 2012－07－18 | 192.69 | 68.19 | 40 | √ | | √ | | √ | √ | | | √ | | | |
| 42 | 12CC6 | 2012－07－18 | 192.87 | 68.23 | 36 | √ | √ | √ | | √ | | | √ | √ | √ | √ | √ |
| 43 | 12CC7 | 2012－07－18 | 193.02 | 68.30 | 29 | √ | | √ | | | | | | | | | |
| 44 | 12R01 | 2012－07－18 | 191.00 | 66.72 | 37 | √ | √ | √ | | √ | √ | | | √ | | | |
| 45 | 12R02 | 2012－07－18 | 191.06 | 67.69 | 44 | √ | | √ | | √ | | | √ | √ | √ | √ | √ |
| 46 | 12R03 | 2012－07－18 | 191.13 | 68.60 | 46 | √ | √ | √ | | √ | √ | | √ | √ | √ | √ | √ |
| 47 | 12R04 | 2012－07－19 | 191.12 | 69.60 | 45 | √ | | √ | | √ | | | √ | √ | | | |
| 48 | 12R05 | 2012－07－20 | 191.22 | 70.98 | 37 | √ | √ | √ | | √ | √ | | | √ | | | |
| 49 | 12BB01 | 2012－08－4 | 9.00 | 71.80 | 2 616 | √ | √ | √ | | √ | √ | √ | | | | | |
| 50 | 12BB02 | 2012－08－4 | 8.32 | 72.17 | 2 605 | √ | | √ | | √ | | | | | | | |
| 51 | 12BB03 | 2012－08－5 | 7.51 | 72.50 | 2 585 | √ | | √ | | √ | √ | | | | | | |
| 52 | 12BB04 | 2012－08－5 | 6.50 | 73.00 | 2 319 | √ | √ | √ | | √ | √ | | √ | | | | |
| 53 | 12BB05 | 2012－08－5 | 5.50 | 73.33 | 2 553 | √ | | √ | | | | √ | | | | | |
| 54 | 12BB06 | 2012－08－6 | 4.50 | 73.67 | 3 189 | √ | | √ | | | √ | | | | | | |
| 55 | 12BB07 | 2012－08－6 | 3.34 | 74.01 | 3 445 | √ | √ | √ | | √ | √ | | | | | | |
| 56 | 12BB08 | 2012－08－6 | 2.34 | 74.33 | 3 634 | √ | | √ | | √ | √ | | | | | | |
| 57 | 12BB09 | 2012－08－6 | 0.97 | 74.67 | 3 660 | √ | √ | √ | | √ | √ | | | | | | |
| 58 | 12AT01 | 2012－08－9 | 7.00 | 71.71 | 2 905 | √ | √ | √ | | | √ | | | | | | |
| 59 | 12AT02 | 2012－08－9 | 5.98 | 71.19 | 3 101 | √ | | √ | | √ | √ | | | | | | |
| 60 | 12AT05 | 2012－08－10 | 3.03 | 69.70 | 3 268 | √ | √ | √ | | √ | √ | | | | | | |
| 61 | 12AT06 | 2012－08－10 | 2.01 | 69.20 | 3 267 | √ | | √ | | | √ | | √ | | | | |

续表

| 序号 | 站位 | 日期 | 经度 °E | 纬度 °N | 水深/m | 叶绿素 a | 初级生产力 | 微型和微微型浮游生物 | 海冰生物 | 微生物（沉积物） | 浮游生物 | | 小型底栖 | 大型底栖 | | 大型藻类 | 底栖鱼类 |
|---|---|---|---|---|---|---|---|---|---|---|---|---|---|---|---|---|---|
| | | | | | | | | | | | 垂直拖网 | 多联网 | | 采泥 | 拖网 | | |
| 62 | 12AT07 | 2012-08-10 | 1.00 | 68.70 | 2 966 | √ | √ | √ | | √ | √ | | | | | | |
| 63 | 12AT08 | 2012-08-11 | 359.72 | 68.00 | 3 653 | √ | √ | √ | | √ | | | | | | | |
| 64 | 12AT09 | 2012-08-11 | 358.31 | 67.40 | 3 187 | √ | √ | √ | | | √ | | | | | | |
| 65 | 12AT10 | 2012-08-11 | 356.89 | 66.74 | 3 764 | √ | √ | √ | | | | | | | | | |
| 66 | 12IS01 | 2012-08-12 | 351.00 | 65.59 | 821 | √ | | √ | | √ | | | | √ | | | |
| 67 | 12IS02 | 2012-08-12 | 340.73 | 62.25 | 1 519 | | | √ | | | | | | √ | | | |
| 68 | 12IS03 | 2012-08-12 | 341.93 | 67.26 | 473 | | | | | √ | | | | √ | | | |
| 69 | 12IS04 | 2012-08-12 | 345.73 | 68.71 | 1 597 | | | | | √ | √ | | √ | √ | | | |
| 70 | 12IC01 | 2012-08-29 | 120.35 | 86.80 | 4 386 | √ | | √ | √ | | √ | | | | | | |
| 71 | 12IC02 | 2012-08-30 | 123.72 | 87.66 | | | | | √ | | | | | | | | |
| 72 | 12IC03 | 2012-08-31 | 120.34 | 86.62 | 4 391 | √ | | √ | √ | | √ | | | | | | |
| 73 | 12IC04 | 2012-09-1 | 145.26 | 85.00 | | | | | √ | | | √ | | | | | |
| 74 | 12IC05 | 2012-09-2 | 158.74 | 84.08 | 3 213 | √ | | √ | √ | | √ | √ | | | | | |
| 75 | 12IC06 | 2012-09-2 | 161.68 | 83.63 | | | | | √ | | | √ | | | | | |
| 76 | 12MA01 | 2012-09-3 | 181.04 | 82.03 | | | | | | √ | | | | | | | |
| 77 | 12SR18 | 2012-09-4 | 190.99 | 81.92 | 3 409 | √ | √ | √ | | | √ | | | | | | |
| 78 | 12SR17 | 2012-09-4 | 191.02 | 81.00 | 3 346 | √ | | √ | | | | | | | | | |
| 79 | 12SR16 | 2012-09-4 | 191.01 | 80.00 | 3 345 | √ | | √ | | | √ | | | | | | |
| 80 | 12SR15 | 2012-09-5 | 191.00 | 79.00 | 3 068 | √ | | √ | | | √ | | | | | | |
| 81 | 12SR14 | 2012-09-5 | 191.00 | 78.00 | 658 | √ | | √ | | √ | √ | | √ | | | | |
| 82 | 12M01 | 2012-09-5 | 188.00 | 77.50 | 2 281 | √ | | √ | | | √ | | | | | | |
| 83 | 12M02 | 2012-09-5 | 188.01 | 77.00 | 2 300 | √ | √ | √ | | | | | | | | | |
| 84 | 12M03 | 2012-09-6 | 188.00 | 76.50 | 2 299 | √ | | √ | | | | | | | | | |

续表

| 序号 | 站位 | 日期 | 经度 °E | 纬度 °N | 水深/ m | 叶绿素 a | 初级生产力 | 微型和微微型浮游生物 | 海冰生物 | 微生物（沉积物） | 浮游生物 | | 小型底栖 | 大型底栖 | | 大型藻类 | 底栖鱼类 |
|---|---|---|---|---|---|---|---|---|---|---|---|---|---|---|---|---|---|
| | | | | | | | | | | | 垂直拖网 | 多联网 | | 采泥 | 拖网 | | |
| 85 | 12M04 | 2012 - 09 - 6 | 188. 01 | 76. 00 | 2 004 | √ | | √ | | √ | √ | √ | | | | | |
| 86 | 12M05 | 2012 - 09 - 6 | 187. 98 | 75. 50 | 1 290 | √ | | √ | | | | | | | | | |
| 87 | 12M06 | 2012 - 09 - 6 | 188. 00 | 75. 25 | 516 | √ | | √ | | √ | √ | | | √ | | | |
| 88 | 12M07 | 2012 - 09 - 6 | 187. 98 | 74. 99 | 382 | √ | | √ | | | | | | | | | |
| 89 | 12SR12 | 2012 - 09 - 6 | 190. 98 | 74. 00 | 175 | √ | √ | √ | | √ | √ | | √ | √ | | | |
| 90 | 12SR11 | 2012 - 09 - 7 | 191. 03 | 73. 00 | 67 | √ | | √ | | √ | √ | | √ | √ | √ | √ | √ |
| 91 | 12SR10 | 2012 - 09 - 7 | 191. 19 | 72. 00 | 51 | √ | | √ | | √ | | | | √ | | | |
| 92 | 12SR09 | 2012 - 09 - 7 | 191. 14 | 71. 00 | 44 | √ | | √ | | | √ | | √ | √ | √ | √ | √ |
| 93 | 12SR07 | 2012 - 09 - 7 | 191. 14 | 69. 60 | 51 | √ | | √ | | √ | | | | √ | | | |
| 94 | 12SR05 | 2012 - 09 - 8 | 191. 14 | 68. 62 | 52 | √ | √ | √ | | √ | √ | | | √ | √ | √ | √ |
| 95 | 12SR03 | 2012 - 09 - 8 | 191. 07 | 67. 67 | 51 | √ | | √ | | | | | √ | | √ | √ | √ |
| 96 | 12SR01 | 2012 - 09 - 8 | 191. 09 | 66. 72 | 42 | √ | | √ | | √ | | | | | | | |
| 97 | 12LI01 | 2012 - 09 - 9 | 187. 94 | 63. 83 | 34 | | | | | | | | | | | √ | |
| 98 | 12BM04 | 2012 - 09 - 9 | 187. 00 | 62. 70 | 63 | √ | | √ | | √ | | | √ | √ | √ | √ | √ |
| 99 | 12BM05 | 2012 - 09 - 9 | 186. 08 | 62. 80 | 45 | √ | | √ | | √ | √ | | | | √ | √ | √ |
| 100 | 12BM06 | 2012 - 09 - 9 | 191. 54 | 62. 83 | 39 | √ | | √ | | | √ | | | | | | |
| 101 | 12BM07 | 2012 - 09 - 9 | 192. 67 | 62. 48 | 30 | √ | | √ | | √ | √ | | | √ | √ | √ | √ |
| 102 | 12BS04 | 2012 - 09 - 10 | 188. 42 | 61. 20 | 57 | √ | | √ | | √ | √ | | √ | √ | | | |
| 103 | 12BS05 | 2012 - 09 - 10 | 190. 57 | 61. 41 | 40 | √ | | √ | | √ | | | | √ | √ | √ | √ |
| 104 | 12BS06 | 2012 - 09 - 10 | 192. 28 | 61. 69 | 27 | √ | | √ | | √ | | | | √ | √ | √ | √ |
| 105 | 12BS01 | 2012 - 09 - 11 | 182. 74 | 61. 12 | 127 | √ | | √ | | | √ | | √ | √ | | | |
| 106 | 12BS02 | 2012 - 09 - 11 | 184. 47 | 61. 13 | 99 | √ | | √ | | √ | | | √ | √ | √ | | √ |
| 107 | 12BS03 | 2012 - 09 - 11 | 186. 15 | 61. 12 | 78 | √ | | √ | | √ | | | | √ | √ | | √ |

附表 1-2 中国第六次北极科学考察海洋生物与生态考察站位

| 序号 | 站位 | 日期 | 东经 | 北纬 | 水深/m | 叶绿素 a | 初级生产力 | 微型和微微型浮游生物 | 海冰生物 | 微生物 | | 浮游生物 | | 底表微生物 | 小型底栖 | 大型底栖 | | 大型藻类 | 底栖鱼类 |
|---|---|---|---|---|---|---|---|---|---|---|---|---|---|---|---|---|---|---|---|
| | | | | | | | | | | 表层海水微生物 | 沉积物微生物 | 垂直拖网 | 多联网 | | | 采泥 | 拖网 | | |
| 1 | 14OS3 | 2014-07-16 | 148.39 | 48.39 | 1 464 | | | | | | √ | | | √ | | | | | |
| 2 | 14B01 | 2014-07-18 | 169.07 | 52.96 | 4 515 | √ | | √ | | | | √ | | | | | | | |
| 3 | 14B02 | 2014-07-18 | 169.74 | 53.57 | 1 875 | √ | √ | √ | | √ | | | | | | | | | |
| 4 | 14B03 | 2014-07-19 | 170.57 | 54.12 | 3 924 | √ | | √ | | √ | | | | | | | | | |
| 5 | 14B04 | 2014-07-19 | 171.27 | 54.73 | 3 906 | √ | | √ | | √ | | √ | | | | | | | |
| 6 | 14B05 | 2014-07-19 | 172.24 | 55.39 | 3 886 | √ | | √ | | √ | | | | | | | | | |
| 7 | 14B06 | 2014-07-20 | 173.69 | 56.33 | 3 856 | √ | | √ | | √ | | √ | | | | | | | |
| 8 | 14B07 | 2014-07-20 | 175.11 | 57.39 | 3 784 | √ | | √ | | √ | | | | | | | | | |
| 9 | 14B08 | 2014-07-21 | 177.63 | 58.78 | 3 752 | √ | √ | √ | | √ | | | | | | | | | |
| 10 | 14B09 | 2014-07-21 | 178.77 | 59.35 | 3 553 | √ | | √ | | √ | | | | | | | | | |
| 11 | 14B10 | 2014-07-21 | 179.66 | 60.04 | 2 654 | √ | √ | √ | | | | | | √ | | | | | |
| 12 | 14B11 | 2014-07-22 | 180.48 | 60.30 | 1 044 | √ | √ | √ | | √ | √ | √ | | √ | | | | | |
| 13 | 14B12 | 2014-07-22 | 181.14 | 60.69 | 273 | √ | | √ | | √ | √ | | | √ | | √ | √ | √ | √ |
| 14 | 14B13 | 2014-07-22 | 182.52 | 61.29 | 132 | √ | √ | √ | | √ | | | | √ | √ | √ | √ | √ | √ |
| 15 | 14NB01 | 2014-07-22 | 182.80 | 60.80 | 131 | √ | | √ | | √ | √ | √ | | √ | √ | | √ | √ | √ |
| 16 | 14NB02 | 2014-07-23 | 184.47 | 60.87 | 107 | √ | | √ | | √ | √ | √ | | | | √ | √ | √ | √ |
| 17 | 14NB03 | 2014-07-23 | 186.14 | 60.94 | 81 | √ | | √ | | √ | √ | √ | | √ | | √ | | | |
| 18 | 14NB04 | 2014-07-23 | 188.44 | 61.20 | 57 | √ | | √ | | √ | √ | √ | | | | | √ | √ | √ |
| 19 | 14NB05 | 2014-07-23 | 190.56 | 61.42 | 39 | √ | | √ | | √ | | √ | | | | √ | | | |
| 20 | 14NB06 | 2014-07-24 | 192.28 | 61.68 | 25 | √ | | √ | | | | √ | | | | | √ | √ | √ |
| 21 | 14NB07 | 2014-07-24 | 193.00 | 61.90 | 28 | √ | | √ | | √ | | √ | | | | | | | |

续表

| 序号 | 站位 | 日期 | 东经 | 北纬 | 水深/m | 叶绿素a | 初级生产力 | 微型和微微型浮游生物 | 海冰生物 | 微生物 | | 浮游生物 | | 底表微生物 | 小型底栖 | 大型底栖 | | 大型藻类 | 底栖鱼类 |
|---|---|---|---|---|---|---|---|---|---|---|---|---|---|---|---|---|---|---|---|
| | | | | | | | | | | 表层海水微生物 | 沉积物微生物 | 垂直拖网 | 多联网 | | | 采泥 | 拖网 | | |
| 22 | 14NB08 | 2014-07-24 | 193.00 | 62.30 | 33 | √ | | √ | | | | √ | | √ | | √ | √ | √ | √ |
| 23 | 14NB09 | 2014-07-24 | 192.40 | 62.60 | 24 | √ | | √ | | √ | √ | √ | | √ | | | √ | √ | √ |
| 24 | 14AD01 | 2014-07-25 | 186.14 | 62.14 | 63 | | | | | | | | | | | | √ | √ | √ |
| 25 | 14B14 | 2014-07-25 | 183.60 | 61.93 | 102 | √ | | √ | | √ | √ | √ | | √ | √ | √ | | | |
| 26 | 14B15 | 2014-07-25 | 184.69 | 62.54 | 79 | √ | √ | √ | | √ | √ | √ | | √ | √ | √ | √ | √ | √ |
| 27 | 14B16 | 2014-07-25 | 186.12 | 63.01 | 74 | √ | √ | √ | | √ | | | | | | | | | |
| 28 | 14NB10 | 2014-07-26 | 187.53 | 63.47 | 54 | √ | | √ | | | | √ | | | | | √ | √ | √ |
| 29 | 14NB11 | 2014-07-26 | 187.50 | 63.76 | 47 | √ | | √ | | √ | | | | | | √ | | | |
| 30 | 14NB12 | 2014-07-26 | 188.01 | 63.67 | 53 | √ | | √ | | √ | | √ | | | | √ | √ | √ | √ |
| 31 | 14BS01 | 2014-07-26 | 188.52 | 64.33 | 47 | √ | | √ | | √ | | √ | | | | | | | |
| 32 | 14BS02 | 2014-07-26 | 189.01 | 64.33 | 40 | √ | | √ | | √ | | √ | | | | √ | √ | √ | √ |
| 33 | 14BS03 | 2014-07-26 | 189.53 | 64.34 | 38 | √ | | √ | | | | √ | | | | | | | |
| 34 | 14BS04 | 2014-07-26 | 190.00 | 64.33 | 40 | √ | | √ | | √ | | √ | | √ | | √ | √ | √ | √ |
| 35 | 14BS05 | 2014-07-26 | 190.50 | 64.33 | 39 | √ | | √ | | √ | | √ | | | | | | | |
| 36 | 14BS06 | 2014-07-27 | 191.01 | 64.35 | 39 | √ | | √ | | √ | | √ | | | | √ | √ | √ | √ |
| 37 | 14BS07 | 2014-07-27 | 191.50 | 64.33 | 39 | √ | | √ | | √ | | √ | | | | √ | | | |
| 38 | 14BS08 | 2014-07-27 | 191.97 | 64.33 | 36 | √ | | √ | | | | √ | | | | √ | √ | √ | √ |
| 39 | 14R01 | 2014-07-27 | 191.01 | 66.72 | 43 | √ | | √ | | | | √ | | | | | | | |
| 40 | 14R02 | 2014-07-28 | 191.00 | 67.67 | 50 | √ | | √ | | √ | √ | √ | | √ | √ | √ | √ | √ | √ |
| 41 | 14CC1 | 2014-07-28 | 191.39 | 67.78 | 50 | √ | | √ | | | | √ | | | | | | | |

续表

| 序号 | 站位 | 日期 | 东经 | 北纬 | 水深/m | 叶绿素a | 初级生产力 | 微型和微微型浮游生物 | 海冰生物 | 微生物 | | 浮游生物 | | 底表微生物 | 小型底栖 | 大型底栖 | | 大型藻类 | 底栖鱼类 |
|---|---|---|---|---|---|---|---|---|---|---|---|---|---|---|---|---|---|---|---|
| | | | | | | | | | | 表层海水微生物 | 沉积物微生物 | 垂直拖网 | 多联网 | | | 采泥 | 拖网 | | |
| 42 | 14CC2 | 2014-07-28 | 191.76 | 67.90 | 58 | √ | | √ | | | √ | √ | | √ | √ | √ | √ | √ | √ |
| 43 | 14CC3 | 2014-07-28 | 192.10 | 68.10 | 52 | √ | | √ | | √ | √ | √ | | | | | | | |
| 44 | 14CC4 | 2014-07-28 | 192.49 | 68.13 | 49 | √ | | √ | | | √ | √ | | √ | √ | √ | √ | √ | √ |
| 45 | 14CC5 | 2014-07-28 | 192.69 | 68.19 | 46 | √ | | √ | | | √ | √ | | | | √ | | | |
| 46 | 14CC6 | 2014-07-28 | 192.87 | 68.24 | 42 | √ | | √ | | √ | √ | √ | | √ | √ | √ | √ | √ | √ |
| 47 | 14CC7 | 2014-07-28 | 193.04 | 68.30 | 34 | √ | | √ | | | | √ | | | | | | | |
| 48 | 14R03 | 2014-07-29 | 191.00 | 68.62 | 54 | √ | | √ | | √ | √ | √ | | √ | √ | √ | √ | √ | √ |
| 49 | 14C03 | 2014-07-29 | 193.52 | 69.03 | 32 | √ | √ | √ | | | √ | √ | | √ | √ | √ | √ | √ | √ |
| 50 | 14C02 | 2014-07-29 | 192.66 | 69.12 | 48 | √ | | √ | | | | √ | | | | | | | |
| 51 | 14C01 | 2014-07-29 | 191.86 | 69.22 | 50 | √ | | √ | | √ | √ | √ | | √ | √ | √ | √ | √ | √ |
| 52 | 14R04 | 2014-07-29 | 190.99 | 69.60 | 52 | √ | | √ | | √ | √ | √ | | | √ | √ | | | |
| 53 | 14C06 | 2014-07-30 | 197.22 | 70.52 | 35 | √ | √ | √ | | √ | | √ | | √ | | √ | √ | √ | √ |
| 54 | 14C05 | 2014-07-30 | 195.27 | 70.76 | 33 | √ | | √ | | √ | √ | √ | | √ | | √ | | | |
| 55 | 14C04 | 2014-07-30 | 193.01 | 71.01 | 45 | √ | | √ | | | √ | √ | | √ | √ | √ | √ | √ | √ |
| 56 | 14R05 | 2014-07-30 | 191.00 | 71.00 | 43 | √ | √ | √ | | √ | √ | √ | | | √ | | | | |
| 57 | 14R06 | 2014-07-31 | 191.02 | 72.00 | 51 | √ | | √ | | √ | √ | √ | | √ | √ | √ | | | |
| 58 | 14R07 | 2014-07-31 | 191.03 | 73.00 | 73 | √ | √ | √ | | √ | √ | √ | | √ | √ | √ | √ | √ | √ |
| 59 | 14R08 | 2014-07-31 | 191.00 | 74.00 | 179 | √ | | √ | | √ | √ | √ | | √ | √ | √ | | | |
| 60 | 14R09 | 2014-08-1 | 190.97 | 74.61 | 190 | √ | √ | √ | | √ | √ | √ | | √ | √ | √ | √ | √ | √ |
| 61 | 14S02 | 2014-08-2 | 202.54 | 71.92 | 73 | √ | | √ | | √ | √ | √ | | √ | √ | √ | √ | √ | √ |

续表

| 序号 | 站位 | 日期 | 东经 | 北纬 | 水深/m | 叶绿素a | 初级生产力 | 微型和微微型浮游生物 | 海冰生物 | 微生物 | | 浮游生物 | | 底表微生物 | 小型底栖 | 大型底栖 | | 大型藻类 | 底栖鱼类 |
|---|---|---|---|---|---|---|---|---|---|---|---|---|---|---|---|---|---|---|---|
| | | | | | | | | | | 表层海水微生物 | 沉积物微生物 | 垂直拖网 | 多联网 | | | 采泥 | 拖网 | | |
| 62 | 14S01 | 2014 - 08 - 2 | 202.07 | 71.62 | 63 | √ | | √ | | √ | √ | √ | | √ | √ | √ | √ | √ | √ |
| 63 | 14S03 | 2014 - 08 - 3 | 202.92 | 72.24 | 169 | √ | | √ | | √ | √ | | | √ | √ | √ | √ | √ | √ |
| 64 | 14S04 | 2014 - 08 - 3 | 203.43 | 72.54 | 1 380 | √ | | √ | | √ | | √ | | | | | | | |
| 65 | 14S05 | 2014 - 08 - 3 | 203.89 | 72.83 | 2 679 | √ | | √ | | | | | | | | | | | |
| 66 | 14S06 | 2014 - 08 - 3 | 204.40 | 73.11 | 3 383 | √ | | √ | | | | √ | | | | | | | |
| 67 | 14S07 | 2014 - 08 - 4 | 204.86 | 73.42 | 3 798 | √ | | √ | | √ | | | | | | | | | |
| 68 | 14S08 | 2014 - 08 - 4 | 205.71 | 74.02 | 3 907 | √ | | √ | | | | √ | | | | | | | |
| 69 | 14C11 | 2014 - 08 - 5 | 204.74 | 74.78 | 3 911 | √ | | √ | | √ | | √ | | | | | | | |
| 70 | 14C12 | 2014 - 08 - 6 | 202.80 | 75.02 | 1 464 | √ | | √ | | √ | √ | | | | | | | | |
| 71 | 14C13 | 2014 - 08 - 6 | 200.82 | 75.20 | 942 | √ | | √ | | | √ | √ | | √ | √ | √ | | | |
| 72 | 14C14 | 2014 - 08 - 6 | 198.77 | 75.40 | 2 085 | √ | | √ | | √ | √ | | | √ | √ | √ | | | |
| 73 | 14C15 | 2014 - 08 - 7 | 196.88 | 75.60 | 2 030 | √ | | √ | | √ | √ | √ | | | √ | | | | |
| 74 | 14R10 | 2014 - 08 - 7 | 192.10 | 75.43 | 164 | √ | √ | √ | | | √ | √ | | √ | | √ | | | |
| 75 | 14R11 | 2014 - 08 - 8 | 193.80 | 76.15 | 352 | √ | √ | √ | | √ | √ | √ | | √ | √ | √ | √ | √ | √ |
| 76 | 14C25 | 2014 - 08 - 9 | 210.68 | 76.40 | 3 774 | | | √ | | √ | √ | √ | | √ | | | | | |
| 77 | 14C24 | 2014 - 08 - 10 | 208.94 | 76.71 | 3 773 | | | √ | | √ | | √ | | | | | | | |
| 78 | 14SIC01 | 2014 - 08 - 10 | 208.94 | 76.71 | - | | | | √ | | | | | | | | | | |
| 79 | 14C23 | 2014 - 08 - 11 | 207.56 | 76.91 | 3 782 | | | | | √ | | | | | | | | | |
| 80 | 14C22 | 2014 - 08 - 11 | 205.41 | 77.19 | 1 025 | | | | | √ | | √ | | | | | | | |
| 81 | 14SIC02 | 2014 - 08 - 11 | 205.41 | 77.19 | 2 000 | | | | √ | | | | √ | | | | | | |

续表

| 序号 | 站位 | 日期 | 东经 | 北纬 | 水深/m | 叶绿素a | 初级生产力 | 微型和微微型浮游生物 | 海冰生物 | 微生物 | | 浮游生物 | | 底表微生物 | 小型底栖 | 大型底栖 | | 大型藻类 | 底栖鱼类 |
|---|---|---|---|---|---|---|---|---|---|---|---|---|---|---|---|---|---|---|---|
| | | | | | | | | | | 表层海水微生物 | 沉积物微生物 | 垂直拖网 | 多联网 | | | 采泥 | 拖网 | | |
| 82 | 14C21 | 2014-08-12 | 203.26 | 77.39 | 1 664 | | | | | √ | √ | | | | | | | | |
| 83 | 14R12 | 2014-08-12 | 196.11 | 77.00 | 439 | √ | | √ | | √ | √ | √ | | √ | √ | √ | √ | √ | √ |
| 84 | 14SIC03 | 2014-08-13 | 196.87 | 77.49 | 466 | | | | √ | | √ | | | √ | √ | √ | | | |
| 85 | 14R13 | 2014-08-13 | 198.00 | 77.80 | 2 661 | √ | √ | √ | | √ | √ | √ | | | | | | | |
| 86 | 14SIC04 | 2014-08-14 | 199.02 | 78.27 | - | | | | √ | | √ | | √ | √ | √ | √ | | | |
| 87 | 14R14 | 2014-08-14 | 199.57 | 78.63 | 761 | √ | | √ | | √ | | √ | | | | | | | |
| 88 | 14R15 | 2014-08-15 | 200.93 | 79.38 | 3 284 | √ | √ | √ | | | | | | | | | | | |
| 89 | 14LIC03 | 2014-08-25 | 203.56 | 81.17 | 3 743 | | | | √ | | √ | | √ | √ | √ | √ | | | |
| 90 | 14SIC06 | 2014-08-28 | 207.37 | 79.98 | 3 763 | | | | √ | | √ | | | √ | √ | | | | |
| 91 | 14AD02 | 2014-08-27 | 207.30 | 79.97 | 3 755 | | | √ | | | | | | | | | | | |
| 92 | 14SIC07 | 2014-08-29 | 210.64 | 78.80 | - | | | | √ | | | | | | | | | | |
| 93 | 14AD04 | 2014-08-29 | 213.65 | 77.44 | 3 752 | | | √ | | | | | √ | | | | | | |
| 94 | 14SR09 | 2014-09-7 | 191.02 | 74.61 | 181 | | | | | | | √ | | | | | √ | √ | √ |
| 95 | 14SR04 | 2014-09-9 | 190.98 | 69.59 | 52 | | | | | | | √ | | | | | | | |

# 附件二　北极科学考察生物生态各要素作业主要仪器设备一览表

附表 2-1　主要仪器设备一览表

| 序号 | 仪器/设备名称 | 数量 | 主要技术参数 | 数据溯源方式（检定/校准/自检/自校） |
|---|---|---|---|---|
| 1 | 倒置显微镜 | 1 | 放大倍数 100～400 倍自检 | |
| 2 | T2900 型液闪计数仪 | 1 | 对 $^{14}C$ 探测效率：≥90%<br>本底计数率：≤60 cpm | 自检 |
| 3 | Tuner Trilogy 荧光计 | 1 | 叶绿素浓度分析范围 300～0.02 $mg/m^3$ | 自检 |
| 4 | 叶绿素荧光仪 | 1 | 测量精度 0.1 μg/L | 自校 |
| 5 | 流式细胞仪 | 1 | 拥有 488 nm 和 633 nm 两根激光管，可对 FSC，SSC，FL1，FL2，FL3 以及 FL4 荧光信号进行检测，流速分 low，med 以及 hi 3 级，最大检测细胞数可达 10 000 个/s | 校准 |
| 6 | 多联网 Multinet | 1 | 网目 150 μm | 自检 |
| 7 | 解剖镜 | 4 | 放大倍率 4～120× | 自检 |
| 8 | 三角拖网 | 2 | 网口 2.6 m×0.65 m 网囊网目 2 cm | 定制/自检 |
| 9 | 低速离心机 | 1 | 一次性离心 1 L 液体 | 自检 |
| 10 | 3D 解剖镜 | 1 | 连续放大倍数为 10～320 倍，拍摄 3D 照片 | 自检 |
| 11 | 生物显微镜 | 1 | 放大倍数 50～1 000 倍，带微分干涉和荧光显微功能 | 自检 |

# 附件三　北极科学考察生物生态各要素外业考察工作量

附表3-1　外业考察计划工作量与实际完成工作量对比

| 航次 | 子专题 | 外业工作量 | | | 完成情况 |
|---|---|---|---|---|---|
| | | 项目 | 计划站位数 | 实际站位数 | |
| 第五次北极科学考察 | 叶绿素和初级生产力 | 叶绿素 a | 60 | 95 | 158.33% |
| | | 生产力 | 20 | 21 | 105.00% |
| | 微微型和微型浮游生物 | 浮游细菌 | 60 | 97 | 161.67% |
| | | 微微型光合浮游生物 | 60 | 97 | 161.67% |
| | | 微型浮游植物 | 60 | 97 | 161.67% |
| | | 海冰生物 | 6 | 6 | 100.00% |
| | 大中型浮游生物 | 小型浮游植物 | 20 | 46 | 230.00% |
| | | 大、中型浮游动物 | 垂直拖网 60 | 58 | 96.67% |
| | | | 分层拖网 10 | 9 | 90.00% |
| | 底栖生物 | 大型底栖生物 | 箱式 40 | 45 | 112.50% |
| | | | 拖网 20 | 31 | 103.33% |
| | | 小型底栖动物 | 箱式 10 | 19 | 190.00% |
| | | | 多管 10 | 9 | 90.00% |
| | 沉积物微生物和大型藻类 | 微生物 | 20 | 62 | 310.00% |
| | | 大型藻类 | 20 | 30 | 150.00% |
| 第六次北极科学考察 | 叶绿素和初级生产力 | 叶绿素 a | 60 | 61 | 101.67% |
| | | 生产力 | 15 | 15 | 100.00% |
| | 微微型和微型浮游生物 | 浮游细菌 | 60 | 86 | 143.33% |
| | | 微微型光合浮游生物 | 60 | 86 | 143.33% |
| | | 微型浮游植物 | 60 | 86 | 143.33% |
| | | 海冰生物 | 6 | 7 | 116.67% |
| | 大中型浮游生物 | 小型浮游植物 | 30 | 63 | 210.00% |
| | | 大、中型浮游动物 | 40 | 63 | 157.50% |
| | 底栖生物 | 大型底栖生物 | 箱式 20 | 42 | 210.00% |
| | | | 拖网 30 | 33 | 113.33% |
| | | 小型底栖动物 | 30 | 30 | 100.00% |
| | 沉积物微生物和大型藻类 | 微生物 | 30 | 41 | 136.67% |
| | | 大型藻类 | 30 | 32 | 106.67% |

# 附件四　北极科学考察生物生态各要素考察数据一览表

附表 4－1　考察数据一览表

| 序号 | 名称 | 数量 |
|---|---|---|
| 1 | 浮游植物叶绿素浓度数据集 | 1 套（五北、六北） |
| 2 | 浮游植物初级生产力数据集 | 1 套（五北、六北） |
| 3 | 浮游植物粒度分级叶绿素浓度数据集 | 1 套（五北、六北） |
| 4 | 北极海洋沉积物微生物种类与群落结构数据集 | 五北、六北 |
| 5 | 北极海域微微型浮游生物丰度分布数据集 | 1 套（四北、五北、六北） |
| 6 | 北极海域浮游动物种类组成与数理分布 | 1 套（二北、三北、四北、五北） |
| 7 | 北极海域小型底栖动物类群组成与数量分布数据集 | 1 套（四北、五北、六北） |
| 8 | 北极海域大型底栖生物类群组成与数量分布数据集 | 1 套（四北、五北、六北） |
| 9 | 北极海域底栖鱼类种类组成与数量分布数据集 | 1 套（四北、五北、六北） |
| 10 | 北极大型藻类种类组成数据集 | 五北、六北 |

# 附件五 北极科学考察生物生态各要素成果图件一览表

**附表 5－1 成果图件一览表**

| 序号 | 要素 | 图件名称 | 数量 |
|---|---|---|---|
| 1 | 浮游植物 | 浮游植物叶绿素浓度分布图 | 2 |
| | | 浮游植物初级生产力分布图 | 2 |
| | | 浮游植物粒度分级叶绿素浓度分布图 | 2 |
| 2 | 微微型浮游生物 | 微微型浮游生物丰度分布图 | 3 |
| 3 | 浮游动物 | 浮游动物总丰度分布图 | 1 |
| | | 浮游动物群落地理分布图 | 1 |
| | | 浮游动物功能群分布图 | 1 |
| | | 浮游动物优势种分布图 | 1 |
| 4 | 小型底栖动物 | 小型底栖动物丰度比例组成图 | 8 |
| | | 小型底栖动物丰度与生物量的关系图 | 3 |
| | | 小型底栖动物丰度与水深的相关性图 | 2 |
| | | 小型底栖动物聚类分析图 | 2 |
| | | 小型底栖动物 MDS 分析图 | 2 |
| | | 小型底栖动物丰度分布图 | 3 |
| | | 小型底栖动物站位图 | 1 |
| | | 小型底栖动物垂直分布图 | 3 |
| | | 小型底栖动物个体大小组成图 | 3 |
| 5 | 大型底栖生物 | 大型底栖生物生物量分布图 | 2 |
| | | 大型底栖生物栖息密度分布图 | 2 |
| | | 大型底栖生物类群组成分布图 | 2 |
| 6 | 底栖鱼类 | 底栖鱼类生物量分布图 | 2 |
| | | 底栖鱼类数量分布图 | 2 |

# 附件六 北极科学考察生物生态研究成果一览表

**附表 6－1 研究成果一览表**

| 序号 | 成果名称 |
| --- | --- |
| 1 | 王桢，李阳，车帅，林学政．北极海洋沉积物高抗氧化活性菌株的筛选及其多样性分析．海洋科学进展，2015，33（1）：63－70. |
| 2 | 乐凤凤，郝锵，金海燕，等．2012 年楚科奇海及其毗邻海域浮游植物现存量和初级生产力粒度结构研究．海洋学报，2014，36（10）：103－115. |
| 3 | 王桢，李阳，车帅，林学政．北极海洋沉积物中可培养细菌及其多样性分析．海洋学报，2014，36（10）：116－123. |
| 4 | 陈永俊，林龙山，廖运志，等．白令海和楚科奇海鱼类种类组成及其对生态环境变化的响应．海洋学报，2013,，3（2）：113－125. |
| 5 | 邵丽霞，林荣澄，高亚辉，黄丁勇．白令海表层沉积硅藻的种类组成与分布．极地研究，2012，24（4）：331－338. |
| 6 | 徐志强，张光涛，孙松．2012 年夏季西北冰洋浮游动物群落特征．极地研究，接受待刊． |
| 7 | 徐志强，张光涛，孙松．2012 年夏季马卡诺夫海盆与楚科奇深海平原浮游动物的垂直分布及地理差异．极地研究．接受待刊． |
| 8 | 郝锵，乐凤凤，刘诚刚，金海燕，陈建芳．2012 年夏季挪威海浮游植物粒度分级生物量的物理－生物耦合特征．海洋学报．审稿中 |
| 9 | Wang Fengqing, Lin XueZheng *, Chen Guanjun; Du Zongjun. *Colwellia arctica* sp. nov., isolated from Arctic marine sediment. Antonie van Leeuwenhoek, 2015, 107 (3): 723－729. |
| 10 | Y Q Guo, D Y Huang, Y Z Chen, J J Wang & R C Lin Two new free－living nematode species of Setosabatieria (Comesomatidea) fromthe East China Sea and the Chukchi Sea, Journal of Natural History, 2015, DOI: 10.1080/00222933.2015.1006286 |
| 11 | Lin X, Wang Z, Li Y. Draft genome sequence of *Pseudoalteromonas* sp. strain A2, an isolate with high antioxidative activity from Arctic seawater. Genome Announc. 2014, 2 (5): e00885－14. doi: 10.1128/genomeA.00885－14. |
| 12 | Lin Rongcheng, Huang Dingyong, Guo Yuqing, et al. Abundance and distribution of meiofauna in the Chukchi Sea. Acta Oceanol Sin., 2014, 33 (6): 90－94. |
| 13 | Wang Janjun, Lin Heshan, He Xubao, et al. Biodiversity and community structural characteristics of macrobenthos in the Chukchi Sea. Acta Oceanol Sin., 2014, 33 (6): 82－89. |
| 14 | Wan Janjun, He Xuebao, Lin Heshan, et al. Community structure and spatial distribution of macrobenthos in the shelf area of Bering Sea. Acta Oceanol Sin., 2014, 33 (6): 74－81. |
| 15 | Lin Longshan, Chen Yongjun, Liao Yunzhi, et al. Composition of species in the Bering and Chukchi Seas and their responses to changes in the ecological environment. Acta Oceanol Sin., 2014, 33 (6): 63－73. |

续表

| 序号 | 成果名称 |
|---|---|
| 16 | Shao Lixia, Lin Rongcheng, Gao Yahui & Huang Dingyong. Composition and distribution of diatom assemblages in the surface sediments of the Bering Sea. Advances in Polar Science, 2013, 24 (3): 166 – 173. |
| 17 | Lin H S, Wang J J, Liu K, et al. 2015. Benthic macrofaunal production for a typical shelf – slope – basin region in the western Arctic Ocean. Continental Shelf Research, 2016, 113: 30 – 37. |
| 18 | 林学政，赵惠娅，郑风荣．极地 *Pseudoalteromonas elyakovii* 胞外多糖及在水产养殖中的应用．申请号：201310257211.9（已批） |
| 19 | 郑风荣，王波，林学政，刘洪展，殷树森．一株大菱鲆烂边病拮抗菌及其应用，申请号：201310335550.4 |